图论及其应用

（第 2 版）

卜月华　王维凡　吕新忠　编著

东南大学出版社
·南京·

内容提要

本书共 9 章，主要包括图的基本概念、图的连通性、树、Euler 环游和 Hamilton 圈、图的对集和独立集、平面图、图的染色、网络流以及图论在数学建模中的应用等内容。本书不仅介绍了图论的基本概念和基本理论，也介绍了如何应用图论方法解决实际问题。

本书推理严密，内容深入浅出，清晰易懂，并配置了丰富而有趣的例题和习题。本书适合作为高等院校各专业图论课程的教材或参考书，也可以作为大学生数学建模集训的参考读物。

图书在版编目(CIP)数据

图论及其应用/卜月华，王维凡，吕新忠编著．—2 版．—南京：东南大学出版社，2015.5(2023.3 重印)

ISBN 978-7-5641-5674-9

Ⅰ．图… Ⅱ．①卜…②王…③吕… Ⅲ．图论—应用—高等学校—教材 Ⅳ．① O157.5

中国版本图书馆 CIP 数据核字(2015)第 084608 号

图论及其应用(第 2 版)

出版发行 东南大学出版社
社　　址 南京市四牌楼 2 号(邮编：210096)
出 版 人 江建中
责任编辑 吉雄飞(办公电话：025-83793169)
经　　销 全国各地新华书店
印　　刷 南京京新印刷有限公司
开　　本 700mm×1000mm　1/16
印　　张 15.75
字　　数 309 千字
版　　次 2015 年 5 月第 2 版
印　　次 2023 年 3 月第 5 次印刷
书　　号 ISBN 978-7-5641-5674-9
定　　价 40.00 元

本社图书若有印装质量问题，请直接与营销部联系，电话：025-83791830。

前　言

图论是组合数学的一个重要分支，与其他的数学分支，如群论、矩阵论、概率论、拓扑学、数值分析等有着密切的联系。凡有二元关系的系统，应用图论均可建立一种合适的数学模型，因而图论在许多学科领域，如计算机科学、通讯科学、运筹学、电网络分析、化学、物理、管理以及社会科学等领域具有重要地位和广泛应用。此外，图论的理论与方法也是数学竞赛、数学建模等的理论基础和工具。因此在本书的大部分章节中介绍了一些应用实例，特别在第 9 章收集了若干图论在数学建模中的应用案例，读者可以从中掌握利用图论解决实际问题的基本方法和技巧。目前，图论已成为计算机科学、运筹学、组合优化、机电等学科的基本课程之一，国内外许多高校不仅对数学系的本科学生开设了图论课程，也面向其他专业学生开设了图论选修课程。

本书是在卜月华编写的《图论及其应用》的基础上，根据浙江省重点建设教材的要求并结合本科学生的特点和多年来的教学实践，由卜月华、王维凡和吕新忠重新编写而成。全书共分 9 章，前 6 章由卜月华编写整理，第 7 章由王维凡编写整理，第 8 章和第 9 章由吕新忠编写整理。内容不仅涉及图论的基本概念和基本理论，还力求突出图论方法的应用，尤其是在数学竞赛和数学建模中的应用。为使读者在使用本书时能自觉地调动学习积极性，更好地领悟图论的本质，每章后都配置了丰富而有趣的习题。本书适合作为高等院校各专业图论课程的教材或参考书，也可以作为大学生数学建模集训的参考读物。

在本书的再版过程中，编者参阅了国内外许多优秀的图论专著、教材及学术论文，特别参考了宋增民教授编著的《图论与网络最优化》一书，许多使用过初版《图论及其应用》一书的教师也对这一次再版工作提出了宝贵意见。在此编者表示衷心的感谢。

本书是浙江省重点建设教材，在出版过程中得到了浙江师范大学的教育部综合改革试点专业"数学与应用数学专业"的大力支持，在此深表感谢。

由于编者水平有限，在编写过程中对内容虽经反复推敲与修改，仍不可避免存在一些错误与疏漏，恳请同行专家、使用本教材的教师和学生以及其他读者不吝赐教，提出宝贵意见。

编者

2015 年 1 月

目 录

1　图的基本概念

1.1　图论发展史

图论是一门应用十分广泛、内容非常丰富的数学学科，也是近几十年来较为活跃的数学分支之一. 它起源很早，瑞士数学家欧拉(L. Euler) 在 1736 年解决了当时颇为有名的一个数学问题，即哥尼斯城堡七桥问题，从而使他成为图论的创始人. 哥尼斯城堡位于俄罗斯的加里宁格勒，历史上曾是德国东普鲁士省的省会，普雷格尔河横贯城堡，河中有两个小岛 A 与 D，并有七座桥连接岛与河岸及岛与岛(见图 1.1). 当地居民提出：是否存在一种走法，从 A,B,C,D 四块陆地中的任意一块开始，通过每一座桥恰好一次再回到起点？

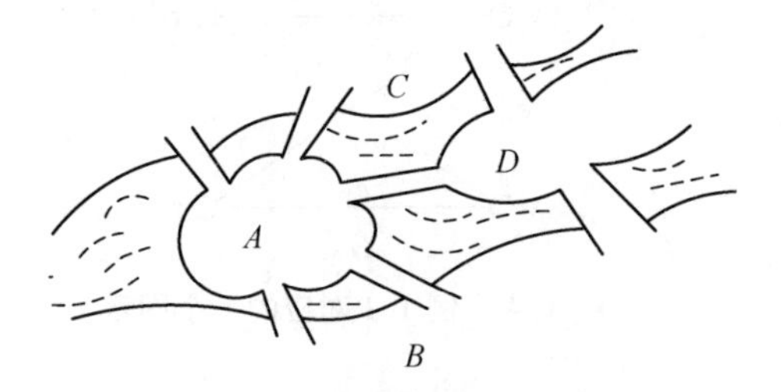

图 1.1　哥尼斯城堡的七桥

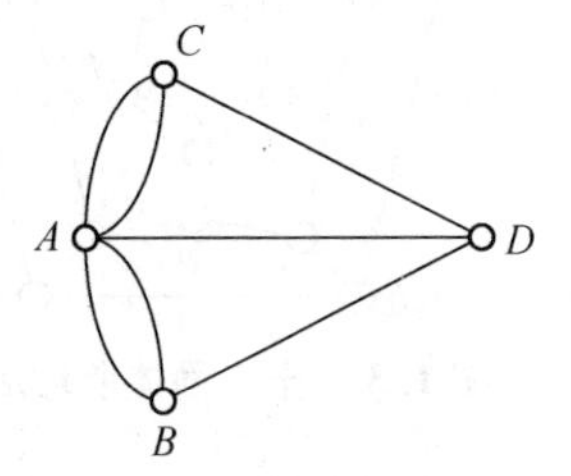

图 1.2　哥尼斯城堡对应的图

欧拉为了解决这七桥问题，把它转化为一个数学问题来解决. 他认为这种走法是否存在与两岸和两个岛的大小形状及桥的长短、曲直都没有关系，重要的是两块陆地之间有几座桥连接. 他用一个点表示一块陆地的区域，用连接相应顶点的线段表示各座桥，这样就得出七桥问题的示意图(见图 1.2). 于是问题就转化为在这个图中，是否能从某一点出发经过每条线段恰好一次再回到出发点. 欧拉在 1736 年论证了在这个图中如此走法是不存在的，并且推广了这个问题 —— 对于一个给定的图可以如此走遍给出了一个判别法则.

基尔霍夫(Kirchhoff) 在 1847 年运用图论解决了电路理论中求解联立方程组问题，并引进了"树" 的概念. 可惜的是，他的思想方法超越了时代而长期未被重视. 1857 年凯莱(Caley) 非常自然的在有机化学的领域里发现了一族重要的图，称其为树，并应用树来计算饱和碳氢化合物 C_nH_{2n+2} 的同分异构体的数目.

早期的图论还与数学游戏发生密切联系，如汉密尔顿(W. R. Hamilton) 的周游世界问题. 他用一个正十二面体(具有 12 个五边形的面和 20 个顶点) 的 20 个顶点表示世界上的20座大城市(见图1.3),提出如下问题:要求游戏者找一条沿十二面体的棱通过每个顶点恰好一次的闭路. 图 1.3 所示的 $a,b,\cdots,s,t,a$ 表示出了这样的一条闭路.

20 世纪后,图论的应用渗透到许多其他学科领域,如物理、化学、信息学、运筹学、管理学、博弈论、计算机网络、社会学、语言学等. 从 20 世纪 50 年代以后,由于计算机的迅速发展,有力地推动了图论的发展,使图论成为数学领域中发展最快的分支之一.

图论是组合数学的一分支,与其他的数学分支,如群论、矩阵论、概率论、拓扑学、数值分析等有着密切的联系. 对于基础图论来说,它不要求有高深复杂的数学工具,只需一些集合、二元关系和线性代数等知识,并可用一般的逻辑推理解决若干问题. 因此对年轻的数学爱好者来说,图论是他们极好的研究园地.

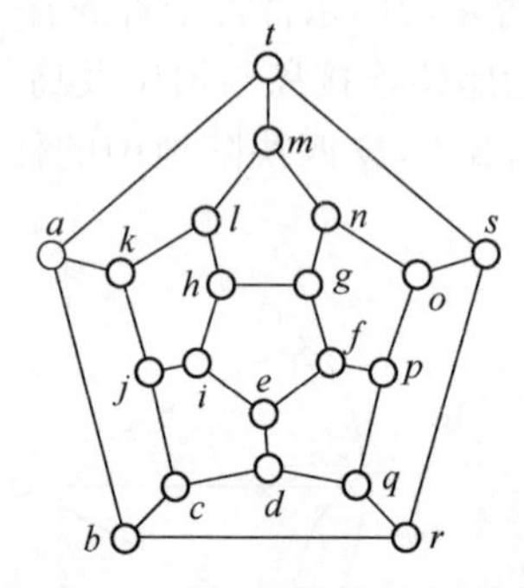

图 1.3　十二面体所对应的图

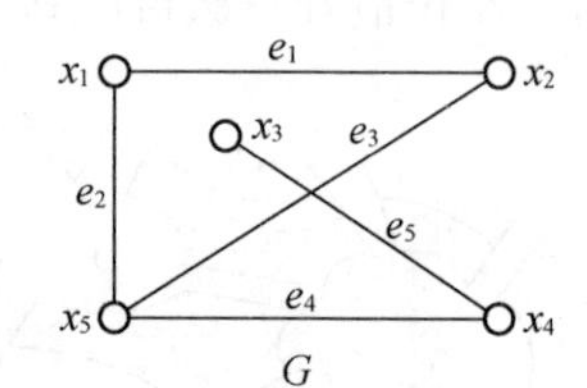

图 1.4　例 1.1 对应的一个图示

1.2　图的定义

我们这里所讨论的图并不是几何学中的图形,而是客观世界中某些具体事物间相互联系的一个数学抽象. 用顶点(小圆点)代表事物,用边表示某些事物间的二元关系,如果所讨论的某两个事物之间有某种二元关系,我们就在相应的两个顶点之间连一条边. 这种由顶点及连接这些顶点的边所组成的图就是我们图论中所研究的图(如图 1.2 所示,欧拉把七桥问题转化为有 4 个点、7 条线段的这种图).

例 1.1　在一次集会中有 5 位代表 x_1,x_2,x_3,x_4,x_5,其中 x_2 与 x_1,x_1 与 x_5,x_2 与 x_5,x_3 与 x_4,x_4 与 x_5 是朋友,则我们可以用一个有 5 个顶点、5 条边的图形来表示这 5 位代表间的朋友关系(见图 1.4).

值得注意的是,在图 1.4 中两条边 e_3 与 e_5 有一个交叉点,但这个点并不是我们所关注的顶点,只是两条边的交叉点. 下面我们给图下一个明确的数学定义.

定义 1.2.1　设 $V(G)=\{v_1,v_2,\cdots,v_p\}$ 是一个非空有限集合,$E(G)=\{e_1,e_2,\cdots,e_q\}$ 是与 $V(G)$ 不相交的有限集合. 一个**图** G 是指一个有序三元组$(V(G)$,

$E(G), \psi_G)$，其中 ψ_G 是**关联函数**，它使 $E(G)$ 中每一个元素对应于 $V(G)$ 中的一个无序元素对(可以相同).

如例 1.1 中，五位代表之间的朋友关系所对应的图为 $G = (V(G), E(G), \psi_G)$，其中 $V(G) = \{x_1, x_2, x_3, x_4, x_5\}$，$E(G) = \{e_1, e_2, e_3, e_4, e_5\}$，$\psi_G(e_1) = x_1x_2$，$\psi_G(e_2) = x_1x_5$，$\psi_G(e_3) = x_2x_5$，$\psi_G(e_4) = x_4x_5$，$\psi_G(e_5) = x_3x_4$.

图 $G = (V(G), E(G), \psi_G)$ 中，$V(G)$ 和 $E(G)$ 分别称为 G 的顶点集合和边集合. $V(G)$ 中的元素称为 G 的**顶点(或点)**，$E(G)$ 中的元素称为 G 的**边**，$p(G) = |V(G)|$ 和 $q(G) = |E(G)|$ 分别称为图 G 的点数(或阶)和边数.

一个图 $G = (V(G), E(G), \psi_G)$ 可以用平面上一个图形表示. 用平面上的小圆圈表示图 G 的顶点，用点与点之间的连线表示 G 中的边. 明显的，同一个图可以有许多形状不同的图形表示.

例 1.2 图 $G = (V(G), E(G), \psi_G)$，其中 $V(G) = \{v_1, v_2, v_3, v_4\}$，$E(G) = \{e_1, e_2, e_3, e_4, e_5, e_6\}$，$\psi_G(e_1) = v_1v_1$，$\psi_G(e_2) = v_1v_2$，$\psi_G(e_3) = v_2v_3$，$\psi_G(e_4) = v_2v_3$，$\psi_G(e_5) = v_3v_4$，$\psi_G(e_6) = v_4v_1$.

这个图 G 是具有 4 个顶点、6 条边的图，其图形如图 1.5 所示.

在一个图 $G = (V(G), E(G), \psi_G)$ 中，如果 $\psi_G(e) = uv$，我们就说边 e 连接顶点 u 和 v，称 u 和 v 是 e 的**端点**，也称 u 和 v **相邻**；同时也称 u(或 v) 与 e **关联**. 与同一个顶点关联的若干条边称为是**相邻的**. 两个端点重合为一个顶点的边称为**环**. 关联于同一对顶点的二条或二条以上的边称为**重边**(或**平行边**). 如图 1.5 所示的图 G 中，边 $\psi_G(e_1) = v_1v_1$ 是 G 的一个环，两条边 $e_3(\psi_G(e_3) = v_2v_3)$ 和 $e_4(\psi_G(e_4) = v_2v_3)$ 是 G 的重边. 一个图 G 如果没有环和重边，则称该图为**简单图**. 如图 1.4 所示的图便是一个简单图.

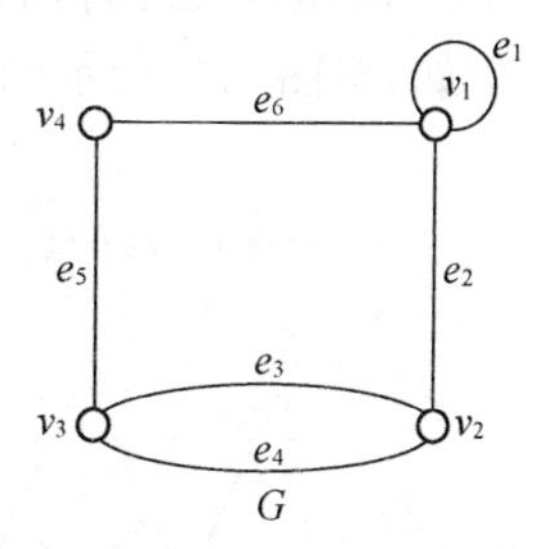

图 1.5 例 1.2 对应的一个图示

如果一个图 G 的顶点集 $V(G)$ 和边集 $E(G)$ 都是有限集，则称该图为**有限图**，否则称为**无限图**. 本书仅讨论有限图. 只有一个顶点所构成的图称为**平凡图**，其他所有图称为非平凡图. 显然，至少有一个顶点才能称为图，所以我们总要求一个图的顶点集合是非空的.

一般的，我们将图 $G = (V(G), E(G), \psi_G)$ 简记为 $G = (V(G), E(G))$ 或 $G = (V, E)$. 在图 $G = (V, E)$ 中，若边 e 连接顶点 u 和 v，可记为 $e = uv$.

从图的定义不难发现，我们所讨论的图与图的几何形状没有关系，即与顶点的位置(但两个不同的顶点不能重合)及连接它们的边的曲、直、长、短都没有关系(但一条边除了两个端点外，不再通过其他顶点). 我们所关注的只是各顶点之间是否有边或有几条边连接. 例如，图 1.4 所示的 G 也可以画成图 1.6 所示的图 H. 显然,这两个图都表明了这五位代表间的朋友关系.我们把这种不存在本质差别的两个图称为是同构的.

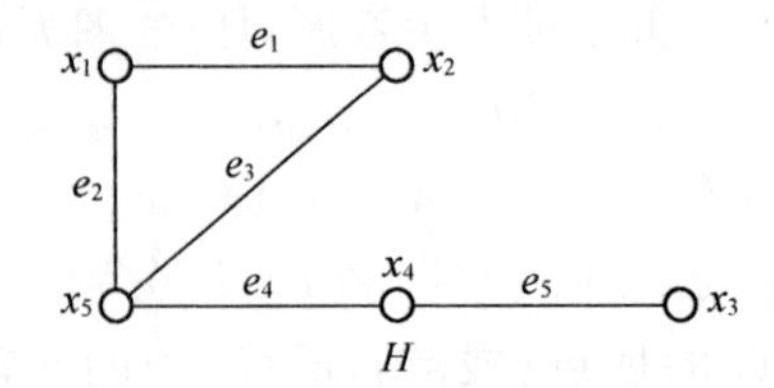

图 1.6　例 1.1 的另外一个图示

定义 1.2.2　设 $G_1=(V_1,E_1)$ 与 $G_2=(V_2,E_2)$ 是两个图,若存在一一对应 $\varphi_1:V_1\to V_2$ 及一一对应 $\varphi_2:E_1\to E_2$,使对每条边 $e,e=uv\in E_1$ 当且仅当 $\varphi_2(e)=\varphi_1(u)\varphi_1(v)\in E_2$,则称 G_1 和 G_2 是**同构**的,记为 $G_1\cong G_2$.

对于两个简单图,其同构定义可简化如下.

定义 1.2.3　设 $G_1=(V_1,E_1)$ 与 $G_2=(V_2,E_2)$ 是两个简单图,若存在一一对应 $\varphi:V_1\to V_2$,使得对 G_1 中任意两个顶点 u 和 v,$uv\in E_1$ 当且仅当 $\varphi(u)\varphi(v)\in E_2$,则称 G_1 和 G_2 是**同构**的,记为 $G_1\overset{\varphi}{\cong}G_2$ 或 $G_1\cong G_2$.

例如,对图 1.7 所示的两个图 G_1 和 G_2,我们可以建立顶点之间的对应关系如下:

$$\varphi:x_1\leftrightarrow v_1,x_2\leftrightarrow v_2,x_3\leftrightarrow v_3,y_1\leftrightarrow u_1,y_2\leftrightarrow u_2,y_3\leftrightarrow u_3.$$

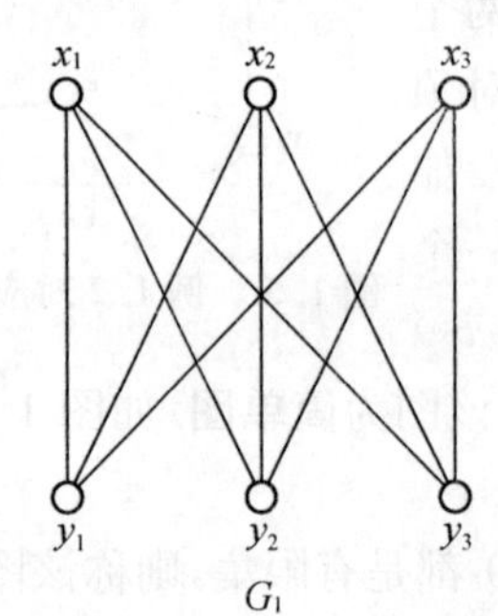

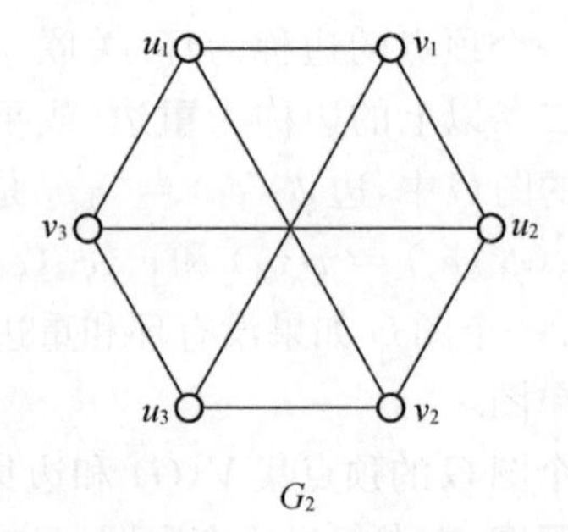

图 1.7　两个同构的图

容易看出,G_1 中的三个顶点 x_1,x_2,x_3 互不相邻,y_1,y_2,y_3 互不相邻,而 $x_iy_j\in E(G_1)(i=1,2,3;j=1,2,3)$. 在 φ 对应下,G_2 中的三个顶点 v_1,v_2,v_3 互不相邻,u_1,u_2,u_3 互不相邻,而 $v_iu_j=\varphi(x_i)\varphi(y_j)\in E(G_2)(i=1,2,3;j=1,2,3)$. 由图的同构定义,$G_1\cong G_2$.

对于两个同构的图,易见它们有相同的结构,差异只是顶点和边的名称不同,或两个图的形状不同.由于我们主要关注的是图的结构性质,所以在画图时常常省略顶点和边的标号.一个无标号图就认为是同构图的等价类的代表.

关于图的同构,有一个著名的重构猜想.

Ulam 猜想(S. M. U(1929),P. T. Kelly(1941)) 设 G 与 H 是两个阶数相同的图,若存在这两个图的顶点序列的一个排序 $V(G)=\{v_1,v_2,\cdots,v_p\}$ 和 $V(H)=\{u_1,u_2,\cdots,u_p\}$,使 $G-v_i\cong H-u_i(i=1,2,\cdots,p)$,则 $G\cong H$.

注:$G-v$ 表示从图 G 中删除顶点 v 和与 v 关联的所有边所得到的图.

这个猜想至今尚未完全解决.

通过前面的讨论可发现,一个图实质上给出了顶点之间的一种二元关系.因而在客观世界中,一些事物间若带有某种二元关系,就可以用一个图来描述这些事物之间的相互关系.像人与人之间的朋友关系、同学关系、相互认识关系等均可用一个图来描述.一般情况下,用图的顶点表示某个问题中所讨论的对象,而边表示这些对象之间的某种二元关系,所构成的图就描述了这些对象之间的二元关系,我们可以通过对该图的讨论去解决相应的问题.

例 1.3 一个团体由 2011 个人组成,其中任意 4 名成员中必有 1 名成员与其他 3 名成员互相认识.

(1) 证明:任意的 4 个人中必存在 1 人,他与其余的 2010 个人互相认识.

(2) 该团体中与所有其他人都互相认识的人最少有几个?

解 (1) 我们先证明"任意 4 名成员中必有 1 名成员,他与该团体中其他所有成员互相认识".由于这个问题考虑的是 2011 个人之间的相互认识关系,因此我们可以用 2011 个顶点表示 2011 个人,两个顶点相邻当且仅当所对应的两个人互相认识.所构造的图 G 是一个具有 2011 个顶点的简单图,其条件是任意的 4 个顶点中必有一个顶点与另外的 3 个顶点相邻,我们只要证明图 G 中的任意 4 个顶点中必有一个顶点与其余 2010 个顶点相邻.

若结论不成立,则存在 4 个顶点 v_1,v_2,v_3,v_4,使得对每个顶点 $v_i(i=1,2,3,4)$,G 中存在一个顶点 u_i 与 v_i 不相邻.由条件,v_1,v_2,v_3 和 v_4 中有一个顶点与其他三个顶点相邻,不妨设为 v_1.若 $u_1\neq u_2$,则 v_1,v_2,u_1,u_2 中没有一个顶点与其余三个顶点相邻,矛盾;若 $u_1=u_2$,但 $u_2\neq u_3$,则 v_1,v_3,u_1,u_3 中没有一个顶点与其余三个顶点相邻,矛盾;若 $u_1=u_2=u_3$,则 v_1,v_2,v_3,u_1 中没有一个顶点与其余三个顶点相邻,矛盾.

(2) 由上面所得结论,这 2011 名成员中至多有 3 人,他们当中的每个人至多与该团中的 2009 个人互相认识,所以该团中至少有 2008(2011 − 3) 个人,他们中的每个人与该团中其他所有的成员互相认识.

1.3 顶点的度

定义 1.3.1 图 $G=(V,E)$ 中,与顶点 v 相关联的边数(每个环计算二次)称

为顶点 v 的**度**，记为 $d_G(v)$（或 $d(v)$）. 度为 0 的顶点称为**孤立顶点**.

我们称 $\delta(G)=\min\limits_{v\in V}\{d_G(v)\}$ 和 $\Delta(G)=\max\limits_{v\in V}\{d_G(v)\}$ 为 G 的**最小度**和**最大度**.

例如，图 1.8 所示的图 G 中 $d_G(u_1)=4$，$d_G(u_2)=5$，$d_G(u_3)=2$，$d_G(u_4)=3$，$d_G(u_5)=4$，$\delta(G)=2$，$\Delta(G)=5$.

如果 $V(G)=\{v_1,v_2,\cdots,v_p\}$，称非负整数序列 $(d(v_1),d(v_2),\cdots,d(v_p))$ 为图 G 的**度序列**.

例如，图 1.8 所示的图 G 的度序列为 $(4,5,2,3,4)$.

设 S 是 $V(G)$ 的一个非空子集，v 是 G 的一个顶点，称

$$N_S(v)=\{u\in S\mid uv\in E(G)\}$$

为 v 在 S 中的**邻域**. 特别当 $S=V(G)$ 时，则简记 $N_G(v)$ 为 $N(v)$. 明显的，当 G 是简单图时，$d_G(v)=|N(v)|$.

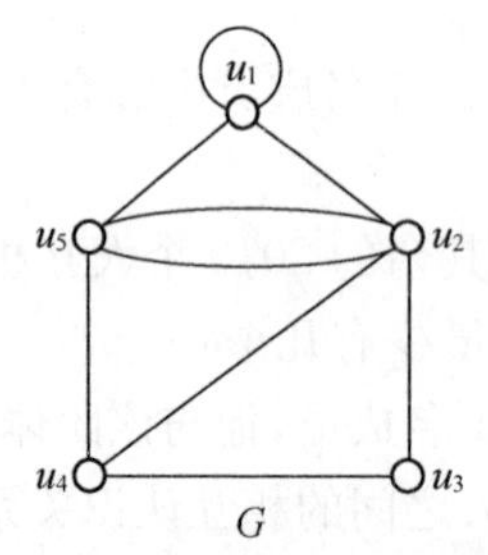

图 1.8　度序列为(4,5,2,3,4)的图

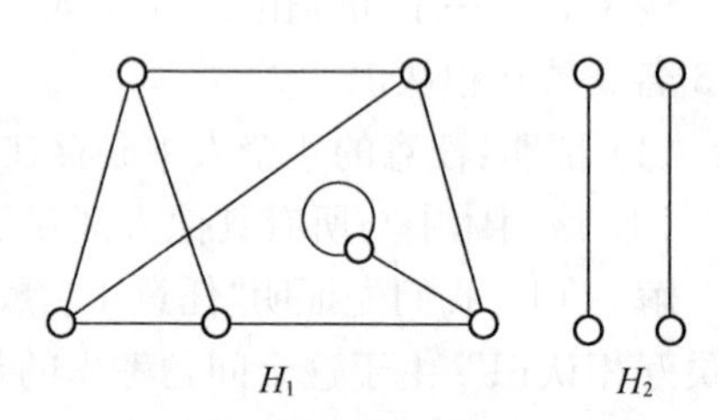

图 1.9　两个正则图

定义 1.3.2　如果一个图中每个顶点的度是某一个固定整数 k，则称该图是 **k-正则图**.

例如，图 1.9 所示的 H_1 与 H_2 分别是 3-正则图和 1-正则图.

从顶点度的定义不难发现，由于每条边有两个端点，从而每条边对 $\sum\limits_{v\in V(G)}d_G(v)$ 的贡献恰好是 2，因而可得以下结论.

定理 1.3.1（度和公式）　对每一个图 $G=(V,E)$，均有

$$\sum_{v\in V}d_G(v)=2q(G).$$

为了方便起见，我们把度为奇数的顶点称为**奇点**，度为偶数的顶点称为**偶点**.

推论 1.3.2　在任何图 $G=(V,E)$ 中，奇点的个数为偶数.

证明　我们把图 G 的顶点集 V 划分为两部分 V_1 和 V_2，其中 V_1 是 G 中所有的奇点，V_2 是 G 中所有的偶点，则 $V=V_1\cup V_2$，$V_1\cap V_2=\varnothing$. 由定理 1.3.1 得

$$2q(G)=\sum_{v\in V}d_G(v)=\sum_{v\in V_1}d_G(v)+\sum_{v\in V_2}d_G(v),$$

而 $\sum\limits_{v\in V_2}d_G(v)$ 是偶数，所以 $\sum\limits_{v\in V_1}d_G(v)$ 也是一个偶数，即推得 $|V_1|$ 是偶数.　□

推论 1.3.3　非负整数序列$(d_1,d_2,\cdots,d_p)$是某个图的度序列当且仅当$\sum_{i=1}^{p} d_i$是偶数.

证明　由定理 1.3.1 可知必要性成立. 对于充分性,取 p 个相异顶点 $v_1,v_2,\cdots,v_p$,若 d_i 是偶数,就在 v_i 处作$\frac{d_i}{2}$个环;若 d_i 是奇数,在 v_i 处作$\frac{d_i-1}{2}$个环. 由于$\sum_{i=1}^{p} d_i$为偶数,故 $d_1,d_2,\cdots,d_p$ 中有偶数个奇数项,从而将所有与奇数 d_i 相对应的这些顶点 v_i 两两配对并连上一条边. 最后所得图的度序列就是$(d_1,d_2,\cdots,d_p)$. □

需要注意的是,以非负整数序列$(d_1,d_2,\cdots,d_p)$$\left(\sum_{i=1}^{p} d_i \text{ 是偶数}\right)$为度序列的图一般有很多.

例如,图 1.10 所示的 G_1 和 G_2 的度序列均是(7,3,1,4,6,5).

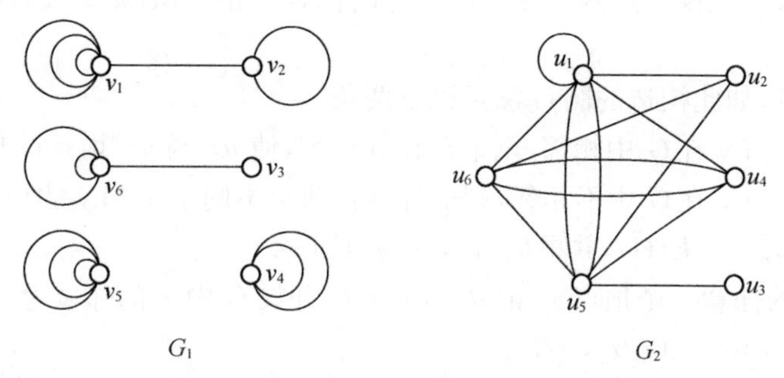

图 1.10　度序列为(7,3,1,4,6,5) 的两个图

简单图的度序列称为**图序列**. 图序列的讨论或判断要比度序列的讨论困难得多,即使知道非负整数序列$(d(v_1),d(v_2),\cdots,d(v_p))$是图序列,要构造相应的简单图仍是相当困难的.

Erdös 和 Callai 在 1960 年给出了图序列的一个判别方法.

定理 1.3.4　非负整数序列$(d_1,d_2,\cdots,d_p)(d_1 \geqslant d_2 \geqslant \cdots \geqslant d_p)$是图序列当且仅当$\sum_{i=1}^{p} d_i$是偶数,并且对一切整数 $k(1 \leqslant k \leqslant p-1)$,有

$$\sum_{i=1}^{k} d_i \leqslant k(k-1) + \sum_{i=k+1}^{p} \min\{k,d_i\}.$$

此定理的证明从略.

下面我们给出几个例子,作为上述定理或推论的应用.

例 1.4　在平面上有 n 个点,即 $S=\{x_1,x_2,\cdots,x_n\}$,其中任两个点之间的距离至少是 1. 证明:在这 n 个点中,距离为 1 的点对数不超过 $3n$.

证明　首先建立一个图 $G=(V,E)$,其中 V 就取 S 中的 n 个点,V 中的两个

顶点有边连接当且仅当这两点之间的距离恰好为 1，则所得图 G 是一个简单图，S 中距离为 1 的点对数就是 G 的边数. 因此，我们只需证明 $q(G) \leqslant 3n$.

任取 $x_i \in V$，假设 G 中与 x_i 相邻的顶点为 $x_{i_1}, x_{i_2}, \cdots, x_{i_k}$ $(k = d_G(x_i))$，则 x_{i_1}，$x_{i_2}, \cdots, x_{i_k}$ 必分布在以 x_i 为圆心的单位圆周上，所以 $k \leqslant 6$，即 $d_G(x_i) \leqslant 6$，$i = 1, 2, \cdots, n$. 现由定理 1.3.1 得

$$2q(G) = \sum_{i}^{n} d_G(x_i) \leqslant 6n,$$

即 $q(G) \leqslant 3n$.

例 1.5 某次会议有 n 人参加，其中有些人互相认识，但每两个互相认识的人都没有共同的熟人，每两个互不认识的人都恰好有两个共同的熟人. 证明：每一个参加者都有同样数目的熟人.

证明 作图 $G = (V, E)$，V 中有 n 个顶点，分别代表参加会议的 n 名代表，V 中两个顶点相邻当且仅当这两个顶点所对应的代表互相认识，则只要证明 G 是一个正则图.

根据题意，如此构造的图 G 满足以下两条：

(1) 若 x 与 y 在 G 中相邻，则不存在 $u \in V$，使 ux 与 uy 均是 G 中的边；

(2) 若 x 与 y 在 G 中不相邻，则恰好存在两个不同于 x 和 y 的顶点 u 与 v，使 $\{ux, uy, vx, vy\} \subseteq E(G)$，并根据(1)，$uv \notin E(G)$.

现对 G 的任意一个顶点 x，记 $d_G(x) = k$，并设 G 中 x 的邻域为

$$N_G(x) = \{x_1, x_2, \cdots, x_k\}.$$

由(1)，对 $1 \leqslant i \neq j \leqslant k$，$x_i$ 与 x_j 不相邻，再由(2)，G 中存在不同于 x 的一个顶点 y_{ij}，使 y_{ij} 分别与 x_i 和 x_j 相邻，而 x 不与 y_{ij} 相邻. 明显的，当 $\{i, j\} \neq \{s, t\}$ 时，$y_{ij} \neq y_{st}$（参见图 1.11）. 这类顶点 y_{ij} $(1 \leqslant i \neq j \leqslant k)$ 共有 $\binom{k}{2}$ 个，即 G 中至少有 $\binom{k}{2}$ 个顶点与 x 不相邻.

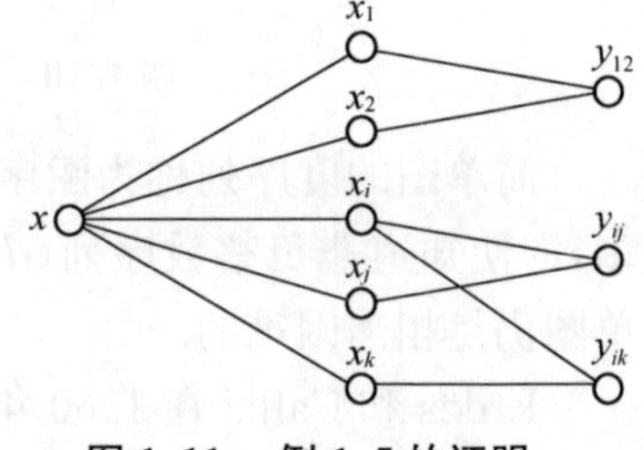

图 1.11　例 1.5 的证明

另一方面，若还有不同于 y_{ij} $(1 \leqslant i \neq j \leqslant k)$ 的顶点 y 与 x 不相邻，则由(2)，存在两个顶点 u 和 v，它们都与 x 和 y 相邻，因而 $u, v \in N_G(x)$，也即存在 $1 \leqslant i_0 \neq j_0 \leqslant k$，使 $u = x_{i_0}$，$v = x_{j_0}$，由上可知 $y = y_{i_0 j_0}$，矛盾.

因此 G 中与 x 不相邻的顶点只能是 $\{y_{ij} \mid 1 \leqslant i \neq j \leqslant k\}$，所以

$$V = \{x\} \cup N_G(x) \cup \{y_{ij} \mid 1 \leqslant i \neq j \leqslant k\},$$

即得

$$n = 1 + k + \frac{k(k-1)}{2},$$

或

$$\frac{1}{2}k^2+\frac{1}{2}k-(n-1)=0.$$

因此,k 是方程

$$\frac{1}{2}t^2+\frac{1}{2}t-(n-1)=0 \tag{1.3-1}$$

的一个正根. 由顶点 x 的任意性,即得 G 中每一个顶点的度都是方程(1.3-1)的正根. 而此方程只有一个正根$\frac{\sqrt{1+8(n-1)}-1}{2}$,所以 G 中每个顶点的度是

$$k=\frac{\sqrt{1+8(n-1)}-1}{2},$$

所以 G 是 k -正则图.

注:从证明过程可知,并不是对所有的自然数 n 都存在满足上述条件的图.

例 1.6　证明:每个碳氢化合物的分子所含的氢原子数是偶数.

证明　因为每个碳氢化合物的分子由氢原子与碳原子组成,其原子价分别为1价与4价. 让每个原子对应于图的一个顶点,如果两个原子是连接着的,那么对应的两个顶点就相邻. 如图 1.12 所示,C_3H_8 对应于图 G,在这个图中,对应于碳与氢原子的顶点的度分别是 4 与 1,所以氢原子的个数是偶数.

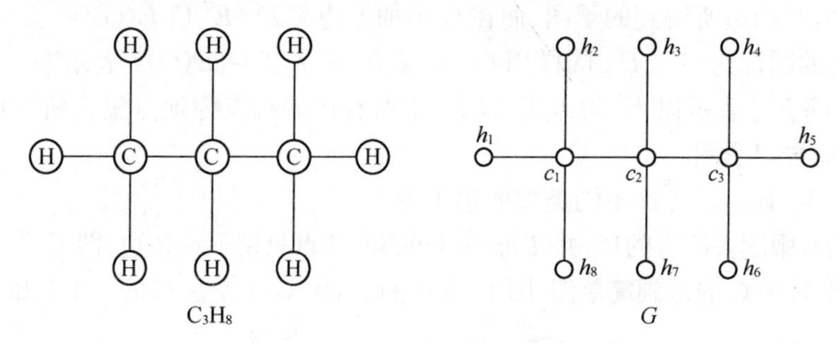

图 1.12　C_3H_8 对应的图

1.4　子图与图的运算

在研究和描述图的性质以及图的局部结构时,子图的概念是必不可少的.

定义 1.4.1　$G=(V,E)$ 和 $H=(V',E')$ 是两个图,如果 $V'\subseteq V$ 和 $E'\subseteq E$,则称 H 是 G 的**子图**,记为 $H\subseteq G$.

例如,图 1.13 中,H_1,H_2 和 H_3 都是 G 的子图,其中 H_1 称为是 G 的三角形子图.

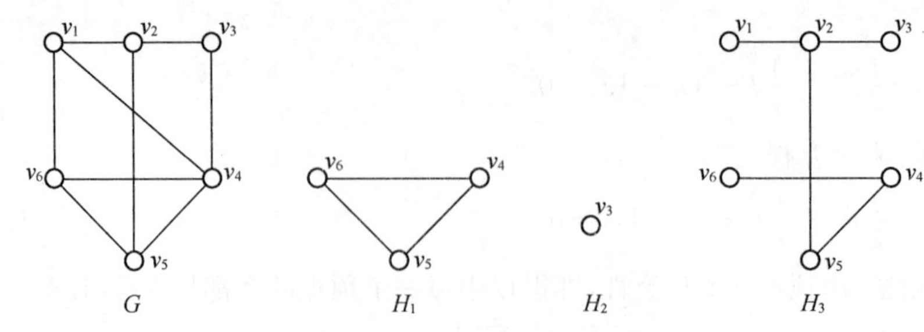

图 1.13　图 G 的三个子图

如果 H 是 G 的子图，并且 $V(H)=V(G)$，则称 H 是 G 的**生成子图**. 图 1.13 中的 H_3 就是 G 的一个生成子图.

如果 H 是 G 的子图，其中 $V(H)=V(G)$ 和 $E(H)=E(G)$ 至少有一个不成立，就称 H 是 G 的**真子图**.

假设 V' 是 $V(G)$ 的一个非空真子集，则 $G\backslash V'$ 表示从 G 中删去 V' 内的所有顶点以及与这些顶点相关联的边所得到的子图. 若 $V'=\{v\}$，常把 $G\backslash\{v\}$ 简记为 $G-v$. 用 $G[V']$ 表示 $G\backslash(V\backslash V')$，称为 V' 的**导出子图**. 在图 1.13 中，H_1 就是由 $\{v_4,v_5,v_6\}$ 导出的子图，即 $H_1=G[\{v_4,v_5,v_6\}]$.

关于边子图也有类似的定义. 设 E' 是 $E(G)$ 的一个子集，$G-E'$ 表示在 G 中删去 E' 中所有的边所得到的子图；而在 G 中加上边集 $E''(E''\cap E(G)=\varnothing)$ 内的所有边所得的图记为 $G+E''$. 同样用 $G-e$ 或 $(G+f,f\notin E(G))$ 表示 $G\backslash\{e\}(G+\{f\})$. 用 $G[E']$ 表示以 E' 为边集，以 E' 中所有边的端点为顶点集合所构成的图，称为 E' 的**导出子图**.

图 1.14 画出了各种不同类型的边子图.

从图 G 中删去所有的环，并使每一对相邻的顶点只留下一条边，即可得 G 的一个生成子图，称为 G 的**基础简单图**. 图 1.14 中的 $G\backslash\{e_1,e_7\}$ 就是 G 的一个基础简单图.

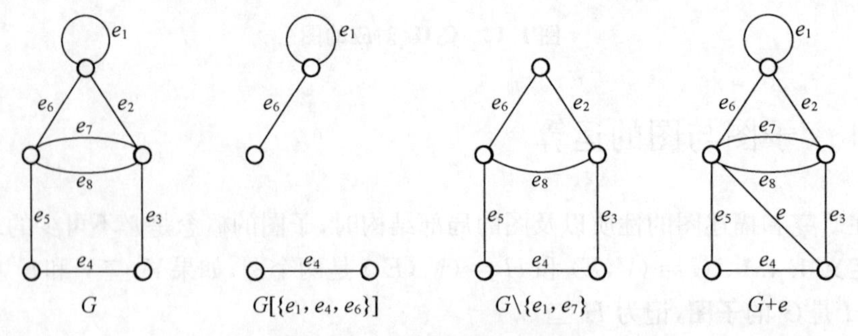

图 1.14　图 G 的三个边子图

简单图 $G=(V,E)$ 的**补图** G^c 是指和 G 有相同顶点集 V 的一个简单图，G^c 的两个顶点相邻当且仅当它们在 G 中不相邻. 图 1.15 中，G^c 是 G 的补图.

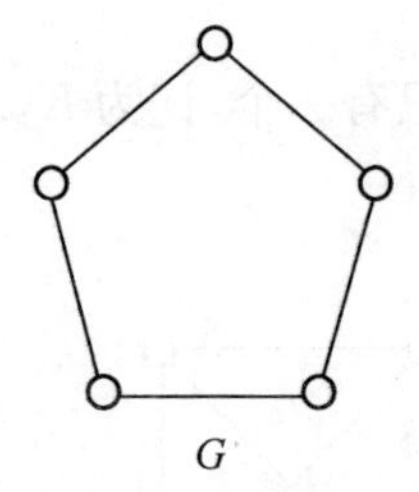

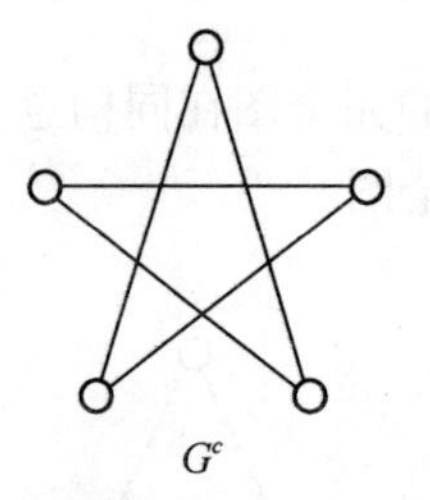

图 1.15 图 G 与补图 G^c

设 $G_1=(V_1,E_1)$ 和 $G_2=(V_2,E_2)$ 是两个图，若 $V_1\cap V_2=\varnothing$，则称 G_1 与 G_2 是**不相交的**；若 $E_1\cap E_2=\varnothing$，则称 G_1 与 G_2 是**边不重的**.

G_1 与 G_2 是两个不相交的图，定义 $G_1+G_2=(V_1\cup V_2,E_1\cup E_2\cup E_3)$，这里 $E_3=\{uv\mid u\in V_1,v\in V_2\}$，称 G_1+G_2 为 G_1 与 G_2 的**和**.

对于两个图 $G_1=(V_1,E_1)$ 和 $G_2=(V_2,E_2)$，定义 $G_1\cup G_2=(V_1\cup V_2,E_1\cup E_2)$，称为 G_1 和 G_2 的**并**.

例如，G_1，G_2 和 G_3 如图 1.16 所示，G_1+G_2 和 $G_1\cup G_3$ 如图 1.17 所示.

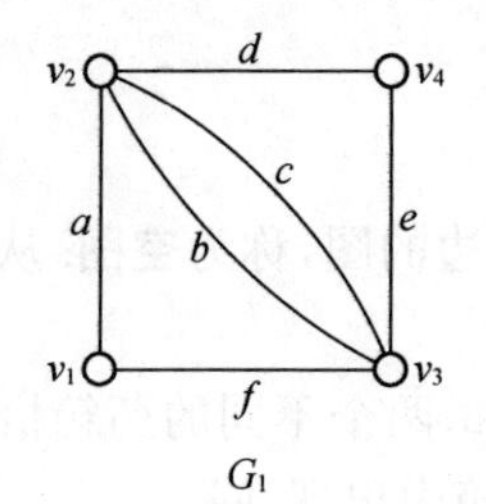

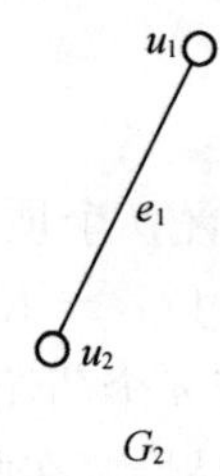

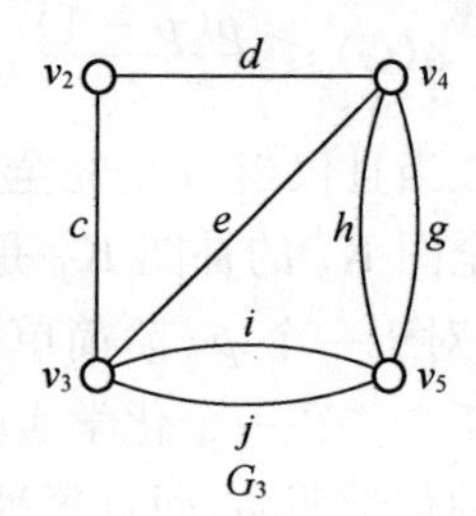

图 1.16 三个图

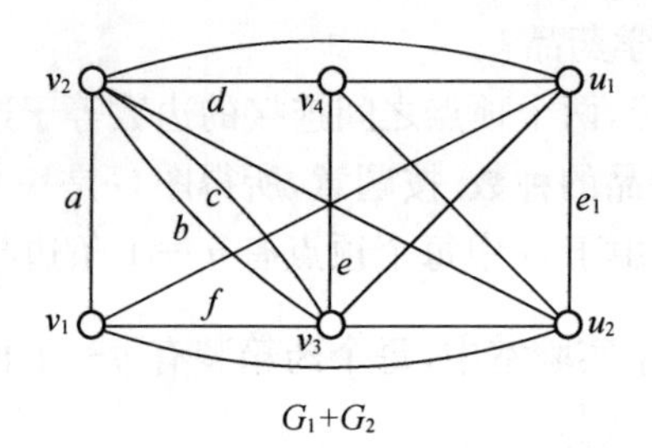

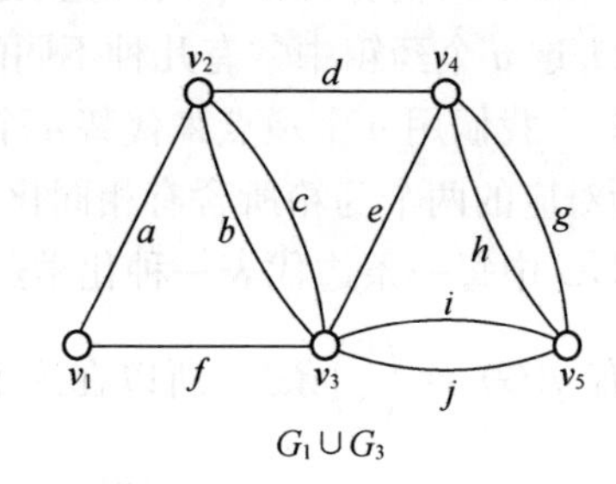

图 1.17 图的两种运算

1.5 一些特殊的图

在本节，我们介绍一些常见的特殊图类.

定义 1.5.1 若图 G 中的每一对不同顶点之间恰有一条边连接，则称图 G 为

完全图.

具有 p 个顶点的完全图在同构意义下只有一个,记为 K_p. 图 1.18 给出了阶数不超过 5 的所有完全图.

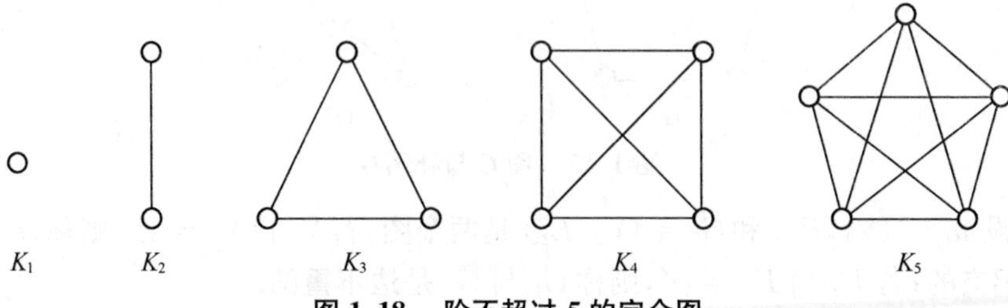

图 1.18　阶不超过 5 的完全图

对于一个 p 阶完全图 K_p,容易计算出 K_p 的边数是 $\binom{p}{2}=\frac{p(p-1)}{2}$,并且在所有含 p 个顶点的简单图中,K_p 的边数是最多的,因而以下结论成立.

定理 1.5.1　设 G 是 p-阶简单图,则

$$q(G)\leqslant\frac{p(p-1)}{2},$$

等号成立当且仅当 G 是完全图.

完全图 K_p 的补图 K_p^c 是一个仅含 p 个顶点不含边的图,称为**空图**. 从定义不难看出,对于一个 p-阶简单图 G,$G\cup G^c=K_p$.

例 1.7　在一个化学实验室里有 n 个药箱,其中每两个不同的药箱恰好有一种相同的化学药品,而且每种化学药品恰好在两个药箱中出现. 问:

(1) 每个药箱有几种不同的化学药品?

(2) 这 n 个药箱中共有几种不同的化学药品?

解　我们用 n 个顶点来代替 n 个药箱,两个顶点之间连接的边数等于这两个顶点所对应的两个药箱所含有相同化学药品的种数. 按题意,所得图 G 是一个 n 阶完全图,G 中每一条边代表一种化学药品,由于 G 中每个顶点有 $n-1$ 条边与之关联,共有 $q(G)=\binom{n}{2}$条边. 所以在这个化学实验室中,每个药箱装有 $n-1$ 种不同的化学药品,整个实验室共有$\binom{n}{2}$种不同的化学药品.

定义 1.5.2　设 $G=(V,E)$ 是 p-阶图. 若 V 可划分成 m 个非空子集 $V_1,V_2,\cdots,V_m$,使得对每一个 $i(1\leqslant i\leqslant m)$,$G[V_i]$ 是空图,则称 G 为 m **部图**,记为 $G=(V_1,V_2,\cdots,V_m;E)$. 若 $|V_1|=|V_2|=\cdots=|V_m|$,则称 G 是**等 m 部图**.

定义 1.5.3　设 $G=(V_1,V_2,\cdots,V_m;E)$ 是 m 部图,并且对任意 $u\in V_i$ 和 $v\in V_j(1\leqslant i\neq j\leqslant m)$,均有 $uv\in E$,则称 $G=(V_1,V_2,\cdots,V_m;E)$ 是**完全 m 部图**,记

为 $K_{p_1,p_2,\cdots,p_m}$，这里 $p_i=|V_i|\ (i=1,2,\cdots,m)$.

与定理 1.5.1 类似，对于 m 部图有以下结论.

定理 1.5.2　设 $G=(V_1,V_2,\cdots,V_m;E)$ 是 m 部图，$p_i=|V_i|\ (i=1,2,\cdots,m)$，$p=\sum_{i=1}^{m}p_i$，则

$$q(G)\leqslant\frac{1}{2}\left(p^2-\sum_{i=1}^{m}p_i^2\right),$$

等号成立当且仅当 G 是完全 m 部图 $K_{p_1,p_2,\cdots,p_m}$.

不难看出，每个 p_i 取到 $\frac{p}{m}$ 时 $(1\leqslant i\leqslant m)$，$\sum_{i=1}^{m}p_i^2$ 达到最小，但 $p=\sum_{i=1}^{m}p_i$，每个 p_i 均是正整数. 若令 $p=mk+r\ (0\leqslant r<m)$，则取 $p_1=\cdots=p_r=k+1$，$p_{r+1}=\cdots=p_m=k$ 时，$\sum_{i=1}^{m}p_i^2$ 在上述条件下取到最小. 故我们有

$$\begin{aligned}q(G)&\leqslant\frac{1}{2}\left(p^2-\sum_{i=1}^{m}p_i^2\right)\\&=\frac{1}{2}\left[p^2-\left(\sum_{i=1}^{r}(k+1)^2+\sum_{i=r+1}^{m}k^2\right)\right]\\&=\frac{1}{2}(p^2-mk^2-2kr-r).\end{aligned}$$

这就证明了以下推论.

推论 1.5.3　设 $G=(V_1,V_2,\cdots,V_m;E)$ 是 m 部图，$p=mk+r\ (0\leqslant r<m)$，则

$$q(G)\leqslant\frac{1}{2}(p^2-mk^2-2kr-r),$$

等号成立当且仅当 G 是完全 m 部图 $K_{\underbrace{k+1,\cdots,k+1}_{r},\underbrace{k,\cdots,k}_{m-r}}$.

由于完全 m 部图 $K_{\underbrace{k+1,\cdots,k+1}_{r},\underbrace{k,\cdots,k}_{m-r}}$ 完全由 p 与 m 唯一确定，故记为 $T_m(p)$. 例如，$T_3(8)$ 如图 1.19 所示. $T_3(8)=K_{3,3,2}$，$q(T_3(8))=21$.

通常用 $G=(X,Y;E)$ 表示二部图，也称为二分图. 在实际问题中碰到二分图的例子很多.

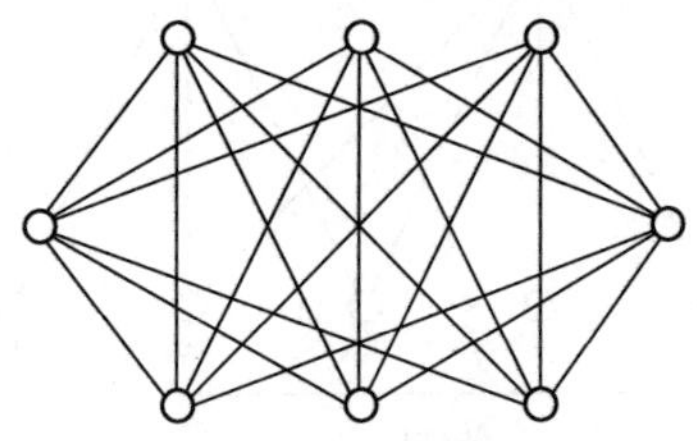

图 1.19　完全三部图 $T_3(8)$

例 1.8(人员分配问题)　某公司分配 n 个工人做 m 件工作,就可以用一个二分图来表示. 代表人的一组顶点用 $X=\{x_1,x_2,\cdots,x_n\}$ 表示,代表工作的一组顶点用 $Y=\{y_1,y_2,\cdots,y_m\}$ 表示. $x_i\in X$ 与 $y_j\in Y$ 相邻当且仅当工人 x_i 能胜任工作 y_j,所得图是一个二分图.

例 1.9(公用设施问题)　代表住户的顶点作为一组,代表公共设施(如水厂、电厂、煤气公司、电话公司等)的顶点又是一组,两组的顶点之间有边相邻当且仅当对应的用户与公共设施之间存在隶属关系,所得图也是二分图(如图 1.20 所示).

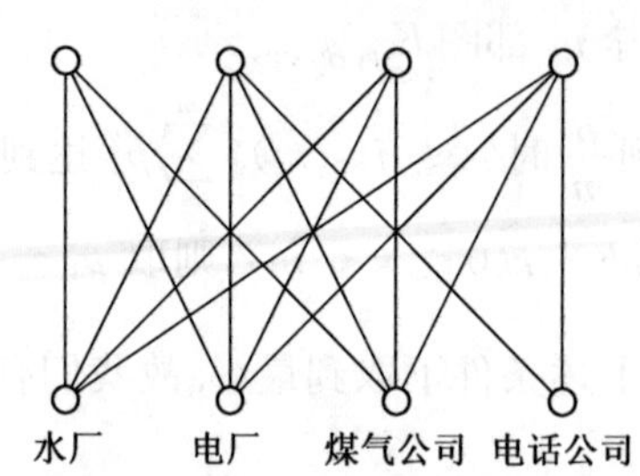

图 1.20　住户与公用设施对应的二分图

例 1.10　在一次舞会中,X 和 Y 两国留学生各有 $n(n>2)$ 人,X 国每个学生都与 Y 国一些(不是所有)学生跳过舞,Y 国每个学生至少与 X 国一个学生跳过舞. 证明:一定可以找到 X 国两个学生 x,x' 及 Y 国两个学生 y,y',使得 x 与 y,x' 与 y' 跳过舞,而 x 与 y',x' 与 y 没有跳过舞.

证明　作一个二分图 $G=(X,Y;E)$,X 中的 n 个顶点代表 X 国的 n 个学生,Y 中的 n 个顶点代表 Y 国的 n 个学生. 如果一个 X 国的学生与 Y 国的学生一起跳过舞,就在相应的两个顶点之间连一条边. 所得二分图 G 是一个简单图,并且 $|X|=|Y|=n>2$,对 X 中每个点 x,$1\leqslant d_G(x)<n$,对 Y 中每个点 y,$d_G(y)\geqslant 1$.

在 X 中取一个度数最大的顶点 x,在 Y 中取一个与 x 不相邻的顶点 y',由于 $d_G(y')\geqslant 1$,令 x' 是 X 中与 y' 相邻的顶点,则 $d_G(x')\leqslant d_G(x)$,$x'\neq x$,即有 $|N_G(x')|\leqslant|N_G(x)|$,又 $y'\in N_G(x')\cap N_G(x)$,所以 $N_G(x)\cap N_G(x')\neq\varnothing$. 取 $y\in N_G(x)\cap N_G(x')$,则 y 与 x 相邻而与 x' 不相邻(如图 1.21 所示). 这四个顶点 x,x',y,y' 所对应的四个留学生即为所求的四个留学生.

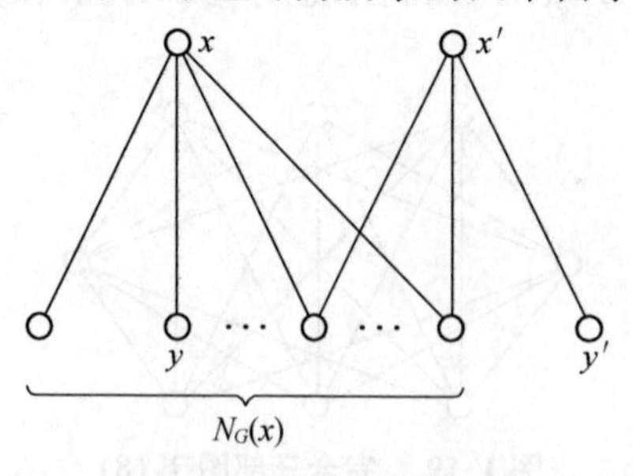

图 1.21　例 1.10 的证明

定义 1.5.4(Keneser 图) n 和 k 为两个给定的自然数且 $0<k<n$,记 $Z_k(n)$ 为 $\{1,2,\cdots,n\}$ 中所有 k 元子集全体. Keneser 图 $K(n,k)$ 是一个简单图,其顶点集合为 $Z_k(n)$,两个顶点 A,B 相邻当且仅当 $A\cap B=\varnothing$.

易知 $K(n,k)$ 是一个具有 $\binom{n}{k}$ 个顶点的 $\binom{n-k}{k}$-正则图. 特别当 $n=5,k=2$ 时的 Keneser 图 $K(5,2)$ 就是著名的 Petersen 图(如图 1.22 所示).

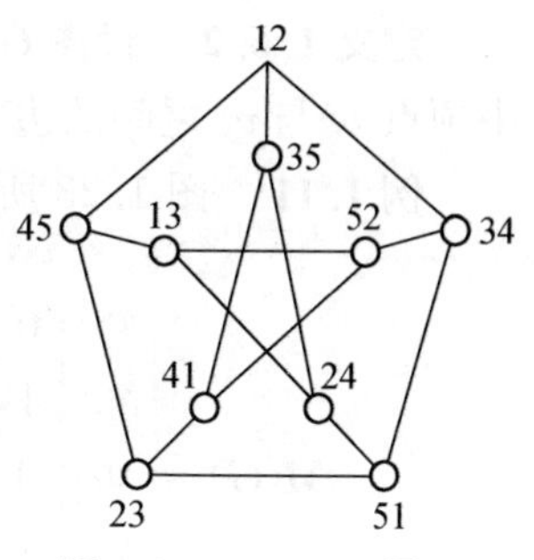

图 1.22 Petersen 图

给定一个图 $G=(V,E)$ 后,有时需要对 G 中的每条边 e 赋予一个实数 $w(e)$. 通常将 $w(e)$ 称为边 e 的权,所得图称为**赋权图**或网络,记为 $G=(V,E;w)$. 在赋权图中,边的权可以用来表示各种不同含义的量. 例如在运输网络中,边可以表示道路,边上的权可以用来表示道路的实际长度,可以表示通过该段道路所需的时间或运费,也可以用来表示建造这段道路的费用. 权的实际意义可以根据具体问题的需要决定,当然在必要时还可以给每条边赋两个以上的不同含义的权.

1.6 图的矩阵表示

一个图 $G=(V,E)$ 由它的顶点与边之间的关联关系唯一确定,也由它的顶点对之间的邻接关系唯一确定. 图的这种关系均可以用矩阵来描述,分别称为 G 的关联矩阵与邻接矩阵. 一个图的矩阵表示不仅仅是给出了图的一种表示方法,重要的是可通过对这些矩阵的讨论得到有关图的若干性质. 此外,在图论的应用中,图的矩阵表示也具有重要的作用.

定义 1.6.1 设 $G=(V,E)$ 的顶点集和边集分别为

$$V=\{v_1,v_2,\cdots,v_p\},\quad E=\{e_1,e_2,\cdots,e_q\},$$

用 b_{ij} 表示顶点 v_i 与边 e_j 关联的次数(0,1 或 2),称矩阵 $\boldsymbol{B}(G)=(b_{ij})_{p\times q}$ 为 G 的**关联矩阵**.

图 1.23 给出一个图 G 及其相应的关联矩阵 $\boldsymbol{B}(G)$.

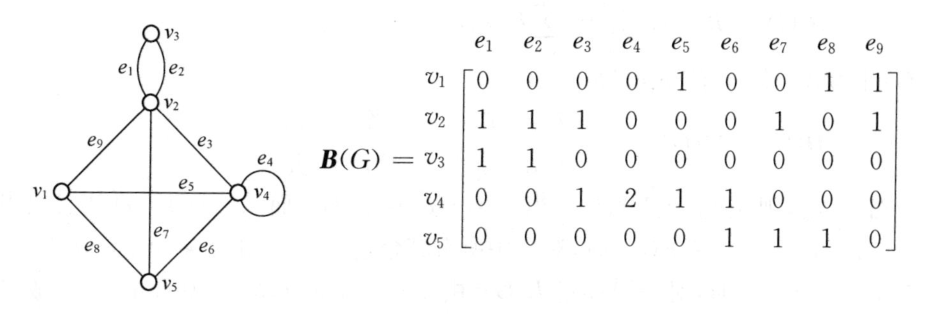

图 1.23 一个 5 阶图 G 和它的关联矩阵

从图的关联矩阵的定义容易获得以下性质：

(1) $\boldsymbol{B}(G)$ 的每一列元素之和为 2；

(2) $\boldsymbol{B}(G)$ 的每一行元素之和等于对应顶点的度数.

定义 1.6.2 设图 $G=(V,E)$ 的顶点集为 $V=\{v_1,v_2,\cdots,v_p\}$，用 a_{ij} 表示 G 中顶点 v_i 与 v_j 之间的边数，称矩阵 $\boldsymbol{M}(G)=(a_{ij})_{p\times p}$ 为 G 的**邻接矩阵**.

例 1.11 图 1.23 所示的图 G 的邻接矩阵为

$$\boldsymbol{M}(G)=\begin{matrix} v_1 \\ v_2 \\ v_3 \\ v_4 \\ v_5 \end{matrix}\overset{\begin{matrix} v_1 & v_2 & v_3 & v_4 & v_5 \end{matrix}}{\begin{bmatrix} 0 & 1 & 0 & 1 & 1 \\ 1 & 0 & 2 & 1 & 1 \\ 0 & 2 & 0 & 0 & 0 \\ 1 & 1 & 0 & 1 & 1 \\ 1 & 1 & 0 & 1 & 0 \end{bmatrix}}.$$

图的邻接矩阵有以下明显的性质：

(1) $\boldsymbol{M}(G)$ 是一个对称矩阵；

(2) 若 G 为无环图，则 $\boldsymbol{M}(G)$ 中第 i 行(列) 的元素之和等于顶点 v_i 的度数；

(3) 两个图 G 与 H 同构的充要条件是存在一个置换矩阵 $\boldsymbol{P}$，使

$$\boldsymbol{M}(G)=\boldsymbol{P}^{\mathrm{T}}\boldsymbol{M}(H)\boldsymbol{P}.$$

定义 1.6.3 设图 $G=(V,E)$ 的顶点集为 $V=\{v_1,v_2,\cdots,v_p\}$，G 的度矩阵为

$$\boldsymbol{D}(G)=\begin{bmatrix} d(v_1) & & & \\ & d(v_2) & & 0 \\ 0 & & \ddots & \\ & & & d(v_p) \end{bmatrix}.$$

定理 1.6.1 图 $G=(V,E)$ 是 p-阶简单图，则

$$\boldsymbol{B}(G)\cdot(\boldsymbol{B}(G))^{\mathrm{T}}=\boldsymbol{D}(G)+\boldsymbol{M}(G).$$

证明 记 $\boldsymbol{M}(G)=(a_{ij})_{p\times p}$，$\boldsymbol{B}(G)=(b_{ij})_{p\times q}$，$\boldsymbol{D}(G)=(d_{ij})_{p\times p}$，则 $\boldsymbol{B}(G)\cdot(\boldsymbol{B}(G))^{\mathrm{T}}$ 的(i,j) 元素为

$$[\boldsymbol{B}(G)\cdot(\boldsymbol{B}(G))^{\mathrm{T}}]_{ij}=\sum_{k=1}^{q}b_{ik}b_{jk},$$

$\boldsymbol{D}(G)+\boldsymbol{M}(G)$ 的(i,j) 元素为

$$[\boldsymbol{D}(G)+\boldsymbol{M}(G)]_{ij}=\begin{cases} d_{ii}=d(v_i), & \text{当 } i=j; \\ a_{ij}, & \text{当 } i\neq j. \end{cases}$$

若 $i\neq j$，则 $b_{ik}b_{jk}=1$ 当且仅当 $e_k=v_iv_j\in E(G)$，而 $v_iv_j\in E(G)$ 当且仅当 $a_{ij}=1$. 当 $e_k=v_iv_j\in E(G)$ 时，对 G 中所有其余边 $e_l\neq e_k$，由于 $e_l\neq v_iv_j$，$b_{il}b_{jl}=0$. 当 $v_iv_j\notin E(G)$ 时，对一切 $e_k\in E(G)$，由于 $e_k\neq v_iv_j$，$b_{ik}b_{jk}=0$ 且 $a_{ij}=0$. 故以下等式成立：

$$\sum_{k=1}^{q} b_{ik} b_{jk} = a_{ij},$$

即

$$[\boldsymbol{B}(G) \cdot (\boldsymbol{B}(G))^{\mathrm{T}}]_{ij} = [\boldsymbol{D}(G) + \boldsymbol{M}(G)]_{ij}.$$

若 $i = j$,则

$$\begin{aligned}[\boldsymbol{B}(G) \cdot (\boldsymbol{B}(G))^{\mathrm{T}}]_{ii} &= \sum_{k=1}^{q} b_{ik} b_{ik} = \sum_{k=1}^{q} b_{ik}^2 = d(v_i) = d_{ii} \\ &= [\boldsymbol{D}(G) + \boldsymbol{M}(G)]_{ii}.\end{aligned}$$

所以

$$\boldsymbol{B}(G) \cdot (\boldsymbol{B}(G))^{\mathrm{T}} = \boldsymbol{D}(G) + \boldsymbol{M}(G).$$ □

图的许多性质与图的特征值联系在一起. 为方便,我们讨论简单图的特征值.

定义 1.6.4 设 $\boldsymbol{M}(G)$ 是图 G 的邻接矩阵,$\boldsymbol{M}(G)$ 的特征多项式

$$P(G,\lambda) = \det(\lambda \boldsymbol{I} - \boldsymbol{M}(G))$$

称为图 G 的**特征多项式.**

若我们把 G 的特征多项式记为

$$P(G,\lambda) = \lambda^p + c_1\lambda^{p-1} + c_2\lambda^{p-2} + \cdots + c_{p-1}\lambda + c_p,$$

则按照行列式理论得

$$c_i = (-1)^i \sum_{M_i} \det M_i,$$

右边是对 $\boldsymbol{M}(G)$ 的所有 i 阶主子式 M_i 求和. 而 $\det M_i$ 就是 G 中由 M_i 的 i 个行所对应的 i 个顶点的导出子图 G_i 的邻接矩阵 $\boldsymbol{M}(G_i)$ 的行列式,故

$$\det M_i = \det \boldsymbol{M}(G_i).$$

由此可得到关于 $P(G,\lambda)$ 的 $n-i$ 次项系数 c_i 的具体描述.

定理 1.6.2 图 G 的特征多项式 $P(G,\lambda)$ 的 $n-i$ 次项系数 c_i 为

$$c_0 = 1,$$

$$c_i = (-1)^i \sum_{G_i} \det \boldsymbol{M}(G_i) \qquad (i = 1,2,\cdots,p).$$

右边是对 G 的所有 i 个顶点的导出子图求和.

由这个定理,我们还可以直接把前几项系数表达得更为明确.

推论 1.6.3 在简单图 G 的特征多项式中:

$$c_1 = 0,$$

$$c_2 = -q(G),$$

$$c_3 = -2s(G,K_3),$$

$$c_4 = s(G,H_1) + s(G,H_2) + s(G,H_3) - 3s(G,H_4),$$

这里 $s(G,H)$ 表示 G 中与 H 同构的导出子图的数目. 其中,H_1 与 H_2 如图 1.24 所示,$H_3 \cong P_3$,$H_4 \cong K_4$.

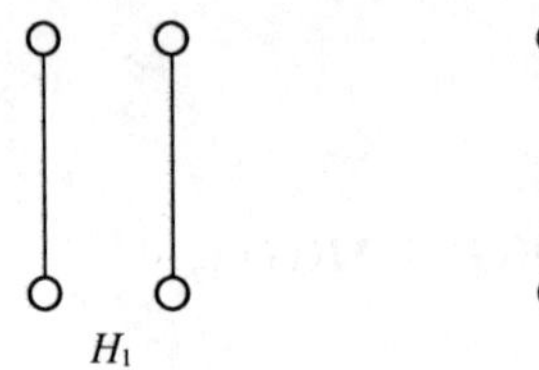

图 1.24　求 c_4 所需要的两个子图

证明　由定理 1.6.2,对每个 $i=1,2,\cdots,p$,有

$$c_i=(-1)^i\sum_{G_i}\det\boldsymbol{M}(G_i),$$

这里是对 G 中的所有 i 阶点导出子图 G_i 求和.

由于一阶导出子图只有 K_1,而 $\det\boldsymbol{M}(K_1)=0$,故 $c_1=0$.

二阶非同构的导出子图有且只有二个,即 K_2 和 K_2^c,而 $\det\boldsymbol{M}(K_2)=-1$, $\det\boldsymbol{M}(K_2^c)=0$,故

$$c_2=(-1)^2\sum_{G_2}\det\boldsymbol{M}(G_2)=-s(G,K_2)=-q(G).$$

对于三阶非同构而其邻接矩阵的行列式不等于零的导出子图只有 K_3,因为 $\det\boldsymbol{M}(K_3)=2$,故

$$c_3=(-1)^3\sum_{G_3}\det\boldsymbol{M}(G_3)=(-1)^3\det\boldsymbol{M}(K_3)s(G,K_3)=-2s(G,K_3).$$

对于四阶非同构而其邻接矩阵的行列式不等于零的导出子图有且只有四个,即 H_1,H_2,H_3 和 H_4. 因为

$$\det\boldsymbol{M}(H_1)=\det\boldsymbol{M}(H_2)=\det\boldsymbol{M}(H_3)=1,\quad \det\boldsymbol{M}(H_4)=-3,$$

故

$$\begin{aligned}c_4&=(-1)^4\sum_{G_4}\det\boldsymbol{M}(G_4)\\&=s(G,H_1)+s(G,H_2)+s(G,H_3)-3s(G,H_4).\end{aligned}$$
□

利用以上两个结论,可以较为方便地直接求出顶点数较少,结构较为简单的图的特征多项式.

例 1.12　求图 1.25 所示的图 G 的特征多项式.

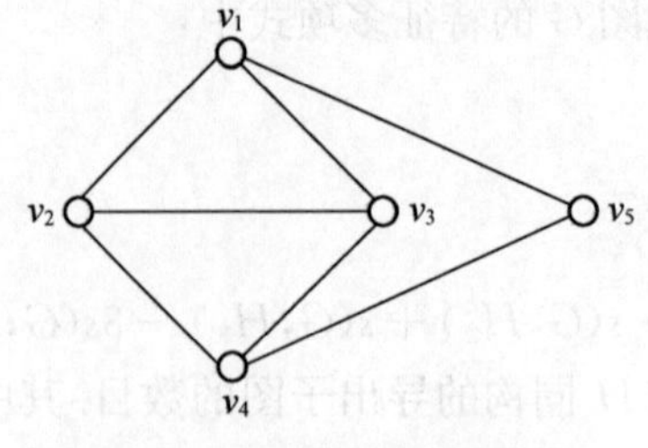

图 1.25　例 1.12 的图 G

解　利用推论 1.6.3 可求得

$$c_2 = -q(G) = -7,$$

$$c_3 = -2s(G,K_3) = -2\times 2 = -4,$$

$$c_4 = s(G,H_1) + s(G,H_2) + s(G,H_3) - 3s(G,H_4) = 0+2+0-0 = 2,$$

$$c_5 = (-1)^5 \det \boldsymbol{M}(G) = -\begin{vmatrix} 0 & 1 & 1 & 0 & 1 \\ 1 & 0 & 1 & 1 & 0 \\ 1 & 1 & 0 & 1 & 0 \\ 0 & 1 & 1 & 0 & 1 \\ 1 & 0 & 0 & 1 & 0 \end{vmatrix} = 0,$$

故

$$P(G,\lambda) = \lambda^5 - 7\lambda^3 - 4\lambda^2 + 2\lambda.$$

下面我们讨论图的特征多项式的根，它就是图 G 的邻接矩阵 $\boldsymbol{M}(G)$ 的特征值，称为 G 的**特征值**. 由于 $\boldsymbol{M}(G)$ 是(0,1) 对称矩阵，所以 $\boldsymbol{M}(G)$ 的每一个特征值均是实数.

定义 1.6.5　图 G 的**谱**是 $\boldsymbol{M}(G)$ 的不同特征值连同它们的重数. 若 $\boldsymbol{M}(G)$ 的不同特征值是 $\lambda_0 > \lambda_1 > \cdots > \lambda_{s-1}$，它们的重数分别是 $m(\lambda_0), m(\lambda_1), \cdots, m(\lambda_{s-1})$，则我们记图 G 的谱为

$$\mathrm{Spec}(G) = \begin{pmatrix} \lambda_0 & \lambda_1 & \cdots & \lambda_{s-1} \\ m(\lambda_0) & m(\lambda_1) & \cdots & m(\lambda_{s-1}) \end{pmatrix}.$$

例 1.13　图 K_4 的谱为

$$\mathrm{Spec}(K_4) = \begin{pmatrix} 3 & -1 \\ 1 & 3 \end{pmatrix}.$$

对一般的完全图 K_p，有

$$\mathrm{Spec}(K_p) = \begin{pmatrix} p-1 & -1 \\ 1 & p-1 \end{pmatrix}.$$

我们对图的特征值作一个估计.

定理 1.6.4　设简单图 G 的谱为

$$\mathrm{Spec}(G) = \begin{pmatrix} \lambda_1 & \lambda_2 & \cdots & \lambda_s \\ m_1 & m_2 & \cdots & m_s \end{pmatrix},$$

则

(1) $\sum\limits_{i=1}^{s} m_i \lambda_i = 0$;

(2) $\sum\limits_{i=1}^{s} m_i \lambda_i^2 = 2q(G)$.

证明 (1) 由根与系数的关系可知,$\boldsymbol{M}(G)$ 的全体特征值的和 $\sum_{i=1}^{s} m_i\lambda_i$ 等于 $\boldsymbol{M}(G)$ 的迹,即 $\boldsymbol{M}(G)$ 的主对角线元素之和,所以

$$\sum_{i=1}^{s} m_i\lambda_i = 0.$$

(2) $\boldsymbol{M}(G)$ 的各特征值的平方和构成$(\boldsymbol{M}(G))^2$ 的特征值组,即$(\boldsymbol{M}(G))^2$ 的对角元素 $a_{ii}^{(2)} = d_G(v_i)(i = 1,2,\cdots,p)$. 故

$$\sum_{i=1}^{s} m_i\lambda_i^2 = \sum_{i=1}^{p} a_{ii}^{(2)} = \sum_{i=1}^{p} d_G(v_i) = 2q(G).$$ □

定理 1.6.5 设 λ 是 p -阶简单图 G 的一个特征值,$q = q(G)$,则

$$|\lambda| \leqslant \sqrt{\frac{2q(p-1)}{p}}.$$

证明 设 G 的 p 个特征值为 $\lambda_1,\lambda_2,\cdots,\lambda_p$(可能有相同). 不妨设 $\lambda = \lambda_p$. 对 $p-1$ 维向量$(1,1,\cdots,1)$ 和$(\lambda_1,\lambda_2,\cdots,\lambda_{p-1})$ 应用柯西-施瓦兹不等式,得

$$\left(\sum_{i=1}^{p-1}\lambda_i\right)^2 \leqslant (p-1)\sum_{i=1}^{p-1}\lambda_i^2. \tag{1.6-1}$$

由定理 1.6.4 知 $\sum_{i=1}^{p}\lambda_i = 0$,于是

$$\lambda = \lambda_p = -\sum_{i=1}^{p-1}\lambda_i,$$

再由定理 1.6.4 知 $\sum_{i=1}^{p}\lambda_i^2 = 2q$,故

$$\sum_{i=1}^{p-1}\lambda_i^2 = 2q - \lambda_p^2 = 2q - \lambda^2.$$

现在式(1.6-1) 成为

$$(-\lambda)^2 \leqslant (p-1)(2q-\lambda^2),$$

解出 λ,即得所要求的不等式为

$$|\lambda| \leqslant \sqrt{\frac{2q(p-1)}{p}}.$$ □

对于 K_p,最大特征值为

$$\max\lambda = p-1 = \sqrt{\frac{2q(p-1)}{p}},$$

从而就一般图而言,这个界不能再改进. 然而,对于 k -正则图,我们有更强的结果.

定理 1.6.6 设 G 是一个 k -正则图,则

(1) k 是 G 的一个特征值;

(2) 对于 G 的每一个其他特征值 λ,均有 $|\lambda| \leqslant k$.

证明　(1) 设 $\boldsymbol{\alpha}=(1,1,\cdots,1)^{\mathrm{T}}$ 是一个 n 维向量，$\boldsymbol{M}$ 是 G 的邻接矩阵，则 $\boldsymbol{M}$ 的每一行元素之和均为 k，故

$$\boldsymbol{M\alpha}=k\boldsymbol{\alpha},$$

所以 k 是 G 的一个特征值.

(2) 设 $\boldsymbol{Y}$ 是 G 的邻接矩阵 $\boldsymbol{M}$ 的一个特征向量，并设

$$\boldsymbol{MY}=\lambda\boldsymbol{Y}\quad(\boldsymbol{Y}\neq\boldsymbol{0}),\tag{1.6-2}$$

令 y_j 是 $\boldsymbol{Y}$ 的各分量中绝对值最大的一个分量. 考虑式(1.6-2) 的第 j 个分量

$$\sum_{i=1}^{p}a_{ji}y_i=\lambda y_j,$$

则由

$$|\lambda y_j|=\left|\sum_{i=1}^{p}a_{ji}y_i\right|\leqslant\sum_{i=1}^{p}|a_{ji}|\cdot|y_i|\leqslant|y_j|\sum_{i=1}^{p}a_{ji}=k|y_j|,$$

得 $|\lambda|\leqslant k$. □

对于一个二分图 $G=(X,Y;E)$ 来说，我们可以用一个阶数比邻接矩阵更小的矩阵来表示. 设 $X=\{x_1,x_2,\cdots,x_n\}$，$Y=\{y_1,y_2,\cdots,y_m\}$，作 $n\times m$ 矩阵 $\boldsymbol{A}=(a_{ij})_{n\times m}$，其中 a_{ij} 表示 x_i 与 y_j 之间连接的边数.

反之，给定一个(0,1) 矩阵，能唯一确定一个简单二分图 $G=(X,Y;E)$.

例 1.14　图 1.26 所示的二分图所对应的 6×5 矩阵为 $\boldsymbol{A}$.

$$\boldsymbol{A}=\begin{bmatrix}1&1&1&0&0\\1&1&0&1&0\\1&0&0&1&1\\1&0&1&0&1\\0&1&1&0&1\\0&1&0&1&1\end{bmatrix}$$

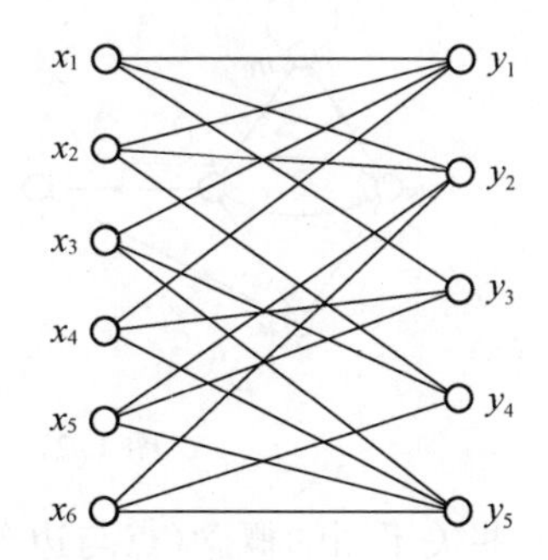

图 1.26　矩阵 A 所对应的二分图

1.7　有向图

前面所定义的图中的边是顶点的无序对，即图所描述的顶点之间的关系是对称关系. 而在现实生活中，有许多关系是非对称的，如认识关系，甲认识乙并不意味着乙认识甲；在处理交通流问题时，会碰到单行道路；又如整数间的整除关系等. 像这些就不能简单地用前面讨论的图表示，为此引进有向图的概念.

定义 1.7.1　设 $V(D)=\{v_1,v_2,\cdots,v_p\}$ 是一个非空有限集合，$A(D)=\{a_1,$

$a_2,\cdots,a_q\}$ 是与 $V(D)$ 不相交的有限集合. 一个**有向图** D 是指一个有序三元组 $(V(D),A(D),\psi_D)$，其中 ψ_D 为关联函数，它使 $A(D)$ 中的每一个元素(称为**有向边或弧**)对应于 $V(D)$ 中的一个有序元素(称为**顶点或点**)对. 若 a 是一条弧，而 u 和 v 是使得 $\psi_D(a)=(u,v)(\neq(v,u))$ 的顶点，则称 a 从 u 指向 v，并称 u 为 a 的起点，v 为 a 的终点，简记为 $a=(u,v)$.

对应于每个有向图 D，可以在有相同顶点集上作一个图 G_D，使得对应于 D 的每条弧，G_D 有一条与该弧有相同端点的边与之对应，这个图称为 D 的**基础图**. 反之，给定任意图 G，对于它的每条边指定一个方向，从而确定一条弧，由此得到一个有向图，这样的有向图称为 G 的一个**定向图**，记为 $\vec{G}$. 一般情况下，$\vec{G}$ 不是唯一的.

给定一个简单图 $G=(V,E)$，可以在顶点集 V 上作一个有向图 $D(G)$，使对应于 G 中每一条边 uv，$D(G)$ 中有两条方向相反的弧 (u,v) 及 (v,u) 与之对应，$D(G)$ 称为 G 的**对称有向图**. $D(G)$ 中的一些性质、结论可自动地转化为 G 中相应的性质、结论.

和无向图一样，有向图也有简单的图形表示. 一个有向图可以用它的基础图连同它的边上的箭头所组成的图形来表示. 图 1.27 表示一个**有向图** D 和它的**基础图** G_D. 对于有向图 $D=(V,A)$，给每条弧 a 赋以一个实数 $w(a)$(称为 a 的权)，所得赋权有向图 $N=(V,A,w)$ 称为有向网络.

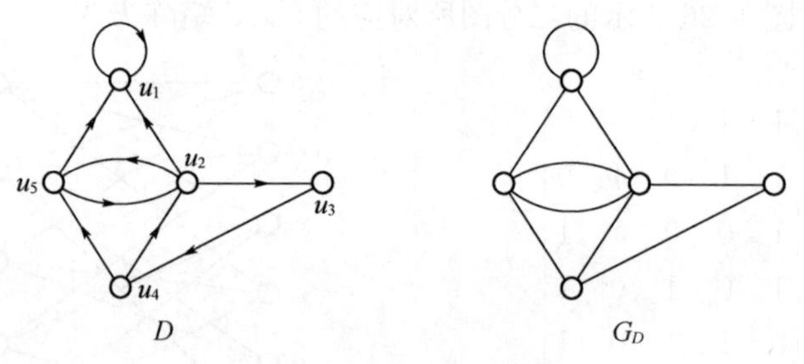

图 1.27　有向图和基础图

前面一些关于图的概念(点与边等的关系)可以自动地应用于有向图. 和简单图相对应的，称一个有向图是**严格**的，如果它没有环，且任意两条弧都不同时具有相同的起点和终点.

定义 1.7.2　有向图 D 中，一个顶点 u 的**出度** $d_D^+(u)$ 是指以 u 为起点的弧的数目，u 的**入度** $d_D^-(u)$ 是指以 u 为终点的弧的数目，$d_D^+(u)+d_D^-(u)=d_D(u)$ 表示 u 的度数，而

$$\delta^+(D)=\min\{d_D^+(u)\mid u\in V(D)\},$$
$$\delta^-(D)=\min\{d_D^-(u)\mid u\in V(D)\},$$
$$\Delta^+(D)=\max\{d_D^+(u)\mid u\in V(D)\},$$
$$\Delta^-(D)=\max\{d_D^-(u)\mid u\in V(D)\}$$

分别称为 D 的**最小出度**、**最小入度**、**最大出度**和**最大入度**.

由于每一条弧恰有一个起点和一个终点，故有下面的定理.

定理 1.7.1 对每一个有向图 $D=(V,A)$，有

$$\sum_{u\in V(D)} d_D^+(u) = \sum_{u\in V(D)} d_D^-(u) = |A|.$$

例 1.15 在一次围棋擂台赛中双方各出 n 名选手，比赛的规则是双方先各自排定一个次序. 设甲方排定的次序为 $x_1,x_2,\cdots,x_n$，乙方排定的次序为 $y_1,y_2,\cdots,y_n$，则 x_1 与 y_1 先比赛，然后胜的一位与输的那一方的下一位选手比赛. 按这种方式进行比赛，直到有一方的最后一位选手出场比赛并且输给对方，比赛就结束. 问最多进行几场比赛可定其胜负？（假定比赛不出现平局）

解 先建立一个有向图 $D=(V,A)$，$V=\{x_1,x_2,\cdots,x_n,y_1,y_2,\cdots,y_n\}$，如果 x_i 与 y_j 进行一场比赛，就在 x_i 与 y_j 之间连一条弧，其方向从胜者指向负者，则 D 的每一条弧对应一场比赛，D 中弧的数目就是这次比赛的场数. 根据比赛规则，每一名选手至多输一场，所以 D 中每个顶点的入度至多为 1，但 x_n 与 y_n 必有一个顶点的入度为 1，另一个为 0. 由定理 1.7.1，得

$$|A| = \sum_{i=1}^{n}(d_D^-(x_i)+d_D^-(y_i)) \leqslant 2n-1,$$

即至多进行 $2n-1$ 场比赛就可以确定胜负.

对于有向图，我们类似的可以引进关联矩阵和邻接矩阵.

定义 1.7.3 有向图 D 的关联矩阵 $\boldsymbol{B}(D)=(b_{ij})_{p\times q}$ 定义为

$$b_{ij}=\begin{cases}1, & \text{顶点 } v_i \text{ 是弧 } a_j \text{ 的起点;}\\ -1, & \text{顶点 } v_i \text{ 是弧 } a_j \text{ 的终点;}\\ 0, & \text{顶点 } v_i \text{ 与弧 } a_j \text{ 不关联.}\end{cases}$$

例 1.16 图 1.28 所示的有向图 D 的关联矩阵为 $\boldsymbol{B}(D)$.

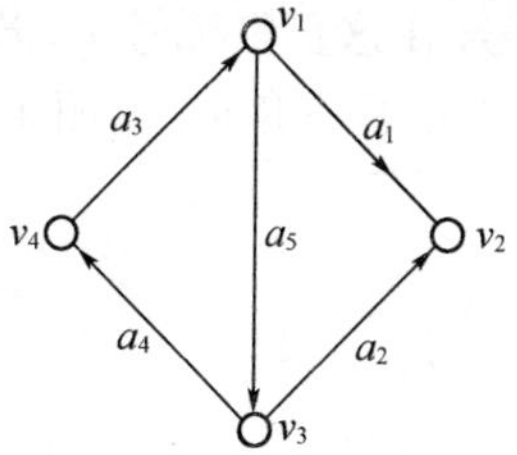

$$\boldsymbol{B}(D)=\begin{bmatrix}1 & 0 & -1 & 0 & 1\\ -1 & -1 & 0 & 0 & 0\\ 0 & 1 & 0 & 1 & -1\\ 0 & 0 & 1 & -1 & 0\end{bmatrix}$$

图 1.28 有向图 D 和它的关联矩阵

定义 1.7.4 有向图 D 的邻接矩阵 $\boldsymbol{M}(D)=(a_{ij})_{p\times p}$ 的元素 a_{ij} 定义为从 v_i 到 v_j 的弧的条数.

例 1.17 图 1.28 所示的有向图 D 的邻接矩阵为

$$M(D)=\begin{bmatrix}0&1&1&0\\0&0&0&0\\0&1&0&1\\1&0&0&0\end{bmatrix}.$$

1.8 Brouwer 不动点定理

闭的 n 维球到其自身的每一个连续映射 f 都有一个不动点(即有一点 x,使 $f(x)=x$). 这就是著名的 Brouwer 不动点定理,它是非线性分析理论的重要组成部分,与现代数学的许多分支有着非常紧密的联系. 有关 Brouwer 不动点定理的证明有很多,例如基于代数拓扑、外微分形式、解析方法和拓扑度理论等方法. 不少数学工作者还致力于寻找 Brouwer 不动点定理的初等证明. 现在我们用图论的方法给出这个定理一个十分巧妙的证明.

在证明 Brouwer 定理之前,先介绍并证明 Sperner 引理.

Sperner 引理涉及把一个单纯形(线段、三角形、四面体等等) 分解为较小的单纯形问题. 为简单起见,我们只讨论二维情形,即平面上一个三角形 T 所围成的闭区域.

设 T 是平面上一个闭三角形. 把 T 分解为有限个较小三角形 $T_1, T_2, \cdots, T_m$ 的剖分称为 T 的一个**单纯剖分**,如果满足:

(1) $T=\bigcup_{i=1}^{m} T_i$;

(2) 任意两个不同的 T_i 和 T_j,至多有一个公共点或一条公共边.

现在把 T 及各个 T_i 的顶点用 0,1,2 标号,并满足:

(1) T 的三个顶点分别标以 0,1,2;

(2) 若 T_i 的一个顶点 x_k 落在 T 的一条边上,且这条边的两个端点的标号为 i 与 j,则 x_k 的标号为 i 或 j,T_i 的其余顶点任意地标上 0,1 或 2.

我们称这种标号为 T 的单纯剖分的一个正常标号. 在这正常标号下,若某个小三角形的三个顶点分别标以 0,1,2,称这个小三角形为正常三角形(见图 1.29).

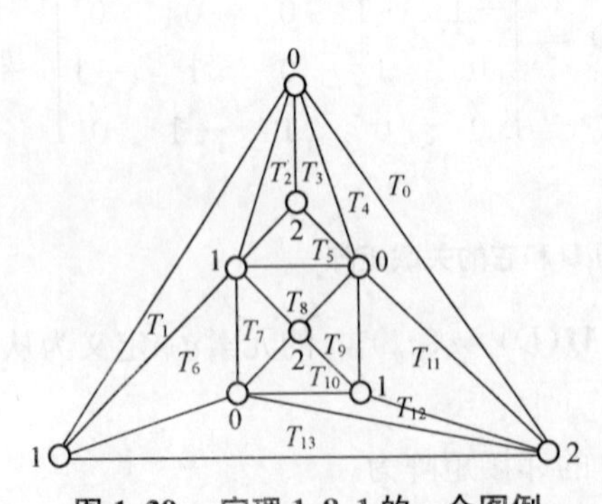

图 1.29 定理 1.8.1 的一个图例

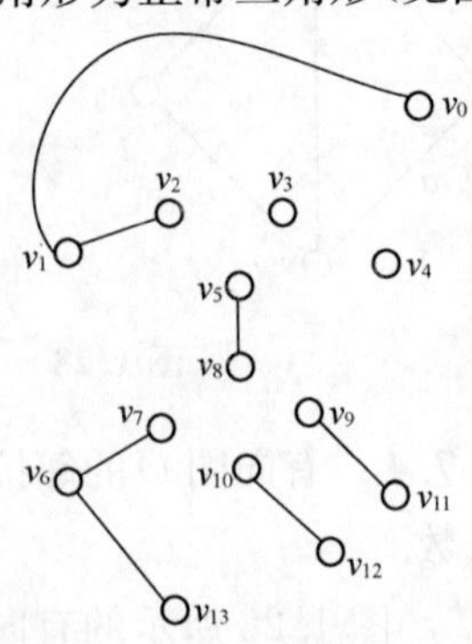

图 1.30 图 1.29 所对应的图

定理 1.8.1(Sperner 引理) 对于 T 的单纯剖分下的任意一个正常标号中,必有奇数个正常三角形.

证明 令 T_0 是 T 的外部区域,$T_1,T_2,\cdots,T_m$ 是剖分 T 所得的小三角形,现构造一个 $m+1$ 阶简单图 G,$V(G)=\{v_0,v_1,v_2,\cdots,v_m\}$,当且仅当 T_i 与 $T_j(i\neq j)$ 有公共边且这条公共边的两个端点的标号是 0 和 1 时,v_i 与 v_j 这两顶点间连一条边(见图 1.30).

由图 G 的构造不难发现,三角形 $T_i(i\neq 0)$ 是正常三角形当且仅当顶点 v_i 的度为奇数.而由推论 1.3.2,G 中奇点的个数为偶数,若我们能证明 $d_G(v_0)$ 为奇数,则结论成立.

事实上,$d_G(v_0)$ 是 T 上 0-1 边以 0,1 为端点的小区间的个数.设这条边上的标号序列为$(0,\cdots,0,1,\cdots,1,0,\cdots,0,1,\cdots,0,1,\cdots,1)$,若这个序列内部没有标号或标号均为 0 或 1,则 $d_G(v_0)=1$;若这个序列内部有标号 0 与 1,则我们把两端标号相同的小区间缩成一个点,标号不变.此时,这个序列的标号为 0-1 交错序列 0101…01,这里有奇数个小区间端点分别标以 0 与 1,所以 $d_G(v_0)$ 为奇数. □

下面开始证明 Brouwer 不动点定理,为简单起见,我们仅讨论二维情形.由于闭三维球同胚于闭三角形,因而只要证明从闭三角形到其自身的连续映射有一个不动点即可.

定理 1.8.2(Brouwer 不动点定理) 设 T 是一个闭三角形,f 是 T 到自身的一个连续映射,则存在 $x_0\in T$,使得 $f(x_0)=x_0$.

证明 设 x_0,x_1,x_2 是 T 的三个顶点,则 T 上任一点 x 可唯一地表示为

$$x=a_0x_0+a_1x_1+a_2x_2,$$

其中,$\sum_{i=1}^{2}a_i=1$,且 $a_i\geqslant 0$,$i=0,1,2$.系数 a_0,a_1,a_2 称为 x 的重心坐标,因而我们可以用向量(a_0,a_1,a_2)代表 x,同时,记 $f(a_0,a_1,a_2)=(a_0',a_1',a_2')$ 和 $S_i=\{x\mid x=(a_0,a_1,a_2)\in T,a_i\geqslant a_i'\}(i=0,1,2)$,则我们只要证明 $\bigcap_{i=0}^{2}S_i\neq\varnothing$.

若 $\bigcap_{i=0}^{2}S_i\neq\varnothing$ 为真,则存在$(a_0,a_1,a_2)\in\bigcap_{i=0}^{2}S_i$,有 $a_i\geqslant a_i'(i=0,1,2)$;又 $\sum_{i=0}^{2}a_i=\sum_{i=0}^{2}a_i'$,故有$(a_0',a_1',a_2')=(a_0,a_1,a_2)$,即$(a_0,a_1,a_2)$为 f 的不动点.

下面证 $\bigcap_{i=0}^{2}S_i$ 非空.对于 T 的任意一个单纯剖分,我们用 X 表示 T 及每个小三角形 $T_1,T_2,\cdots,T_m$ 的顶点全体,现在给 X 中的点作如下标号:对于 $x=(a_0,a_1,a_2)\in T$,若 $f(a_0,a_1,a_2)=(a_0',a_1',a_2')$,则必存在一个下标 i,使 $a_i>0$ 和 $a_i\geqslant a_i'$(即 $x\in S_i$).我们就将 x 标以 i.对于 T 的这个标号是正常的.这是因为,对于 T 的三个点 x_i,由于 $a_i=1$,故 x_i 的标号为 $i(i=0,1,2)$,而对于 T 的 x_0x_1 边上各点

x 来说，x 的重心坐标中的 $a_2=0$，我们只能把这边上的点 x 标 0 或 1，x_0x_2 上的点同理只能标 0 或 2，x_1x_2 上的点只能标 1 或 2.

由定理 1.8.1，至少有一个正常三角形，其顶点分别属于 S_0，S_1，S_2. 我们使剖分无限变密，使其中每个小三角形具有任意小的直径，则可知存在 S_0，S_1，S_2 中有三个点可任意接近，又 f 是连续的，故 $S_i(i=0,1,2)$ 是闭集，于是 $\bigcap_{i=0}^{2} S_i \neq \varnothing$. □

习题 1

1.1 证明：在下面几个图中，G_1 与 G_2 两个图同构（G_1 是著名的 Petersen 图），而图 G_3 与 G_4 不同构.

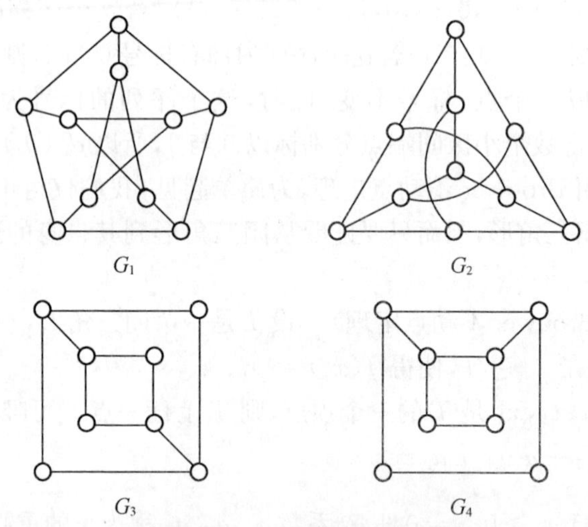

图 1.31　习题 1.1 中的四个图

1.2 设 G 与 H 同构，其中 $V(G)$ 与 $V(H)$ 之间的这个一一对应为 φ. 证明：

(1) 对 G 中任一个顶点 u，$d_G(u)=d_H(\varphi(u))$；

(2) $p(G)=p(H)$，$q(G)=q(H)$；

(3) 举例说明(2) 的逆不成立.

1.3 对任意图 G，证明：

$$\delta(G) \leqslant 2q(G)/p(G) \leqslant \Delta(G).$$

1.4 在一次象棋比赛中，任意的两名选手间至多下一盘，试证：总存在两名选手，他们下过的盘数相同.

1.5 在习题 1.4 所指的比赛中，如果每个选手与其余所有的选手都比赛一次，且选手总数是 n，求总盘数.

1.6 在某俱乐部里有 n 个人（$n \geqslant 6$），每个人声称只愿意与他认识的 4 个人在一起打桥牌.证明:如果有1个人认识的人数大于$\frac{2}{3}n$,而其余每个人认识的人数大于或等于$\frac{2}{3}n$,则总可以从这n个人中找出4个人,这4个人可以在一起打桥牌.

1.7 证明:非负整数序列(7,6,5,4,3,3,2)和(6,6,5,4,3,3,1)都不是图序列.

1.8 在一次集会中有n个人参加($n\geqslant 6$),证明:其中的任意6个人中必有3个人互相认识或有3个人互不认识.举例说明:如果将6个人改为任意的5个人,结论不一定成立.

1.9 将平面上的一个三角形的三个顶点分别涂以红、蓝、黑三种颜色,再在该三角形内取若干个点,将它分为若干个小三角形(图1.32是一个例子),每两个小三角形或有一个公共端点,或者有一条公共边,或者没有公共端点,并将每个小三角形的端点也涂上红、蓝、黑三种颜色之一.证明:不管怎样涂,都有一个小三角形,它的三个顶点的颜色全不相同.

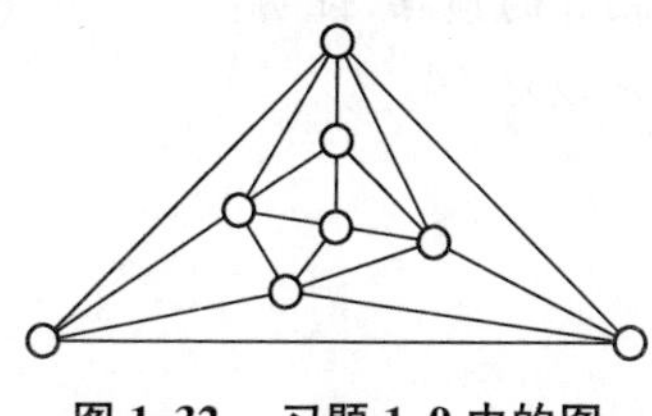

图1.32 习题1.9中的图

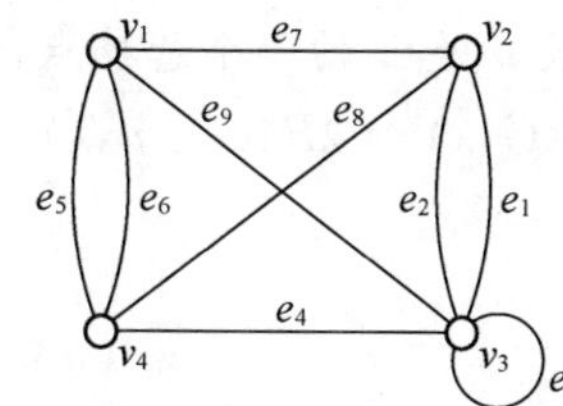

图1.33 习题1.11中的图G

1.10 一个集会中有$n(\geqslant 3)$人参加.已知没有人认识其他所有的人,任意的三个人中至少有两个人互不认识,而对任意两个互不认识的人恰好有一个人与这两个人互相认识.证明:每个人都有同样数目的熟人.

1.11 设G为如图1.33所示的图.

(1) 画出下列几个子图:

(a) $G\backslash\{v_1,v_2,v_4\}$;

(b) $G[\{v_1,v_2,v_3\}]$;

(c) $G[\{e_3\}]$;

(d) $G[\{e_1,e_2,e_3\}]$;

(e) $G\backslash\{e_4,e_7,e_8,e_9\}$;

(f) G的基础简单图.

(2) 上面的6个子图中,哪几个子图是正则图?

(3) 求$G[\{v_1,v_2,v_3\}]\cup G[\{v_2,v_3,v_4\}]$和$G[\{v_1,v_4\}]+G[\{v_2,v_3\}]$.

1.12 若简单图G同构于G^c,则称G为**自补图**.

(1) 证明:自补图的阶数为$p=4k$或$p=4k+1$,其中k为某个自然数;

(2) 找出所有 4 -阶和 5 -阶的自补图.

1.13 设 $G=(X,Y;E)$ 是一个 k-正则二分图($k\geqslant 1$),证明:$|X|=|Y|$.

1.14 证明:二分图的每个非平凡子图都是二分图.

1.15 如果 G 是简单二分图,含有 p 个顶点,证明:$q(G)\leqslant \frac{p^2}{4}$.

1.16 证明:任何一个简单图 G 都有一个生成子图 H,使 H 为二分图,并且对任意一个顶点 $v\in V$,有 $d_H(v)\geqslant \frac{1}{2}d_G(v)$.

1.17 平面上有 1000 个点,其中任意 3 个点不共线. 证明:可以适当添加 2500 条连接这些点的直线段,而不形成一个以这 1000 个点中某些点为顶点的三角形.

1.18 已知 $\boldsymbol{M}=(a_{ij})_{p\times p}$ 是 p -阶简单图 G 的邻接矩阵,记 $\boldsymbol{M}^k=(a_{ij}^{(k)})_{p\times p}$,证明:$a_{ij}^{(3)}$ 是 G 中以 v_i 为一个顶点的三角形数目的 2 倍.

1.19 设 $\boldsymbol{M}(G)$ 和 $\boldsymbol{M}(H)$ 为 p -阶简单图 G 和 H 的邻接矩阵,证明:$G\cong H$ 当且仅当存在 p 阶置换矩阵 $\boldsymbol{P}$,使得 $\boldsymbol{M}(G)=\boldsymbol{P}^{\mathrm{T}}\boldsymbol{M}(H)\boldsymbol{P}$.

1.20 设 u 是 G 的一个悬挂点,v 是与 u 相邻的顶点,证明:

$$P(G,\lambda)=\lambda P(G-u,\lambda)-P(G-uv,\lambda).$$

2 图的连通性

2.1 路和圈

定义 2.1.1 图 $G=(V,E)$ 的一个点边交替出现的有限序列

$$W=v_0e_1v_1e_2v_2\cdots v_{k-1}e_kv_k,$$

这里 $v_i(0\leqslant i\leqslant k)$ 是 G 的顶点，$e_i(1\leqslant i\leqslant k)$ 是 G 的边，满足 e_i 的两个端点就是 v_{i-1} 和 $v_i(1\leqslant i\leqslant k)$，则称 W 是 G 的一条从 v_0 到 v_k 的**途径**，简称为 (v_0-v_k) 途径. $v_i(1\leqslant i\leqslant k-1)$ 称为 W 的**内部顶点**；k 称为途径 W 的**长度**，记为 $l(W)=k$；v_0 与 v_k 称为 W 的**起点**与**终点**，或统称为 W 的端点.

例如，图 2.1 所示的图 G 中，$W_1=v_1e_6v_2e_2v_4e_8v_4e_2v_2e_4v_3$ 是一条 (v_1-v_3) 途径，其长度为 5.

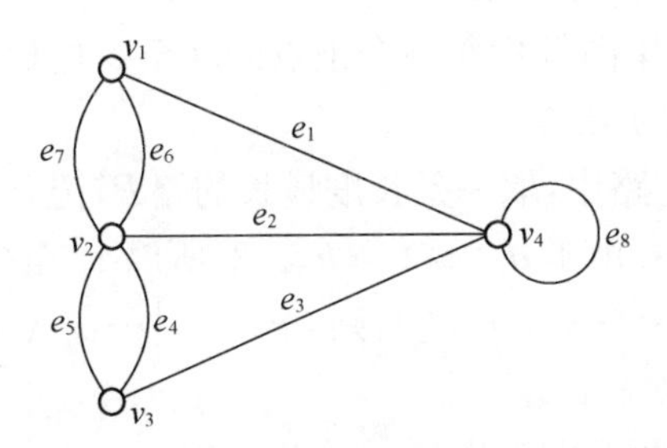

图 2.1　图 G

注意：在途径的定义中没有要求一条途径内的边互不相同. 如果一条途径的边互不相同，则称这条途径为**迹**. $W=v_1e_7v_2e_4v_3e_5v_2e_2v_4$ 是图 2.1 所示的图 G 的一条 (v_1-v_4) 迹，长度为 4.

如果一条途径中的顶点也互不相同，则称这条途径为**路**. 明显的，如果 W 是一条 (v_0-v_k) 路，则 W 也是一条 (v_0-v_k) 迹和 (v_0-v_k) 途径. 反之，若 G 中存在一条 (v_0-v_k) 途径 W，则在 G 中必然也存在一条 (v_0-v_k) 路 P，且 $E(P)\subseteq E(W)$. 若 P 是一条路，x 和 y 是 P 中两个顶点，用 $P(x,y)$ 表示沿 P 从 x 到 y 的这一段路.

当我们所讨论的图是简单图时，G 的一条途径 $W=v_0e_1v_1e_2v_2\cdots v_{k-1}e_kv_k$ 可简写为 $W=v_0v_1v_2\cdots v_{k-1}v_k$. 迹与路也同样可以这样简写.

对于图 G 中两个给定的顶点 u 和 v，若 G 中存在 $(u-v)$ 路，则必定存在一条长度最短的 $(u-v)$ 路 P_0，称 P_0 是一条 $(u-v)$ 最短路，P_0 的长度称为顶点 u 与 v 的

距离,记为 $d_G(u,v)$(或 $d(u,v)$). 如果 G 中不存在从 u 到 v 的路,则令 $d_G(u,v) = +\infty$. 定义图 G 的**直径** $\mathrm{diam}(G)$(简写为 $d(G)$)为

$$d(G) = \max\{d(u,v) \mid u,v \in V(G), u \neq v\}.$$

定义 2.1.2 如果一条途径的起点与终点相同,就称这条途径为**闭途径**.

同样可以定义闭迹. 我们通常把起点及内部顶点互不相同的闭迹称为**圈**.

例如,图 2.1 中的 $v_1e_1v_4e_3v_3e_4v_2e_6v_1$ 是 G 的一个圈,长度为 4;$v_1e_6v_2e_7v_1$ 是 G 的一个长为 2 的圈.

明显的,在简单图中,圈的长度至少是 3. 我们通常用 C_n 表示某一长度为 n 的圈,而 P_n 表示有 n 个点的路.

有向图 D 的**有向途径**是指交替地出现点和弧的一个有限非空序列

$$W = v_0a_1v_1a_2v_2\cdots a_kv_k,$$

对于 $i = 1,2,\cdots,k$,弧 a_i 的起点是 v_{i-1},终点是 v_i,简称 W 是一条($v_0 - v_k$)有向途径. 和图的途径一样,在严格的有向图中,一条有向途径常常用它的顶点序列 $v_0v_1\cdots v_k$ 来表示. 有向迹、有向路和有向圈可以类似的定义. 也可类似定义有向图中两顶点 u 与 v 之间的距离 $d_D(u,v)$. 注意在有向图 D 中,对于两个顶点 u,v,一般 $d_D(u,v) = d_D(v,u)$ 是不成立的.

定理 2.1.1 若简单图 G 中每一个顶点的度至少是 $k(\geqslant 2)$,则 G 中必然含有一个长度至少是 $k+1$ 的圈.

证明 在 G 的所有路中,取一条长度最长的路 P,记 $P = v_0v_1\cdots v_{t-1}v_t$,则 v_0 和 v_t 的所有邻点全在 P 中. 由于 $d_G(v_0) \geqslant k \geqslant 2$,所以 v_0 至少有 k 个邻点,设为 v_{i_1}, $v_{i_2}, \cdots, v_{i_k}$, $1 \leqslant i_1 < i_2 < \cdots < i_k \leqslant t$,则 $C = v_0v_1\cdots v_{i_k}v_0$ 就是 G 的一个长为 $i_k + 1$ 的圈,显然,$i_k + 1 \geqslant k+1$. □

对于有向图,类似的可以证明.

定理 2.1.2 设有向图 D 是严格的,$\delta^-(D) \geqslant k$ 或 $\delta^+(D) \geqslant k(k>0)$,则 D 含有长度至少为 $k+1$ 的有向圈.

若图 G 含有圈,我们用 $g(G)$ 表示 G 中最短圈的长度,称为 G 的**围长**.

定理 2.1.3 对每个含有圈的图 G,有 $g(G) \leqslant 2d(G)+1$.

证明 设 C 是 G 的一个最短圈,即 $g(G) = l(C)$. 若 $g(G) \geqslant 2d(G)+2$,则在 C 中存在两个顶点 x 和 y,使 $d_G(x,y) \geqslant d(G)+1$,因而有 $d(G) \geqslant d_G(x,y) \geqslant d(G)+1$,矛盾. □

定理 2.1.4 若 $p(\geqslant 3)$-阶简单图 G 的边数 $q(G) > \left\lceil \frac{p^2}{4} \right\rceil$,则 $g(G) = 3$.(注:$\lceil x \rceil$表示不小于 x 的最小整数)

证明 若 $g(G) \geqslant 4$,则对 G 的每条边 xy,有 $N_G(x) \cap N_G(y) = \varnothing$,即

$$d_G(x) + d_G(y) \leqslant p,$$

两边对 G 的 $q(G)$ 条边求和,我们有

$$\sum_{xy\in E(G)}(d_G(x)+d_G(y))\leqslant p\cdot q(G).$$

对于 G 的每个点 v,$d_G(v)$ 在上式左边共出现 $d_G(v)$ 次,故有

$$\sum_{v\in V(G)}d_G^2(v)\leqslant p\cdot q(G),$$

由定理 1.3.1 和柯西-施瓦兹不等式,可知

$$(2q(G))^2=\Big(\sum_{v\in V(G)}d_G(v)\Big)^2\leqslant p\Big(\sum_{v\in V(G)}d_G^2(v)\Big),$$

因此,有

$$(2q(G))^2\leqslant p^2q(G),$$

所以 $q(G)\leqslant\frac{p^2}{4}$,矛盾. □

为了方便,我们把长度为奇(偶)数的圈称为**奇(偶)圈**.我们可根据奇圈的存在性来判别给定的图是否为二分图.

定理 2.1.5　非平凡图 G 是二分图当且仅当 G 中不含长为奇数的圈.

证明　(必要性)设 G 是一个二分图,G 的二分划为 X 和 Y,则 $G[X]$ 和 $G[Y]$ 为空图.设

$$C=v_1v_2\cdots v_kv_1$$

是 G 中长度为 k 的一个圈,下证 k 为偶数.

不妨设 $v_1\in X$,由于 v_2 与 v_1 相邻,故 $v_2\in Y$;同样因 $v_2\in Y$,v_3 与 v_2 相邻,有 $v_3\in X$.一般说来,$v_1,v_3,v_5,\cdots\in X$,$v_2,v_4,v_6,\cdots\in Y$.又因为 $v_1\in X$,$v_1v_k\in E(G)$,所以 $v_k\in Y$,即得 k 为偶数.

(充分性)不妨设 G 的每一对点之间都有路连接(否则只要考虑 G 的每个每一对点之间都有路连接的极大子图).任取 G 的一个顶点 u,由 G 的假设,对 G 的每一个顶点 v 在 G 中存在 $(u-v)$ 路.现利用 u 对 G 的顶点进行分类.置

$$X=\{v\in V(G)\mid G\text{ 中存在一条长为偶数的}(u-v)\text{ 路}\},$$
$$Y=\{v\in V(G)\mid G\text{ 中存在一条长为奇数的}(u-v)\text{ 路}\}.$$

显然 $u\in X$.由于图 G 中不存在长度为奇数的圈,所以对任意一个顶点 v,G 中所有从 u 到 v 的路的长度都有相同的奇偶性,因而 $X\cap Y=\varnothing$.由 G 的假设,$X\cup Y=V(G)$.对 G 的每一条边 $e=u_1u_2$,若 $u_1,u_2\in X$,则存在两条路 P_1 与 P_2 分别连接 u 与 u_1 和 u 与 u_2,且 P_1,P_2 的长度均为偶数,则闭途径 $P_1\cup P_2\cup\{e\}$ 的长度为奇数,从而 G 中有一个长为奇数的圈,矛盾.同样 u_1 与 u_2 不能同时含在 Y 中.故 e 的两个端点分别在 X 和 Y 中,因此 G 是二分图. □

由定理 2.1.5 可得图 2.2 所示的图不是二分图,因为它包含一个长为 3 的圈 $C=v_4v_5v_6v_4$;图 2.3 所示的图是一个二分图,因为它不含长为奇数的圈.

下面我们利用路的概念来考虑著名的“过河问题”.

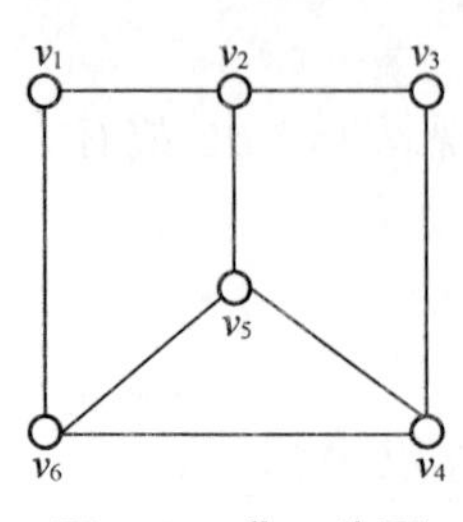

图 2.2　非二分图

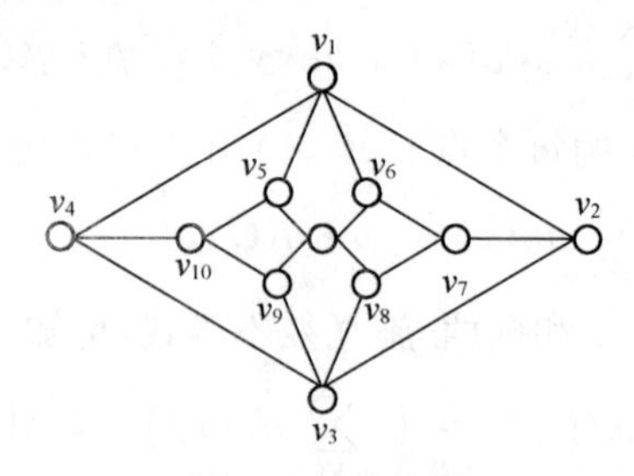

图 2.3　二分图

例 2.1　一个摆渡人在河西,要把一只狼、一只羊和一捆草运到河东去,由于船太小,除摆渡人之外,一次只能运一个“乘客”. 很明显,摆渡人不能让狼与羊单独留在同岸,也不能让羊和草单独留在同岸. 问摆渡人怎样才能把它们从河西运到河东去?

解　用字母 F 代表摆渡人,W 表示狼,S 表示羊,H 表示草. 根据题意,在集合 $\{F,S,W,H\}$ 中,允许留在河西岸边的子集是 $\{F,S,W,H\}$,$\{F,S,W\}$,$\{F,S,H\}$,$\{F,W,H\}$,$\{F,S\}$,$\{W,H\}$,$\{S\}$,$\{W\}$,$\{H\}$,$\varnothing$. 我们现在可以构造一个以这些子集为顶点,将摆渡前在西岸边的子集与经过一次摆渡后新形成西岸边的子集所对应的两个顶点连上一条边,得图 G(如图 2.4 所示).

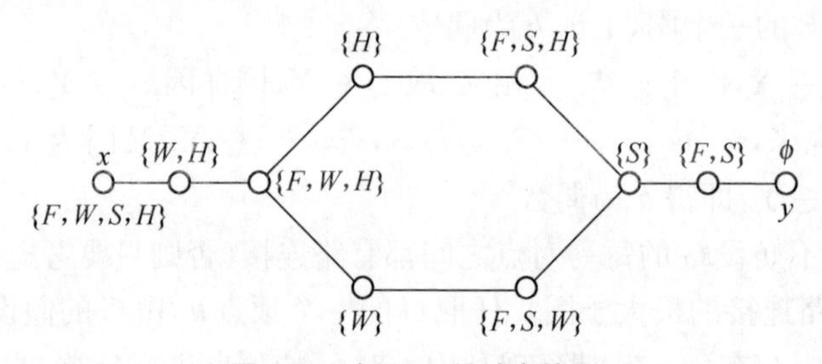

图 2.4　例 2.1 所对应的图

问题的解就是要我们找出图 G 中一条从顶点 $x=\{F,W,S,H\}$ 到顶点 $y=\varnothing$ 的路. 从 G 中不难得出从 x 到 y 的一条路:$\{F,W,S,H\}\to\{W,H\}\to\{F,W,H\}\to\{W\}\to\{F,S,W\}\to\{S\}\to\{F,S\}\to\varnothing$.

按照这条路,可以这样安排渡河:首先摆渡人带羊过河,留下狼和草,然后人再回来,带着草过河,把草放在河东而把羊带回来,再把羊放下,而把狼带过河去,最后,摆渡人再回来把羊带过河去.

图 G 中存在另一条从 x 到 y 的路,按照这条路,可以给出另一种渡河方案,留给读者自己考虑.

例 2.2　在一个 $n\times n$ 的棋盘上填上 $1\sim n^2$ 的所有自然数,证明:总能找到相邻的两个方格(具有公共边的两个方格称为是相邻的),里面所填的两数之差的绝对值不小于$\left\lceil\frac{n+1}{2}\right\rceil$.

证明　把每个方格作为顶点(n^2 个)并标上该方格所填的数,相邻的方格对应相邻的顶点,所得图记为 G,则只要证明图 G 中存在一条边 e,而 e 的两个端点的标号数之差绝对值不小于$\left\lceil\frac{n+1}{2}\right\rceil$.

容易算得此图 G 的直径为

$$d(G)=(n-1)+(n-1)=2(n-1),$$

即 G 中任意两个顶点之间有一条长度不超过 $2n-2$ 的路连接它们.

如果 G 中任意一条边的两端点标号数之差绝对值小于$\left\lceil\frac{n+1}{2}\right\rceil$,则 G 的任意两点的标号数之差的绝对值不超过

$$2(n-1)\left(\left\lceil\frac{n+1}{2}\right\rceil-1\right)<2(n-1)\left[\left(\frac{n+1}{2}+1\right)-1\right]=n^2-1,$$

但 G 中必有一个顶点的标号数为 n^2,一个顶点的标号数是 1,这两个顶点的标号数之差绝对值是 n^2-1,与上矛盾.

所以 G 中至少有一条边 e_0 的两个端点标号数之差的绝对值不小于$\left\lceil\frac{n+1}{2}\right\rceil$,此边两个顶点所对应相邻的两个方格里所填的两数之差的绝对值不小于$\left\lceil\frac{n+1}{2}\right\rceil$.

下面我们讨论走迷宫(从迷宫外面到达迷宫中心或迷宫中的任何地方)问题.图 2.5 是奥伦治的威廉王迷宫平面图(建于 1690 年,至今还屹立着).

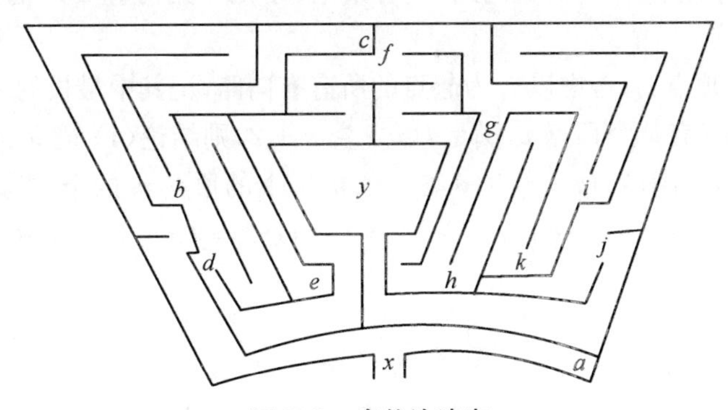

图 2.5　奥伦治迷宫

这座迷宫是带一些死角与岔口的回廊.如果把死胡同的底端以及分岔点作为图的顶点,而把每一段回廊本身作为图的边,就得到图 G(如图 2.6 所示).若要想到达迷宫的任何地方,就只要在图 G 中找出一条从 x 到这一点的路;如果还要求找一条从进口 x 到中心 y 的最佳行走方案,就需要在图 G 中找一条从 x 到 y 的最

短路.

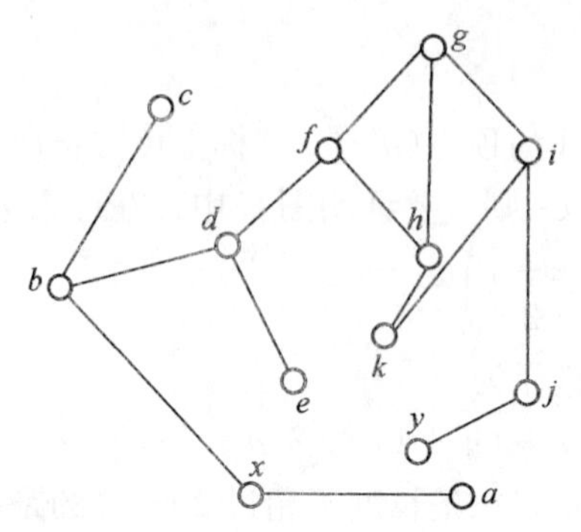

图 2.6　奥伦治迷宫所对应的图

下面利用有向路的概念来证明一个数列问题.

例 2.3　任意给定$(n+1)^2$项递增的自然数列,则下面的结论中必有一条是成立的:

(1) 存在$n+3$项的子列,使此子列中任一项能整除此子列中它后面的每一项;

(2) 存在$n+1$项的子列,使此子列中任一项不能整除此子列中它后面的任何一项.

证明　设这$(n+1)^2$项递增的自然数列为$v_1, v_2, \cdots, v_{(n+1)^2}$. 作一有向图$D=(V,A)$,其中$V=\{v_1, v_2, \cdots, v_{(n+1)^2}\}$,若$v_i$整除$v_j$,就在$D$中引一条从$v_i$到$v_j$的弧$(v_i, v_j)(i \neq j)$. 明显的,这样构造的有向图无有向圈,而且具有结论(1) 的子列对应D中一条长为$n+2$的有向路;具有结论(2) 的子列对应D中的$n+1$个互不相邻的顶点.

对每一个顶点v_i,考虑以v_i为起点的所有有向路,记其中最长的一条有向路的长为$l(v_i)$. 如果有某个顶点v_i满足$l(v_i) \geqslant n+2$,则结论(1) 成立. 如对一切v_i,$l(v_i) \leqslant n+1$,记满足$l(v_i)=j(0 \leqslant j \leqslant n+1)$的顶点$v_i$的个数为$a(j)$,则

$$a(0)+a(1)+\cdots+a(n+1)=|V(G)|=(n+1)^2=n(n+2)+1,$$

因为

$$\frac{n(n+2)+1}{n+2}=n+\frac{1}{n+2}>n,$$

所以必存在一个j_0,$0 \leqslant j_0 \leqslant n+1$,使$a(j_0) \geqslant n+1$. 即在$D$中至少存在$n+1$个顶点$v_{j_1}, v_{j_2}, \cdots, v_{j_{n+1}}$,使$l(v_{j_k})=j_0$,$k=1,2,\cdots,n+1$. 由假设,$D$中以$v_{j_k}$为起点的最长有向路的长为$j_0$,现可断定这$n+1$个顶点互不相邻. 否则,如有$(v_{j_k}, v_{j_i}) \in A(D)(0 \leqslant k \neq i \leqslant n+1)$,则

$$l(v_{j_k}) \geqslant l(v_{j_i})+1=j_0+1,$$

矛盾.所以 $v_{j_1}, v_{j_2}, \cdots, v_{j_{n+1}}$ 互不相邻,因此结论(2)成立.

2.2 连通图

定义 2.2.1 如果对图 $G=(V,E)$ 的任意两个顶点 u 与 v, G 中存在一条 $(u-v)$ 路,则称 G 是**连通图**,否则称为是**非连通图**.

例如,图 2.7 所示的 G_1 与 G_2 是连通的,而 G_3 是非连通图,因为在 G_3 中不存在 (x_1-y_1) 路.在第 2.1 节中的威廉王迷宫所对应的图(见图 2.6)是一个连通图,所以从迷宫的任何地方可以沿回廊到达其他任何地方.

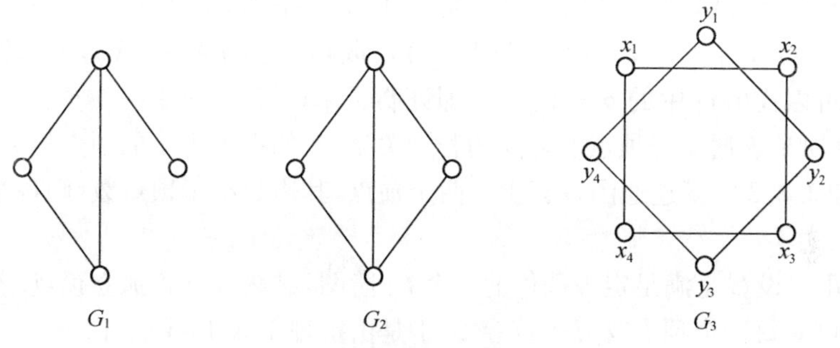

图 2.7 连通图和非连通图

仅有一个顶点组成的图也看成是连通图.显然当 G 仅是一条路或一个圈时, G 是连通的.从连通图的定义可知,至少有两个顶点的连通图不含孤立顶点.

对于每一个非连通图 G,我们可以把 G 分成若干个子图 $G_1, G_2, \cdots, G_k$,使得每个 G_i 是连通的,但不是 G 的任何连通子图的真子图 $(i=1,2,\cdots,k)$,非连通图 G 的这些子图称为是 G 的**连通分支**, G 的连通分支个数记为 $\omega(G)$.例如,图 2.7 所示的 G_3 有两个连通分支 G_{31} 与 G_{32}(见图 2.8 所示),即 $\omega(G_3)=2$.

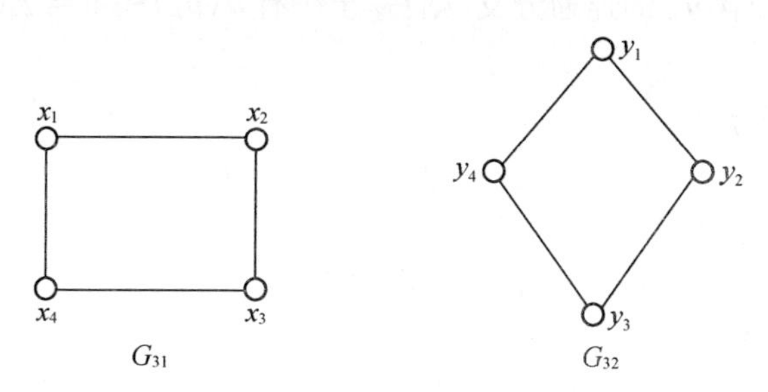

图 2.8 图 G_3 的两个连通分支

连通图可以看成是只有一个连通分支的图,即对连通图 G,有 $\omega(G)=1$.

就直观而言,一个连通图要有较多的边连接其中的顶点.那么,一个 p-阶连通图至少要有几条边?下面我们就讨论这个问题.

设 V_1, V_2 是 $V(G)$ 的两个不相交的子集，记

$$[V_1, V_2] = \{e \in E(G) \mid e \text{ 的两个端点分别在 } V_1 \text{ 和 } V_2 \text{ 中}\},$$

则不难看出下面的结论成立.

引理 2.2.1 非平凡图 G 是连通图当且仅当对 $V(G)$ 的每一个非空真子集 S，有

$$[S, \bar{S}] \neq \varnothing \quad (\bar{S} = V \setminus S).$$

定理 2.2.2 设 G 是 p-阶连通图，则 $q(G) \geqslant p-1$.

证明 显然只需考虑连通的简单图即可，否则只需考虑 G 的基础简单图.

设 $v_1 \in V(G)$. 若 G 至少有两个顶点，则令 $V_1 = \{v_1\}$，由引理 2.2.1，$[V_1, \bar{V}_1] \neq \varnothing$，令 $e_1 \in [V_1, \bar{V}_1]$，不妨设 $e_1 = v_1v_2$，取 $V_2 = \{v_1, v_2\}$. 若 V_2 是 $V(G)$ 的真子集，则存在 $e_2 \in [V_2, \bar{V}_2]$，记 v_3 为 e_2 在 $\bar{V}_2$ 中的一个端点，再取 $V_3 = \{v_1, v_2, v_3\}$. 若 $V_3 = V(G)$，结论已成立，否则与上一样可取到一条边 $e_3 \in [V_3, \bar{V}_3]$，继续这一过程，便可以找出 G 中的 $p-1$ 条边. 即证明了 $q(G) \geqslant p-1$. □

下面讨论连通图与顶点度之间的若干关系. 我们把度为 1 的顶点称为**悬挂点**.

定理 2.2.3 设连通图 G 至少有两个顶点，其边数小于顶点数，则 G 至少有一个悬挂点.

证明 设 G 是满足定理条件的一个 p-阶图，显然 G 不含孤立顶点. 若 G 没有悬挂点，则对每一个顶点 u，$d_G(u) \geqslant 2$，于是由定理 1.3.1，我们有

$$2q(G) = \sum_{u \in V(G)} d_G(u) \geqslant 2p,$$

这与 $q(G) < p$ 相矛盾. 故 G 中至少有一个悬挂点. □

其实定理 2.2.2 也可以用定理 2.2.3 对 $p(G)$ 进行归纳证明，留作习题.

定理 2.2.4 设简单图 G 的顶点序列为 $u_1, u_2, \cdots, u_p$，度数依次是 $d(u_1) \leqslant d(u_2) \leqslant \cdots \leqslant d(u_p)$. 若对任意的 $j \leqslant p - \Delta(G) - 1$，有 $d(u_j) \geqslant j$，则 G 是连通图.

证明 用反证法. 设 G 非连通，令 G_1 是 G 中不含 u_p 的一个连通分支，$p(G_1) = k$，而 G_2 是 G 中含 u_p 的连通分支，则 G_2 至少有 $d(u_p) + 1 = \Delta(G) + 1$ 个顶点，并且

$$p(G_1) + p(G_2) \leqslant p,$$

$$k = p(G_1) \leqslant p - p(G_2) \leqslant p - \Delta(G) - 1,$$

由假设，有 $d(u_k) \geqslant k$. 若记

$$V(G_1) = \{u_{i_1}, u_{i_2}, \cdots, u_{i_k}\}, \quad i_1 < i_2 < \cdots < i_k,$$

则 $d(u_{i_k}) \geqslant d(u_k) \geqslant k$，因而

$$p(G_1) \geqslant d(u_{i_k}) + 1 \geqslant k + 1,$$

与 $p(G_1) = k$ 相矛盾，所以 G 是连通的. □

由此定理即可得以下推论. 对实数 x，用 $\lfloor x \rfloor$ 表示不超过 x 的最大整数.

推论 2.2.5 设 G 是一个 p-阶简单图，每个顶点的度至少是 $\left\lfloor \frac{p}{2} \right\rfloor$，则 G 是连

通图.

例 2.4　用一些圆面覆盖平面上取定的 $2n$ 个点,试证:若每个圆面至少覆盖 $n+1$ 个点,则任意两个点能由平面上的一条折线所连接,而这条折线整个的被某些圆面所覆盖.

证明　构造图 $G=(V,E)$ 如下:V 就取平面上给定的 $2n$ 个点,两个不同的顶点如果含在同一个圆面上,就在这两个顶点之间连上一条边(边也含在这个圆面上),所得图 G 是一个简单图,而每个顶点的度至少是 n,即

$$\delta(G) \geqslant n = \frac{2n}{2},$$

由推论 2.2.5 可知 G 是连通图,所以 G 中任两点之间有一条路连接. 由 G 的构造,这条路被若干个圆面所覆盖.

我们也可以通过图的邻接矩阵来判别图的连通性,首先给出以下定理.

定理 2.2.6　设 $\boldsymbol{M}(G)$ 是 G 的邻接矩阵,则 G 中从 v_i 到 v_j 长度为 l 的途径数目等于 $\boldsymbol{M}^l(G)=(a_{ij}^{(l)})_{p\times p}$ 中位于第 i 行、第 j 列处元素的值 $a_{ij}^{(l)}$.

证明　对 l 进行归纳. 当 $l=1$ 时结论是成立的,归纳假设当 $l=r$ 时定理的结论亦成立. 现对 $l=r+1$,由 $\boldsymbol{M}^{r+1}(G)=\boldsymbol{M}(G)\cdot\boldsymbol{M}^r(G)$,得

$$(a_{ij})^{r+1} = \sum_{k=1}^{p} a_{ik}a_{kj}^{(r)}.$$

由于 a_{ik} 是连接 v_i 与 v_k 长为 1 的途径的数目,由归纳假设,$a_{kj}^{(r)}$ 是从 v_k 到 v_j 长为 r 的途径的数目,所以 $a_{ik}a_{kj}^{(r)}$ 表示从 v_i 经过一条边到 v_k,再经过一条长为 r 的途径到达 v_j 的途径的数目,这些途径的长度均为 $r+1$. 对所有 k 求和,即得 $a_{ij}^{(r+1)}$ 就是所有从 v_i 到 v_j 长为 $r+1$ 的途径的数目. 由归纳原理,定理得证. □

推论 2.2.7　若 G 是简单图,则对每一个顶点 $v_i(i=1,2,\cdots,p)$,有

$$d_G(v_i) = a_{ii}^{(2)}.$$

证明　图 G 中与顶点 v_i 关联的边数等于从 v_i 到 v_i 长为 2 的途径数目,故由定理 2.2.6 知结论成立. □

给定图 G 的邻接矩阵 $\boldsymbol{M}(G)$,称 p 阶方阵

$$\boldsymbol{R}(G) = \boldsymbol{M}(G) + \boldsymbol{M}^2(G) + \cdots + \boldsymbol{M}^{p-1}(G) = (r_{ij})_{p\times p}$$

为 G 的可达矩阵. 从定理 2.2.6 容易看出 r_{ij} 就是 G 中从 v_i 到 v_j 长度不超过 $p-1$ 的途径的数目,因而可利用 $\boldsymbol{R}(G)$ 来判断一个图的连通性.

定理 2.2.8　阶至少为 3 的图 G 是连通的充分必要条件是 $R(G)$ 中每个元素都不等于零.

证明　设 G 是连通图,则 G 中任意两个不同的顶点 v_i 与 v_j 之间有一条路连接. 若记这条路的长度为 l,显然 $l\leqslant p-1$,则 $r_{ij}\geqslant a_{ij}^{(l)}\geqslant 1$. 而对于任意的 $i(1\leqslant i\leqslant p)$,因 G 连通,且 $p(G)\geqslant 3$,由推论 2.2.7 得

$$r_{ii} \geqslant a_{ii}^{(2)} = d_G(v_i) > 0,$$

所以 $R(G)$ 中没有零元素.

反之,设 v_i 与 v_j 是 G 中任意两个不同的顶点. 因为

$$r_{ij} = a_{ij} + a_{ij}^{(2)} + \cdots + a_{ij}^{(p-1)} \neq 0,$$

存在 $1 \leqslant l \leqslant p-1$,$a_{ij}^{(l)} \neq 0(a_{ij}^{(1)} = a_{ij})$,则在 G 中有一条长为 l 的途径连接 v_i 与 v_j,因而从 v_i 到 v_j 有一条路. 这就证明了 G 是连通图. □

对于无向图,只能有连通或不连通之分. 而对于有向图,则有各种不同的连通性. 下面我们给出有向图中各种连通的概念.

定义 2.2.2 设 u 和 v 是有向图 D 的两个顶点,若有一条从 u 到 v 的有向路,则称 v 是从 u **可达的**,或称 u 可达 v.

(1) 如果有向图 D 的任何两个顶点都互相可达,则称 D 是**强连通**的;

(2) 如果有向图 D 的任何两个顶点至少由一个顶点到另一个顶点可达,则称 D 是**单向连通**的;

(3) 若 D 的基础图 G_D 是连通的,则称 D 是**弱连通**的,简称 D 是连通图.

显然,每一个强连通图是单向连通的,而每一个单向连通图是弱连通的.

例如,图 2.9 中,(a) 是强连通图,(b) 是单向连通图,(c) 是弱连通图.

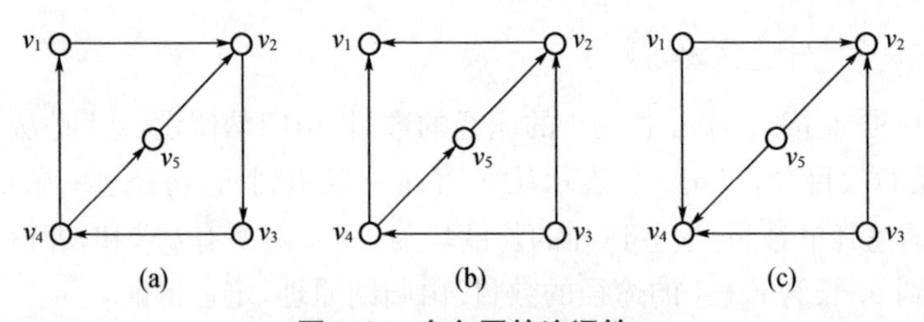

图 2.9 有向图的连通性

定理 2.2.9 设 D 是连通的有向图,则 D 是强连通的当且仅当 D 的每一条弧都含在某一有向圈中.

证明 设有向图 D 是强连通的,$a = (u,v)$ 是 D 中的任意一条弧,则 D 中存在一条从 v 到 u 的有向路 P,于是 $P \cup \{(u,v)\}$ 是一个含 $a = (u,v)$ 的有向圈.

反之,若 D 的每一条弧均含在某一个有向圈中,令 u,v 是 D 中任意两个顶点,我们可以在 D 中构造一条从 u 到 v 及从 v 到 u 的有向路 P_1 及 P_2.

当$(u,v) \in A(D)$ 时,取 P_1 为(u,v),P_1 即为从 u 到 v 的有向路;因 D 中有一个有向圈 C 含弧(u,v),则取 P_2 为 $C-(u,v)$,P_2 即为 v 到 u 的有向路.

当 u 与 v 在 D 中不相邻时,由于 D 是连通的,G_D 中存在一条从 u 到 v 的路 Q,记

$$Q = u_0 u_1 u_2 \cdots u_{k-1} u_k,$$

这里 $u_0 = u$,$u_k = v$. 按照 Q 的顶点标号顺序有$(u_i, u_{i+1}) \in A(D)$ 或$(u_{i+1}, u_i) \in$

$A(D)(i=0,1,\cdots,k-1)$. 我们把 Q 中这样的弧 $(u_i,u_{i+1})\in A(D)$ 称为 Q 的顺向弧,否则称为 Q 的逆向弧.

对 Q 的每一条逆向弧 (u_{i+1},u_i),D 中存在一个含弧 (u_{i+1},u_i) 有向圈 C,则 $C-(u_{i+1},u_i)$ 是 D 中一条从 u_i 到 u_{i+1} 的有向路 $P(u_i,u_{i+1})$.

现将 Q 中每一条逆向弧 (u_{i+1},u_i) 都用相应的有向路 $P(u_i,u_{i+1})$ 去替换,可得到一条从 $u_0=u$ 到 $u_k=v$ 的有向途径 P_1',利用这条有向途径便可得到一条从 u 到 v 的有向路 P_1.

同样可得 D 中一条从 v 到 u 的有向路 P_2,所以 D 是强连通的. □

2.3 连通度

上一节我们引进了图的连通概念,利用图的连通性,可以把图分成两类,一类是非连通图,另一类是连通图. 然而,在所有的连通图中,它们的"连通程度"有较大的差异. 现考察图 2.10 所示的四个连通图:

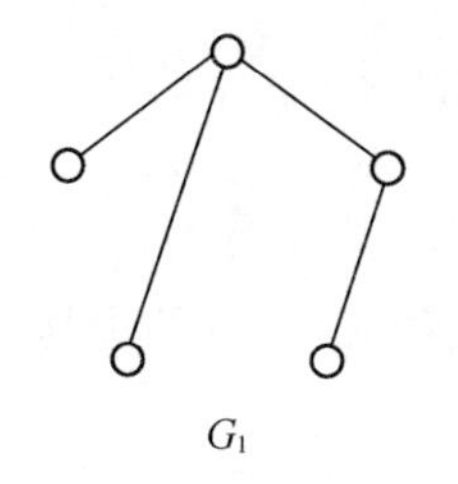

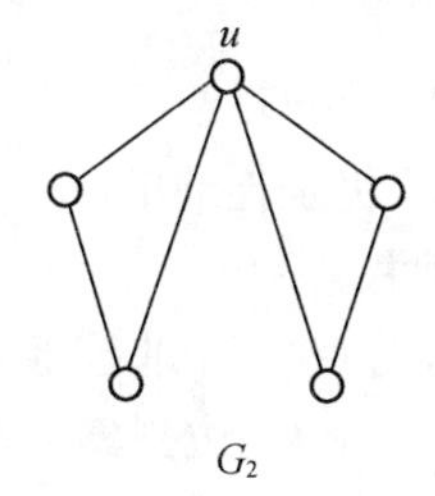

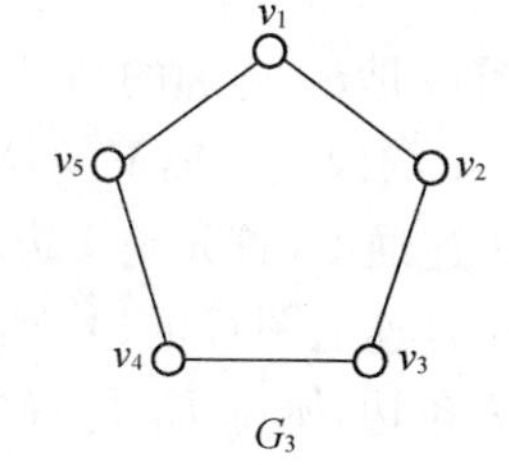

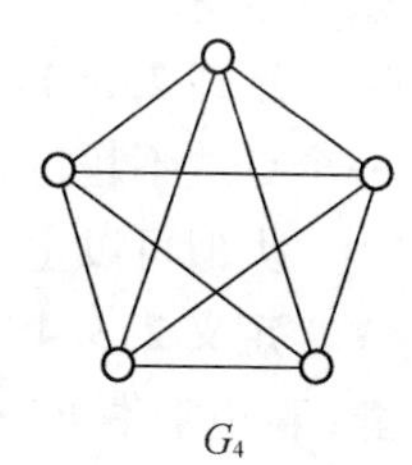

图 2.10 图的连通程度

在这四个图中,G_1 是最"脆弱"的连通图,丢去任何一条边或任何一个非悬挂点都会使它成为非连通图;G_2 中虽然删去任何一条边后所得图仍连通,但存在一个顶点 u,使去掉 u 后所得图非连通;G_3 中,丢去任何一条边或一个顶点都不能使它成为非连通图;而 G_4 则是 5 个顶点的连通图中连通程度最高的一个图.

下面我们引进描述图的连通程度强弱的两个参数——点(边)连通度. 图的连通度是图论中的重要概念之一,图的许多性质和图的连通性有着密切的关系,在构造可靠性较高的通讯网络中也起着重要作用.

定义 2.3.1 设连通图 $G=(V,E)$ 不是完全图,V_1 是 $V(G)$ 的一个非空真子集,若 $G\backslash V_1$ 非连通,则称 V_1 是 G 的**点割集**. 若点割集 V_1 含有 k 个顶点,也称 V_1 是 G 的 k-**点割集**.

例如,图 2.10 中,$\{u\}$ 是 G_2 的点割集;$\{v_1,v_2,v_4\}$ 是 G_3 的一个点割集,但 $\{v_1,v_2\}$ 不是 G_3 的点割集.

定义 2.3.2 图 G 是 p-阶连通图,令

$$\kappa(G)=\begin{cases}\min\{|V_1| \mid V_1\text{ 是 }G\text{ 的点割集}\}, & \text{若 }G\not\cong K_p,\\ p-1, & \text{若 }G\cong K_p,\end{cases}$$

称 $\kappa(G)$ 为 G 的**连通度**. 若 V_1 是 G 的一个 $\kappa(G)$ 点割集,则称 V_1 是 G 的一个**最小点割集**.

从定义可知,一个连通图的连通度就是使这个图成为非连通图所需要去掉的最少点数.

例如,图 2.10 中,$\kappa(G_1)=1$,$\kappa(G_2)=1$,$\kappa(G_3)=2$,$\kappa(G_4)=4$.

如果图 G 非连通,规定 $\kappa(G)=0$. 因此,$\kappa(G)=0$ 的图或是平凡图,或是非连通图. 如果 $\kappa(G)=k>0$,则 G 一定是连通的. 这时要么 G 是 K_{k+1},要么 G 是阶不小于 $k+2$ 且 G 中有 k 个顶点所构成的点割集,但不存在由 $k-1$ 个顶点构成的点割集,也即在 G 中任意去掉点数不超过 $k-1$ 的顶点子集后所得图仍连通.

定义 2.3.3 如果 $0<k\leqslant\kappa(G)$,则称 G 是 k -**连通**的.

1-连通图即为一切非平凡连通图. 当图 G 为 k -连通时,要么 $p(G)=k+1$,且 $G\cong K_{p+1}$;要么 $p(G)\geqslant k+2$,且 G 中不存在由 $k-1$ 个顶点构成的点割集. 因此有以下结论.

定理 2.3.1 图 G 是 k -连通的当且仅当 $p(G)\geqslant k+1$,并且对 $V(G)$ 的任意一个点数不超过 $k-1$ 的顶点子集 V',$G\backslash V'$ 仍是连通的.

类似可以定义边连通度,首先定义边割集.

定义 2.3.4 E_1 是连通图 G 的边子集,若 $G-E_1$ 非连通,则称 E_1 是 G 的**边割集**. 若边割集 E_1 有 k 条边,则称 E_1 是 G 的一个 k -**边割集**.

定义 2.3.5 连通图 G 的**边连通度** $\lambda(G)$ 定义为

$$\lambda(G)=\begin{cases}\min\{|E_1| \mid E_1\text{ 是 }G\text{ 的一个边割集}\}, & \text{若 }G\not\cong K_1,\\ 0, & \text{若 }G\cong K_1.\end{cases}$$

若 E_1 是 G 的一个 $\lambda(G)$ -边割集,则称 E_1 是 G 的一个**最小边割集**.

由定义,一个非平凡连通图的边连通度就是使这个图成为非连通图所需要去掉的最少边数. 如果 G 是非连通图,规定 $\lambda(G)=0$. 因此,$\lambda(G)=0$ 的图要么是平凡图,要么是非连通图. $\lambda(G)=k$ 的图是指这样的连通图,其中恰有 k 条边组成的边割集,但任何 $k-1$ 条边都不能构成一个边割集,也即在 G 中任意去掉一个边数不超过 $k-1$ 的边子集后所得图仍是连通图.

定义 2.3.6 如果 $0<k\leqslant\lambda(G)$,则称 G 是 k -**边连通图**.

从定义可见,1-边连通图即为一切非平凡的连通图. 显然 k-边连通图($k\geqslant2$)是这样的图:不存在由 $k-1$ 条边构成的边割集. 因而有下面的定理.

定理 2.3.2 图 G 是 k -边连通图当且仅当对 $E(G)$ 的任意一个子集 E_1,若 $|E_1|\leqslant k-1$,则 $G\backslash E_1$ 仍是连通图.

对于图 2.10 所示的 4 个图,由定义立即可以得出

$$\lambda(G_1)=1,\quad \lambda(G_2)=\lambda(G_3)=2,\quad \lambda(G_4)=4.$$

以下讨论点、边连通度的几个简单性质.

定理 2.3.3 对 p-阶简单图 G,有

(1) $\kappa(G)\leqslant\delta(G)$,$\lambda(G)\leqslant\delta(G)$;

(2) $\kappa(G)\leqslant p-1$,等号成立当且仅当 $G\cong K_p$;

(3) $\lambda(G)\leqslant p-1$,等号成立当且仅当 $G\cong K_p$;

(4) 对 G 的任意一个顶点 u,$\kappa(G)-1\leqslant\kappa(G-u)$;

(5) 对 G 的任意一条边 e,$\lambda(G)-1\leqslant\lambda(G-e)\leqslant\lambda(G)$.

证明 先证(1),(2),(3).由 $\kappa(K_p)$ 的定义知

$$\kappa(G)=\delta(G)=p-1.$$

对于 K_p 的一个顶点 v,$G-[\{v\},V\backslash\{v\}]$ 非连通,故

$$\lambda(K_p)\leqslant|[\{v\},V\backslash\{v\}]|=p-1.$$

若 G 不是完全图,则 $\delta(G)<p-1$.设 $u\in V(G)$,使 $d_G(u)=\delta(G)$,则 $N(u)$ 与$[\{u\},V\backslash\{u\}]$分别构成 G 的一个点割集和边割集,故

$$\kappa(G)\leqslant|N(u)|=\delta(G),$$

$$\lambda(G)\leqslant|[\{u\},V\backslash\{u\}]|=\delta(G),$$

这就证明了(1),(2)和(3)的不等式,(2)中等号自然成立.而对于(3),若 $G=K_p$,令 E_0 为 K_p 的最小边割集,即 $\lambda(G)=|E_0|$,则 $G\backslash E_0$ 有且只有两个连通分支(证明见习题 2.22),设为 G_1,G_2,由于 $G=K_p$ 为完全图,故 $|E_0|=|[V(G_1),V(G_2)]|\geqslant p-1$,即 $\lambda(G)\geqslant p-1$,所以 $\lambda(G)=p-1$.

(4) 在 G 中任取一个顶点 u,若 $G-u$ 非连通,则(4)已成立,否则设 V_0 是 $G-u$ 的一个最小点割集,则由

$$(G-u)\backslash V_0=G\backslash(V_0\cup\{u\})$$

非连通可知,$V_0\cup\{u\}$ 是 G 的一个点割集.故

$$\kappa(G)\leqslant|V_0\cup\{u\}|=\kappa(G-u)+1.$$

(5) 对 G 的任意一条边 e,$\lambda(G-e)\leqslant\lambda(G)$ 显然成立.与(4)类似可证得

$$\lambda(G)-1\leqslant\lambda(G-e).\qquad\square$$

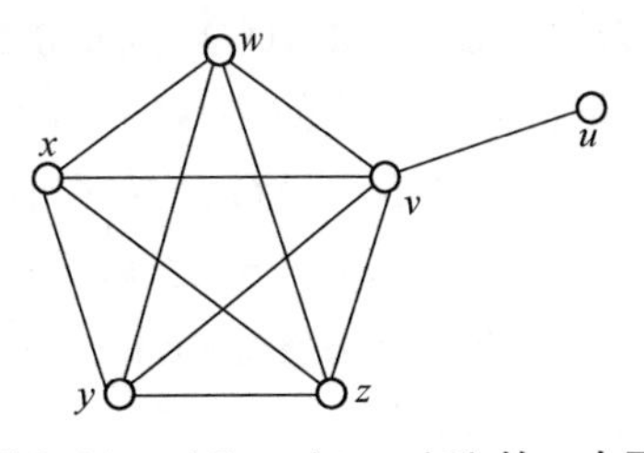

图 2.11 $\kappa(G-u)>\kappa(G)$ 的一个图

值得注意的是,不等式 $\kappa(G-u)\leqslant\kappa(G)$ 并非对一切图成立.例如,对图 2.11 所示的图 G,$\kappa(G)=1$,但 $\kappa(G-u)=4$.

在图的连通度、边连通度和最小度之间存在一个简单的关系式.

定理 2.3.4 对任何简单图 G,都有

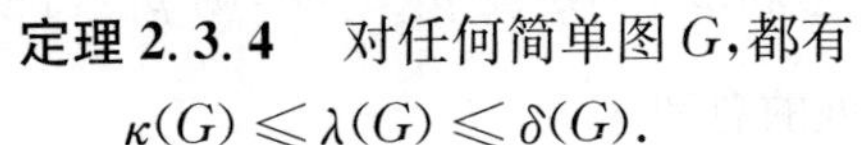

$$\kappa(G)\leqslant\lambda(G)\leqslant\delta(G).$$

证明 由定理 2.3.3 知 $\lambda(G) \leqslant \delta(G)$，下面我们证明 $\kappa(G) \leqslant \lambda(G)$.

如果 G 是非连通图或是平凡图，则 $\kappa(G) = \lambda(G) = 0$，$\kappa(G) \leqslant \lambda(G)$ 成立. 若 G 是 p-阶完全图，则 $\kappa(G) = \lambda(G) = p-1$，$\kappa(G) \leqslant \lambda(G)$ 也成立. 故下面我们只需要考虑 G 是连通而非完全图.

设 $E_1 = \{e_1, e_2, \cdots, e_{\lambda(G)}\}$ 是 G 的一个最小边割集，则 $G \backslash E_1$ 恰好有两个连通分支，记为 G_1 和 G_2（见习题 2.22），并且 G_1 与 G_2 中分别存在一个顶点 $u \in V(G_1)$ 和 $v \in V(G_2)$，使 $uv \notin E(G)$. 否则，记 $p(G_1) = p_1$，$p(G_2) = p_2 = p - p_1$，因 G 为完全图，有

$$\lambda(G) = |E_1| \geqslant p_1(p - p_1) \geqslant p - 1,$$

由定理 2.3.3 知 $G \cong K_p$，与假设矛盾.

现利用最小边割集 E_1 取 G 的一个顶点子集：$V_1 = \{u_i \mid u_i$ 是不同于 u 和 v 且与 e_i 关联的一个顶点，$i = 1, 2, \cdots, \lambda(G)\}$，则

$$|V_1| \leqslant |E_1| = \lambda(G),$$

并且在 $G \backslash V_1$ 中不存在 $(u-v)$ 路，所以 V_1 是 G 的一个点割集，故

$$\kappa(G) \leqslant |V_1| \leqslant \lambda(G).$$

□

由定理 2.3.4 可知，每一个 k-连通图也必然是 k-边连通图. 该定理中的不等式常常是严格成立的. 例如，图 2.12 所示的 G，有 $\kappa(G) = 2$，$\lambda(G) = 3$ 和 $\delta(G) = 4$.

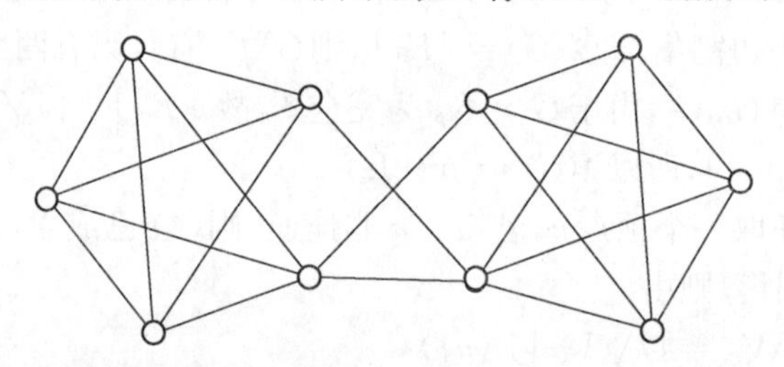

图 2.12 满足 $\kappa(G) < \lambda(G) < \delta(G)$ 的一个图

事实上，不难验证，对任意的三个自然数 n, m, l，若 $n \leqslant m \leqslant l$，则存在一个简单图 G，使 $\kappa(G) = n$，$\lambda(G) = m$，$\delta(G) = l$.

下面我们讨论使 $\lambda(G) = \delta(G)$ 成立的若干充分条件.

定理 2.3.5 设 G 是 p-阶连通的简单图，若对于 G 的任意四个顶点 u, v, x 和 y，由 $[\{u, v\}, \{x, y\}] = \varnothing$ 就有

$$d(u) + d(v) + d(x) + d(y) \geqslant 2p - 3, \tag{2.3-1}$$

则 $\lambda(G) = \delta(G)$.

证明 用反证法，设 $\lambda(G) < \delta(G)$. 令 E_1 是 G 的一个最小边割，则 $G \backslash E_1$ 恰有两个连通分支 G_1 和 G_2，顶点数分别记为 p_1 和 p_2，不妨设 $p_1 \leqslant p_2$，则 $p_1 \leqslant \left\lfloor \frac{p}{2} \right\rfloor$.

下面我们来考虑 G_1 中各顶点在 G 中度的总和.

一方面,由 $\delta(G)$ 的定义,有

$$\sum_{u\in V(G_1)} d_G(u) \geqslant \delta(G)p_1, \tag{2.3-2}$$

另一方面,分别考虑 G_1 和 E_1 中的边,有

$$\begin{aligned}\sum_{u\in V(G_1)} d_G(u) &= \sum_{u\in V(G_1)} d_{G_1}(u) + |E_1| \\ &\leqslant p_1(p_1-1)+\lambda(G).\end{aligned} \tag{2.3-3}$$

由(2.3-2)和(2.3-3)两式可得

$$p_1\delta(G) \leqslant p_1(p_1-1)+\lambda(G),$$

或

$$\delta(G) \leqslant p_1 - 1 + \frac{\lambda(G)}{p_1}, \tag{2.3-4}$$

再由假设 $\lambda(G) < \delta(G)$,故

$$\lambda(G) < p_1 - 1 + \frac{\lambda(G)}{p_1},$$

或

$$(p_1-1)(p_1-\lambda(G)) > 0,$$

因此

$$p_1 \geqslant \lambda(G)+1.$$

若 $p_1=\lambda(G)+1$,则由(2.3-4)式可得

$$\delta(G) \leqslant p_1 - 1 + \frac{p_1-1}{p_1},$$

因此

$$\delta(G) \leqslant p_1 - 1 = \lambda(G),$$

这与 $\lambda(G) < \delta(G)$ 矛盾. 于是必有 $p_1 \geqslant \lambda(G)+2$. 该式表明 G_1 中至少有两个顶点 u 和 v 与 E_1 中的边不关联,因此 $d_G(u) \leqslant p_1-1$,$d_G(v) \leqslant p_1-1$.

因 $p_2 \geqslant p_1$,G_2 中也至少有两个顶点 x 和 y 与 E_1 中的边不关联,则

$$d_G(x) \leqslant p_2-1, \quad d_G(y) \leqslant p_2-1.$$

对于 G 中的这四个顶点 u,v,x 和 y,有 $[\{u,v\},\{x,y\}]=\varnothing$,并且

$$d_G(u)+d_G(v)+d_G(x)+d_G(y) \leqslant 2p-4,$$

这与(2.3-1)式相矛盾.

这就证明了 $\lambda(G) \geqslant \delta(G)$,再由定理 2.3.3 的(1)有 $\lambda(G) \leqslant \delta(G)$,可知

$$\lambda(G)=\delta(G).$$

□

推论 2.3.6 设 G 是 p-阶简单图,若对于 G 的任意两个不相邻的顶点 u 和 v,均有

$$d_G(u)+d_G(v) \geqslant p-1,$$

则 $\lambda(G)=\delta(G)$.

证明　图 G 的连通性可参见习题 2.12，再由定理 2.3.5 即可得证.　□

推论 2.3.7　设 G 是 p-阶简单图，若 $\delta(G)\geqslant\frac{p}{2}$，则 $\lambda(G)=\delta(G)$.

证明　由推论 2.2.5 可知 G 是连通的，再由定理 2.3.5 即可得证.　□

下面我们将通过路的条数来刻画图的连通度.

定义 2.3.7　图 G 的一族路称为内部不相交的，如果这族路中任意两条路除起点与终点外没有公共顶点.

定理 2.3.8　一个 $p(\geqslant 3)$-阶的简单图 G 是 2-连通的充分必要条件是 G 的任两个不同顶点被两条内部不相交的路所连接.

证明　(充分性) 设 G 的任两个不同顶点被两条内部不相交的路所连，则 G 显然连通，并且不存在这样的顶点 v，使 $G-v$ 不连通. 因此 G 是 2-连通的.

(必要性) 设 G 是 2-连通的. 我们对任两个顶点 u 和 v 之间的距离用归纳法来证明这两个顶点之间有两条内部不交的路连接.

当 $d(u,v)=1$ 时，$uv\in E(G)$. 作 $G'=G-uv$，则由定理 2.3.4 得 $\lambda(G)\geqslant\kappa(G)\geqslant 2$，故 G' 仍是连通图. 因此在 G' 中存在一条 $(u-v)$ 路 P，这就得到 G 中的两条内部不相交的 $(u-v)$ 路 P 和 $Q=uv$.

归纳假设对于距离小于 k 的任意两个顶点，定理结论成立. 现设 $d(u,v)=k(\geqslant 2)$. 令 $P_1=u_0u_1u_2\cdots u_{k-1}u_k$，这里 $u=u_0$，$u_k=v$，P_1 是 G 中一条 $(u-v)$ 最短路，则 $d(u_0,u_{k-1})=k-1$. 由归纳假设，G 中存在两条内部不相交的 (u_0-u_{k-1}) 路 P_2 和 Q_1.

又因为 G 是 2-连通的，所以 $G-u_{k-1}$ 仍是连通图，$G-u_{k-1}$ 中存在 (u_0-u_k) 路 P'. 设 P' 与 P_2 和 Q_1 的最后一个公共顶点是 x，不妨设 $x\in V(P_2)$（参见图 2.13），于是 G 中存在两条内部不相交的 $(u-v)$ 路 P 和 Q，分别是

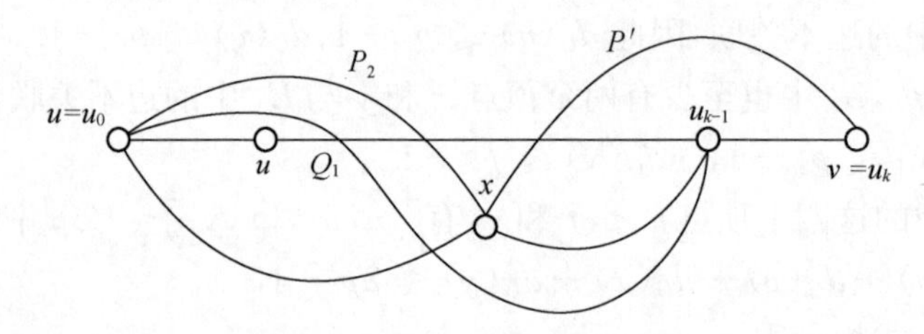

图 2.13　定理 2.3.8 的证明

$$P=P_2(u_0,x)\cup P'(x,u_k),$$
$$Q=Q_1\cup\{u_{k-1}v\}.$$
□

由于连接同一对顶点的两条内部不相交的路形成一个圈，因此以下结论成立.

推论 2.3.9　一个 $p(\geqslant 3)$-阶的简单图 G 是 2-连通的充分必要条件是 G 的

任意两个顶点含在 G 的某一个圈上.

定理 2.3.8 可推广到 k -连通图,名为 Menger 定理.

定理 2.3.10　一个 $p(\geqslant k+1)$ -阶简单图 G 是 k -连通的充分必要条件是 G 的任意两个不同顶点至少被 k 条内部不相交的路所连.

此定理的证明有一定的难度,我们将在后面应用网络流理论给出该定理的证明.

关于 k -边连通图,也有类似的结论.

定理 2.3.11　连通图 G 是 2 -边连通的充分必要条件是 G 的任意一条边含在某一个圈上.

证明　(必要性) 由于 G 是 2 -边连通图,对 G 的每一条边 $e=uv$,$G-e$ 仍是连通图,故 $G-e$ 中存在 $(u-v)$ 路 P,则 $P\cup\{uv\}$ 是 G 中含 e 的圈.

(充分性) 因为 G 是连通图,故 $\lambda(G)\geqslant 1$. 现对 G 的任意一条边 e,因 e 含在 G 的一个圈上,故 $G-e$ 连通(参见习题 2.13),所以 $\lambda(G)\geqslant 2$. □

定理 2.3.12　简单图 G 是 k -边连通的充分必要条件是对 $V(G)$ 的任意非空真子集 S,均有

$$|[S,\overline{S}]|\geqslant k.$$

证明　必要性是明显的. 因为对 $V(G)$ 的任一非空真子集 S,$[S,\overline{S}]$ 是 G 的一个边割集,故

$$|[S,\overline{S}]|\geqslant\lambda(G)\geqslant k.$$

再证充分性. 设 E_1 是 G 的一个最小边割集,则 $G\backslash E_1$ 恰含有两个连通分支,设为 G_1 和 G_2,记 $V_1=V(G_1)$,则 $V(G_2)=V(G)\backslash V_1=\bar{V}_1$,并且 $E_1=[V_1,\bar{V}_1]$. 根据给定的条件以及 E_1 的假设,我们有

$$\lambda(G)=|E_1|=|[V,\bar{V}_1]|\geqslant k,$$

所以 G 是 k -边连通图. □

2.4　可靠通讯网络的构造

要构造一个有线通讯网络,使得对于给定的正整数 k,任意的 k 个通讯站(或 k 条通讯线路) 的失灵不影响其余通讯站的正常联络. 我们希望在总的造价给定的情况下 k 越大越好,因为此时该通讯网络的可靠性达到最高的要求;或在 k 确定的情况下要求总的造价最小. 这就是通讯网络的可靠性问题,该问题可归结为以下图论问题:

设 k 是一个给定的正整数,G 是赋权图,试确定 G 的一个具有最小权的 k -连通生成子图.

这里 G 的子图 H 的权规定为

$$w(H) = \sum_{e \in E(H)} w(e).$$

对 $k = 1$,这个问题简化为第 3.3 节中求 G 的最优生成树的问题. 当 $k > 1$ 时,这是个尚未解决的困难问题之一. 然而当 $G = K_p$ 且每条边的权为 1 时,Harary 于 1962 年解决了这一问题. 下面介绍 Harary 的工作.

对于两个正整数 p 和 k,$k < p$,注意到对于有 p 个顶点、每条边的权均为 1 的赋权完全图而言,它的具有最小权的 k-连通生成子图是一个有 p 个顶点,而边数最少的 k-连通图. 记

$$f(k,p) = \min\{q(G) \mid G \text{ 是 } p\text{-阶 } k\text{-连通图}\},$$

由 $\sum_{v \in V(G)} d_G(v) = 2q(G)$ 和 $\kappa(G) \leqslant \lambda(G) \leqslant \delta(G)$,有

$$f(k,p) \geqslant \left\lceil \frac{kp}{2} \right\rceil.$$

Harary 实际构造出一个具有 p 个顶点的 k-连通图 $H_{k,p}$,它的边数恰好为 $\left\lceil \frac{kp}{2} \right\rceil$ 条,因而有 $f(k,p) = \left\lceil \frac{kp}{2} \right\rceil$. 根据 k 和 p 的奇偶性,分三种情形:

(1) k 是偶数,设 $k = 2r$. $H_{2r,p}$ 以 $\{0,1,2,\cdots,p-1\}$ 为顶点集,当 $i-r \leqslant j \leqslant i+r$ 时(这里加法在模 p 意义下进行),在顶点 i 与 j 之间连一条边(如 $H_{4,8}$ 在图 2.14(a) 中所示).

(2) k 是奇数,$k = 2r+1$,p 是偶数. 先构造一个 $H_{2r,p}$,然后对满足 $1 \leqslant i \leqslant \frac{p}{2}$ 的 i,在 i 与 $i + \frac{p}{2}$ 之间加上一条边,得 $H_{2r+1,p}$(如 $H_{5,8}$ 在图 2.14(b) 中所示).

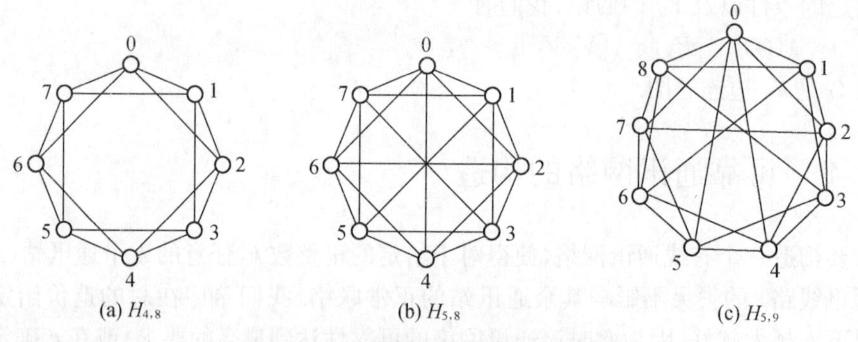

图 2.14 边数最少的 p-阶 k-连通图

(3) k 是奇数,$k = 2r+1$,p 是奇数. 先构造 $H_{2r,p}$,然后在顶点 0 与 $\frac{p-1}{2}$,0 与 $\frac{p+1}{2}$ 之间加上边,在顶点 i 与 $i + \frac{p+1}{2}$ 之间加上边,其中 $1 \leqslant i \leqslant \frac{p-1}{2}$,得到 $H_{2r+1,p}$(如 $H_{5,9}$ 在图 2.14(c) 中所示).

定理 2.4.1 $H_{k,p}$ 是 p-阶 k-连通图，且边数最少.

证明 当 $k=2r$ 时，我们来证明 $H_{2r,p}$ 没有少于 $2r$ 个顶点的点割集. 用反证法，若 V' 是 $H_{2r,p}$ 的一个点割集，且 $|V'|<2r$，又设 i 与 j 分别在 $H_{2r,p}\backslash V'$ 的两个不同分支中. 令

$$S=\{i,i+1,\cdots,j-1,j\},\quad T=\{j,j+1,\cdots,i-1,i\},$$

其中的加法是在模 p 下进行. 因为 $|V'|<2r$，故 $|V'\cap S|<r$ 或 $|V'\cap T|<r$，不失一般性，设 $|V'\cap S|<r$. 这样，显然在 $S\backslash V'$ 中有一个由不同顶点构成的序列，它开始于 i 而终止于 j，并且任意两个相继顶点标号之差的绝对值至多是 r. 根据 $H_{2r,p}$ 的构造，这一序列是一条从 i 到 j 的路，而这条路整条含在 $H_{2r,p}\backslash V'$ 中，导致矛盾. 因此 $H_{2r,p}$ 是 $2r$-连通的. 类似可以证明：当 $k=2r+1$ 时，$H_{2r+1,p}$ 是 $(2r+1)$-连通的. 由于

$$q(H_{k,p})=\left\lceil\frac{kp}{2}\right\rceil,$$

而 $H_{k,p}$ 是 p-阶 k-连通图，故有

$$f(k,p)\leqslant\left\lceil\frac{kp}{2}\right\rceil,$$

从而由 $f(k,p)\geqslant\left\lceil\frac{kp}{2}\right\rceil$ 推得

$$f(k,p)=q(H_{k,p})=\left\lceil\frac{kp}{2}\right\rceil.$$ □

注意到 $k(G)\leqslant\lambda(G)$，故 $H_{k,p}$ 也是 k-边连通图. 若用 $g(k,p)$ 表示 p 个顶点，k-边连通图中的最少边数，则对于 $1<k<p$，$g(k,p)=\left\lceil\frac{kp}{2}\right\rceil$.

2.5 最短路问题

给定连接若干城市的铁路(公路)网，找一条给定两城市间的最短铁路(公路)路线，这是个极普通的实际问题——最短路问题. 该问题的数学模型如下：

给定一个网络 N(有向或无向)，u_0 与 v_0 是 N 中指定的两个顶点，在 N 中找一条从 u_0 到 v_0 且权最小的 (u_0-v_0) 路.

为了方便，规定 N 中的一条路 P 的权 $w(P)$ 为 P 的长度. 若 N 中存在 $(x-y)$ 路，则将 N 中权最小的 $(x-y)$ 路称为 $(x-y)$ **最短路**，其长度称为 x 与 y 的**距离**，记为 $d_N(x,y)$.

下面先介绍在无向网络即赋权图 $G=(V,E,w)$ 中，求顶点 $u_0\in V(G)$ 到连通图 G 的其他各个顶点最短路的一个有效算法.

所谓**算法**，是指一组有序规则，它准确告知为解决给定的问题，何时应做何种

操作.图论算法的设计和分析是一个引人入胜的领域,也是与计算机科学技术关系最为密切的领域之一.多年来,许多学者对任何图论问题都希望能找到一个有效算法来解决,可惜至今大家只是部分地获得成功.所谓的**有效算法**,又称好算法,按照 Edmonds 的定义,是指对于给定的问题(本书仅介绍图论问题的若干算法),该问题的图论算法计算量 $f(p,q)=O(P(p,q))$(这里,$P(p,q)$ 是关于 p 和 q 的多项式),其中 p 与 q 分别是某个图的顶点数和边数.

现在给出一个求解最短路问题的有效算法 ——Dijkstra 算法(1959).该算法是目前公认的最好算法,它不仅求出从 u_0 到其余顶点的距离,最后还可确定出 u_0 到其余各顶点的最短道路.

根据实际问题的需要,显然只需讨论简单图的最短路问题就够了.还可假设所有边的权均为正的,因为若某条边的权为 0,则可使其两端点重合.按照常规,当 $uv \notin E(G)$ 时,规定 $w(uv)=+\infty$.

Dijkstra 算法,在开始时,给始点 u_0 一个标号 $l(u_0)=0$,而对 $v\neq u_0$,则有 $l(v)=+\infty$(在实际计算中,$+\infty$ 可以被一个足够大的任意数值所代替).在算法进行时,这些标号不断被修改:在第 i 步结束时,对已选定的顶点 $u\in S_i$,有

$$l(u)=d(u_0,u),$$

而对其余顶点 $v\in \overline{S}_i$,有

$$d(u_0,v)\leqslant l(v)=\min_{u\in S_i}\{d(u_0,u)+w(vu)\}.$$

Dijkstra 算法的具体步骤如下:

(1) 置 $l(u_0)=0$,对 $v\in V\setminus\{u_0\}$,$l(v)=+\infty$,$S_0=\{u_0\}$,$i=0$.

(2) 对每一个 $v\in N_{\overline{S}_i}(u_i)$,用 $\min\{l(v),l(u_i)+w(u_iv)\}$ 代替 $l(v)$.如果 $l(v)$ 取到 $l(u_i)+w(u_iv)$,则在 v 旁边记下 (u_i).计算 $\min\limits_{u\in \overline{S}_i}\{l(v)\}$,并把达到最小值的这一个顶点记为 u_{i+1}.置 $S_{i+1}=S_i\cup\{u_{i+1}\}$.

(3) 若 $i=p(G)-2$,则停止;否则用 $i+1$ 代替 i,并转入(2).

当算法结束时,从 u_0 到 v 的距离由最终的标号 $l(v)$ 给出,并且可根据各个顶点旁边的 (u_i) 追回出从顶点 v 到 u_0 的最短路.若我们的兴趣在于确定到某一特定顶点 v_0 的距离,则当某一个 u_j 等于 v_0 时立即停止.该算法的框图如图 2.15 所示.

通过该框图,容易计算出该算法的计算量为 $f(p,q)=O(p^2)$,所以该算法是有效算法.

Dijkstra 算法只求出图中一个特定顶点 u_0 到所有其他顶点的最短路,而在许多实际问题中需研究任意两点之间的最短路,如全国各城市之间最短的航线、选址问题等,这些问题就是图论中的距离表问题.

其实,要求出一个图的任意两点间的最短路,只需将图中每一个顶点依次视为始点,然后用 Dijkstra 算法就可以.但这要用到大量的计算.下面我们简单介绍另

一个较好一些的算法——Floyd 算法(1962),所考虑的图可以是赋权有向图.

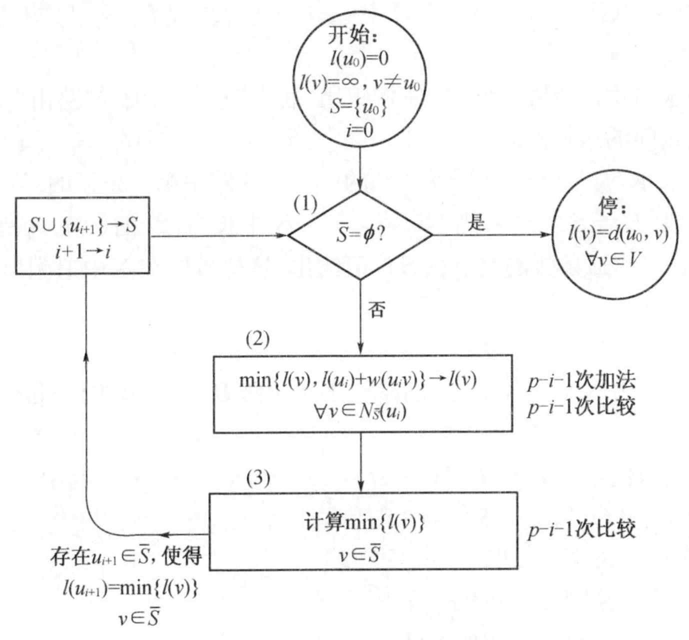

图 2.15　Dijkstra 算法框图

设 $N=(V,A,w)$ 为一个网络(无向或有向网络),N 中允许出现负权,但不存在权和为负的有向圈.当 $(v_i,v_j)\notin A$ 时,约定 $w(v_i,v_j)=+\infty$.用 l_{ij} 表示 N 中 (v_i-v_j) 最短路长度.$\boldsymbol{D}^{(0)}=(l_{ij}^{(0)})_{p\times p}$ 表示网络 N 的赋权邻接矩阵,即 $l_{ij}^{(0)}=w(v_i,v_j)$.下面我们将从 $\boldsymbol{D}^{(0)}$ 开始,依次计算出 $\boldsymbol{D}^{(1)},\boldsymbol{D}^{(2)},\cdots,\boldsymbol{D}^{(p-1)},\boldsymbol{D}^{(p)}$,使得最后得到的矩阵 $\boldsymbol{D}^{(p)}$ 就是所求网络 N 的距离矩阵.

记 $V=\{v_1,v_2,\cdots,v_p\}$,$N(i,j,m)=N[\{v_i,v_j\}\cup\{v_1,v_2,\cdots,v_m\}]$,$1\leqslant i,j\leqslant p$,$0\leqslant m\leqslant p$,约定 $N(i,j,0)=N[\{v_i,v_j\}]$.用 $l_{ij}^{(m)}$ 表示 $N(i,j,m)$ 中从 v_i 到 v_j 的最短路长度.从以上定义不难得到以下性质:

(1) $l_{ij}^{(0)}=w(v_i,v_j)$;

(2) $l_{ij}^{(p)}=l_{ij}$(这是因为 $N(i,j,p)=N$);

(3) $l_{ij}^{(m-1)}\geqslant l_{ij}^{(m)}$(这是因为 $N(i,j,m-1)\subseteq N(i,j,m)$);

(4) $l_{im}^{(m)}=l_{im}^{(m-1)}$,$l_{mj}^{(m)}=l_{mj}^{(m-1)}$(这是因为 $N(i,m,m)=N(i,m,m-1)$ 和 $N(m,j,m)=N(m,j,m-1)$);

(5) $l_{ij}^{(m)}=\min\{l_{ij}^{(m-1)},l_{im}^{(m-1)}+l_{mj}^{(m-1)}\}$,$1\leqslant m\leqslant p$.

事实上,假设 v_i,v_j 在 $N(i,j,m)$ 中的最短路为 P_{ij}.若 P_{ij} 不含 v_m,则 P_{ij} 也是 $N(i,j,m-1)$ 中的 (v_i-v_j) 最短路,即 $l_{ij}^{(m)}=l_{ij}^{(m-1)}$.若 P_{ij} 含 v_m,则 $P_{ij}(v_i,v_m)$ 是 $N(i,j,m)$ 中的 (v_i-v_m) 最短路,因而也是 $N(i,m,m)$ 中的 (v_i-v_m) 最短路,故

$l_{im}^{(m)}=l(P_{ij}(v_i,v_m))$. 同理，$l_{mj}^{(m)}=l(P_{ij}(v_m,v_j))$. 结合(4)，我们有

$$l_{ij}^{(m)}=l(P_{ij}(v_i,v_m))+l(P_{ij}(v_m,v_j))=l_{im}^{(m)}+l_{mj}^{(m)}=l_{im}^{(m-1)}+l_{mj}^{(m-1)},$$

因此(5) 成立.

我们在求出距离矩阵的同时，还将应用"后点"标号法确定"路由"矩阵 $\boldsymbol{S}^{(p)}$，以确定相应顶点间的最短路.

令 $S_{ij}^{(m)}$ 表示 $N(i,j,m)$ 中长为 $l_{ij}^{(m)}$ 的 (v_i-v_j) 路中第一条弧的终点的下标，则 $S_{ij}^{(0)}=j$. 一般的，若 $S_{ij}^{(p)}=k$，则 $N(i,j,p)=N$ 中长为 $l_{ij}^{(p)}$ 的 (v_i-v_j) 路中的第一条弧为 (v_i,v_k)，第二条弧的终点由 $S_{kj}^{(p)}$ 值给出. 这样可以在 N 中追溯出 (v_i-v_j) 最短路.

Floyd 算法：求 $N=(V,A,w)$ 中任意两点间的最短路.

(1) 首先给出 $N=(V,A,w)$ 的赋权邻接矩阵 $\boldsymbol{D}^{(0)}=(l_{ij}^{(0)})_{p\times p}$ 和路由矩阵 $\boldsymbol{S}^{(0)}=(S_{ij}^{(0)})_{p\times p}$.

(2) 逐次迭代矩阵 $\boldsymbol{D}^{(1)},\boldsymbol{D}^{(2)},\cdots,\boldsymbol{D}^{(p)}$ 和 $\boldsymbol{S}^{(1)},\boldsymbol{S}^{(2)},\cdots,\boldsymbol{S}^{(p)}$，其中

$$\boldsymbol{D}^{(k)}=(l_{ij}^{(k)})_{p\times p},\quad \boldsymbol{S}^{(k)}=(S_{ij}^{(k)})_{p\times p},$$

$$l_{ij}^{(k)}=\min\{l_{ij}^{(k-1)},l_{ik}^{(k-1)}+l_{kj}^{(k-1)}\},\tag{2.5-1}$$

$$S_{ij}^{(k)}=\begin{cases}S_{ij}^{(k-1)}, & l_{ij}^{(k)}\leqslant l_{ik}^{(k-1)}+l_{kj}^{(k-1)},\\ S_{ik}^{(k-1)}, & l_{ij}^{(k)}> l_{ik}^{(k-1)}+l_{kj}^{(k-1)}.\end{cases}\tag{2.5-2}$$

最后所得到的 $\boldsymbol{D}^{(p)}=(l_{ij}^{(p)})_{p\times p}$ 和 $\boldsymbol{S}^{(p)}=(S_{ij}^{(p)})_{p\times p}$ 就是所求的距离矩阵和路由矩阵.

例 2.5 求图 2.16 所示网络 N 中任意两点间的距离与最短路.

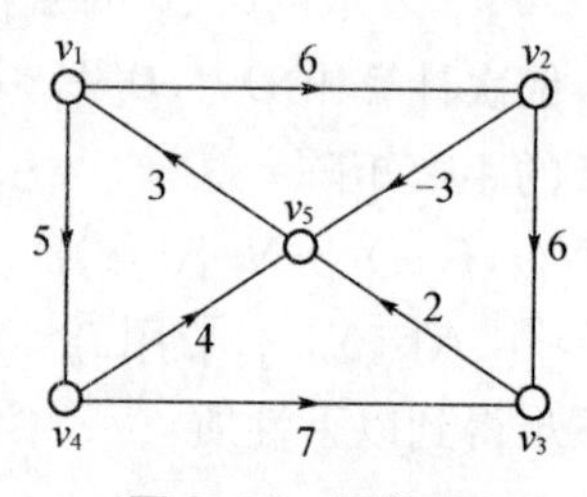

图 2.16 网络 N

解 首先作出 $\boldsymbol{D}^{(0)}$ 和 $\boldsymbol{S}^{(0)}$，有

$$\boldsymbol{D}^{(0)}=\begin{bmatrix}0 & 6 & \infty & 5 & \infty\\ \infty & 0 & 6 & \infty & -3\\ \infty & \infty & 0 & \infty & 2\\ \infty & \infty & 7 & 0 & 4\\ 3 & \infty & \infty & \infty & 0\end{bmatrix},\quad \boldsymbol{S}^{(0)}=\begin{bmatrix}1 & 2 & 3 & 4 & 5\\ 1 & 2 & 3 & 4 & 5\\ 1 & 2 & 3 & 4 & 5\\ 1 & 2 & 3 & 4 & 5\\ 1 & 2 & 3 & 4 & 5\end{bmatrix}.$$

下面我们利用(2.5-1)式和(2.5-2)式分别迭代 $\boldsymbol{D}^{(k)}$ 和 $\boldsymbol{S}^{(k)}$，$k=1,2,3,4,5$，得

$$D^{(1)}=\begin{bmatrix}0&6&\infty&5&\infty\\ \infty&0&6&\infty&-3\\ \infty&\infty&0&\infty&2\\ \infty&\infty&7&0&4\\ 3&9&\infty&8&0\end{bmatrix},\quad S^{(1)}=\begin{bmatrix}1&2&3&4&5\\1&2&3&4&5\\1&2&3&4&5\\1&2&3&4&5\\1&1&3&1&5\end{bmatrix},$$

$$D^{(2)}=\begin{bmatrix}0&6&12&5&3\\ \infty&0&6&\infty&-3\\ \infty&\infty&0&\infty&2\\ \infty&\infty&7&0&4\\ 3&9&15&8&0\end{bmatrix},\quad S^{(2)}=\begin{bmatrix}1&2&2&4&2\\1&2&3&4&5\\1&2&3&4&5\\1&2&3&4&5\\1&1&1&1&5\end{bmatrix},$$

$$D^{(3)}=\begin{bmatrix}0&6&12&5&3\\ \infty&0&6&\infty&-3\\ \infty&\infty&0&\infty&2\\ \infty&\infty&7&0&4\\ 3&9&15&8&0\end{bmatrix},\quad S^{(3)}=\begin{bmatrix}1&2&2&4&2\\1&2&3&4&5\\1&2&3&4&5\\1&2&3&4&5\\1&1&1&1&5\end{bmatrix},$$

$$D^{(4)}=\begin{bmatrix}0&6&12&5&3\\ \infty&0&6&\infty&-3\\ \infty&\infty&0&\infty&2\\ \infty&\infty&7&0&4\\ 3&9&15&8&0\end{bmatrix},\quad S^{(4)}=\begin{bmatrix}1&2&2&4&2\\1&2&3&4&5\\1&2&3&4&5\\1&2&3&4&5\\1&1&1&1&5\end{bmatrix},$$

$$D^{(5)}=\begin{bmatrix}0&6&12&5&3\\ \infty&0&6&5&-3\\ 5&11&0&10&2\\ 7&13&7&0&4\\ 3&9&15&8&0\end{bmatrix},\quad S^{(5)}=\begin{bmatrix}1&2&2&4&2\\1&2&3&5&5\\5&5&3&5&5\\5&5&3&4&5\\1&1&1&1&5\end{bmatrix}.$$

从 $\boldsymbol{D}^{(5)}$ 中可得到 N 中各顶点间的最短路，而从 $\boldsymbol{S}^{(5)}$ 中可追溯出相应的最短路. 例如，从 $\boldsymbol{D}^{(5)}$ 中得 $l_{34}^{(5)}=10$，故 N 中从 v_3 到 v_4 的最短路 P_{34} 的长度为 10. 从 $\boldsymbol{S}^{(5)}$ 中得 $S_{34}^{(5)}=5$，则 P_{34} 的第一条弧为 (v_3,v_5)；由 $S_{54}^{(5)}=1$ 可知 $P_{34}(v_5,v_4)$ 的第一条弧为 (v_5,v_1)；由 $S_{14}^{(5)}=4$ 可知 $P_{34}(v_1,v_4)$ 的第一条弧为 (v_1,v_4). 所以 N 中 (v_3-v_4) 最短路 $P_{34}=v_3v_5v_1v_4$.

最短路问题在实际问题中还有其他许多应用. 例如，通讯网络中最可靠路问题、最大容量问题，统筹方法中求关键路线问题，以及背包问题和选址问题都可化为求最短有向路问题. 另外，某些工件加工顺序问题、中国邮递员问题等都要用最短有向路算法做其子程序. 因此，最短路的用途已远远超出其直观的意义. 下面将介绍一些应用.

1) 最可靠有向路

给定一个通讯网络 N,它的每一条边(或弧)(i,j) 有一个完好概率 p_{ij}. 从发点 1 到收点 n 的任意一条有向路的可靠性定义为该有向路上所有弧上概率的乘积,那么,我们的问题是寻求从点 1 到点 n 的最可靠的有向路.

该问题很容易化为最短有向路的问题. 因为 $1 \geqslant p_{ij} > 0$,故取 $w_{ij} = -\log p_{ij}$,以 w_{ij} 表示有向网络中弧(i,j) 的长度. 那么,可以用 Dijkstra 方法求自点 1 到点 n 的最短有向路,这条最短有向路就是通讯网络中最可靠的有向路.

2) 设备更新问题

某企业使用一台设备,每年年初,企业领导总要考虑是购买新设备,还是继续使用旧设备. 若购置新设备,就要支付购买费;若使用旧的,就要支付一笔维修费,具体需多少,根据该设备使用的年数决定. 现在的问题是如何制定一个 5 年之内的设备更新计划,使得支付的总费用最少. 表 2.1 给出了企业对该种设备的维修费用,表 2.2 给出了在不同年份购买该种设备所需的费用,试给出该企业 5 年内的设备更新计划.

表 2.1　设备维修费用(单位:万元)

使用年数	0 ~ 1	1 ~ 2	2 ~ 3	3 ~ 4	4 ~ 5
维修费用	5	6	8	11	18

表 2.2　购买设备费用(单位:万元)

第 1 年	第 2 年	第 3 年	第 4 年	第 5 年
11	11	12	12	13

可供选择的方案显然是很多的. 例如每年都购进一台新设备,这就是一个方案. 按这个方案,总的购买费用为 $11+11+12+12+13=59$(万元),每年支付维修费用 5 万元,5 年共付 25 万元,于是总支付费用为 $59+25=84$(万元). 又如决定 1,3,5 年各购进一台新设备也是一个方案,这时购买费用为 $11+12+13=36$(万元),维修费为 $5+6+5+6+5=27$(万元),总支付费用为 63 万元. 等等.

怎样的方案能使总支付最少呢?这可以用几种方法来求解,我们把这个问题化为最短路问题.

设 $v_1, v_2, \cdots, v_5$ 分别表示 1 ~ 5 年年初更新设备状态,用 v_6 表示第 5 年年底更新设备状态. 从 v_i 到 $v_{i+1}, \cdots, v_6 (i=1,2,\cdots,5)$ 各画一条弧线. 弧(v_1, v_2) 表示在第 1 年年初购进的设备用到第 2 年年初,权 w_{12} 表示所需总费用(购买费加维修费),即 $w_{12}=11+5=16$;弧(v_1, v_3) 表示第 1 年年初购进的设备用到第 3 年年初,权 w_{13} 表示所需总费用,即 $w_{13}=11+5+6=22$;等等. 这样就得到图 2.17. 设备更

新问题化为求从 v_1 到 v_6 的最短路问题.计算结果表明:$v_1v_3v_6$ 和 $v_1v_4v_6$ 都是最短路,对应的费用为 53 万元,它们都是最优的更新方案.

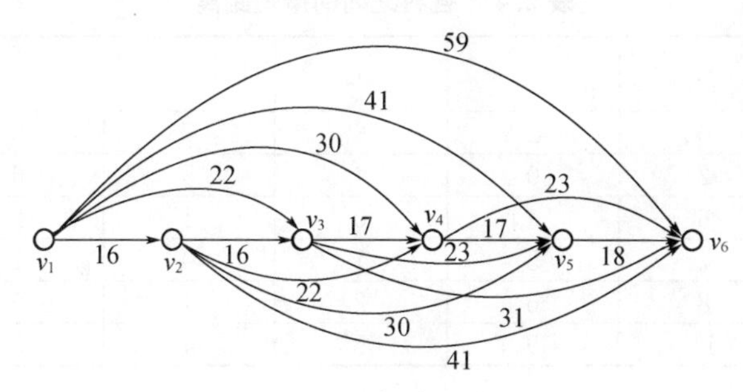

图 2.17 设备购置计划图

3)选址问题

一般说来,选址问题是指我们已经知道了一些现有设施的地址,希望确定一个或几个新设施的地址.例如,已知生产一种产品的公司和几家使用该产品的重要用户的地址,现该公司想建造一个新仓库,问应建在什么位置,才能使产品从公司运到仓库,再运到各用户的总运费最省呢?又如,某市要建一个新的图书馆来为某一特定地区服务,问这个图书馆应建在什么位置最好呢?选址问题的求解有两种不同的方法,分别称为连续型方法和离散型方法.大多数选址问题,根据实际情况只有有限个地址可以选择,因此通常都是用离散型方法来求解,而解决离散型选址问题的关键是求相应网络中所有点对间的最短路.先看一个具体的例子.

例 2.6 已知有 6 个村庄,各村的小学生人数如表 2.3 所示,各村间的距离如图 2.18 所示.现在计划建造一所医院和一所小学,问医院应该建在哪个村庄才能使最远村庄的人到医院看病所走的路最短?又问小学建在哪个村庄使得所有学生到校所走的总路程最短?

表 2.3 各村小学生人数

村庄	v_1	v_2	v_3	v_4	v_5	v_6
小学生	50	40	60	20	70	90

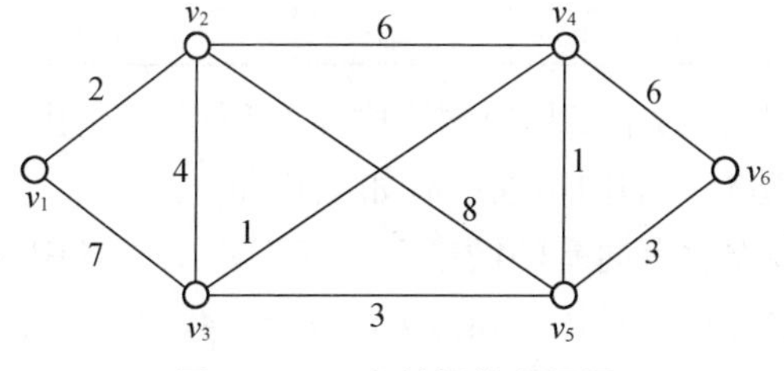

图 2.18 6 个村间的交通图

解 利用Floyd算法,首先求出任意两点 v_i,v_j 间的最短路长,如表2.4所示.

表 2.4 各村之间的最短距离

从\到	v_1	v_2	v_3	v_4	v_5	v_6
v_1	0	2	6	7	8	11
v_2	2	0	4	5	6	9
v_3	6	4	0	1	2	5
v_4	7	5	1	0	1	4
v_5	8	6	2	1	0	3
v_6	11	9	5	4	3	0

若医院建在村庄 v_j,则其他村庄的村民就要分别走 $d_{1j},d_{2j},\cdots,d_{6j}$ 的路程,d_{ij} 表示 i 村至 j 村的实际距离,其中必有最大者. 对每一点 v_j,求出这个最大值,我们希望将医院建在这些最大值之中的最小值所对应的村庄. 这相当于先找出表2.4中每一列元素中的最大值,它们分别是11,9,6,7,8,11,这些数中6最小,所以医院应建在 v_3,这样其他村庄到该村庄的就医距离最多为6.

若将小学建在 v_j,则其他村庄的小学生上学所走的总路程就是

$$50d_{1j}+40d_{2j}+60d_{3j}+20d_{4j}+70d_{5j}+90d_{6j},$$

对每一个顶点,求出这个值,它们的最小值所对应的 v_j 就是所要选择的最佳位置. 这相当于将表2.4中每一行元素分别乘上对应村庄里小学生的人数,然后分别求出各列的和(见表2.5),其总和最小的列为 v_4,即小学建在村庄 v_4 位置,这样必使所有学生上学所走的总路程最短.

表 2.5 学生上学总里程表

	v_1	v_2	v_3	v_4	v_5	v_6
v_1	0	100	300	350	400	550
v_2	80	0	160	200	240	360
v_3	360	240	0	60	120	300
v_4	140	100	20	0	20	80
v_5	560	420	140	70	0	210
v_6	990	810	450	360	270	0
总和	2130	1670	1070	1040	1050	1500

从这个例子可以看出,求出相应网络中所有顶点间的距离是求解这类选址问题的关键. 与选址问题有关的网络模型有如下几种.

给定一个有向且无负有向圈的网络 $N=(V,A,w)$,其中 $V=\{1,2,3,\cdots,n\}$. 每一条弧有一个实数权 w_{ij},对每个顶点 i 有一个实数权 w_i. 设顶点 i 到顶点 j 的最短有向路的长度为 d_{ij}. 若顶点 i_0 满足下述条件(1)～(6),则分别称它为发射中心、入射中心、平均发射中心、平均入射中心、发射重心和入射重心.

(1) $e(i_0) = \min\limits_{1\leqslant i\leqslant n} \max\limits_{1\leqslant j\leqslant n} d_{ij}$；

(2) $\lambda(i_0) = \min\limits_{1\leqslant i\leqslant n} \max\limits_{1\leqslant j\leqslant n} d_{ji}$；

(3) $\bar{e}(i_0) = \min\limits_{1\leqslant i\leqslant n} \sum\limits_{j=1}^{n} d_{ij}$；

(4) $\bar{\lambda}(i_0) = \min\limits_{1\leqslant i\leqslant n} \sum\limits_{j=1}^{n} d_{ji}$；

(5) $W_e(i_0) = \min\limits_{1\leqslant i\leqslant n} \sum\limits_{j=1}^{n} w_j d_{ij}$；

(6) $W_\lambda(i_0) = \min\limits_{1\leqslant i\leqslant n} \sum\limits_{j=1}^{n} w_j d_{ji}$.

4) 统筹方法

一项工程可以分解为若干工序(事项)，而这些工序之间又存在着错综复杂的衔接关系. 由于技术或其他原因，有些工序必须在其他工序完成后才能开工，而每一工序的完工都需要一定的时间，这些都是众所周知的. 显然，完成每个工序所用的时间都会影响到整个工程的进度.

若用一条弧表示一个工序，用弧与弧的衔接来表示工序和工序的先后关系，用弧的权来表示完成这个工序所用的时间，则得到一个无圈的有向网络 $N=(V,A,w)$. 设整个工程开始的点为始点，用 x 表示；结束点为终点，用 y 表示. 显然，在这个网络中，从始点到终点的最长有向路上的弧所对应工序的完成进度将直接影响到整个工程的进度. 把这些工序称为关键工序，由它们对应弧所组成的有向路称为关键路线(或称主要矛盾线)，因此统筹方法也称为关键路线法(CPM).

除从始点至终点的最长有向路外，从始点至各顶点的最长有向路的长度就是以该点为始点的各工序的最早开始时间，也就是说这些工序不能在这个时间之前启动，顶点 v_k 的最早开始时间用 t_k 表示.

从每一个顶点至终点也有一条最长有向路，它的长度是从这点开始的工序到项目终止所需的最少时间，用 $\bar{t}_k$ 表示. 若用 T 表示关键路线的长，则 $T-\bar{t}_k$ 是从该顶点开始的工序的最晚时间，晚于这个时间便会影响整个工序的预期完成.

在关键路线上的顶点 v_k，恒有 $t_k = T-\bar{t}_k$，而不在关键路线上的点一般说来有 $t_k < T-\bar{t}_k$. 从 t_k 到 $T-\bar{t}_k$ 这一段时间是工序的缓冲时间，也就是说，在这段时间内开工不影响任务的完成. 每个工序都有各自的缓冲时间，这对于实际计划安排是有用的，比如可用来避开人力安排、物资运输过于集中等.

例 2.7　某建筑公司签订了一项合同，要为一家制造公司建造一座新的工厂. 合同规定工厂的完工期限为 12 个月，要是工厂不能在一年内完工就要赔款，因此建筑公司的管理处决定认真地分析一下建筑过程的每一个阶段. 通过分析，找出了建造工厂必须完成的各道工序和这些工序之间的先后关系，并估计出它们延续的时间(见表 2.6).

表 2.6　建筑工程表

工序(事项)	估计周数	紧前事项
1. 平整土地	4	无
2. 打桩	1	1
3. 运进钢材	3	无
4. 运进混凝土	2	无
5. 运进木料	2	无
6. 运进水管和电器材料	1	无
7. 浇注地基	7	2,3,4
8. 焊接钢梁	15	3,7
9. 安装生产设备	5	7,8
10. 分隔办公室	10	5,7,8
11. 安装水电和电器	11	6,8,10
12. 装饰墙壁	5	8,10,11

用CPM术语来说,表 2.6 中的每道工序都是一个事项. 显然,有些事项只能在另外一些事项完成以后才能开工. 例如,只有打好了桩才能浇注地基. 而一旦架起了钢梁,安装好设备并分隔好各个办公室,其他事项可同时进行. 表 2.6 也列出了每一事项的紧前事项.

利用表 2.6 所示之先后关系和所列之延续时间,我们在图 2.19 中画出了这个CPM 网络. 我们看到,最长(0－13) 路是 $0\to1\to2\to7\to8\to10\to11\to12\to13$,它的长度为 53 周,因而关键事项就是平整工地、打桩、浇注地基、焊接钢梁、分隔办公室、安装水电设备、装饰墙壁. 前面已经提到,这些事项中任一个要是拖延一周,整个大楼的完工就要推迟一周. 因此工程管理员应该特别注意不让这些关键事项超过它们的计划工期,他可以为这些事项雇一些工人(或者从非关键事项抽调一些工人到关键事项上去).

利用图 2.19 所示的 CPM 网络,我们还可以算出各个事项的缓冲时间. 例如,考虑安装生产设备这一工序,即事项 9. 由于(0－9) 路 $0\to1\to2\to7\to8\to9$ 的长度是 27,故此事项应在 27 周以后才能开工(我们知道,这种安装工作一定要等到事项 8 完工,即焊接钢梁完成后才能进行). 如果安装生产设备用去的时间不是预计的 5 周,而是 26 周,那么(0－13) 路 $0\to1\to2\to7\to8\to9\to13$ 的长度将是 53. 这并不会拖延建筑工程的完工时间,因为在关键路线的长度为 53. 我们得出结论:安装生产设备这道工序的机动时间为 $26-5=21$(周). 因此从 5 周增加到 26 周,并不会对整个工程产生什么不利的影响. 当然,这一安装工作若需 27 周,那么(0－13) 路 $0\to1\to2\to7\to8\to9\to13$ 的长度将是 54,这就意味着整个工程要推迟一周.

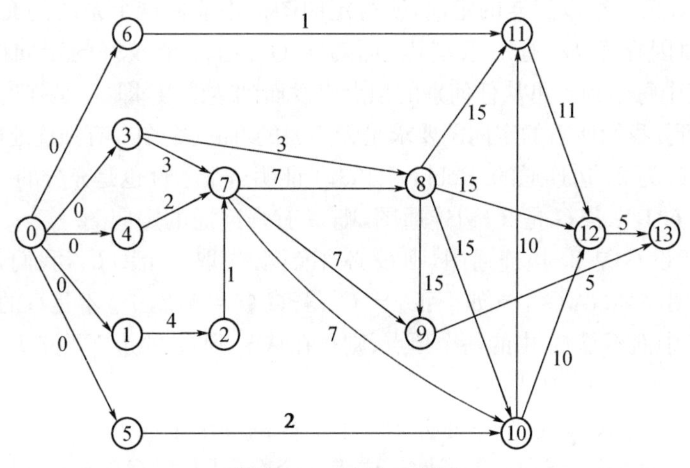

图 2.19　建筑工程图

总体来说,进行一次CPM研究,必须列出一项工程的各道工序或各个事项,并且说明每个事项的延续时间和紧前事项,然后画出它的CPM网络,其中将工程中的各道工序的开工事项、工程开工事项和工程完工事项各画成一个顶点.从工程开工这一顶点都有一条(长度为零的)弧指向每道可以马上开工的工序,已无后继工序的各道工序都有一条弧指向工程完工这一顶点.对于每一顶点 j 的所有紧前顶点 i,都要画出弧 (i,j),而各弧 (i,j) 的长度就等于事项 i 的延续时间.最后找出从工程开工到工程完工的最长路,它将区分出那些必须严密监督的关键事项;此外,有时也可能希望了解在不拖延完工期的条件下各个事项能够拖延多少时间.

2.6　单行道路系统的构造

在这一节我们来考虑一个相当重要的实际问题.设 G 表示一个城市街道网络图,顶点表示交叉路口.如果图 G 是连通的,则可以从城市的任何一点到其他任意一点.我们考虑的问题是:在什么条件下可以把街道变成单行道路系统,使从城市中的任何一点仍有可能沿规定单行方向到达任意其他点,以达到城市交通的畅通.这显然是关于图的定向问题.例如,考查图 2.20(a) 和(b) 中代表的道路系统的两个图.

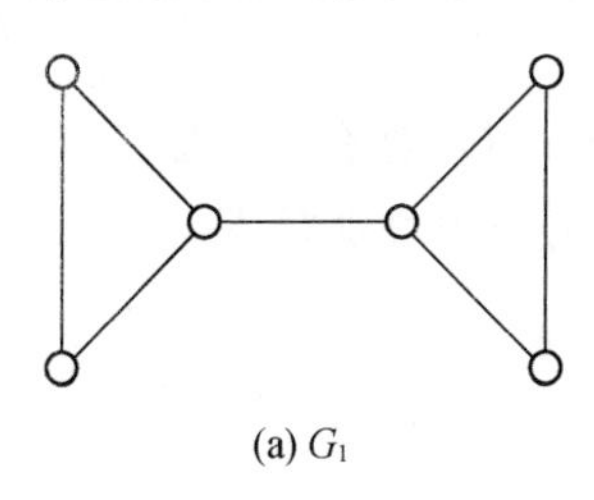

(a) G_1

(b) G_2

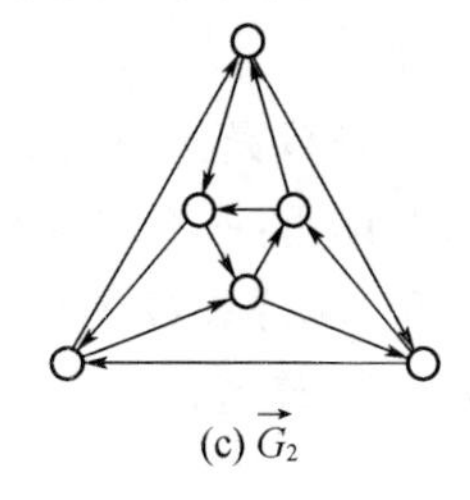

(c) $\vec{G_2}$

图 2.20　图的定向

对于 G_1，无论给以怎样的定向，所得定向图都不能使这个系统的交通畅通，即非强连通，原因在于 G_1 有一条割边. 而对于 G_2，有一个较好的定向图 $\vec{G}_2$（见图 2.20(c)），其中每个顶点可从任何别的顶点出发而到达该点，即 $\vec{G}_2$ 是强连通有向图.

不难看到，我们所需的定向图要求是强连通的. 而一个图 G 有强连通的定向图的必要条件是 G 为 2-边连通的. Robbins(1939) 证明这个条件也是充分的.

定理 2.6.1 若 G 是 2-边连通图，则 G 有强连通的定向图.

证明 设 G 是 2-边连通图，则 G 必含有圈. 先取一个圈 C_1，我们归纳地定义 G 的连通子图序列 $G_1, G_2, \cdots$ 如下：$G_1 = C_1$；若 $G_i(i=1,2,\cdots)$ 不是 G 的生成子图，设 v_i 是在 G 中而不是 G_i 中的一个顶点，则存在从 v_i 到 G_i 的边不重路 P_i 和 Q_i，定义

$$G_{i+1} = G_i \cup P_i \cup Q_i,$$

由于 $p(G_{i+1}) > p(G_i)$，这个序列必然终止于 G 的一个生成子图 G_n.

现依次给每个 G_i 定向：首先让 $\vec{G}_1$ 成为一个有向圈；对 $G_{i+1} = G_i \cup P_i \cup Q_i$，设已有定向图 $\vec{G}_i$，让 P_i 成为以 v_i 为起点的有向路，而 Q_i 成为以 v_i 为终点的有向路，得 $\vec{G}_{i+1}$，易见 $\vec{G}_{i+1}$ 是强连通有向图($i=1,2,\cdots,n-1$). 因此最后的 $\vec{G}_n$ 是强连通有向图. 由于 G_n 是 G 的生成子图，所以 G 有强连通的定向图. □

习题 2

2.1 设 G 是一个简单图，$\delta(G) \geqslant k$，证明：G 中存在长度至少是 k 的路.

2.2 设 D 是每个顶点的出度至少为 1 的有向图，证明：D 含有有向圈.

2.3 任意给定一个含有 n^2+1 项的实数序列(各项互不相同)，证明：一定可以从这个数列中找出一个含 $n+1$ 项的单调子列.

2.4 设 G 是至少有三个顶点的简单图，证明：对 G 中任意三个顶点 u，v 和 w，满足不等式

$$d(u,w) \leqslant d(u,v) + d(v,w).$$

2.5 有 $2n$ 个人在一起聚会，其中每个人至少同 n 个人互相认识. 证明：从这 $2n$ 个人中总可以选出 4 个人来，这 4 个人可以围桌而坐，使得每个人旁边的 2 个人他都是认识的.

2.6 设 G 是简单图，$\delta(G) \geqslant 3$. 证明：不存在大于 2 的整数，它能整除 G 的每个圈的长度.

2.7 若 G 是至少有五个顶点的简单图，证明：G 或者 G^c 包含一个圈.

2.8 证明：一个连通图中的任意两条最长路至少有一个公共顶点.

2.9 证明：若 G 不连通，则

(1) G^c 连通；

(2) $\mathrm{diam}(G^c) \leqslant 2$.

2.10 图 2.21 所示图形能否三笔不重复画成?为什么?

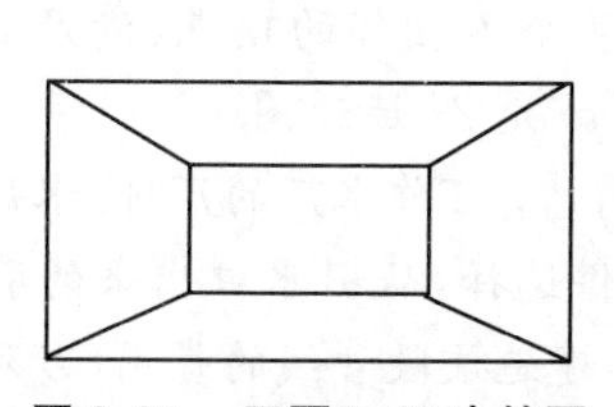

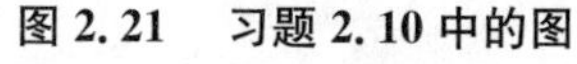

图 2.21　习题 2.10 中的图

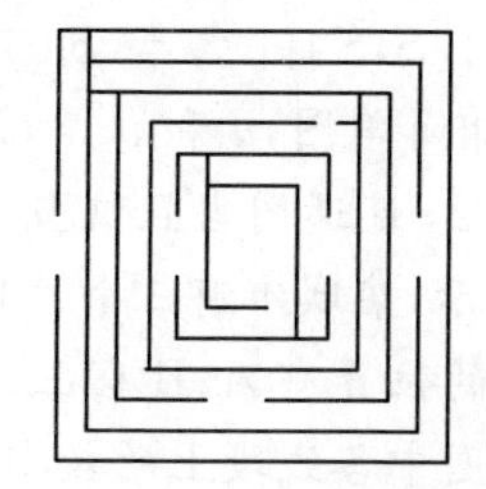

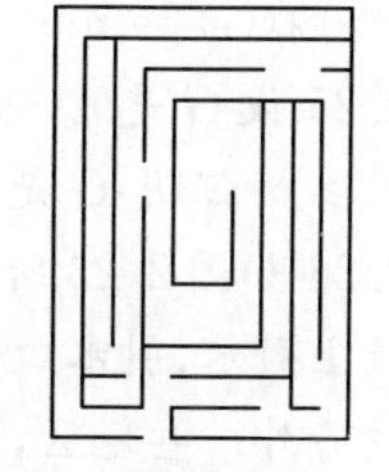

图 2.22　习题 2.11 中的两座迷宫

2.11 有二座迷宫如图 2.22 所示,请画出该迷宫所对应的图,再找一条从进口到中心的行走路线.

2.12 试证明:若 G 是 p-阶简单图,G 中每一对不相邻的顶点的度数之和至少是 $p-1$,那么 G 是连通图.

2.13 设 C 是连通图 G 的一个圈,e 是 C 中的一条边,证明:$G-e$ 仍是连通图.

2.14 G 为一个 p-阶连通图,证明:存在 G 的顶点的一个排序 $v_1, v_2, \cdots, v_p$,使对每个 $1 \leqslant i \leqslant p$,$G[v_1, v_2, \cdots, v_i]$ 连通.

2.15 图 G 的一条边 e 称为是割边,如果 $w(G-e) > w(G)$,证明:G 的一条边 e 是割边当且仅当 e 不含在 G 的任何圈上.

2.16 设 $\boldsymbol{M} = (m_{ij})_{p \times p}$ 是有向图 D 的邻接矩阵,且

$$\boldsymbol{R}_p = \boldsymbol{M} + \boldsymbol{M}^2 + \cdots + \boldsymbol{M}^p.$$

(1) 证明:D 是强连通当且仅当 $\boldsymbol{R}_p$ 中没有零元素;

(2) 证明:D 是单向连通当且仅当 $\boldsymbol{R}_p + \boldsymbol{R}_p^{\mathrm{T}}$ 中除对角元素外没有零元素.

2.17 证明:若图 G 中每个顶点的度为偶数,则 G 无割边.

2.18 (1) 证明:若图 G 是简单图,$q(G) > \binom{p(G)-1}{2}$,则 G 连通;

(2) 对 $p > 1$,找一个简单图 G,使 $q(G) = \binom{p-1}{2}$,$p(G) = p$,但 G 非连通.

2.19 设 $G = (X, Y; E)$ 是一个简单二分图,$\delta(G) > \left[\frac{p(G)}{4}\right]$,证明:$G$ 是连通图.

2.20 用定理 2.2.3 去证明定理 2.2.2.

2.21 证明:若 G 是 k-连通图,则 $q(G) \geqslant \frac{kp(G)}{2}$.

2.22 设 G 是非平凡连通图,E_1 是 G 的最小边割,证明:$w(G \backslash E_1) = 2$.

2.23 G 的一个边割 E' 称为是**极小边割**,如果 E' 的任意一个真子集都不是 G 的边割. 对 $V(G)$ 的非空真子集 S,证明:$[S, \overline{S}]$ 是 G 的极小边割当且仅当 $G[S]$ 与 $G[\overline{S}]$ 都是连通的.

2.24 对于连通简单图 $G, p(G) \geqslant 2$，证明：

$$\lambda(G) = \min\{|[S,\overline{S}]| \mid \varnothing \neq S \subset V(G)\}.$$

2.25 设 G 是 p -阶简单图，u 和 v 是 G 中两个不相邻的顶点，满足 $d_G(u) + d_G(v) \geqslant p$. 证明：$G$ 是 2-连通图当且仅当 $G + uv$ 是 2-连通图.

2.26 如图 2.23 所示，某城市有三个位置 H, I, J 可作水厂的厂址. 水厂需要从某河流上引水，引水口的位置有 A, B, C 三处可供选择，从引水口出来的引水管线要经过另外一些地区，图中各线段上的数字表示建造该段管线的费用(万元)，问：

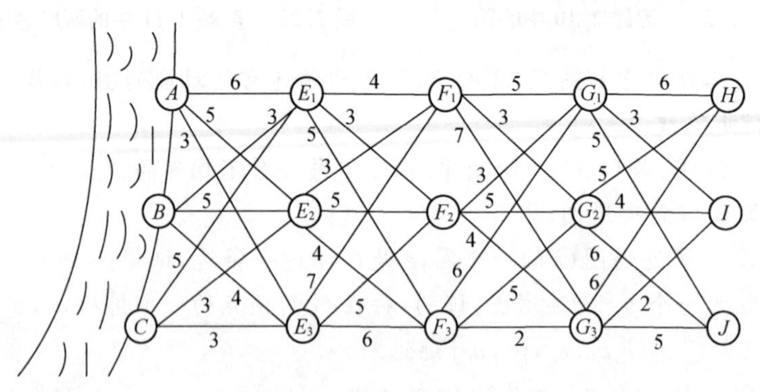

图 2.23　习题 2.26 中的图

(1) 最多能组合多少个引水方案？

(2) 选一个水厂位置及引水口位置，使安装费用最省.

2.27 求图 2.24 所示有向网络 $N = (V, A, w)$ 的一条最短 $(u_0 - v_0)$ 路.

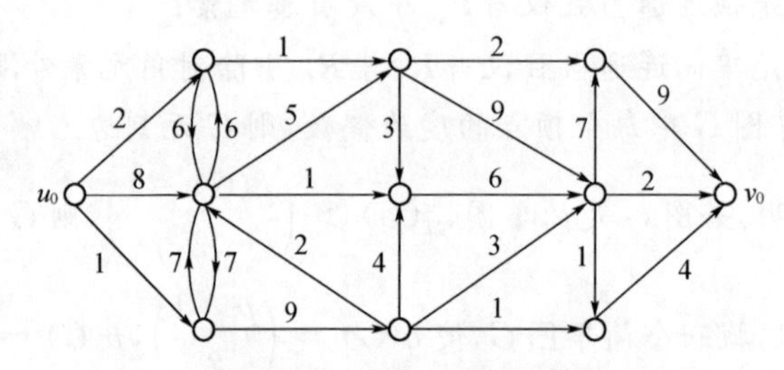

图 2.24　习题 2.27 中的图

2.28 给如图 2.25 所示的两个图 G_1, G_2 定向，使所得有向图 $\vec{G_1}, \vec{G_2}$ 是强连通的.

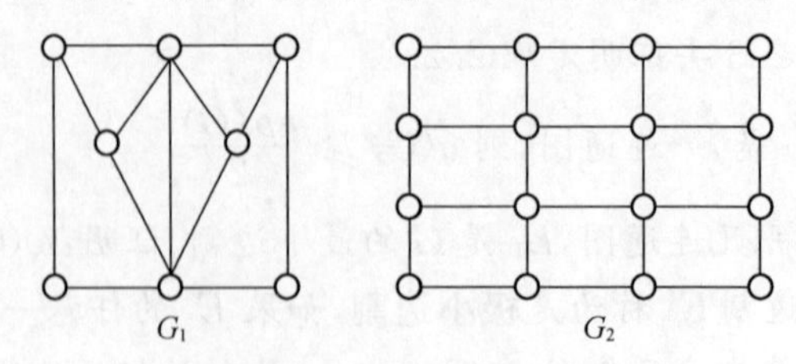

图 2.25　习题 2.28 中的图

3　树

3.1　树的基本性质

在第 1 章的 1.1 节中我们提到基尔霍夫对电网络的研究及凯莱利用图对有机化学中同分异构体个数的计算，他们都用到图论中一类常见的图，这种图就是我们这一节所要介绍的重要的一类图 —— 树.

定义 3.1.1　没有圈的连通图称为**树**.

树之所以是重要的一类图，它不仅在于图论本身，由于树是连通图中最简单的一类图，许多问题对一般连通图未能解决或者没有简单的方法，但对于树则已圆满解决，方法也较为简单，而且在许多不同领域中也有着广泛的应用. 在现实生活中树的例子是很多的，家谱图就是其中的一个. 在小说《红楼梦》中的开头有一张描写荣国府中主要人物之间的关系表(见图 3.1)，如果将每个人用一个顶点来表示，并且在父子之间连一条边，便得到图 3.2 所示的图，此图便是一棵树. 一个单位各部门之间的上下级关系也可以用树来表示.

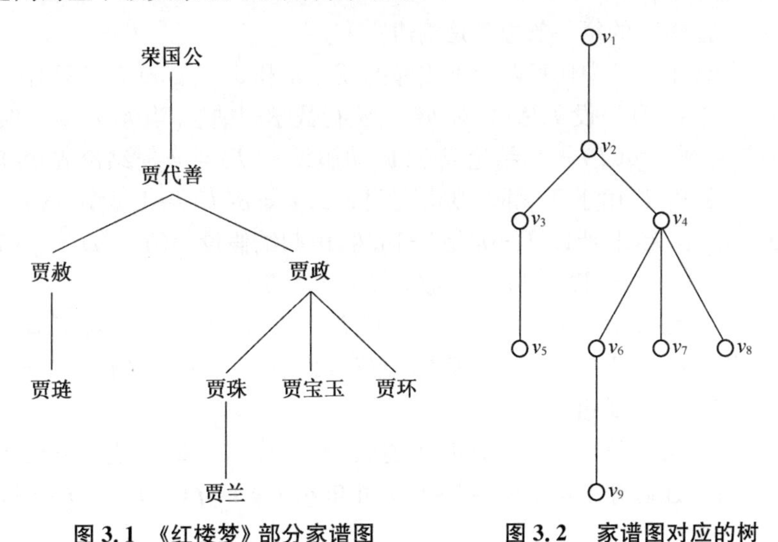

图 3.1　《红楼梦》部分家谱图　　**图 3.2　家谱图对应的树**

在通常的情况下，我们用 T 表示一棵树. 图 3.3 列举了具有 6 个顶点的 4 个不同构的树，从该图不难看出，树正是由这一类图的形状而得名的. 下面几个定理完全刻画了树的特性.

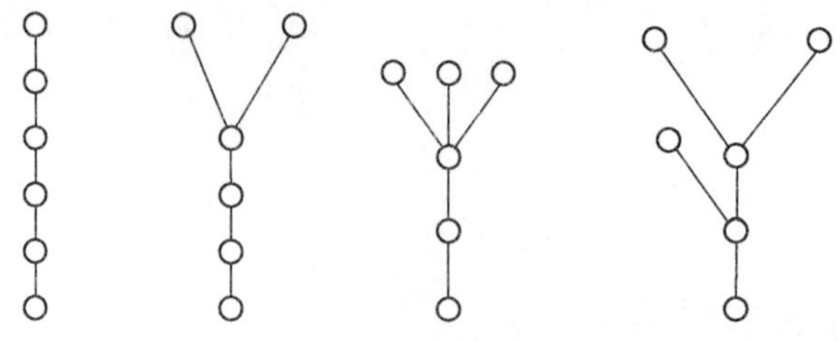

图 3.3　6 阶非同构的树

定理 3.1.1　一个简单图 T 是树当且仅当 T 中任意两个不同顶点之间有且只有一条路.

证明　设 T 是树,显然对 G 中任两个不同的顶点 u 和 v,G 中存在 $(u-v)$ 路,而且只有一条路,否则 T 至少有一个圈存在.

反之,若 T 中任何两个不同的顶点之间有且只有一条路,显然 T 是连通的,而且必无圈. 否则,若 T 有一个圈,这圈上的任何两个不同顶点之间有两条不同的路连接它们. □

定理 3.1.2　下述论断是等价的:

(1) 图 T 是树;

(2) T 连通且 $q(T)=p(T)-1$;

(3) T 无圈且 $q(T)=p(T)-1$;

(4) T 连通且 T 的每一条边都是割边;

(5) T 无圈且对 T 中任意两个不相邻的顶点 u 和 v,$T+uv$ 有且只有一个圈.

证明　(1)⇒(2)　设 T 是树,对 $p(T)$ 施行数学归纳法. 当 $p(T)=1$ 时,$T\cong K_1$,则 $q(T)=0=p(T)-1$,结论成立. 归纳假设 $p(T)=k$ 时结论成立. 现在考虑 $(k+1)$-阶的树 T. 由于 T 无圈,则由定理 2.1.1 知 $\delta(T)=1$. 设 $d_T(u)=1$,则 $T-u$ 仍连通并且无圈. 所以 $T-u$ 是 k-阶树,由归纳假设,$q(T-u)=p(T-u)-1$,即 $q(T)-1=(p(T)-1)-1$,故 $q(T)=p(T)-1$.

(2)⇒(3)　设 T 满足(2),要证明(3)成立,只要证明 T 无圈. 若 T 有圈 C,在 C 中任取一条边 e,则 $T-e$ 仍是连通图,但其边数 $q(T-e)=q(T)-1=p(T-e)-2$,这与定理 2.2.2 相矛盾.

(3)⇒(4)　设 T 满足(3). 先证明 T 连通. 若 T 有 $k(\geqslant 2)$ 个连通分支 $T_1,T_2,\cdots,T_k$,易见每个连通分支均是树,则由(2)可知 $q(T_i)=p(T_i)-1(i=1,2,\cdots,k)$,故

$$q(T)=\sum_{i=1}^{k}q(T_i)=\sum_{i=1}^{k}(p(T_i)-1)=\sum_{i=1}^{k}p(T_i)-k$$
$$=p(T)-k,$$

因 $k \geqslant 2$，这与 $q(T) = p(T) - 1$ 相矛盾，所以 T 连通. 再证 T 的每条边是割边. 让 e 是 T 的任意一条边，则由于 $q(T) = p(T) - 1$，故

$$q(T-e) = q(T) - 1 = p(T) - 2 = p(T-e) - 2,$$

由定理 2.2.2 知 $T-e$ 非连通，所以 e 是 T 的割边.

(4)⇒(5)　设 T 满足(4). 由于 T 的每一条边都是割边，所以 T 无圈. 又因为 T 连通，故 T 是树. 设 u 和 v 是 T 中任意两个不相邻的顶点，由定理 3.1.1 知 T 中存在唯一的 $(u-v)$ 路 P，则 $P \cup \{uv\}$ 就是 $T + uv$ 中唯一的圈.

(5)⇒(1)　设 T 满足(5)，要证明 T 是树，只要证明 T 连通. 若 T 非连通，在 T 的两个不同的连通分支中各取一个顶点 u 和 v，明显的，$T + uv$ 仍无圈，与 T 满足 (5) 矛盾. 故 T 连通，因而 T 是树. □

定理 3.1.3　若 T 是至少有两个顶点的树，则 T 至少有两个悬挂点，而 T 恰好有两个悬挂点当且仅当 T 本身是一条路.

证明　设 $P = v_0 v_1 \cdots v_k$ 是 T 的一条最长路. 可以证明 v_0 与 v_k 都是 T 的悬挂点. 否则，若 $d_T(v_0) \geqslant 2$，则由于 P 是最长路，v_0 的所有邻点全含在 P 上，故存在 i，$1 < i \leqslant k$，$v_0 v_i \in E(T)$，则 $v_0 v_1 \cdots v_i v_0$ 就构成 T 的一个圈，与 T 是树矛盾，所以 v_0 是悬挂点. 同样可得 v_k 也是悬挂点.

若 T 恰好有两个悬挂点，设为 u 和 v，则对 $V(T) \backslash \{u, v\}$ 中的每个顶点 x，$d_T(x) \geqslant 2$，应用定理 3.1.2 可得

$$\begin{aligned} 2(p(T) - 1) = 2q(T) &= \sum_{x \in V(T)} d_T(x) \\ &= 1 + 1 + \sum_{x \in V(T) \backslash \{u, v\}} d_T(x) \\ &\geqslant 2 + 2(p(T) - 2), \end{aligned}$$

故对每一个 $x \in V(T) \backslash \{u, v\}$，均有 $d_T(x) = 2$，再由 T 的连通性可知，T 本身是一条路. □

由树的定义及定理 3.1.2 可知，连通、无圈和 $q(T) = p(T) - 1$ 这三条性质中的任何两条都足以保证图 T 是树，因而都可以作为树的定义.

定义 3.1.2　G 的顶点 u 称为割点，如果满足 $w(G-u) > w(G)$.

定理 3.1.4　树 T 的每一个非悬挂点都是 T 的割点.

证明　设 T 是 p-阶树，u 是 T 中一个非悬挂点，即 $d_T(u) \geqslant 2$. 不难看出 $T-u$ 含 $p-1$ 个顶点，其边数为

$$\begin{aligned} q(T-u) &= q(T) - d_T(u) = p - 1 - d_T(u) \\ &= p(T-u) - d_T(u) < p(T-u) - 1, \end{aligned}$$

因而 $T-u$ 不是树. 显然 $T-u$ 不含圈，所以 $T-u$ 非连通，即 u 是 T 的割点. □

最后，我们引进图的离径、半径与中心的概念.

定义 3.1.3　图 $G = (V, E)$ 的一个顶点 v 的**离径** $R(v)$ 定义为

$$R(v)=\max_{u\in V} d(u,v),$$

图 G 的**半径** $R(G)$ 定义为

$$R(G)=\min_{v\in V} R(v),$$

所有满足 $R(v)=R(G)$ 的顶点 v 都称为 G 的**中心**.

不难看出,一个图 G 的直径 $d(G)=\max_{v\in V} R(v)$.

例如,图 3.4 所示的 G 中,$R(u_1)=R(u_6)=R(u_4)=3$,$R(u_2)=R(u_3)=R(u_5)=2$,故 G 的直径为 3,半径为 2,u_2,u_5 与 u_3 是 G 的中心;图 3.5 所示的 G_1 中,v_3 与 v_6 是 G_1 的中心. 从这两个图可知,图的中心一般是不唯一的.

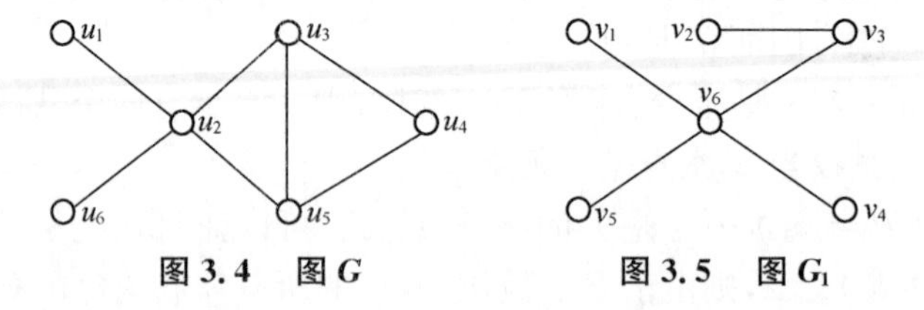

图 3.4　图 G　　　　**图 3.5　图 G_1**

图的中心有很明显的实际意义. 假设图 G 的边均等于单位长,如果在每个顶点处各驻一支军队,若将指挥部设在 G 的中心处时,就能以最快的速度将部队集合于指挥部所在地.

定理 3.1.5　设 $P=u_1u_2\cdots u_lu_{l+1}$ 是树 T 的一条最长路,则

(1) T 的直径为 l;

(2) 若 l 为奇数,设 $l=2k-1$,那么 T 的半径为 k,T 有两个相邻的中心,即为 u_k 与 u_{k+1},并且每一条长为 l 的路都通过这两个中心;

(3) 若 l 为偶数,设 $l=2k$,那么 T 的半径为 k,T 只有一个中心,即为 u_{k+1},并且每一条长为 l 的路都通过中心 u_{k+1}.

证明　(1) 由于树 T 中只有唯一的一条 (u_1-u_{l+1}) 路 P,故 $d(u_1,u_{l+1})=l$ 即为 T 的直径.

(2) 设 $l=2k-1$,u 是 T 中的任意一个顶点,则

$$\begin{aligned}d(u,u_1)+d(u,u_{2k})&=d(u_1,u)+d(u,u_{2k})\\&\geqslant d(u_1,u_{2k})=2k-1,\end{aligned}$$

故 $d(u,u_1)\geqslant k$ 或 $d(u,u_{2k})\geqslant k$,因此 u 的离径 $R(u)\geqslant k$. 故 T 的半径 $R(T)\geqslant k$.

下面来证明 T 的半径为 k,中心是 u_k 和 u_{k+1}.

对于 T 中任意一个顶点 u,如果 u 在 P 上,则明显的 $d(u,u_k)\leqslant k$. 如果 u 不在 P 上,则 P 上必存在一个顶点 $u_i(2\leqslant i\leqslant 2k-1=l)$,$T$ 中有一条连接 u 与 u_i 的路 Q,使 $u_1,u_2,\cdots,u_{i-1},u_{i+1},\cdots,u_{2k}$ 都不在 Q 上(如图 3.6 所示).

由于 P 是 T 的最长路,所以有以下两个不等式:

$$d(u,u_i)\leqslant i-1,\quad d(u,u_i)\leqslant l+1-i.$$

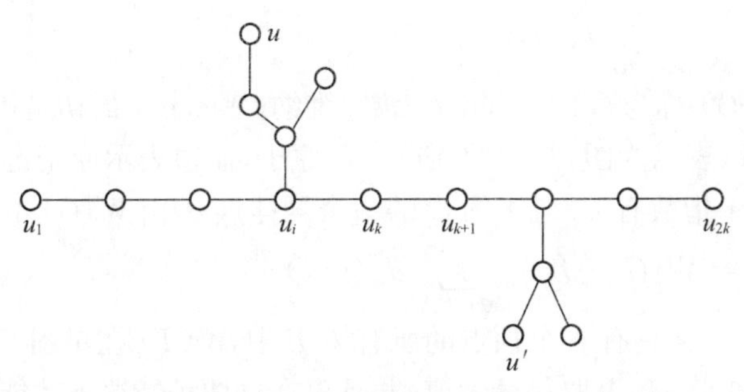

图 3.6 定理 3.1.5(2) 证明过程中的一个图例

如果 $i \leqslant k$,由于 $d(u_i,u_k)=k-i$,故

$$d(u,u_k)=d(u,u_i)+d(u_i,u_k) \leqslant i-1+k-i=k-1<k,$$

如果 $i>k$,则

$$d(u,u_k)=d(u,u_i)+d(u_i,u_k) \leqslant l+1-i+i-k=l+1-k=k.$$

从而对 T 的每个顶点 u,$d(u,u_k)\leqslant k$,因此 $R(u_k)\leqslant k$,从而 $R(T)\leqslant k$. 结合 $R(T)\geqslant k$,我们有 $R(T)=k$,并且 $R(u_k)=k$,即 u_k 为 T 的一个中心. 同样可证 u_{k+1} 也是 T 的一个中心.

最后证明长为 l 的每一条路 P' 一定通过中心 u_k 与 u_{k+1}. 设 P' 的两个端点分别是 u 和 u'. 在 P 上有两个顶点 u_i 和 u_j($2\leqslant i,j\leqslant 2k-1$),$T$ 中存在(u-u_i)路 Q_1 和(u'-u_j)路 Q_2,使 $(V(Q_1)\backslash\{u_i\})\cap V(P)=\varnothing$,$(V(Q_2)\backslash\{u_j\})\cap V(P)=\varnothing$. 不妨设 $i\leqslant j$(如图 3.6 所示). 因为 T 是树,故

$$P'=Q_1\cup P(u_i,u_j)\cup Q_2.$$

如果 $i\leqslant j\leqslant k$,则

$$\begin{aligned}d(u,u')&\leqslant d(u,u_i)+d(u_i,u_j)+d(u_j,u')\\&\leqslant(i-1)+(j-i)+(j-1)=2(j-1)\\&\leqslant 2(k-1)<2k-1=l,\end{aligned}$$

同样,如果 $k<i\leqslant j$,则 $d(u,u')<l$. 这些都与 P' 是长为 l 的(u-u')路相矛盾,因此 $i\leqslant k<j$. 这就证明了长度为 l 的路一定通过 T 的中心 u_k 和 u_{k+1}.

(3) 与(2) 类似可证明,这里从略. □

该定理的证明不仅给出了树的直径、半径的计算方法,而且也给出了树的中心的计算方法.

在通讯网络中大直径是可以接受的,只要大多数顶点对可以通过短路径通信,这就导致我们去研究平均距离而不是最大距离. 因为平均距离为所有点对距离的总和除以 $\binom{p(G)}{2}$(顶点对的个数),为此我们将研究

$$W(G)=\sum_{u,v\in V(G)} d_G(u,v).$$

上式中,$W(G)$ 称为 G 的 Wiener **指数**. 维纳(Wiener) 最初是用它来研究石蜡的沸点. 分子可以表示为图,其中的顶点表示原子,而边表示原子键. 分子的许多特性与图的 Wiener 指数有关. 对于图 G 的一个悬挂点 v,由 $W(G)$ 的定义不难得到

$$W(G)=W(G-v)+\sum_{u\in V(G-v)} d_G(u,v).$$

定理 3.1.6 在具有 p 个顶点的所有树 T 中,$W(T)$ 在星图 $S_p(=K_{1,p-1})$ 上取得最小值,而在路 P_p 上取得最大值,并且仅在这两种情况下才能取得极值.

证明 对于任意一个 p-阶树 T,$q(T)=p-1$,所以有 $p-1$ 对顶点的距离和为 $p-1$,而对其他每一对顶点的距离至少为 2. 故

$$W(T)=\sum_{u,v\in V(T)} d_T(u,v)=\sum_{uv\in E(T)} d_T(u,v)+\sum_{uv\notin E(T)} d_T(u,v)$$
$$\geqslant p-1+2\binom{p-1}{2}=(p-1)^2.$$

上式等号成立当且仅当对任意 $u,v\in V(T)$,$uv\notin E(T)$ 均有 $d_T(u,v)=2$,而满足该条件的树只能是星 S_p.

对于 $W(T)$ 的最大值,我们先计算 $W(P_p)$:设 v 为 P_p 的一个端点,则

$$W(P_p)=\sum_{u\in V(P_p)} d_{P_p}(v,u)+W(P_{p-1})$$
$$=\sum_{i=1}^{p-1} i+W(P_{p-1})=\binom{p}{2}+W(P_{p-1}),$$

由此通过递推,我们有

$$W(P_p)=\sum_{k=2}^{p}\binom{k}{2}=\binom{p+1}{3}.$$

下面我们对 p 用归纳法证明所有的 p-阶树 T 中,P_p 是唯一使得 $W(T)$ 达到最大值的树.

当 $p=1,2$ 时,结论显然成立.

下设 $p\geqslant 3$. 令 v 是 T 中一个悬挂点,则 $T-v$ 是$(p-1)$-阶树,且

$$W(T)=\sum_{u\in V(T-v)} d_T(v,u)+W(T-v), \tag{3.1-1}$$

由归纳假设,有

$$W(T-v)\leqslant W(P_{p-1}), \tag{3.1-2}$$

等号成立当且仅当 $T-v$ 是一条有 $p-1$ 个顶点的路.

下面我们考虑 $\sum_{u\in V(T-v)} d_T(v,u)$. 设 $R_T(v)=k$,并对 $1\leqslant i\leqslant k$,令

$$N_i(v)=\{u\in V(T-v)\mid d_T(v,u)=i\},$$

则 T 是路 P_p 当且仅当 $k=p-1$(即 $|N_i(v)|=1,1\leqslant i\leqslant k$). 若 $T\neq P_p$,即 $k\leqslant$

$p-2$. 在每个 $N_i(v)$ 中取一个顶点 $u_i(1\leqslant i\leqslant k)$，则 $d_T(v,u_i)=i$，而对每个 $u\in V\backslash\{v,u_1,u_2,\cdots,u_k\}$，$d_T(v,u)<k+1\leqslant p-1$. 则我们有

$$\sum_{u\in V(T-v)} d_T(v,u)=\sum_{i=1}^{k} d_T(v,u_i)+\sum_{u\in V\backslash\{v,u_1,\cdots,u_k\}} d_T(v,u)$$
$$<1+2+\cdots+k+k+1+\cdots+p-1=\binom{p}{2},$$

至此，我们有

$$\sum_{u\in V(T-v)} d_T(v,u)\leqslant\binom{p}{2}, \tag{3.1-3}$$

且等号成立当且仅当 $T=P_p$. 最后，由(3.1-1)，(3.1-2) 和(3.1-3) 三式，有

$$W(T)\leqslant\binom{p}{2}+W(P_{p-1})=\binom{p}{2}+\binom{p}{3}=\binom{p+1}{3},$$

且等号成立当且仅当 $T=P_p$. □

从 Wiener 指数定义和定理 3.1.6，我们不难发现在所有的 p-阶连通图中，K_p 的 Wiener 指数达到最小值，而 P_p 的 Wiener 指数值达到最大.

下面给出树的两个应用以结束本节.

例 3.1 有 10 个学生参加一次考试，试题 10 道. 已知没有 2 个学生做对的题目是完全相同的. 证明：在这 10 道试题中可以找到一道试题，将这道试题取消后，每 2 个学生所做对的题目仍然不会完全相同.

证明 用反证法. 用 10 个顶点 $v_i(i=1,2,\cdots,10)$ 来表示 10 位学生. 如果结论不成立，则对每一道试题 $h(1\leqslant h\leqslant 10)$，如果去掉 h，至少有两个学生 v_i 和 v_j，他们做对的题目是完全相同的，即原来 v_i 比 v_j 或 v_j 比 v_i 恰好多做一道题 h，就在 v_i 和 v_j 之间连一条边，并标上号 h(如果有好几对，我们可以任取其中的一对). 这样就得到一个具有 10 个顶点、10 条边的简单图，用 G 表示. 由定理 3.1.2 可知 G 不是树. 因 $q(G)=p(G)$，G 含有圈，设为

$$C=v_{i_1}v_{i_2}\cdots v_{i_k}v_{i_1},$$

则沿着 C 绕行时，每通过一条边就相当于解出的题目增加或减少了一道题，并且增减的题目是互不相同的. 现在对圈 C 来说，从 v_{i_1} 出发沿 C 绕行一圈回到 v_{i_1}，就相当于对 v_{i_1} 所对应的学生做对的题目中增加一些再减少另一些题目，最后的结果仍是 v_{i_1} 所对应的这个学生原来做对的题目，这显然是一个矛盾.

例 3.2(1958 年波兰数学奥林匹克试题) 平面上有 n 条线段($n\geqslant 3$)，其中任意 3 条都有公共端点，证明：这 n 条线段有一个公共端点.

证明 把这 n 条线段的端点视为一个图 G 的顶点，线段作为 G 的边. 依题意，G 是无圈的连通图，故 G 是树，且直径为 2，$p(G)=q(G)+1=n+1$. 取 $u\in V(G)$，使 $d_G(u)=\Delta(G)$，则 $d_G(u)\geqslant 2$. 若存在 $v\in V(G)\backslash\{u\}$，则 $d_G(v)\geqslant 2$. 设 $x\in$

$N_G(u)\backslash\{v\}$，$y\in N_G(v)\backslash\{u\}$，如果 $uv\in E(G)$，因 G 是树，$x\neq y$ 且 $d(x,y)=3$，与 $d(G)=2$ 矛盾；如果 $uv\notin E(G)$，则存在 $x_1\in N_G(u)\backslash\{x\}$，$y_1\in N_G(v)\backslash\{y\}$，此时 G 的三条边 x_1u，ux，vy_1 无公共端点，与题设矛盾. 故 G 中只有一个顶点 u 是非悬挂点，而其余 n 个顶点是悬挂点，则

$$2n=2q(G)=\sum_{x\in V(G)}d_G(x)=d_G(u)+n,$$

所以 $d_G(u)=n$，因此 u 就是这 n 条边的公共端点，也即为 n 条线段的公共端点.

3.2 生成树

在这一节我们将讨论以树作为子图的情况.

定义 3.2.1 给定一个图 G，如果图 G 的一个生成子图 T 是一棵树，则称 T 是 G 的一棵**生成树**.

例如，在图 3.7 所示的图 G 中，T_1，T_2 和 T_3 都是 G 的生成树.

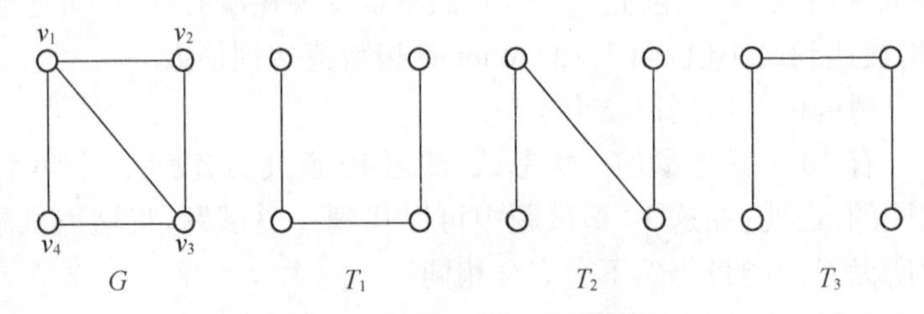

图 3.7 图 G 的三棵生成树

明显的，如果一个图 G 有生成树，则 G 一定连通. 反之，设 G 是一个连通图，我们可以通过以下两种不同的方法来构造图 G 的一棵生成树.

方法一：**破圈法**. 设 G 是一个连通图，如果 G 是树，则 G 本身就是 G 的一棵生成树；如果 G 不是树，则 G 至少有一个圈 C，在 C 中任取一条边 e，则 $G-e$ 仍是连通图，即 $G_1=G-e$ 是 G 的连通生成子图；如果 G_1 仍不是树，可以继续这过程，直到最后一条边从最后一个圈中去掉，所得图 T 就是 G 的一棵生成树.

方法二：**避圈法**. 设 G 是一个连通图. 在 $V(G)$ 中逐次添加 $E(G)$ 中的边，要求每次添加边之后所得子图不含圈. 把上述过程进行到无法再进行为止，所得到的子图 T 是 G 的一个极大无圈生成子图，T 就是 G 的生成树.

这样我们就构造性地证明了下述定理：

定理 3.2.1 G 是连通图当且仅当 G 含有生成树.

定义 3.2.2 设 T 是连通图 G 的一棵生成树，称 $\overline{T}=G\backslash E(T)$ 为 T 的**余树**，T 中的边称为**树枝**（简称为**枝**），$\overline{T}$ 中的边称为 G 关于 T 的**弦**.

不难看出连通图 G 的生成树 T 所含的树枝和弦的条数分别是 $p(G)-1$ 和

$q(G)-p(G)+1$,它们与生成树的选取无关.

在这里要注意,生成树的余树未必是树,而且未必是连通的. 图 3.8 给出了连通图 G 的一棵生成树 T 及其余树 $\overline{T}$.

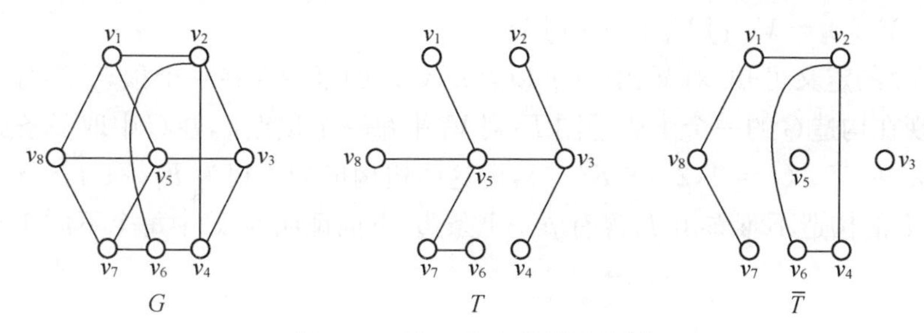

图 3.8 图 G 的生成树及余树

定理 3.2.2 设 T 是 G 的一棵生成树,$\overline{T}$ 是 G 关于 T 的余树,则

(1) $E(\overline{T})$ 中不含 G 的任何边割集;

(2) 对 T 的任何一条边 e,$E(\overline{T}+e)$ 有且只有 G 的一个极小边割集;

(3) 对 $\overline{T}$ 的任何一条边 e,$T+e$ 含有唯一的一个圈.

证明 (1) 对 $E(\overline{T})$ 中任意一个边子集 E',由于 $T=G\backslash E(\overline{T})$,$T$ 是 $G\backslash E'$ 的生成子图,也即 $G\backslash E'$ 含有生成树. 由定理 3.2.1 知 $G\backslash E'$ 是连通图,因此 E' 不可能构成 G 的边割集. 这就证明了(1) 成立.

(2) 对 T 中任何一条边 e,因为 T 是树,$T-e$ 恰有两个连通分支,设它们是 T_1 和 T_2. 记 $V_1=V(T_1)$,则 $\overline{V}_1=V(T_2)$,显然 G 有一个边割集 $[V_1,\overline{V}_1]\subseteq E(\overline{T}+e)$,并且 $G\backslash[V_1,\overline{V}_1]$ 恰有两个连通分支 $G[V_1]$ 与 $G[\overline{V}_1]$,于是 $[V_1,\overline{V}_1]$ 就是含在 $E(\overline{T}+e)$ 中 G 的一个极小边割集(参见习题 2.23). 现来证明 $E(\overline{T}+e)$ 只含有 G 的一个极小边割集.

设 $E'\subseteq E(\overline{T}+e)$ 是 G 的一个不同于 $[V_1,\overline{V}_1]$ 的极小边割集,则由(1) 可知 $e\in E'$,并且 $T-e$ 是 $G\backslash E'$ 的生成子图. 由于 E' 与 $[V_1,\overline{V}_1]$ 是 G 的两个不同的极小边割集,不妨设存在 $e'\in[V_1,\overline{V}_1]\backslash E'$,则 $(T-e)+e'$ 是 $G\backslash E'$ 一个生成子图. 现由 $e'\in[V_1,\overline{V}_1]$ 可知 $(T-e)+e'$ 是连通的,因此 $G\backslash E'$ 连通,这与 E' 是 G 的一个极小边割集相矛盾. 这样 $[V_1,\overline{V}_1]$ 是 $E(\overline{T}+e)$ 中 G 的唯一的一个极小边割集.

(3) 此结论即为定理 3.1.2(5). □

由定理 3.2.2(3) 可发现,对于每一个连通图 G 及它的一个生成树 T,关于 T 的弦有 $q(G)-p(G)+1$ 条,因而 G 至少含有 $q(G)-p(G)+1$ 个不同的圈.

定义 3.2.3 设 T 是 $G=(V,E)$ 的一棵生成树,v 是 G 的一个顶点,若对于 $V\backslash\{v\}$ 的任一顶点 u,有 $d_T(v,u)=d_G(v,u)$,则称 T 是 G 的关于 v 的**保距生成树**.

定理 3.2.3 设 v 是连通图 G 的任意一个顶点,则存在 G 关于 v 的保距生成树.

证明　首先作 $V(G)$ 的顶点子集

$$V_i = \{u \in V(G) \mid d(v,u) = i\} \quad (i = 1,2,\cdots,R(v)),$$

记 $V_0 = \{v\}$. 因为 G 是连通图，故

$$V(G) = V_0 \cup V_1 \cup \cdots \cup V_{R(v)}.$$

从 V_i 的定义可知，对 V_i 中每个顶点 u，V_{i-1} 中至少存在一个顶点 u'，使 $uu' \in E(G)$. 现在构造 G 的一个生成子图 T：对 V_i 中每一个顶点 u，在 G 中取一条边 $e_u = uu'$，使 $u' \in V_{i-1}(i = 1,2,\cdots,R(v))$，记这些边构成的子集为 E_0，取 $T = G[E_0]$.

从 T 的构造不难看出 T 含有 $p-1$ 条边，下面证明对 T 中每个不同于 v 的顶点 u，有

$$d_T(u,v) = d_G(u,v).$$

设 $u \in V_i$，当 $i = 1$ 时，明显有

$$d_T(u,v) = d_G(u,v) = 1,$$

归纳假设当 $i < k$ 时结论成立. 对 $u \in V_k$，由 T 的构造，存在 $u' \in V_{k-1}$，$uu' \in E(T)$. 由归纳假设

$$d_T(u',v) = d_G(u',v),$$

但根据 V_k 的定义以及 $uu' \in E(T)$，我们有

$$d_T(u,v) = d_T(u',v) + 1,$$

$$d_G(u,v) = d_G(u',v) + 1,$$

所以

$$d_T(u,v) = d_G(u,v).$$

这就证明了对 T 中每个顶点 $u \neq v$，有 $d_T(u,v) = d_G(u,v)$，因而 T 也是连通图. 由定理 3.1.2 知 T 是树，所以 T 是 G 的关于 v 的保距生成树. □

例如，图 3.9 中的 T 是 G 的关于 v 的保距生成树.

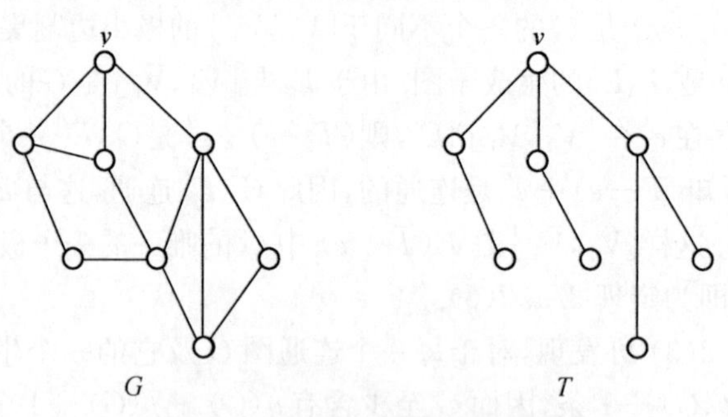

图 3.9　图 G 关于 v 的保距生成树

给定一个连通图，求它的生成树的数目是图论中的计数问题. 这在化学分子结构理论及计算机科学中有重要的应用.

设 $G = (V,E)$ 是一个连通图，$V = \{v_1, v_2, \cdots, v_p\}$，$T_1$ 与 T_2 是 G 的两棵生成

树，如果 $E(T_1) \neq E(T_2)$，则认为 T_1 与 T_2 是 G 的两棵不同的生成树. G 的生成树棵数用 $\tau(G)$ 表示.

要注意的是：$\tau(G)$ 并非是 G 中互不同构的生成树棵数. 例如，对于 K_6 来说，只有 6 棵互不同构的生成树（如图 3.10 所示），但从下面的定理 3.2.5 可知，K_6 却有 $6^4 = 1296$ 棵不同的生成树.

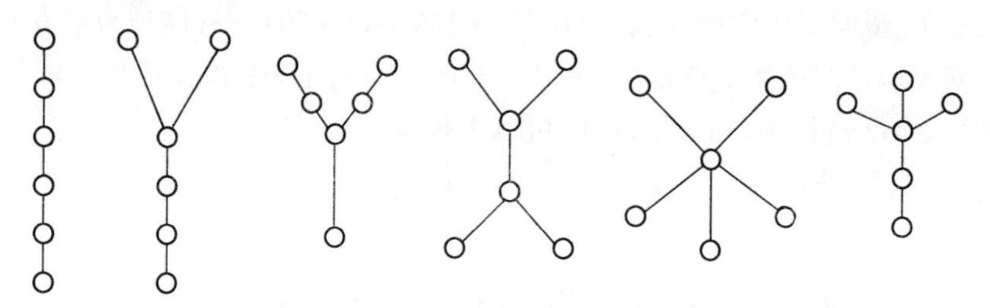

图 3.10　6-阶不同构的所有生成树

下面介绍求 G 的生成树棵数 $\tau(G)$ 的递推公式.

首先给出图 G 的一种运算. 设 $e = uv$ 是 G 的一条边（不是环），在 G 中删去边 e，再在 $G-e$ 中重合 e 的两个端点 u 和 v 为一个新的顶点 $w(u,v)$，而 G 中除 e 外一切与 u 和 v 关联的边都改成与这个新顶点 $w(u,v)$ 相关联. 这样所得到的图称为 G 收缩边 e，记为 $G \cdot e$. 图 3.11 给出了这种收缩运算的过程.

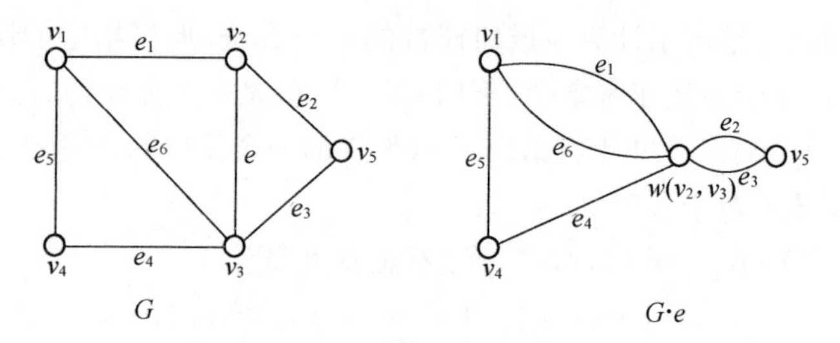

图 3.11　图的边收缩运算

定理 3.2.4　设 G 是无环图，e 是 G 的一条边，则

$$\tau(G) = \tau(G-e) + \tau(G \cdot e).$$

证明　我们用 J 表示 G 的所有生成树集合，用边 e 把 J 的元素分成两类：第一类是 G 含 e 的生成树全体，用 J_1 表示；第二类是 G 的不含 e 的生成树全体，用 J_2 表示. 则

$$\tau(G) = |J| = |J_1| + |J_2|. \tag{3.2-1}$$

由于 $G-e$ 是 G 的生成子图，$G-e$ 的每棵生成树都是 G 的不含 e 的生成树，因而属于 J_2. 而 G 的每一棵不含 e 的生成树显然也是 $G-e$ 的生成树，所以有

$$\tau(G-e) = |J_2|. \tag{3.2-2}$$

而对于 G 的含 e 的每一棵生成树 T，$T \cdot e$ 就是 $G \cdot e$ 的一棵生成树. 反之，对

$G \cdot e$ 的每一棵生成树 T'，只要在 T' 中把由 e 收缩而成的新顶点还原，即得 G 的含 e 的生成树，因此 J_1 中的树与 $G \cdot e$ 的生成树之间有一个一一对应关系. 故

$$\tau(G \cdot e) = |J_1|. \tag{3.2-3}$$

综合(3.2-1)，(3.2-2) 和(3.2-3) 三式，我们有

$$\tau(G) = \tau(G-e) + \tau(G \cdot e). \qquad \square$$

图 3.12 说明了用定理 3.2.4 的结果来推算 $\tau(G)$ 的一个过程. 为了方便，仍用图本身来表示该图的生成树棵数. 另外，由于一个图的环不含在任何生成树中，因此在计算 $\tau(G)$ 过程中，如果出现环，可以去掉.

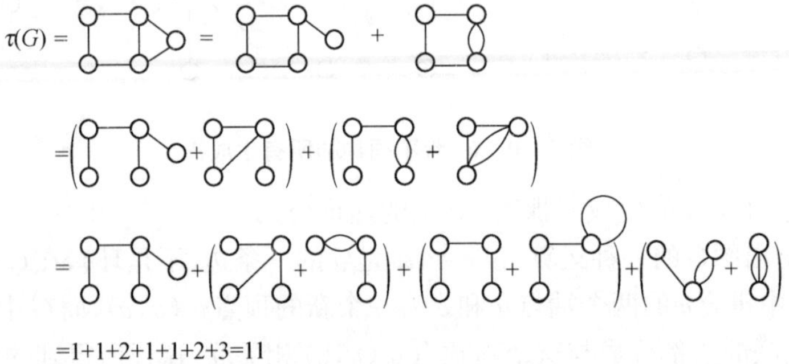

$=1+1+2+1+1+2+3=11$

图 3.12　生成树计算过程

上述定理虽然给出了计算生成树棵数的一个方法，但当给定的图的顶点数和边数都较大时，这个方法非常繁杂，不切实际. 当 G 是一个完全图 K_p 时，英国数学家凯莱(Cayley) 早在 1889 年就给出了 $\tau(K_p)$ 的一个简单的计算公式.

定理 3.2.5　对于 $p \geqslant 2, \tau(K_p) = p^{p-2}$.

证明　设 $V(K_p) = \{1,2,\cdots,p\}$. 不难看出集合

$$S_{p-2} = \{(a_1,a_2,\cdots,a_{p-2}) \mid 1 \leqslant a_i \leqslant p, i = 1,2,\cdots,p-2\}$$

含有 p^{p-2} 个元素. 故我们只需证明由 K_p 的生成树构成的集合与 S_{p-2} 能建立一一对应关系.

对 K_p 的每一个生成树 T，按以下方式构造一个长为 $p-2$ 的序列$(a_1,a_2,\cdots,a_{p-2})$：设 b_1 是 T 中标号最小的悬挂点，a_1 是 T 中与 b_1 相邻的顶点，现从 T 中删去 b_1，$T-b_1$ 仍是一棵树，让 b_2 是 $T-b_1$ 中标号最小的悬挂点，a_2 是在 $T-b_1$ 中与 b_2 相邻的顶点的标号；重复这个过程，直至 a_{p-2} 被确定. 留下来恰好是两个顶点的一棵树. 这就得到了由 T 唯一确定的长为 $p-2$ 的一个序列$(a_1,a_2,\cdots,a_{p-2})$.

反之，任取$(a_1,a_2,\cdots,a_{p-2}) \in S_{p-2}$，应用上面的逆过程可求得 K_p 的一棵生成树. 首先注意到 T 的每个顶点 u 在$(a_1,a_2,\cdots,a_{p-2})$ 中共出现 $d_T(u)-1$ 次. 于是 T 的悬挂点恰好是在该序列中未出现的那些顶点的标号. 现在可按以下方式由$(a_1,a_2,\cdots,a_{p-2})$ 构造 K_p 的一个生成树 T：设 b_1 是 $V(K_p)\backslash\{a_1,a_2,\cdots,a_{p-2}\}$ 中的最小

值，则连接 b_1 与 a_1，其次令 b_2 是 $V\setminus\{b_1,a_2,\cdots,a_{p-2}\}$ 中的最小值，并连接 b_2 与 a_2；重复这过程，直至确定了 $p-2$ 条边 $b_1a_1,b_2a_2,\cdots,b_{p-2}a_{p-2}$. 现在添加这样一条边，它连接 $V(K_p)\setminus\{b_1,b_2,\cdots,b_{p-2}\}$ 中剩下的两个顶点. 这样就构成了 K_p 的一个生成树 T.

从 K_p 的任一棵生成树 T 出发，可以构造出唯一的一个序列；从这个序列出发，按上面的规则又可以构造出与它对应的唯一的一棵生成树，显然这棵生成树就是原来的生成树 T. 所以 K_p 的生成树全体所构成的集合与 S_{p-2} 能建立一一对应，故

$$\tau(K_p)=|S_{p-2}|=p^{p-2}.$$ □

3.3 最优生成树

为了给一些乡村联合供水，必须在各村之间建造管线系统，设计规划自然得考虑经济及其他一些因素. 往往需画出一个略图，在纸上用点表示乡村，用一组边对应于各乡村间的管线，那么这个图必定是连通的简单图.

我们来讨论这样一个图 G：它的顶点对应于乡村，而边对应于连接各乡村间的管线. 计算好一条管线的建造费用并且加注在对应的边旁，边 e 旁边的数字称为该边的费用，记为 $w(e)$（即为边 e 的权）. 这样我们就得到一个赋权图，而要设计一个总造价最小的管线系统，就归结为在赋权图中找出具有最小权的连通生成子图. 由于权表示造价，当然是非负的，所以我们可以断定最小权连通生成子图是 G 的一棵生成树.

定义 3.3.1 连通赋权图 G 中具有最小权的生成树称为 G 的**最优生成树**，简称**最优树**.

这样要设计一个总造价最小的管线系统，就归结为在赋权图中找最优生成树.

1956 年，克拉斯科（Kruskal）给出了在连通赋权图 G 中求解最优生成树的算法. 这个算法称为 Kruskal 算法.

Kruskal 算法的具体步骤如下：

(1) 在 G 中选取边 e_1，使 $w(e_1)$ 尽可能小.

(2) 若已选定边 $e_1,e_2,\cdots,e_i$，则从 $E(G)\setminus\{e_1,e_2,\cdots,e_i\}$ 中选取边 e_{i+1} 满足以下两条：

① $G[\{e_1,e_2,\cdots,e_i,e_{i+1}\}]$ 不含圈；

② 在满足 ① 的前提下，使 $w(e_{i+1})$ 尽可能小.

(3) 当(2) 不能继续执行时，停止.

在这里需要说明的是由 Kruskal 算法得到的图 $T^*=G[\{e_1,e_2,\cdots,e_k\}]$ 是 G 的生成树，这是因为算法的每一步都不允许出现圈，故 T^* 中无圈. 当 $G[\{e_1,e_2,\cdots,e_k\}]$ 不是 G 的生成树时，即 $G[\{e_1,e_2,\cdots,e_k\}]$ 不是 G 的生成子图，则可以在 $E(G)\setminus\{e_1,e_2,\cdots,e_k\}$ 中选取边 e_{k+1}，使得 e_{k+1} 的两个端点至少有一个不在 $G[\{e_1,$

$e_2, \cdots, e_k\}]$ 上，因此 $G[\{e_1, e_2, \cdots, e_k, e_{k+1}\}]$ 无圈，从而存在满足算法(2) 的边 e_{k+1}，也即Kruskal算法在第 k 步后还可以继续，矛盾. 若 $G[\{e_1, e_2, \cdots, e_k\}]$ 不连通，由于 G 连通，在 G 中可以取一条连接 $G[\{e_1, e_2, \cdots, e_k\}]$ 的两个连通分支的一条边 e'_{k+1}，因而 $G[\{e_1, e_2, \cdots, e_k, e'_{k+1}\}]$ 也无圈，此时Kruskal算法仍可继续进行，又是矛盾. 故 $T^* = G[\{e_1, e_2, \cdots, e_k\}]$ 是 G 的生成树.

还需说明的是由Kruskal算法求得的生成树 T^* 是 G 的最优生成树. 在证明这一结论之前，先看一个求最优树的具体例子.

考察图 3.13(a) 所示的赋权图 G，其中顶点 f 表示水源，用水的乡村记为 v_1，v_2, v_3, v_4, v_5，水管只许沿着图的边铺设. 边旁侧的数字表示对应水管的建设费用(以 10000 个货币为单位). 图 3.13(b) ～ (f) 的各个图中的粗边标出来的图表示对 G 施行 Kruskal 算法时逐步得到的子图，且最后(f) 中用粗边标出的子图就是经 Kruskal 算法而得到的 G 的最优生成树，其费用是 19 个单位.

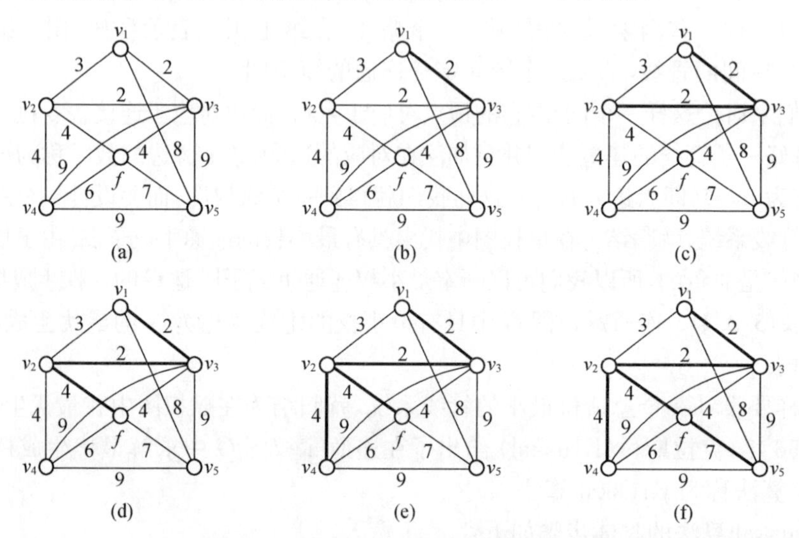

图 3.13　用 Kruskal 算法找最优生成树

定理 3.3.1　由 Kruskal算法构作的任何生成树 $T^* = G[\{e_1, e_2, \cdots, e_{p-1}\}]$ 都是 G 的一棵最优生成树.

证明　前面已经说明了 T^* 是 G 的生成树. 假设 T^* 不是 G 的最优生成树，对 G 的任何异于 T^* 的生成树 T，定义 T 的函数 $f(T)$ 如下：

$$f(T) = \min\{i \mid e_i \text{ 不在 } T \text{ 中}\}.$$

选取 G 的一棵最优树 T_0，使 $f(T_0)$ 最大. 设 $f(T_0) = k$，则 $e_1, e_2, \cdots, e_{k-1}$ 同时在 T_0 和 T^* 中，但 e_k 不在 T_0 中. 由定理 3.1.2(5) 知 $T_0 + e_k$ 包含唯一的一个圈，记为 C，则 C 中至少有一条边，设为 e'_k，不在 T^* 中. 取

$$T' = (T_0 + e_k) - e'_k,$$

则 T' 是含有 $p(G)-1$ 条边的连通图，因此 T' 也是 G 的生成树，易得

$$W(T')=W(T_0)+w(e_k)-w(e'_k), \tag{3.3-1}$$

因 Kruskal 算法中选取的边 e_k 是使 $G[\{e_1,e_2,\cdots,e_k\}]$ 无圈且权最小，而 $G[\{e_1,e_2,\cdots,e_{k-1},e'_k\}]$ 是 T_0 的子图，它也是无圈图，于是可得

$$w(e'_k)\geqslant w(e_k). \tag{3.3-2}$$

结合(3.3-1)式和(3.3-2)二式，有

$$W(T')\leqslant W(T_0),$$

所以 T' 也是 G 的一棵最优树. 然而，由于 $\{e_1,e_2,\cdots,e_k\}\subseteq E(T')$，我们有

$$f(T')>k=f(T_0),$$

与 T_0 的选取相矛盾. 因此 T^* 是 G 的最优生成树. □

Kruskal 算法的框图如图 3.14 所示. 通过对各框图的讨论，易计算出该算法的计算量为 $f(p,q)=O(p^2)$. 因此 Kruskal 算法是一个有效算法.

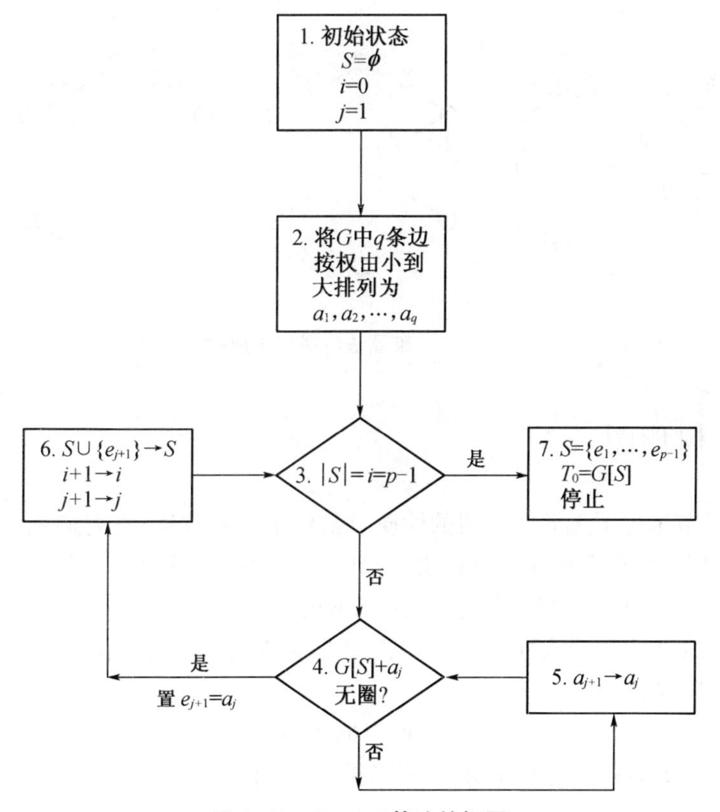

图 3.14 Kruskal 算法的框图

下面再介绍一种求最优生成树的方法，称为破圈法. 该法是由 Rosenstiehl 和管梅谷各自独立给出的.

设 G 是连通赋权图. 若 G 不是树，则 G 中必有圈，我们删去 G 中含于某圈内权最大的一条边，所得图记为 G_1，G_1 是 G 的连通生成子图；下一步，若 G_1 不是树，又从 G_1 的某圈内删去权最大的一条边；如此下去，最后不能按上述方式删边时，得到的图 T^* 便是 G 的一棵生成树. 与定理 3.3.1 类似可证 T^* 是 G 的一棵最优生成树.

图 3.15 画出了由上述破圈法逐次去边得到的 G_k，其中(f) 是所得到的 G 的最优生成树，权为 17.

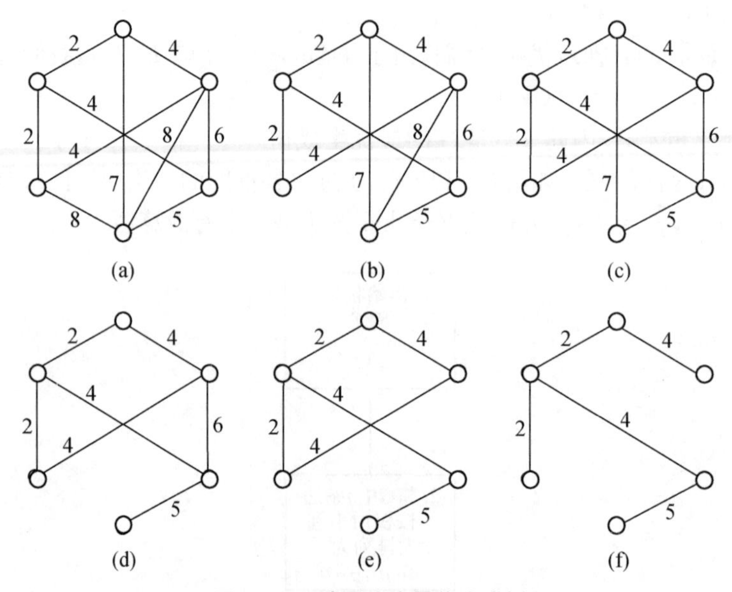

图 3.15　破圈法找最优生成树

3.4　树形图

在前几节考虑了无向图中树的性质及最优生成树算法，在有向图中就要讨论有向树和树形图，它们在计算机算法与程序设计中有着重要的作用. 此外，有向图常用来描述带有“体系”性质的结构，如图书馆的书籍分类等.

定义 3.4.1　一个有向图 D，如果略去每条弧的方向时所得无向图是一棵树，就称 D 为**有向树**.

在图 3.16 中，(a)，(b)，(c) 所示的有向图均为有向树. 现在我们主要讨论一类像(b)，(c) 所示的重要的有向树，即树形图，定义如下.

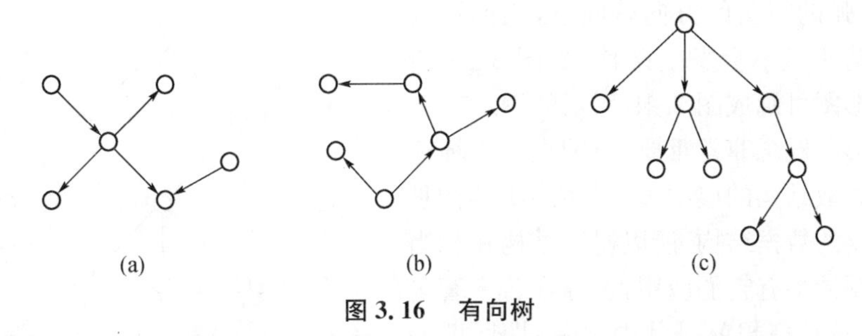

图 3.16 有向树

定义 3.4.2 若一棵有向树恰有一个顶点的入度为 0,其余所有顶点的入度为 1,则称该有向图为**树形图**.入度为 0 的顶点称为该树形图的**根**,入度为 1、出度为 0 的顶点称为该树形图的**树叶**,入度为 1、出度非零的顶点称为该树形图的**内点**.又将内点和根统称为**分支点**.

由于树形图有一个根,因而树形图也常称为**根树**.在树形图中,从根 v 到其余每个顶点 u 有唯一的一条有向路,其中的长度 $l(u)$ 称为该点 u 的**层数**.称层数相同的顶点在同一层上,层数越大的顶点所处的层越高,层数最大的顶点的层数称为树形图的**高**.

在图 3.17 所示的树形图 T 中,v_0 是根,v_5,v_6,v_7,v_8,v_9 是树叶,v_1,v_2,v_3,v_4 是内点,v_0,v_1,v_2,v_3,v_4 统称为分支点.顶点 v_0 的层数为 0,顶点 v_1,v_2 的层数为 1,顶点 v_3,v_4,v_5 的层数为 2,顶点 v_6,v_7,v_9,v_9 的层数为 3,这棵树形图的高为 3.

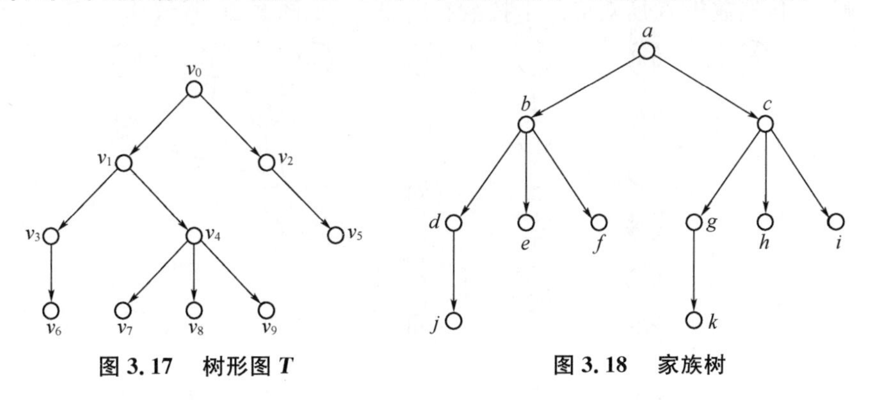

图 3.17 树形图 *T* **图 3.18 家族树**

例 3.3 用树形图可以表示家庭成员之间的关系.

设某祖宗 a 有两个儿子 b 和 c,b 与 c 分别又有三个儿子 d,e,f 及 g,h,i,而 d 及 g 分别又有一个儿子 j 及 k.这样的家庭成员关系可以用一个树形图表示(见图 3.18).因此,我们也把树形图称为家族树,下面给出类似的一些术语.

定义 3.4.3 设 u 是树形图的分支点,若从 u 到 w 有一条弧 (u,w),则称 w 为 u 的儿子或 u 为 w 的父亲,若一分支点有两个儿子,则称它们为兄弟;若从 u 到 z 有一条有向路,则称 z 是 u 的子孙,或称 u 是 z 的祖先.

根据树形图的定义,树形图的画法可以是任意的,但人们常常将根画在最上方,这样弧的箭头的方向就向下,因而可省掉全部箭头且不会发生误解. 如图 3.17 所示的树形图可画成图 3.19 所示的图.

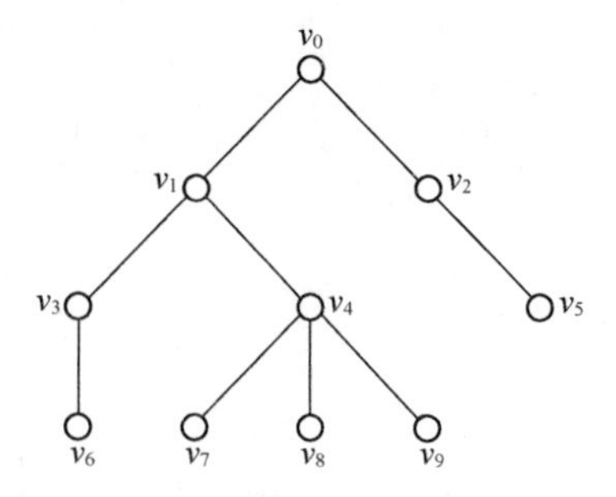

图 3.19　树形图 T 的另一种图示方式

树形图概念非常重要,原因在于它描述了一个离散结构的层次关系,而层次结构是一种重要的数据结构,所以树形结构在相当广泛的领域中有它的应用,也存在若干著名问题,卡拉兹猜想就是其中之一,即所谓的"$3x+1$"问题. 1950 年,汉堡大学的卡拉兹(Callatz) 在美国马萨诸塞州召开的世界数学家大会上提出如下猜想:任取 n 个自然数 $A=\{N_1,N_2,\cdots,N_n\}$ 作为叶,若 N_i 是偶数,则以 N_i 为起点,以 $N_i/2$ 为终点画一条弧,若 N_i 是奇数,则以 N_i 为起点,以$(3N_i+1)/2$ 为终点画一条弧($i=1,2,\cdots,n$);再以所得的"终点"为起点,起点是偶数的,则取其半为终点,起点是奇数的,则取其3倍加1之半为终点画弧. 如此递推,所得有向图记为 T_A,称为卡拉兹有向图. **卡拉兹猜想**:对任何一个自然数集 A,T_A 是一棵有向树,并且若将 T_A 中每条弧的方向反向,则所得有向树 T'_A是以 1 为根的树形图.

例 3.4　构造 $A=\{11,24,34,53,104,113,256\}$ 的卡拉兹有向图 T_A.

解　自然数集 A 所对应的卡拉兹有向图 T_A 如图 3.20 所示.

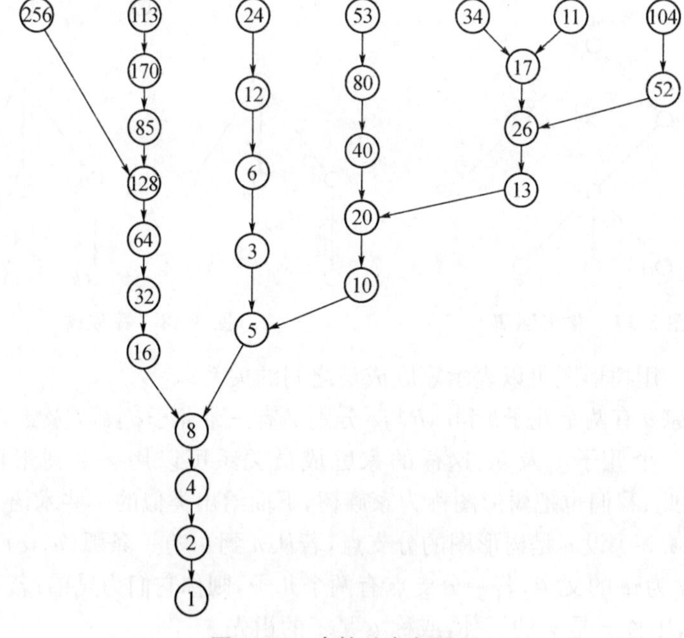

图 3.20　卡拉兹有向图 T_A

从图 3.20 中的 T_A 可知，若将 T_A 中每条弧反向，所得有向图 T_A' 是一个以 1 为根的树形图.

这个猜想是有向图中一个非常难的问题. 东京大学的 Nabuo Yoneda 用计算机检验了 2^{40} 个自然数，皆见猜想结果成立，但经多年众多数学家与计算机专家之研究，仍得不出严格的数学证明，著名数学家厄尔多斯更是提出："数学学科尚未发展到能解决这个问题的水平！" 由此可见这个问题之艰难和有趣.

为了考虑某一层次中某个分支点为根的局部层次关系，需引入下面的概念.

定义 3.4.4 设 u 是树形图 T 的任一顶点，以 u 为根，u 及其所有子孙所组成的顶点集记为 V'，u 到这些子孙的有向路上所有弧组成的弧集记为 E'，称 T 的子图 $T'(V',E')$ 为以 u 为根的**子树**.

上面我们在讨论树形图的时候，没有考虑同一分支点连出的弧的次序. 例如，图 3.21(a)，(b) 所示的树形图就是这样，它们在同构意义下是相同的树形图. 但是在计算机科学中的许多具体问题（如编码理论和程序语言等）需要考虑这类弧的次序，为此我们还需引进有序树的概念.

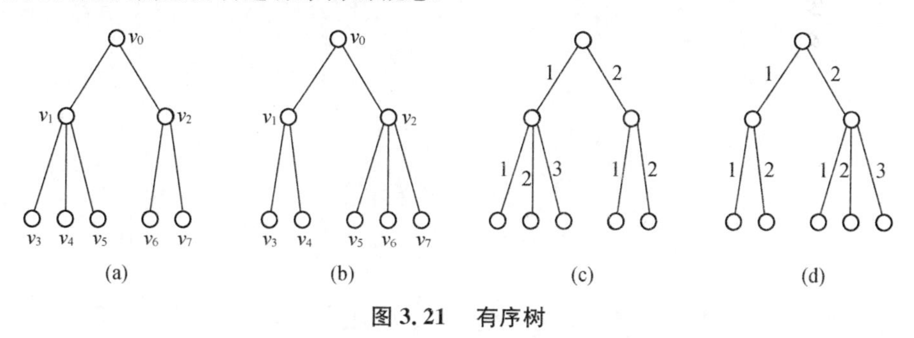

图 3.21 有序树

定义 3.4.5 如果在树形图中规定了每一层上顶点的次序，这样的树形图称为**有序树**.

一般的，在画出的有序树中，同一层上顶点的次序为从左到右. 也可以用弧的次序来代替顶点的次序. 在图 3.21 中，(c) 和(d) 所示的两个有序树是不同的，而它们对应的树形图却是相同的.

定义 3.4.6 设 T 为一棵树形图.

(1) 若 T 的每个分支点 v，有 $d^+(v) \leqslant m$，称该树形图为 m **元树**；

(2) 若 T 的每个分支点 v，有 $d^+(v) = m$，称该树形图为 m **元正则树**；

(3) 若 m 元树 T 是有序的，则称 T 为 m **元有序树**；

(4) 若 m 元正则树 T 是有序的，则称 T 为 m **元有序正则树**；

(5) 若 T 是 m 元正则树，且所有树叶的层数均相同，则称 T 为 m **元完全正则树**.

在图 3.22 中，(a) 是二元树，(b) 是二元有序树，(c) 是二元正则树，(d) 是二元有序正则树.

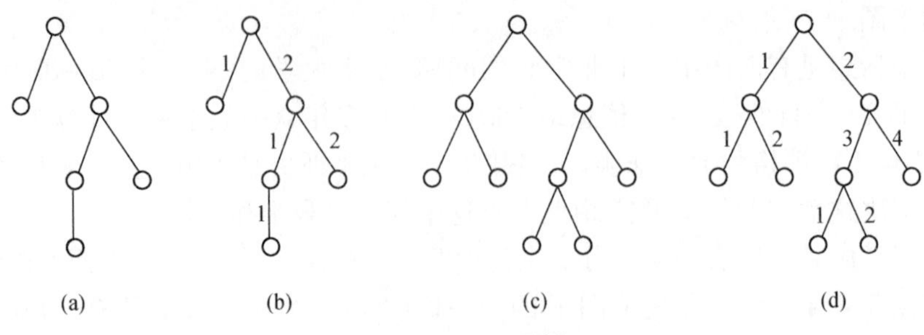

图 3.22　二元树

一类重要的m元(有序)树是二元(有序)树及二元(有序)正则树.对于一棵二元有序树,以某个分支点的左右两个儿子为根的子树分别称为左子树和右子树.

例 3.5　算术表达式$a-b+\left(\frac{c}{d}+\frac{e}{f}\right)$可以用图 3.23 中的二元有序树来表示.图中,所有运算对象都处于树叶的位置,所有运算符都处于分支点的位置.

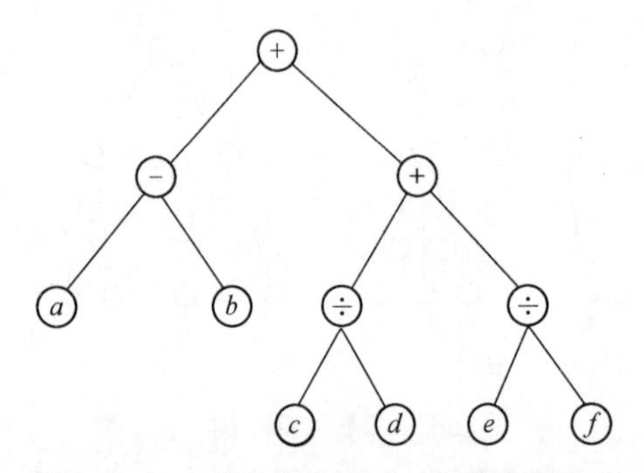

图 3.23　二元有序树表示一个算术表达式

定理 3.4.1　在二元正则树T中,它的分支点数r和树叶数t满足$r=t-1$.

证明　因为正则二元树T的弧的条数为$r+t-1$,顶点度数的总和为$2+3(r-1)+t$.由顶点度数与边数的关系,有

$$2(r+t-1)=2+3(r-1)+t,$$

故$r=t-1$.　□

类似可证,在m元正则树中有关系式

$$(m-1)r=t-1.$$

定理 3.4.2　设T是二元正则树,r为T的分支点数,I为各分支点的层数之和,L为各树叶的层数之和,则

$$L=I+2r.$$

证明　对分支点数r进行归纳.

当$r=1$时,$I=0,L=2,L=I+2r$成立.归纳假设$r=k$时结论成立,下面

证明 $r=k+1$ 时结论也成立. 设 T 的高度为 h，存在树叶 v_i，它的层数为 h，因 T 是二元正则树，存在 v_i 的兄弟 v_j，v_j 的层数也为 h. 设 v_i 与 v_j 的父亲为 v，删除顶点 v_i 和 v_j，得树形图 T'，则 T' 也是二元正则树. 此时，v 为 T' 的树叶，v 的层数为 $h-1$. 设 T' 中的分支点数为 r'，各分支点层数之和为 I'，各树叶的层数之和为 L'. 易得

$$r'=r-1,$$

$$I'=I-(h-1),$$

$$L'=L-2h+(h-1)=L-h-1,$$

由归纳假设，对于 T' 的这三个参数，以下等式成立：

$$L'=I'+2r',$$

即

$$L-h-1=I-(h-1)+2(r-1),$$

经过整理有

$$L=I+2r.$$ □

类似可证，在 m 元正则树中有 $L=(m-1)I+mr$，留给读者作为习题.

下面我们来讨论树形图的树叶带权的带权树形图问题. 其中最重要的是带权二元树，此概念在编码理论中有重要应用.

定义 3.4.7　设 T 为一棵二元树，共有 t 片树叶 $v_1,v_2,\cdots,v_t$，分别带权 $w_1,w_2,\cdots,w_t$（w_i 为实数），则称 T 为**带权二元树**. 而称

$$W(T)=\sum_{i=1}^{t}w_i l(v_i)$$

为二元树 T 的权，其中 $l(v_i)$ 是叶 v_i 的层数.

在所有带权为 $w_1,w_2,\cdots,w_t$ 的 t 片树叶的二元树中，其中权最小的二元树称为**最优二元树**.

例 3.6　对于带权 3,5,7,9 的二元树，如图 3.24(b) 所示的二元树是带权为 $\{3,5,7,9\}$ 的一棵最优二元树.

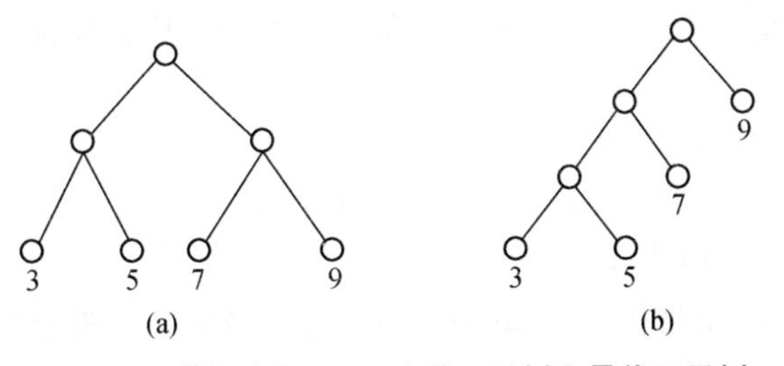

图 3.24　带权为 {3,5,7,9} 的二元树和最优二元树

给了 t 个权 $w_1,w_2,\cdots,w_t$，求 t 片树叶的最优二元树的算法是根据 Huffman 定理给出的. 为了证明 Huffman 定理，我们先证明下面的引理.

引理 3.4.3 存在一棵带权 $w_1 \leqslant w_2 \leqslant \cdots \leqslant w_t$ 的最优二元树 T，在 T 中，一定能使带权 w_1, w_2 的顶点为兄弟，且它们的层数相同，均为树高.

证明 设 T_1 是一个带权 $w_1, w_2, \cdots, w_t$ 的最优二元树. 在 T_1 中，设 v 是层数最大的分支点之一，它的两个儿子 v_a 和 v_b 都是树叶，分别带权 w_a 和 w_b，而不是 w_1 和 w_2. 并且它们的层数分别为 $l_a = l(v_a)$ 和 $l_b = l(v_b)$，$l_a = l_b$ 均为 T_1 的高. 现在把树叶 v_a 和 v_b 所带权 w_a 和 w_b 分别与 w_1 和 w_2 交换，得到一棵新的带权二元树 T_2. 下面证明 T_2 也是带权 $w_1, w_2, \cdots, w_t$ 的最优二元树，且带权 w_1 和 w_2 的树叶是兄弟. 因为 w_1, w_2 是最小的两个权，又

$$W(T_1) = w_1 l(v_1) + w_2 l(v_2) + \cdots + w_a l(v_a) + w_b l(v_b) + \cdots,$$

$$W(T_2) = w_a l(v_1) + w_b l(v_2) + \cdots + w_1 l(v_a) + w_2 l(v_b) + \cdots,$$

于是

$$W(T_1) - W(T_2) = (w_a - w_1)(l(v_a) - l(v_1)) + (w_b - w_2)(l(v_b) - l(v_2)) \geqslant 0,$$

所以 $W(T_1) \geqslant W(T_2)$. 又因 T_1 是带权 $w_1, w_2, \cdots, w_t$ 的最优二元树，因此 $W(T_2) = W(T_1)$. 从而 T_2 也是带权 $w_1, w_2, \cdots, w_t$ 的最优二元树，且带权 w_1, w_2 的树叶是兄弟，其层数为树高. □

定理 3.4.4(Huffman 定理) 设有一棵带权 $w_1 + w_2, w_3, \cdots, w_t$ 的最优二元树 T'，其中 $w_1 \leqslant w_2 \leqslant \cdots \leqslant w_t$. 在 T' 中，让带权 $w_1 + w_2$ 的树叶产生两个儿子，分别带权 w_1 和 w_2，则得到的是带权 $w_1, w_2, \cdots, w_t$ 的最优二元树 T^*.

证明 由定理中的条件可知

$$W(T^*) = W(T') + w_1 + w_2. \tag{3.4-1}$$

设 T 是带权 $w_1, w_2, \cdots, w_t$ 的最优二元树，由引理 3.4.3 知道，在 T 中，总可以认为带权 w_1, w_2 的树叶 v_a 和 v_b 为兄弟，且它们的层数为树高. 设 v_a, v_b 的父亲为 v，在 T 中删除顶点 v_a 和 v_b，让它们的父亲带权 $w_1 + w_2$，得二元树 $\hat{T}$，显然

$$W(T) = W(\hat{T}) + w_1 + w_2. \tag{3.4-2}$$

T^* 和 T 都是带权 $w_1, w_2, \cdots, w_t$ 的二元树，而 T 是最优二元树，因而如若 $W(T^*) \neq W(T)$，必有

$$W(T) < W(T^*), \tag{3.4-3}$$

再由(3.4-1)，(3.4-2) 和(3.4-3) 三式可推知

$$W(T') > W(\hat{T}), \tag{3.4-4}$$

但(3.4-4)式与 T' 是带权 $w_1 + w_2, w_3, \cdots, w_t$ 的最优二元树矛盾，因而 $W(T^*) = W(T)$，即 T^* 是带权 $w_1, w_2, \cdots, w_t$ 的最优二元树. □

由 Huffman定理可知，可由一棵带权 $w_1 + w_2, w_3, \cdots, w_t$ 的最优二元树导出一棵带权 $w_1, w_2, \cdots, w_t$ 的最优二元树. 又可以从 $w_1 + w_2, w_3, \cdots, w_t$ 中找出两个最小的权加起来得 $t-2$ 个权，求一棵带 $t-2$ 个权的最优二元树可导出带 $t-1$ 个权的

最优二元树，进而可导出带 t 个权的最优二元树. 依次类推，最后归结为求带二个权的最优二元树. 定理 3.4.4 保证了对任意的 t 个权，存在带这 t 个权的最优二元树.

给定实数 $w_1, w_2, \cdots, w_t$，且 $w_1 \leqslant w_2 \leqslant \cdots \leqslant w_t$，求作一棵带权 $w_1, w_2, \cdots, w_t$ 的最优二元树的算法如下：

(1) 初始：令 $S = \{w_1, w_2, \cdots, w_t\}$.

(2) 从 S 中取两个最小的权 w_a 和 w_b，画顶点 v_a，带权 w_a；画顶点 v_b，带权 w_b. 画 v_a, v_b 的父亲 v，连接 v_a 和 v，v_b 和 v，令 v 带权 $w_a + w_b$.

(3) 令 $S \leftarrow (S - \{w_a, w_b\}) \cup \{w_a + w_b\}$.

(4) 判 S 是否只含一个元素. 若是，则停止，否则转(2).

由 Huffman 定理可知 T 是一个带权 $w_1, w_2, \cdots, w_t$ 的最优二元树.

例 3.7　构造带权 3,4,7,8,10,12 的最优二元树. 构造的过程如图 3.25 所示，这棵最优二元树的权为

$$W(T) = 3 \times 4 + 4 \times 4 + 7 \times 3 + 8 \times 2 + 10 \times 2 + 12 \times 2 = 109.$$

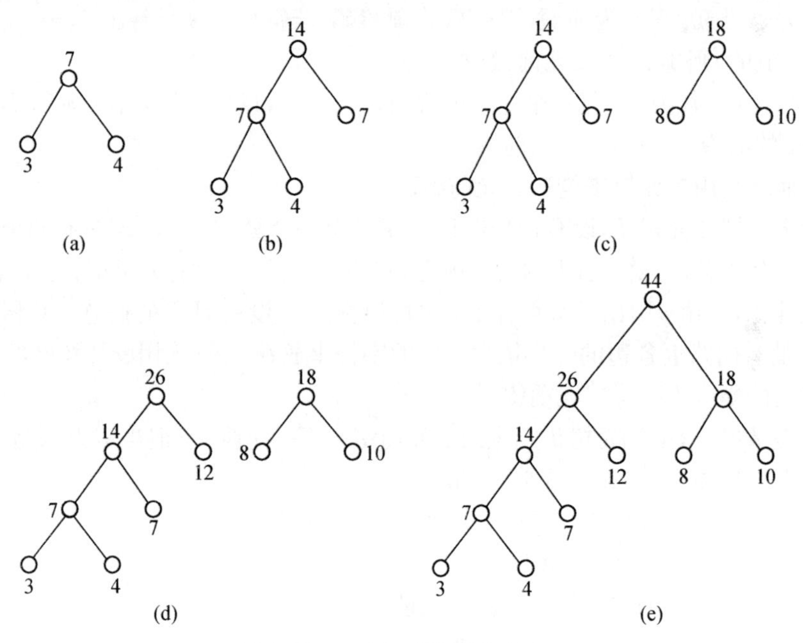

图 3.25　最优二元树的构造方法

一般来说，带权 $w_1, w_2, \cdots, w_t$ 的最优二元树不一定是唯一的.

下面我们给出最优二元树在编码中的一个具体应用.

在计算机及通讯事业中，常用二进制编码来表示一些符号. 例如，可用 00,01,10,11 分别表示字母 A, B, C, D(称为等长表示法). 如果字母 A, B, C, D 出现的频

率是相同的,传送100个字母需用200个二进制位.但实际上字母出现的频率是不同的,如A出现的频率为50%,B为25%,C为20%,D为5%.在这种情况下能否用非等长的二进制序列表示字母A,B,C,D,使传递信息的二进制位尽可能地少呢?实际上,若用000表示D,001表示C,01表示B,1表示A,这样,同样传送100个字母所用的二进制位为

$$3\times5+3\times20+2\times25+1\times50=175.$$

这种表示法比等长的二进制数表示法节省二进制位.但如果我们用1表示A,00表示B,000表示C,001表示D时,当接收到的信息是001000时,就无法辨别它是DC还是BAC,因此不能用这种二进制序列表示A,B,C,D.这就需引进前缀码的概念.

定义3.4.8 设$a_1a_2\cdots a_{n-1}a_n$为一个长度是n的符号串,称其子串$a_1,a_1a_2,\cdots,a_1a_2\cdots a_{n-1}$分别是$a_1a_2\cdots a_{n-1}a_n$的长度为$1,2,\cdots,n-1$的**前缀**.

如1,10,101,1011,10110是101101的前缀.

定义3.4.9 设$A=\{\beta_1,\beta_2,\cdots,\beta_m\}$为一个符号串集合,若对于任意的$\beta_i,\beta_j\in A(i\neq j)$,$\beta_i$与$\beta_j$互不为前缀,则称$A$为**前缀码**.若符号串$\beta_i(i=1,2,\cdots,m)$是由0和1组成的,则称$A$为**二元前缀码**.

如$\{1,01,001,000\}$是一个二元前缀码,而$\{1,01,111,0111\}$不是前缀码,因为1是111的前缀,01是0111的前缀.

下面介绍用二元树来构造二元前缀码.

给定一棵二元树T,设有t片树叶.对T的每一个分支点v,v至多有两个儿子.若v有两个儿子,在由v引出的两条弧上,左边的弧标上0,右边的弧标上1;若v只有一个儿子,在由v引出的弧可标上0也可以标上1.设v_i是T的任意一片树叶,从根到v_i的有向路上各边的标号依次组成的字符串放在v_i处,则由t片树叶的t个字符串组成的集合为一个二元前缀码.

一般情况下,由二元树T产生的二元前缀码不一定唯一.但当T为二元正则树时,由T产生的二元前缀码是唯一的.

由图3.26(a)所示的二元树T产生的二元前缀码为

$$A=\{10,000,010,011,111\},$$

由图3.26(b)所示的二元树产生的二元前缀码为

$$B=\{10,001,010,011,110\}.$$

当我们知道了要传送的符号的频率时,如何选择二元前缀码,使传送的二进制位最少(这种前缀码称**最优前缀码**)?这可利用最优二元树来产生最优前缀码.先用各符号出现的频率(或100乘各频率)作为权,用Huffman算法求最优二元树T,则由T产生的二元前缀码能使传送的二进制位最少,即为最优前缀码.下面通过例题来说明最优前缀码的产生过程.

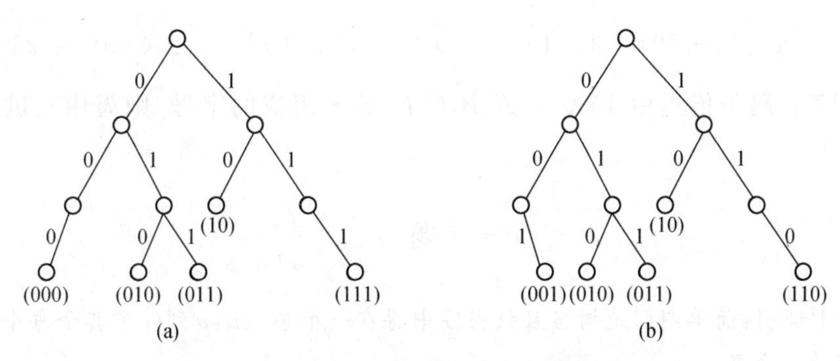

图 3.26　由二元树构造二元前缀码

例 3.8　在通讯中，已知字母 A,B,C,D,E,F 出现的频率如下：

$$A:30\%,\quad B:25\%,\quad C:20\%,\quad D:10\%,\quad E:10\%,\quad F:5\%,$$

求传送它们的最优前缀码.

解　用 100 乘各频率，并由小到大排序，记所得 6 个权为 $w_1=5, w_2=10, w_3=10, w_4=20, w_5=25, w_6=30$（记住字母与数字的对应关系）. 用 Huffman 算法求得带权为 5,10,10,20,25,30 的最优二元树 T（如图 3.27 所示），由 T 可得一个二元前缀码

$$S=\{01,10,11,001,0000,0001\},$$

则传送这六个字母的最优二元前缀码表示如下：11 表示 A，10 表示 B，01 表示 C，001 表示 D，0001 表示 E，0000 表示 F.

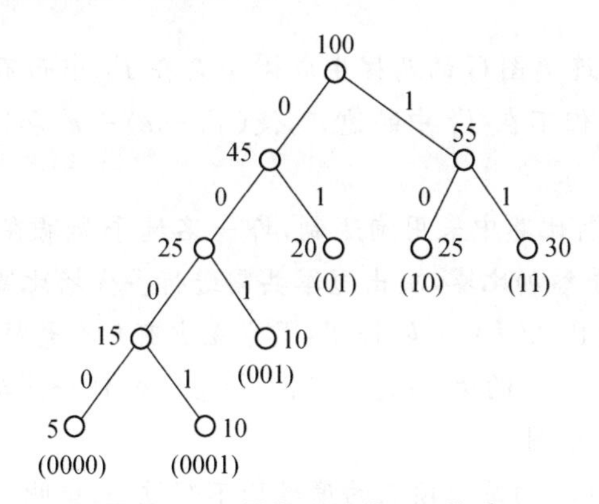

图 3.27　最优二元前缀码构造

除了等长的码子可互换（如 A,B,C 的码子以及 E,F 的码子）外，其余的码子不可互换.

若用以上方法构造的 A,B,C,D,E,F 的最优前缀码传送 1000 个这样的字母，所用的二进制位为

$$[4\times(5+10)+3\times 10+2\times(20+25+30)]\times\frac{1}{100}\times 1000=2400,$$

而如用等长码子传送由 1000 个 A,B,C,D,E,F 组成的字母，则需用二进制位为 3000.

习题 3

3.1 证明：简单图 G 是树当且仅当 G 中存在一个顶点 u，u 到 G 中其余每个顶点有且只有一条路.

3.2 设图 G 有 k 个连通分支，$q(G)>p(G)-k$，证明：G 含有圈.

3.3 证明：正整数序列 $(d_1,d_2,\cdots,d_p)$ 是某棵树的度序列当且仅当

$$\sum_{i=1}^{p}d_i=2(p-1).$$

（提示：由推论 1.3.3，存在一个图 G，它的度序列为 $(d_1,d_2,\cdots,d_p)$，并且 $q(G)=p-1$. 考虑以 $(d_1,d_2,\cdots,d_p)$ 为度序列，连通分支数目最少的一个图 G. 如果 G 不连通，其中一定有圈，设 $e=uv$ 是 G 中的一个圈上的一条边，又 $e_1=u_1v_1$ 是与 e 不在同一个连通分支内的一条边，作 $G_1=G\backslash\{uv,u_1v_1\}+\{uu_1,vv_1\}$，$G_1$ 与 G 有相同的度序列，但 G_1 的连通分支数比 G 少 1，矛盾）

3.4 设 T 是一棵树，它有 n_i 个度为 i 的顶点 $(i=3,4,\cdots,\Delta(T))$，求 T 中悬挂点个数.

3.5 设 T_1,T_2 是连通图 G 的两棵生成树，e 是在 T_1 中而不在 T_2 中的一条边，证明：存在一条在 T_2 但不在 T_1 中的边 e'，使 $(T_1-e)+e'$ 和 $(T_2-e')+e$ 都是 G 的生成树.

3.6 在乒乓球单打比赛中采用淘汰制，即一名选手如果在一场比赛中失败就被淘汰. 现有 n 名选手参加比赛，决出冠军共需进行多少场比赛？

3.7 如果 T 是树且 $\Delta(T)\geqslant k$，证明：T 中至少有 k 个悬挂点.

3.8 设 T 是阶为 $k+1$ 的树，G 是满足 $\delta(G)\geqslant k$ 的任一简单图. 证明：G 中一定存在一个与 T 同构的子图.

3.9 如果 p-阶图 G 的每个顶点的度数均不超过 Δ，证明：G 的半径

$$R(G)\geqslant\frac{\ln(p\Delta-p+1)}{\ln\Delta}-1.$$

3.10 不利用定理 3.1.5 的结果证明：树要么只有一个中心，要么恰好有两个彼此相邻的中心.

（提示：让 T 是阶 $p\geqslant 3$ 的树，T_1 是去掉 T 中所有的悬挂点之后得到的树，可证明 T 与 T_1 有相同的中心）

3.11 对于 $p \geqslant 2$，计算 $W(K_p)$ 值；并证明对所有 p-阶连通图 G，均有 $W(G) \geqslant W(K_p)$，且等号成立当且仅当 $G = K_p$.

3.12 对于 p-阶连通图 G，证明：$W(G) \leqslant W(P_p)$.

3.13 已知 e 是连通简单图 G 的一条边，证明：e 在 G 的每棵生成树中当且仅当 e 是 G 的割边.

3.14 已知 G 是至少有三个顶点的连通图，证明：在 G 中存在两个顶点 u 和 v，使 $G \backslash \{u, v\}$ 仍是连通图.

3.15 已知 G 是 $p(\geqslant 2)$-阶连通简单图，有且只有 2 个顶点是非割点，证明：G 是一条路.

3.16 已知 G 是连通简单图，证明：在 G 中存在 $\Delta(G)$ 个顶点 $v_1, v_2, \cdots, v_{\Delta(G)}$，使 $G \backslash \{v_1, v_2, \cdots, v_{\Delta(G)}\}$ 仍是连通图.

3.17 求图 3.28 所示 G 的生成树棵数.

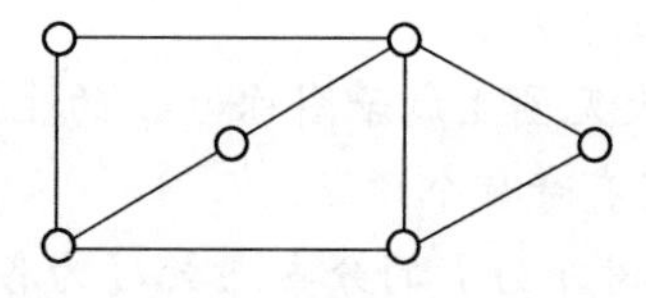

图 3.28　习题 3.17 中的图 G

3.18 设 e 是 K_p 中的一条边，证明：$\tau(K_p - e) = (p-2)p^{p-3}$.

（提示：K_p 中共有 p^{p-2} 棵生成树，每棵树有 $p-1$ 条边，共用了 $(p-1)p^{p-2}$ 次，再利用其对称性）

3.19 考察世界上六大城市伦敦(L)、墨西哥城(MC)、纽约(NY)、巴黎(Pa)、北京(Pe)和东京(T)之间的航线距离(以英里计算)，如下表所示：

	L	MC	NY	Pa	Pe	T
L	—	5558	3469	214	5074	5959
MC	5558	—	2090	5725	7753	7035
NY	3469	2090	—	3636	6844	6757
Pa	214	5725	3636	—	5120	6053
Pe	5074	7753	6844	5120	—	1307
T	5959	7035	6757	6053	1307	—

此表可确定一个顶点为 L、MC、NY、Pa、Pe 和 T 的赋权完全图，求 G 的一棵最优生成树.

3.20 坐标纸上的 11 条水平线与 11 条竖直线构成一个图，以它们的交点(格点)为顶点，问应当去掉多少条边才能使每个点的度数小于 4？至多可以去掉多少条边还能使图保持连通？

3.21 求图 3.29 所示 G 关于 v 的保距生成树.

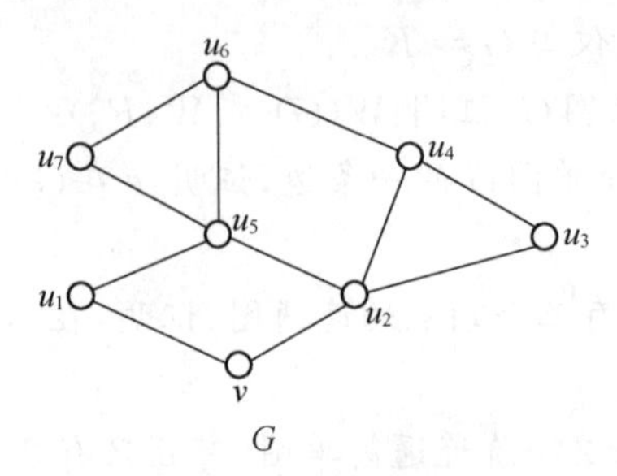

图 3.29　习题 3.21 中的图

3.22 Kruskal 算法能否用来:

(1) 在赋权连通图中求最大权的生成树?

(2) 在非连通图中求最小权的生成森林?

如果能,怎样求?请写出算法.

(注:非连通图 G 的极大无圈生成子图称为 G 的生成森林)

3.23 证明:二元正则树有奇数个顶点.

3.24 设 T 是 m 元正则树,r 为 T 的分支点数,I 为各分支点的层数之和,L 为各树叶的层数之和,t 是树叶数. 证明:

(1) $L=(m-1)I+mr$;

(2) $(m-1)r=t-1$.

3.25 设 T 是二元正则树,试证明:T 中的边数为 $2t-2$,这里 t 为树叶数.

3.26 试画一棵带权为 1,3,8,9,12,15,16 的最优二元树,并计算它的权.

3.27 设七个符号在通讯中出现的频率如下:

a:35%,　b:20%,　c:15%,　d:10%,　e:10%,　f:5%,　g:5%,

请编制一个最优前缀码,并画出相应的最优二元树. 问传送 1000 个符号需要多少个二进制位?

4 Euler 环游和 Hamilton 圈

对于给定的一个图,能否从一个顶点出发沿着图的边前进,恰好经过图的每条边一次并且回到这个顶点?同样,能否从一个顶点出发沿着图的边前进,恰好经过图的每个顶点一次并且回到这个顶点?虽然这两个问题有相似之处,但是对于所有的图来说,可以轻而易举地回答第一个问题,却非常难以解决第二个问题. 本章将研究这些问题并且讨论这些问题的难点,同时介绍这些问题的若干应用.

4.1 Euler 环游

在本书的开头我们曾提到七桥问题,其答案就是对应的图是否存在经过每条边一次且仅一次的闭迹,也即环游所有边一次且仅一次的闭迹. 数学家欧拉于1736 年解决了这个问题,由此开创了图论的研究. 在这一节我们将要讨论欧拉是如何解决这个问题的.

定义 4.1.1 经过 G 的每条边的迹称为 G 的 **Euler 迹**,如果这条迹是闭的,则称这条迹为 G 的 **Euler 环游**.

例如,图 4.1 所示的图 G 中,$v_1e_1v_2e_2v_3e_6v_1e_5v_4e_3v_3e_4v_4$ 是 G 的一条 Euler 迹,$v_1e_1v_2e_2v_3e_3v_4e_4v_3e_5v_1$ 是图 H 的一条 Euler 环游.

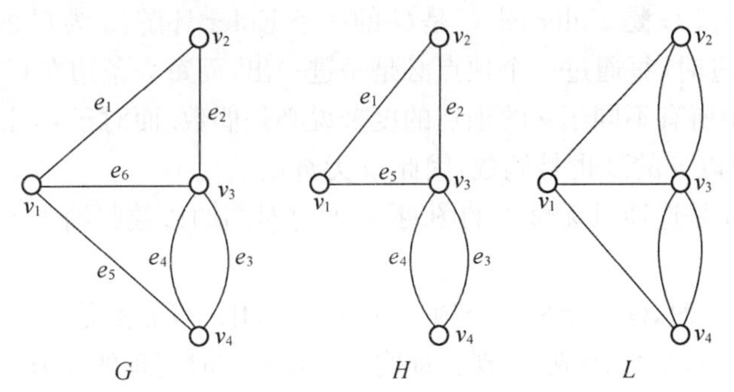

图 4.1 G 和 H 含 Euler 迹,L 不含 Euler 迹

在一般情况下,我们把不是 Euler 环游的 Euler 迹称为 G 的 **Euler 通路**,而把含有 Euler 环游的图称为 **Euler 图**. 如图 4.1 中的 G 不是 Euler 图,H 是 Euler 图,而 L 既不存在 Euler 通路,也不存在 Euler 环游. 研究 Euler 通路或 Euler 环游的问题称为 Euler 问题.

在平常所碰到的判别一个图形是否能一笔画成(即把一个图形不重复地一笔

画成)，就相当于判别把这个图形中各线段的交叉点和端点作为顶点，线段本身作为边的图是否有 Euler 环游或 Euler 通路. 例如，要判别图形 K(如图 4.2 所示) 是否能一笔画成，就只要判别此图形所对应的图 $G(K)$ 是否存在 Euler 环游或 Euler 通路. 显然，若对应的图存在 Euler 通路，那么原图形存在不封闭的一笔画法；若对应的图存在 Euler 环游，则原图形存在封闭的一笔画法.

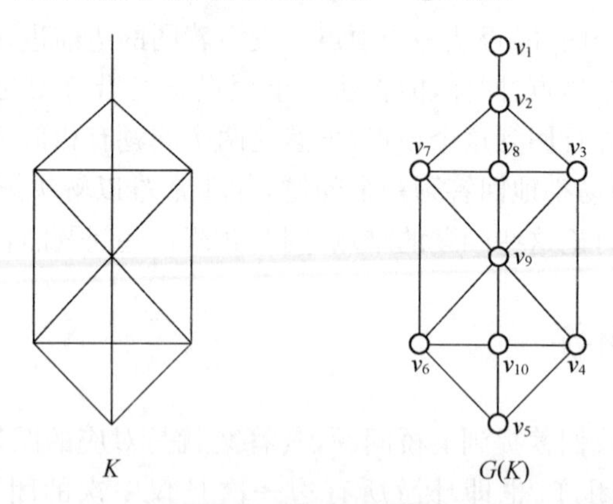

图 4.2　图形的一笔画与图的 Euler 迹

从图 4.1 的三个图 G,H 和 L 可以知道，并不是每个连通图都存在 Euler 通路或 Euler 环游.

下面我们来讨论这两个问题的判别方法，利用这些充要条件就可以解决哥尼斯城堡七桥问题及一笔画问题.

定理 4.1.1　一个非平凡连通图 G 是 Euler 图当且仅当图 G 没有奇点.

证明　假设 G 是 Euler 图，C 是 G 的一条 Euler 环游，u 为 C 的起点(也是终点). 当沿 C 前进时，每通过一个顶点必是一进一出，而每一条边在 C 中恰好出现一次，所以对 G 中所有不同于 u 的顶点的度来说必是偶数. 而对于 u，由于 C 起始于 u 且终止于 u，所以 u 的度也是偶数，因此 G 无奇点.

反之，设 G 是连通且无奇点的图. 我们通过对图的边数归纳来证明 G 有 Euler 环游.

当 $q(G)=1$ 时，G 只能是一个顶点其边为环的图，G 显然是 Euler 图. 归纳假设在边数 $q(G)<m$ 时定理成立，现在证明 $q(G)=m$ 时定理的充分性也成立.

由于 G 连通且无奇点，故 G 中每个顶点的度至少是 2. 由定理 2.1.1 知 G 中存在圈 C. 现将 G 中属于 C 的边全删去，再除去孤立顶点得图 G'. 显然 G' 中每个顶点的度仍为偶数. 设 G' 的连通分支为 G_1',G_2',$\cdots$,G_k'，则每个连通分支是无奇点的连通图. 由归纳假设，G_i' 是 Euler 图，令 C_i' 是 G_i' 的 Euler 环游($i=1,2,\cdots,k$).

再回到原来这个图 G，由于 G 连通，所以每个 C_i' 与 C 至少有一个公共顶点，设其中之一为 v_i($i=1,2,\cdots,k$). 现在我们可以利用这些闭迹 C_1',C_2',$\cdots$,C_k' 及这些顶

点 $v_1, v_2, \cdots, v_k$ 来构造 G 的一条 Euler 环游.

由 C 中的某个顶点 v_0 出发沿 C 前进,每行至一个顶点 v_i 就先走完 C_i' 再回到 v_i,继续沿 C 前进,这样可以走遍 G 的每条边一次且仅一次最后回到出发点 v_0,这样的行走轨迹就是 G 的一条 Euler 环游. □

由此定理很容易判断一个图是否为 Euler 图. 例如,图 4.1 所示的 G 和 L 存在奇点,所以不是 Euler 图,而 H 无奇点,所以 H 是 Euler 图. 上面定理的证明其实也给出了在 Euler 图中具体求 Euler 环游的一个方法. 下面我们具体给出一个求 Euler 图的 Euler 环游的 Fleury 算法.

Fleury 算法的具体步骤如下:

(1) 任意选取一个顶点 v_0,置 $W_0 = v_0$.

(2) 假设迹 $W_i = v_0 e_1 v_1 \cdots e_i v_i$ 已经选出,用下列方法从 $E(G) \backslash \{e_1, e_2, \cdots, e_i\}$ 中选取 e_{i+1}:

① e_{i+1} 与 v_i 关联;

② 除非没有别的边可选择,e_{i+1} 不是 $G_i = G \backslash \{e_1, e_2, \cdots, e_i\}$ 的割边.

(3) 当(2)不能执行时,停止;否则让 $i+1 \to i$,转(2).

根据算法的要求,Fleury 算法作出的是 G 的一条迹.

定理 4.1.2 若 G 是 Euler 图,则 G 的任何用 Fleury 算法构成的迹都是 G 的一条 Euler 环游.

证明 假设 G 是 Euler 图,$W_n = v_0 e_1 v_1 e_2 v_2 \cdots e_n v_n$ 是 G 的用 Fleury 算法构成的一条迹,现在证明 W_n 就是 G 的一条 Euler 环游.

先证明 W_n 是闭的. 在 $G_n = G \backslash \{e_1, e_2, \cdots, e_n\}$ 中,必有 $d_{G_n}(v_n) = 0$,否则存在 $e_{n+1} \in E(G_n)$ 与 v_n 关联,因而算法到第 n 步时还可以继续进行,矛盾. 如果 $v_0 \neq v_n$,则在 W_n 中与 v_n 关联的边数为奇数,即 $d_{W_n}(v_n) \equiv 1 (\bmod 2)$,但 $d_{G_n}(v_n) = 0$,故

$$d_G(v_n) = d_{G_n}(v_n) + d_{W_n}(v_n) = d_{W_n}(v_n) \equiv 1 (\bmod 2),$$

这与 G 是 Euler 图矛盾,所以 $v_0 = v_n$,因此 W_n 是 G 的一条闭迹.

下面证 W_n 是 G 的 Euler 环游,即证明 $E(G) = E(W_n)$.

反之,如果 W_n 不是 G 的 Euler 环游,则 $G_n = G \backslash \{e_1, e_2, \cdots, e_n\}$ 含有非平凡连通分支. 因为 G 是 Euler 图,而 W_n 是闭迹,G_n 中没有奇点,设 G_n' 为 G_n 的一个非平凡连通分支,则由定理 4.1.1 知 G_n' 是 Euler 图,设 C_n' 就是 G_n' 的一条 Euler 环游.

由于 G 连通,可推得 W_n 与 C_n' 有公共顶点(否则 C_n' 就是 G 的一个连通分支,与 G 连通矛盾),设 v_m 是沿着 W_n 而又在 C_n' 中下标最大的一个顶点(因为 v_n 不在 C_n' 中,故这种顶点必存在,并且 $v_n \neq v_m$). 明显的,e_{m+1} 就是 G_m 的一条割边(见图 4.3).

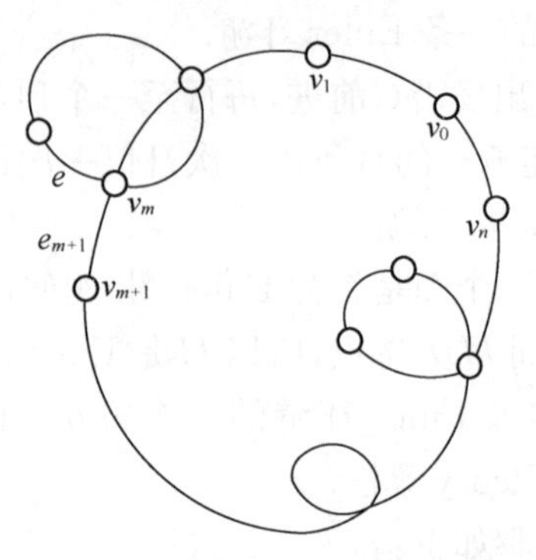

图 4.3　定理 4.1.2 的证明

设 e 是 C'_n 中与 v_m 关联的一条边,由于 G'_n 是 Euler 图,因而 G'_n 没有割边,因而也不是 G_n 的割边. 另一方面,由于 $m < n$, G_n 是 G_m 的生成子图,所以 e 也不可能是 G_m 的割边.

由于 Fleury 算法构造 W_m 的过程是尽可能不取割边,但在构作 W_{m+1} 时没有取非割边 e(与 v_m 关联)而取了割边 e_{m+1}(也与 v_m 关联),矛盾!故 $E(G_n) = \varnothing$,即 W_n 是包含 G 的所有边的闭迹,即 W_n 就是 G 的 Euler 环游. □

例 4.1　多米诺骨牌对是指两块正方形骨牌拼贴在一起形成一个长方形骨牌,每个正方形上刻有 0 或 1 个"点"到 $n-1$ 个"点"(共 n 种). 形成的每个长方形骨牌中两个正方形上所刻的"点"数是不同的. 试构造最大的骨牌对环链,使得其上每两个相邻长方形骨牌对中靠近的两个正方形骨牌上所刻的"点"数相同,且这些长方形骨牌两两相异.

解　以 $\{0,1,\cdots,n-1\}$ 为顶点构造一个完全图 K_n,把 K_n 中的每条边视为一个长方形骨牌(边的两个端点对应组成该长方形骨牌的两个正方形骨牌上所刻的"点"数). 于是,这样的长方形骨牌共计 $\dfrac{n(n-1)}{2}$ 块. 从边与长方形骨牌的对应关系可知,满足要求的骨牌对环链对应于 K_n 中一条闭迹,则上述问题就转化为在 K_n 中构造一条最长的闭迹.

当 n 为奇数时,K_n 中每个顶点的度为偶数,则 K_n 有 Euler 环游 C, C 显然是 K_n 中最长的闭迹,其长度为 $\dfrac{n(n-1)}{2}$. 此时最大的骨牌对环链中长方形骨牌有 $\dfrac{n(n-1)}{2}$ 块.

当 $n = 2k$ 为偶数时,则 K_n 中每个顶点的度为奇数,图 K_n 不存在 Euler 环游. 我们在 K_n 中删除 k 条互不相邻的边,如 $\{(0,1),(2,3),\cdots,(n-2,n-1)\}$,所得的图记为 G. 则 G 中每个顶点的度为 $n-2$, G 有 Euler 环游 C, C 的长度为 $\dfrac{n(n-1)}{2}-$

$\frac{n}{2}=\frac{n(n-2)}{2}$. 下证 C 就是 K_n 中最长的闭迹.

首先在 $K_n \backslash E(C)$ 中每个顶点的度为 1. 假设 C_0 是 K_n 中一条最长的闭迹，则 $K_n \backslash E(C_0)$ 中每个顶点的度仍为奇数，因此每个顶点的度至少为 1，故 $K_n \backslash E(C_0)$ 中的边数至少是 $\frac{n}{2}$，因此 C_0 中的边数至多是 $\frac{n(n-1)}{2}-\frac{n}{2}=\frac{n(n-2)}{2}$. 这就证明了 G 中的 Euler 环游 C 就是 K_n 中最长的闭迹. 此时，最大的骨牌对环链中长方形骨牌有 $\frac{n(n-2)}{2}$ 块.

定理 4.1.3　一个连通图 G 有 Euler 通路的充分必要条件是 G 中恰好有两个奇点.

证明　设 G 有 Euler 通路 W，以 u 为起点，v 为终点. 与定理 4.1.1 的必要性同样可证，G 中除 u，v 之外，其余顶点的度为偶数，而 u 与 v 的度为奇数.

充分性的证明如下：设 u 与 v 是 G 中仅有的两个奇点. 在 G 中增加一条新的边 e 连接 u 与 v，所得图记为 $G'(=G+e)$，则 G' 无奇点. 由于 G 连通，故 G' 也连通. 由定理 4.1.1，G' 中存在一条 Euler 环游，记为 $C=u_0e_1u_1e_2u_2\cdots e_{q+1}u_0$，这里 $u_0=u$，$u_1=v$，$e_1=e_0$. 则 G 的迹 $W=u_1e_2u_2\cdots e_{q+1}u_0$ 就是 G 的一条 Euler 通路.　□

图 4.1 中的 G 恰有两个奇点 v_1 和 v_4，根据定理 4.1.3，G 存在 Euler 通路.

定理 4.1.3 的证明同时也给出了求 Euler 通路的一个方法. 假设 G 是恰有两个奇点 u_0 和 v_0 的连通图，则 $G+u_0v_0$ 为 Euler 图，再由 Fleury 算法求得 $G+u_0v_0$ 的一条 Euler 环游，然后将此环游上的边 u_0v_0 去掉即得 G 的一条开始于一个奇点而结束于另一个奇点的 Euler 通路.

定理 4.1.1 和定理 4.1.3 也给出了判别一个图形 K 能否一笔画成的充要条件. 对于一笔画问题，则只要检查这个图形所对应的图 $G(K)$ 中奇点个数是否不超过 2，而由 Fleury 算法给出了一笔画的具体方法. 例如，图 4.2 中 $G(K)$ 恰好有两个奇点 v_1 与 v_5，故存在一条从 v_1 到 v_5 的 Euler 通路，因此图形 K 能一笔画成(起笔从 v_1(或 v_5) 开始，最后落笔在 v_5(或 v_1) 处).

比一笔画问题更一般的问题是 k 笔不重复画问题，下面我们来讨论这个问题.

定理 4.1.4　若连通图 G 恰有 $2k(k>0)$ 个奇点，则在 G 中存在 k 条边不交的迹 Q_1，Q_2，…，Q_k，使得

$$E(G)=E(Q_1)\cup E(Q_2)\cup\cdots\cup E(Q_k).$$

证明　设 G 的 $2k$ 个奇点为 x_1，x_2，…，x_k 及 y_1，y_2，…，y_k，在 G 中增加 k 条边分别连接 x_i 与 y_i 的新边 $e_i(i=1,2,\cdots,k)$，所得图记为 G'，则 G' 是一个 Euler 图. 记 G' 的一条 Euler 环游为 C'，然后在 C' 中删去新加的 k 条边 e_1，e_2，…，e_k，就将 C' 分成 k 段，这 k 段即为 G 的 k 条边不交的迹.　□

利用这个定理，我们可以给出一个图形能 k 笔不重复画成的判别.

推论 4.1.5 设图形 K 所对应的图 $G(K)$ 是连通的，并且恰有 $2k$ 个奇点，那么图形 K 可以用 k 笔不重复画成，并且至少要用 k 笔画成.

证明 设图形 K 可以 h 笔不重复画成，那么 $G(K)$ 有 h 条边不交的迹包含 $G(K)$ 的所有边. 而对于每一条迹来说至多有 2 个奇点，所以 $2h \geqslant 2k$，即 $h \geqslant k$，所以图形 K 至少要 k 笔不重复画成.

由定理 4.1.4 知，$E(G(K))$ 可划分为 k 条边不交的迹，而每一条迹所对应的图形能一笔画出，故图形 K 能用 k 笔不重复画成. □

例如，图 4.4 所示的图形 K 所对应的图 $G(K)$ 恰有 4 个奇点，故图形 K 能用 2 笔不重复画成.

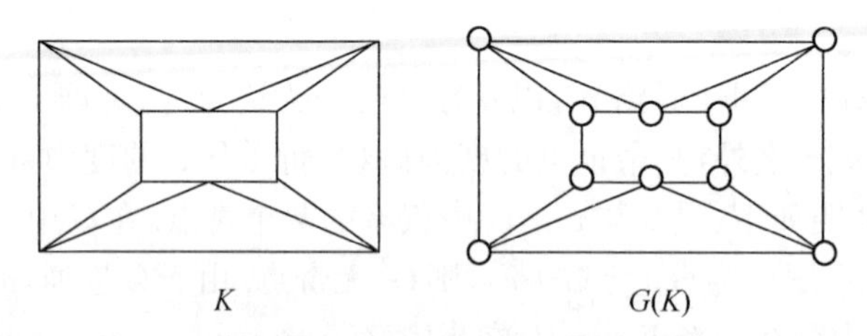

图 4.4 图形 K 及所对应的图

下面考虑两个数学竞赛中的问题.

例 4.2 给定一个由 16 条线段构成的图形(见图 4.5)，证明：不能引一条折线与每一线段恰好相交一次(折线可以是不封闭的和自由相交的，但它的顶点不在给定的线段上，而边也不通过线段的公共端点，即不允许折线从图 4.5 的缺口处穿过).

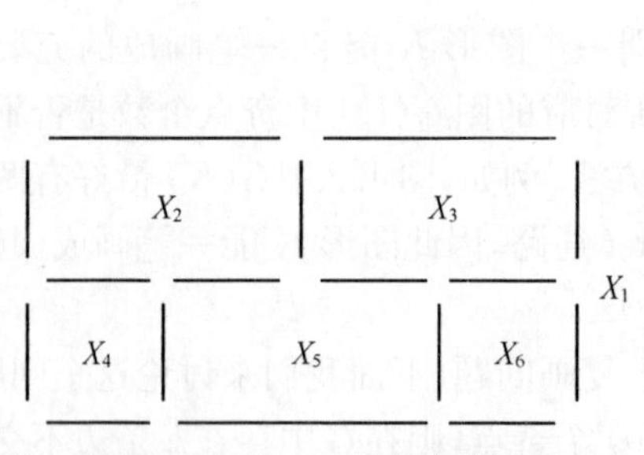

图 4.5 例 4.2 所考虑的图形

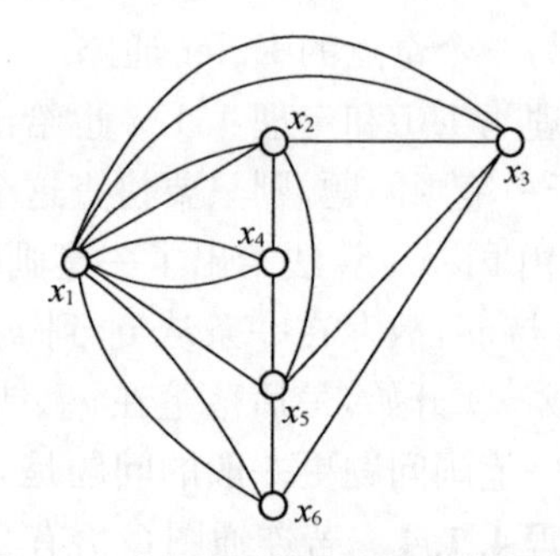

图 4.6 例 4.2 的图形所对应的图 G

证明 我们先来建立一个图 G，图 G 中的顶点 x_i 代表这个图形的区域 $X_i(i=1,2,\cdots,6)$，顶点 x_i 与 x_j 之间连接的边数等于区域 X_i 与 X_j 公共线段的数目(如图 4.6 所示). 这样建立的图 G 中的每一条边对应这个图形的一条线段. 存在满足条件的折线当且仅当 G 中存在一条 Euler 环游或 Euler 通路. 由于 G 中有 4 个奇点，故 G 不存在 Euler 环游及 Euler 通路，也即证明了在该图形中不能引一条满足要求的折线.

例 4.3　某编辑部收到由 n 个人所寄的一些问题的解，他们发现每个人寄来 4 个不同问题的解，每个问题的解恰好由二个人同时给出. 问他们共收到几个不同问题的解？并证明编辑部可以分二次发表这些问题的解，使每人每次恰好被提到两次.

解　首先建立图 $G=(V,E)$，G 的 n 个顶点代表 n 个人，两个不同的顶点 v_i 和 v_j 之间连接的边数等于这两个顶点所对应的两个人同时给出相同问题解的个数. 根据给定的条件，G 的每一条边对应一个问题的解，每个顶点的度为 4，因而编辑部一共收到 $q(G)=2n$ 个不同问题的解.

为解决第二个问题，我们不妨假设 G 是连通图，则由定理 4.1.1 知 G 是 Euler 图，设 $C=v_0e_1v_1e_2v_2e_3\cdots e_{2n}v_0$ 是 G 的一条 Euler 环游，则不同于 v_0 的每个顶点在 C 内部各出现二次，而 v_0 在 C 内部出现一次. 现在我们沿着 C 交替地给边染上红、蓝两色，则除 v_0 外，其他每个顶点有两条红边和两条蓝边与之关联. 而对于 v_0，由于 $q(G)$ 为偶数，也有两条红边和两条蓝边与 v_0 关联. 则我们只要将红边所对应的 n 个问题的解安排在第一次发表，蓝边所对应的 n 个问题的解安排在第二次发表，就能使每人每次恰好被提到两次.

4.2　中国邮路问题

邮递员的工作是每天在邮局里选出邮件，然后送到他所管辖的邮区的客户手中，再返回邮局. 自然的，若他要完成当天的投递任务，他必须要走过他所投递邮件的每一条街道至少一次. 问他该如何选择投递路线，能使他的投递总行程最短？这个问题被称为中国邮路问题，因为它首先是由中国数学家管梅谷教授领导的运筹小组于 1960 年研究而获得成果的.

为解决这个问题，首先根据问题的要求建立一个非负赋权图 G，G 的顶点是街与街之间的交叉路口和终端，两个顶点相邻当且仅当这两点所对应的路口有直通街道而中间不通过其他路口，每条边的权是这条边所对应街道的长度. G 的通过每条边至少一次的闭途径称为 G 的环游. G 的一个环游

$$C=v_0e_1v_1e_2v_2\cdots e_kv_0$$

的权 $w(C)$ 定义为 $\sum_{i=1}^{k}w(e_i)$. $w(C)$ 包含两部分权和，一部分是 $\sum_{e\in E(G)}w(e)$，即邮递员必须走过每条街道一次的总行程；还有一部分是重复走的街道 $E'\subset E(G)$（如果邮递员需要重复走某些街道的话）的总行程，即 $\sum_{e\in E'}w(e)$. 因此，对于 G 的任一个环游 C，$w(C)\geqslant\sum_{e\in E(G)}w(e)$，具有最小权的环游称为 G 的**最优环游**，则中国邮路问题就是要在赋权图 G 中找一条最优环游.

若G是Euler图,则G的任何Euler环游都是最优环游,因为Euler环游是G的通过每条边恰好一次的环游.在这种情况下中国邮路问题是很容易解决的,因为此时容易由Fleury算法求出G的一个Euler环游,此Euler环游就是最优环游,因为邮递员不需要重复走任何街道.

如果G不是Euler图,则G的任意一个环游必有某些边重复出现.例如,图4.7所示中的环游$xuywvzwyxuwvxzyx$是该图的一个最优环游,而四条边ux,xy,yw,wv都被这个环游通过两次.

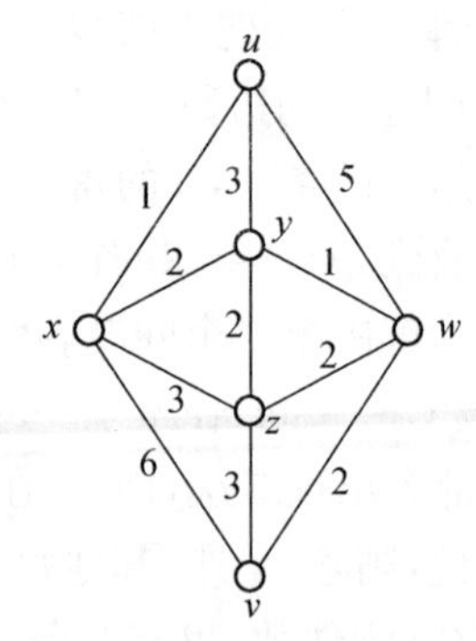

图4.7　一个非Euler图G

现在我们用双倍边的方法来讨论含奇点的连通图中求最优环游的方法.

设赋权图G是连通的非Euler图,G的奇点个数必是偶数.任取其中的两个奇点u与v,在G中存在$(u-v)$路P,将这条路上的每一条边添加一条重边,其权与原来这条边的权相同.经过如此加边,u与v的度均增加1而成为偶点,P上其他顶点的度各增加2其度数的奇偶性不变.如果还有奇点,可继续这过程,直到没有奇点.最后所得到的图$\overline{G}$是一个Euler图,而G是$\overline{G}$的生成子图(也称$\overline{G}$是G的生成母图).如果在$\overline{G}$中的某两个点x和y之间连接的边数多于2,则可去掉其中的偶数条多重边,最后剩下连接x与y的1或2条边,这样得到的图仍是Euler图.

总结以上过程,可得到一个寻找非Euler图的最优环游的基本思路:

(1) 用双倍边方法求G的一个Euler赋权母图$\overline{G}$,使

$$\sum_{e\in E(\overline{G})\backslash E(G)} w(e)$$

达到最小;

(2) 用Fleury算法求得$\overline{G}$的Euler环游$\overline{C}$,所得$\overline{C}$就是G的最优环游.

前面我们已经提供了求解(2)的方法,即Fleury算法.而对于(1),我们有如下定理.

定理4.2.1(管梅谷(1960))　设G是一个连通的赋权图,$\overline{G}$是G的一个Euler赋权生成母图,则

$$\sum_{e\in E(\overline{G})\backslash E(G)} w(e)=\min\left\{\sum_{e\in E(G^*)\backslash E(G)} w(e)\ \middle|\ G^*\text{是}G\text{的一个Euler赋权生成母图}\right\}$$

当且仅当$\overline{G}$没有重复数大于2的边,并且G的每一个边数至少是3的圈中多重边的权和不超过该圈权和的一半.

证明　(必要性)首先可以肯定$\overline{G}$中不存在重复数大于2的边.其次,若$\overline{G}$中有一个边数大于2的圈C,C中多重边的权和大于C的权和的一半,则将C上原来无

重边的边各添加一条重边，而将 C 上各多重边分别删去一条边，所得图 $\overline{G}'$ 的每个顶点的度仍为偶数，因而是 G 的 Euler 生成母图，但 $\overline{G}'$ 的权比 $\overline{G}$ 的权小，与 $\overline{G}$ 的假设相矛盾.

（充分性）设 $\overline{G}$ 是满足定理条件的 G 的一个 Euler 生成母图. 根据必要性，我们只要证明对于每一个满足定理条件的 G 的 Euler 生成母图 G^*，均有

$$\sum_{e\in E(\overline{G})\setminus E(G)} w(e) = \sum_{e\in E(G^*)\setminus E(G)} w(e).$$

设 $E_1 = E(\overline{G})\setminus E(G)$，$E_2 = E(G^*)\setminus E(G)$，并且 $E_1 \neq E_2$，则对于 G 的每个顶点 v，在与 v 关联的边中，属于 E_1 的边数与属于 E_2 的边数有相同的奇偶性，所以 $G[E_1 \Delta E_2]$ 中没有奇点. 从而，存在圈 $C_1, C_2, \cdots, C_k$，使 $E_1 \Delta E_2$ 中的每一条边属于其中一个且仅一个圈. 对每个 $C_i(i = 1,2,\cdots,k)$，由于 $\overline{G}$ 与 G^* 满足定理的充分条件，并注意到 $\overline{G}$（或 G^*）中属于且只属于 E_1（或 E_2）的边是 $\overline{G}$（或 G^*）的重复边. 故有

$$\sum_{e\in E_1\cap E(C_i)} w(e) \leqslant \sum_{e\in E(C_i)\setminus E_1} w(e) = \sum_{e\in E_2\cap E(C_i)} w(e), \tag{4.2-1}$$

和

$$\sum_{e\in E_2\cap E(C_i)} w(e) \leqslant \sum_{e\in E(C_i)\setminus E_1} w(e) = \sum_{e\in E_1\cap E(C_i)} w(e). \tag{4.2-2}$$

由(4.2-1)和(4.2-2)二式可得

$$\sum_{e\in E_1\cap E(C_i)} w(e) = \sum_{e\in E_2\cap E(C_i)} w(e) \quad (i = 1,2,\cdots,k),$$

于是 $w(E_1) = w(E_2)$，即

$$\sum_{e\in E(\overline{G})\setminus E(G)} w(e) = \sum_{e\in E(G^*)\setminus E(G)} w(e).$$ □

根据前面的讨论以及定理 4.2.1，我们可以设计出求非 Euler 赋权连通图的最优环游的算法. 此算法称为最优环游的**奇偶点图上作业法**.

(1) 把 G 中度为奇数的顶点两两配对，记为 $x_1, x_2, \cdots, x_k$ 及 $y_1, y_2, \cdots, y_k$. 对每个 $i(i=1,2,\cdots,k)$，G 中取一条$(x_i - y_i)$路 P_i，将 P_i 上的每一条边都添加一条边，从而得到 G 的一个赋权 Euler 生成母图 G^*.

(2) 如果 G^* 中关于 G 的某一对相邻顶点有多于 2 条边连接它们，则去掉其中的偶数条边，留下 1 条或 2 条边连接这两个顶点，直到每一对相邻顶点至多由 2 条边连接.

(3) 检查 G 的每一个圈，如果某一个圈 C 上多重边的权和超过该圈权和的一半，则将 C 按定理 4.2.1 必要性的证明过程进行调整. 重复这一过程，直至对 G 的所有圈，其多重边的权和不超过该圈权和的一半，得 $\overline{G}^*$.

(4) 用 Fleury 算法求 $\overline{G}^*$ 的 Euler 环游 C.

按定理 4.2.1,最后所得的环游 C 就是 G 的最优环游.

例 4.4 图 4.8(a) 所示的赋权图 G,v,x,l 和 m 是 G 的四个奇点. 根据上述算法(1),把 x 和 m 配对,v 和 l 配对,取 $P_1 = xtlkzm$,并对 P_1 中每条边各添加一条边,又取 $P_2 = vwzkl$,并对 P_2 上每条边也各添加一条边,这就得到图 4.8(b);因图 4.8(b) 中的边 lk 和 kz 上各添加了 2 条边,根据算法(2),分别删去其中的 2 条边,得图 4.8(c);再按算法(3),对图 4.8(c) 中的圈 $C_1 = xyltx$ 和 $C_2 = vwzyv$ 按定理 4.2.1 必要性的证明过程进行调整,得图 4.8(d);对图 4.8(d) 中圈 $uvyxu$ 再进行调整,得图 4.8(e) 所示的 $\overline{G}$. $\overline{G}$ 符合定理 4.2.1 的充分性条件,由此可得 G 的最优环游 $uvwzmzkltxuxylyzyvu$.

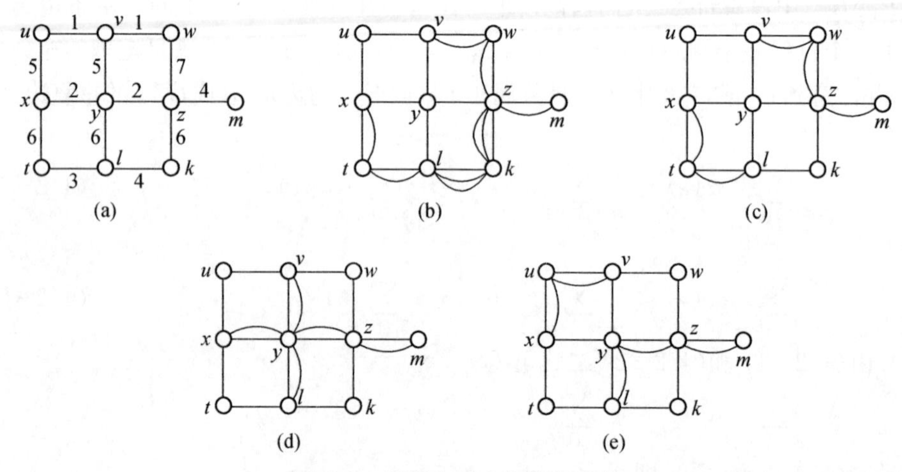

图 4.8 奇偶点图上作业法过程

奇偶点图上作业法需检查图中的每一个圈. 随着顶点个数和边数的增加,圈的个数增加很快. 如图 4.9 所示的图超过 150 个圈;而图 4.10 所示的图,估计其中的圈的个数至少有上千个. 因此,对一般的图要施行奇偶点图上作业法是很难行得通的. Edmonds 和 Johnson 在 1973 年给出求解最优环游的更有效的算法,此算法在此不做介绍,这里我们仅介绍赋权图恰好有两个奇点的特殊情况下最优环游的求法.

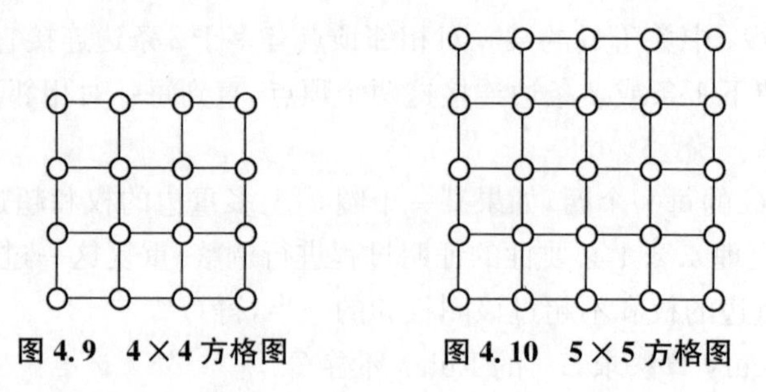

图 4.9 4×4 方格图　　　图 4.10 5×5 方格图

设 G 恰有两个奇点 u 和 v，则可以利用第 2.5 节求出 G 的一条最短 $(u-v)$ 路 P，在 G 中只要把 P 中的每一条边中再添加一条边，加上权就可得 Euler 图 $\overline{G}$. 可以证明 $\overline{G}$ 的 Euler 环游就是 G 的最优环游.

事实上，设 G^* 是从 G 上重复某些边而得到的 G 的 Euler 生成母图，则在 $G^*\backslash E(G)$ 中只有 u 与 v 是奇点，而其他顶点都是偶点. 因此，由推论 1.3.2 知，u 和 v 在 $G^*\backslash E(G)$ 的同一个连通分支中，即在 $G^*\backslash E(G)$ 中存在一条 $(u-v)$ 路 P^*，但 P 是 G 中的最短 $(u-v)$ 路，故

$$\sum_{e\in E(G^*)\backslash E(G)} w(e) \geqslant w(P^*) \geqslant w(P) = \sum_{e\in E(\overline{G})\backslash E(G)} w(e),$$

因此对 G 的所有 Euler 生成母图来说，$E(\overline{G})\backslash E(G)$ 的权和达到最小. 即证得 $\overline{G}$ 的 Euler 环游就是 G 的最优环游.

例如，在图 4.7 所示的图 G 中，u 与 v 是 G 中仅有的两个奇点，最短 $(u-v)$ 路 $P=uxywv$. 将 G 中属于 P 的边都改为多重边并加上权，就得图 $\overline{G}$（见图 4.11）. 易得 $\overline{G}$ 的一个 Euler 环游是 $uxuwyxywzxvwvzyu$，即为 G 的最优环游.

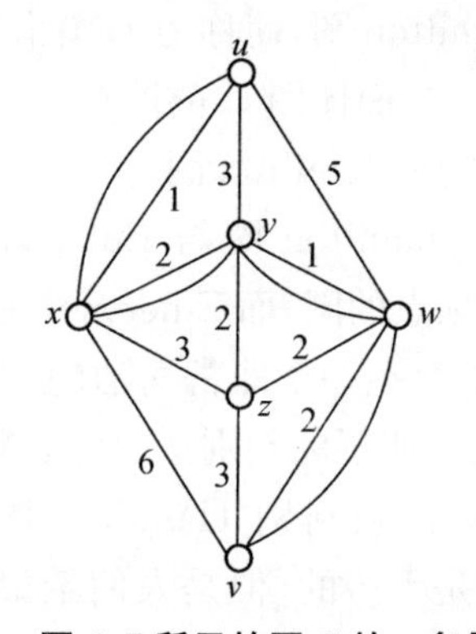

图 4.11　图 4.7 所示的图 G 的一条最优环游

4.3　Hamilton 图

Hamilton 问题是图论中一直悬而未解的一大问题. 它起源于 1856 年，当时英国数学家 Hamilton 设计了一种名为周游世界的游戏. 他在一个实心的正十二面体的二十个顶点上标以世界各地著名的二十座城市的名字，要求游戏者沿十二面体的棱从一座城市出发，经过每座城市恰好一次再回到出发点，即"绕行世界".

正十二面体的顶点与棱的关系可以用平面上的图来表示：把正十二面体（见图 4.12）的顶点与棱分别对应图的顶点与边就得到如图 4.13 所示的正十二面体图.

上面所提的问题相当于在图 4.13 中找一个圈，它通过图中一切顶点. 图 4.13

中按自然顺序用数字标示的顶点就是这样的一个圈，当然这种圈未必是唯一的.

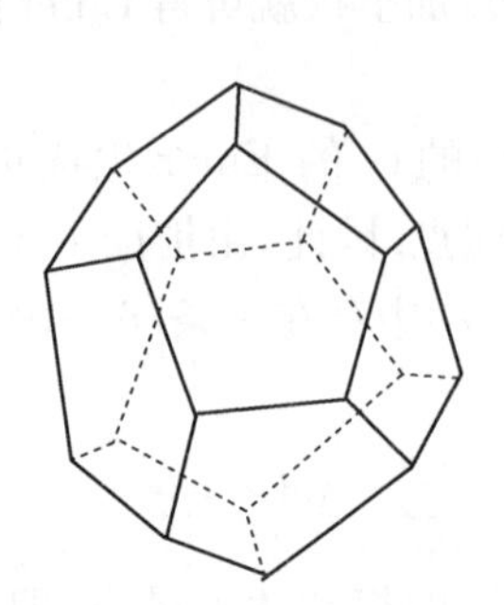

图 4.12　正十二面体

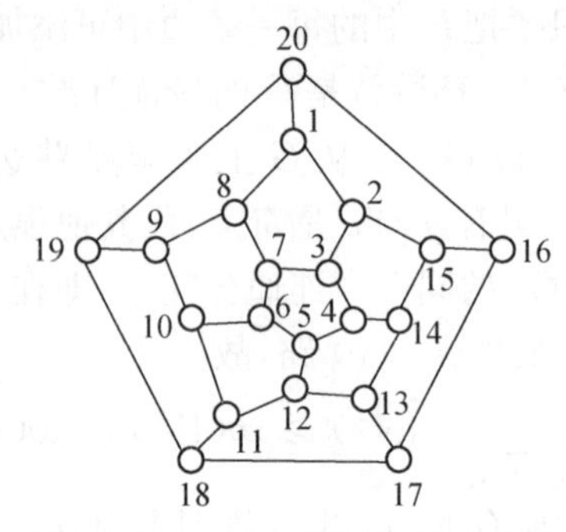

图 4.13　正十二面体所对应的图

下面我们来给出图中 Hamilton 圈的确切定义.

定义 4.3.1　图 G 中的一个圈 C 称为 G 的一个 **Hamilton 圈**，如果 C 含有 G 的所有顶点. Hamilton 圈简称 H-圈，包含 G 的所有顶点的路称为 **Hamilton 路**. 而称含有 Hamilton 圈的图为 Hamilton 图，简称为 H-图.

例如，图 4.13 所示的正十二面体图 G 的圈 $C = 1,2,3,\cdots,20,1$ 是 G 的一条 Hamilton 圈，故正十二面体图是 Hamilton 图.

从定义可知，一个图的 Hamilton 圈与 Euler 环游是很相似的，差别在于 Hamilton 圈是环游 G 的所有顶点的圈，而 Euler 环游是环游 G 的所有边的闭迹. 对于一个图是否存在 Euler 环游存在一个非常简洁的判别法，那么判断一个图是否有 Hamilton 圈也存在一个简单明了的判别法吗？遗憾的是直到现在还没有找到，也就是说到目前为止还没有找到判别 Hamilton 图的充要条件. 事实上寻找 Hamilton 图的充要条件几乎是无望的，但是人们希望找到 Hamilton 图的简明有效的充分条件.

现在我们分别来讨论一个图存在 Hamilton 圈的充分条件与必要条件. 由于一个图 G 有 Hamilton 圈当且仅当 G 的基础简单图有 Hamilton 圈，所以下面我们只考虑简单图.

定理 4.3.1　若 G 是 Hamilton 图，则对 $V(G)$ 的每一个非空真子集 S，均有

$$w(G\backslash S) \leqslant |S|.$$

证明　设 C 是 G 的一个 Hamilton 圈，则对于 $V(G)$ 的每一个非空真子集 S，均有

$$w(C\backslash S) \leqslant |S|,$$

由于 $C\backslash S$ 是 $G\backslash S$ 的生成子图，故

$$w(G\backslash S) \leqslant w(C\backslash S) \leqslant |S|.$$ □

这个定理是图存在 Hamilton 圈的一个必要条件，它虽然较为简单，但利用此结论可判别许多没有 Hamilton 圈的图. 例如，图 4.14 所示的图 G 中，如果删去三

个顶点 v_1,v_2 和 v_3,就产生四个连通分支,故 G 不是 Hamilton 图.

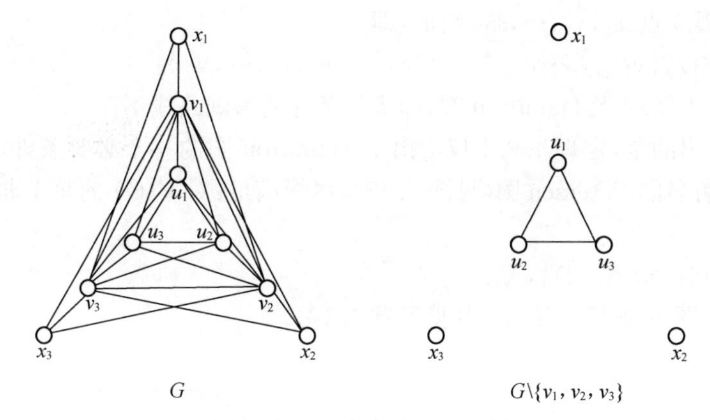

图 4.14　一个非 Hamilton 图

例 4.5　图 4.15 是某个展览馆的平面图,其中每两个相邻的展览室有门相通.证明:不存在一条从 A 进入,经过每个展览室恰好一次再从 A 处出来的参观路线.

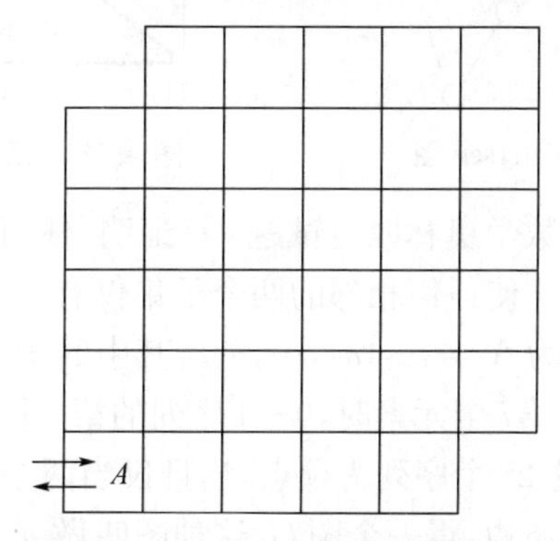

图 4.15　例 4.5 中的展览馆示意图

证明　用顶点代表展览室,两顶点相邻当且仅当它们所对应的展览室有门相通,可得一个连通简单图 G(见图 4.16),则只要证明 G 中不存在 Hamilton 圈即可.

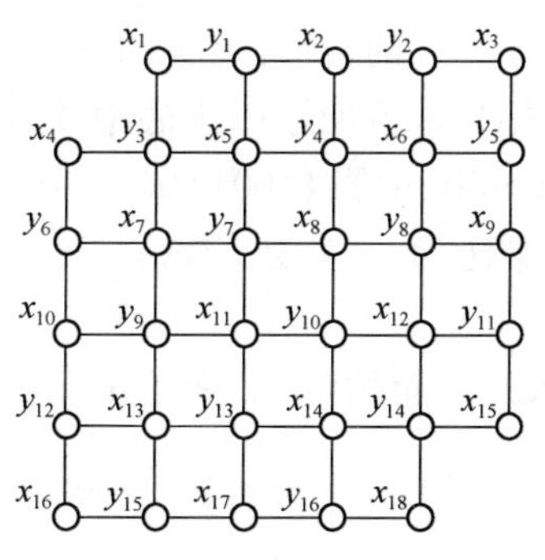

图 4.16　例 4.5 中的展览馆所对应的图 G

从图 4.16 可知,顶点 $x_1, x_2, \cdots, x_{18}$ 互不相邻,故 $G \backslash \{y_1, y_2, \cdots, y_{16}\}$ 的连通分支由 18 个孤立点 $x_1, x_2, \cdots, x_{18}$ 组成,即

$$w(G \backslash \{y_1, y_2, \cdots, y_{16}\}) = 18 > |\{y_1, y_2, \cdots, y_{16}\}|,$$

由定理 4.3.1 知 G 无 Hamilton 圈,即满足条件的参观路线不存在.

必须指出的是,定理 4.3.1 仅给出了 Hamilton 图的一个必要条件,而不是充分条件,如著名的 Petersen 图(见图 4.17),尽管满足:对 $V(G)$ 的每个非空真子集 S,均有

$$w(G \backslash S) \leqslant |S|,$$

但 Petersen 图不是 Hamilton 图(见习题 4.10).

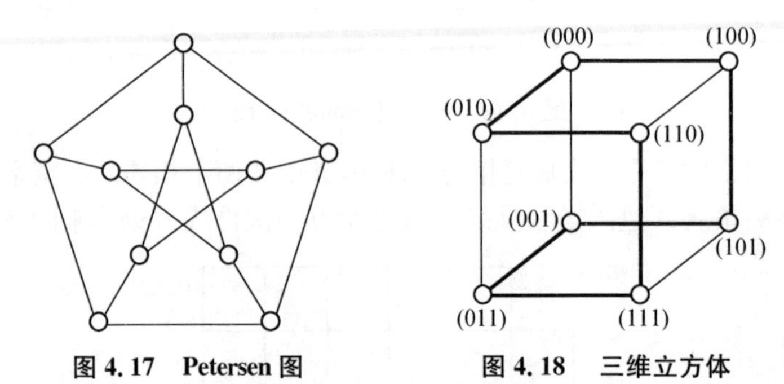

图 4.17 Petersen 图　　**图 4.18 三维立方体**

例 4.6(1971 年波兰数学奥林匹克试题)　证明:任何一个有限集合的全部子集可以这样排列顺序 —— 使任何相邻的两个子集仅有一个元素不同.

证明　设此有限集为 $A = \{a_1, a_2, \cdots, a_n\}$,其中的子集用 n 个 0 或 1 的序列来表示:当此子集中含 A 的第 i 个元素时,0-1 序列的第 i 个数码写 1,否则写 0. 于是全部子集共计 2^n 个. 以这 2^n 个序列为顶点,当且仅当两个序列仅一个同位数码相异时,这两个顶点间连一条边,得一个图 G. 这种图叫做 n 维立方体,它可由两个 $n-1$ 维立方体($n \geqslant 2$) 对应顶点(在 $n-1$ 维立方体中标号一致的顶点) 连上边所得到. 于是用数学归纳法易证它是 Hamilton 图,按照 Hamilton 圈的顺序排列对应子集即可.

图 4.18 是 n 维立方体 $n = 3$ 的情形,上底、下底是两个二维立方体. 对应顶点连线后(同时把上底中顶点标号末位加号 0,下底中顶点标号末位加号 1) 得到三维立方体. 粗线表示出一个 Hamilton 圈:(100) (000) (010) (110) (111) (011) (001) (101)(100). 对应的子集排列为 $\{a_1\}$, $\varnothing$, $\{a_2\}$, $\{a_1, a_2\}$, $\{a_1, a_2, a_3\}$, $\{a_2, a_3\}$, $\{a_3\}$, $\{a_1, a_3\}$.

更高维的情形与此类似. 下面的图 4.19 给出了四维立方体,其中粗线表示 Hamilton 圈.

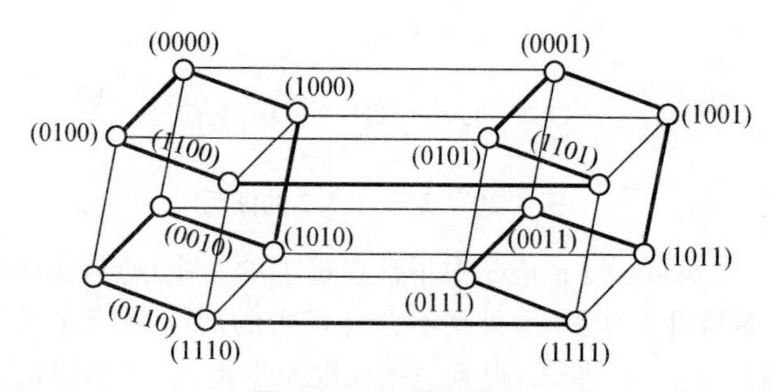

图 4.19　四维立方体

下面讨论 Hamilton 图的充分条件，首先证明由 Ore 在 1960 年给出的一个结果.

定理 4.3.2　设 G 是 $p(G)\geqslant 3$ 的图，如果 G 中任意两个不相邻的顶点 u 和 v，均有 $d_G(u)+d_G(v)\geqslant p(G)$，则 G 是 Hamilton 图.

证明　首先 G 是连通的，否则在 G 的两个不同的连通分支中各取一个顶点 u 和 v，有

$$d_G(u)+d_G(v)\leqslant p(G)-2,$$

这与给定的条件相矛盾.

在 G 中取一条最长路

$$P=v_0v_1\cdots v_k,$$

我们来证明 G 中存在一条长为 $k+1$ 的圈，并且 $k=p(G)-1$.

如果 v_0 与 v_k 在 G 中相邻，则在 P 中加上边 v_0v_k，就得到一个长为 $k+1$ 的圈.

如果 v_0 与 v_k 不相邻，由给定的条件

$$d_G(v_0)+d_G(v_k)\geqslant p(G),$$

置

$$A=\{v_i\mid v_0v_{i+1}\in E(G),0\leqslant i\leqslant k-1\},$$
$$B=\{v_i\mid v_iv_k\in E(G),1\leqslant i\leqslant k-1\},$$

由于 P 是 G 的最长路，G 中与 v_0 和 v_k 相邻的顶点全在 P 内，故有 $|A|=d_G(v_0)$ 和 $|B|=d_G(v_k)$. 易看出 $v_k\notin A$，$v_k\notin B$，即有 $|A\cup B|\leqslant p(G)-1$. 于是

$$\begin{aligned}|A\cap B|&=|A|+|B|-|A\cup B|\\&=d_G(v_0)+d_G(v_k)-|A\cup B|\\&\geqslant p(G)-(p(G)-1)=1,\end{aligned}$$

因此 $A\cap B\neq\varnothing$. 设 $v_{i_0}\in A\cap B$，则由 $v_{i_0}\in A$ 知 $v_0v_{i_0+1}\in E(G)$，又有 $v_{i_0}\in B$ 知 $v_{i_0}v_k\in E(G)$. 这样我们可得到 G 的一条长为 $k+1$ 的圈 C（见图 4.20 所示），即

$$C=v_0v_1\cdots v_{i_0}v_kv_{k-1}\cdots v_{i_0+1}v_0.$$

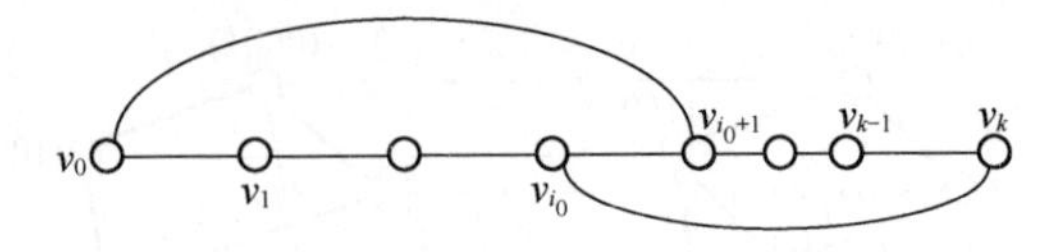

图 4.20　定理 4.3.2 的证明

如果 $k+1<p(G)$，设 u 是 G 中不含在 C 上的一个顶点，由于 G 连通，故存在 (v_0-u) 路 L，不妨设 L 中除 v_0 外均不含有 C 中的顶点，则把 C 中与 v_0 关联的一条边删去，再加上 (v_0-u) 路 L，得到一条长度至少是 $k+1$ 的路，这与 P 是 G 的最长路的假设矛盾. 所以 $k+1=p(G)$，即 C 就是 G 的一个 Hamilton 圈. □

有了这个定理的结果，下面的命题就成了此定理的自然推论.

推论 4.3.3(Dirac (1952))　若 G 是具有 $p(\geqslant 3)$ 个顶点的简单图，且每个顶点的度至少是 $\frac{p}{2}$，则 G 是 Hamilton 图.

例 4.7　有一个 $n(\geqslant 3)$ 个人的团体，这 n 个人互相认识的对数(两个人互相认识就算作一对)至少是 $\frac{1}{2}(n-1)(n-2)+2$. 证明：这 n 个人可以围桌而坐，使每个人与他相邻座位上的两个人互相认识.

证明　以顶点代表人，两顶点相邻当且仅当对应的两个人互相认识，则 G 是至少有 $\frac{1}{2}(n-1)(n-2)+2$ 条边的简单图. 现在证明 G 是 Hamilton 图.

假若不然，则 G 无 Hamilton 圈，由定理 4.3.2 知，G 中存在两个不相邻的顶点 u 与 v，使 $d_G(u)+d_G(v)<n$，因而 G 中至多有 $n-1$ 条边关联于 u 或 v. 作 $G_1=G\backslash\{u,v\}$，由于 u 和 v 不相邻，故

$$q(G)=q(G_1)+d_G(u)+d_G(v)\leqslant\binom{n-2}{2}+(n-1)$$

$$=\frac{(n-1)(n-2)}{2}+1,$$

这与 $q(G)\geqslant\frac{1}{2}(n-1)(n-2)+2$ 相矛盾，所以 G 有 Hamilton 圈 C. 现在只需按 C 的顺序安排人员围桌而坐，就能使每个人与相邻座位的两个人互相认识.

定理 4.3.4　设 G 是连通图，u 与 v 是 G 的两个不相邻的顶点，满足

$$d_G(u)+d_G(v)\geqslant p(G),$$

则 G 是 Hamilton 图当且仅当 $G+uv$ 是 Hamilton 图.

证明　若 G 是 Hamilton 图，$G+uv$ 显然也是 Hamilton 图.

反之，如果 $G+uv$ 是 Hamilton 图，设 C 为 $G+uv$ 的一个 Hamilton 圈. 当新增加的边 uv 不在 C 上时，C 就是 G 的 Hamilton 圈. 如果新增加的边 uv 在 C 中，则 $C-uv$ 是 G 的一条 Hamilton 路，并且起点 u 与终点 v 的度数之和至少是 $p(G)$，与定

理 4.3.2 同样可以证明 G 中含有一个包含 $C-uv$ 所有顶点的圈，此圈就是 G 的 Hamilton 圈，所以 G 是 Hamilton 图. □

根据这个定理，若 $uv \notin E(G)$ 且 $d_G(u)+d_G(v) \geqslant p(G)$，则 $G_1=G+uv$ 与 G 有相同的 Hamilton 性. 再考虑 G_1，若又存在顶点 x 和 y，使 $xy \notin E(G_1)$ 且

$$d_{G_1}(x)+d_{G_1}(y) \geqslant p(G_1)=p(G),$$

则 $G_2=G_1+xy$ 是 Hamilton 图当且仅当 G_1 是 Hamilton 图. 依次进行这一过程，即从 G 出发，相继地连接所得图中度数之和至少是 $p(G)$ 的不相邻顶点对，直到不能进行为止. 最后所得图记为 $C(G)$，称 $C(G)$ 为 G 的**闭包**. 图 4.21 表明了图 G 的闭包的构造过程.

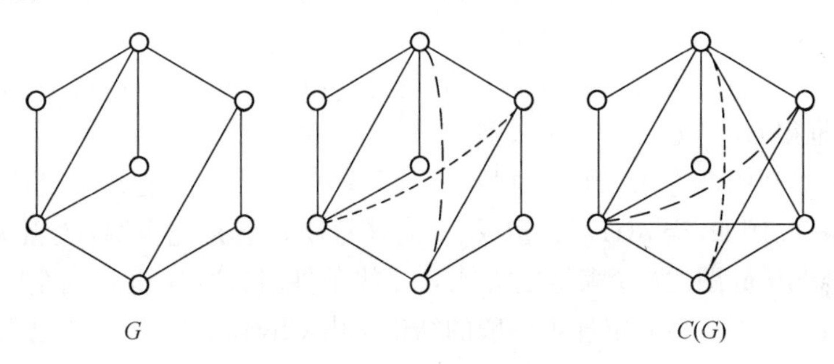

图 4.21 一个图的闭包的构造

根据 $C(G)$ 的构造及定理 4.3.4，易得以下定理.

定理 4.3.5 图 G 是 Hamilton 图当且仅当 $C(G)$ 是 Hamilton 图.

推论 4.3.6 若图 G 的闭包 $C(G)$ 是完全图，则当 $p(G) \geqslant 3$ 时 G 是 Hamilton 图.

例如，将图 4.14 中的边 x_1v_1 换为 x_1u_1 得到图 G'（见图 4.22），这个图的闭包是完全图，因而 G' 是 Hamilton 图. 有趣的是图 4.14 所示的这个图 G 并不是 Hamilton 图，但从 G' 有 Hamilton 圈可知 G 含有一条从 x_1 到 u_1 的 Hamilton 路.

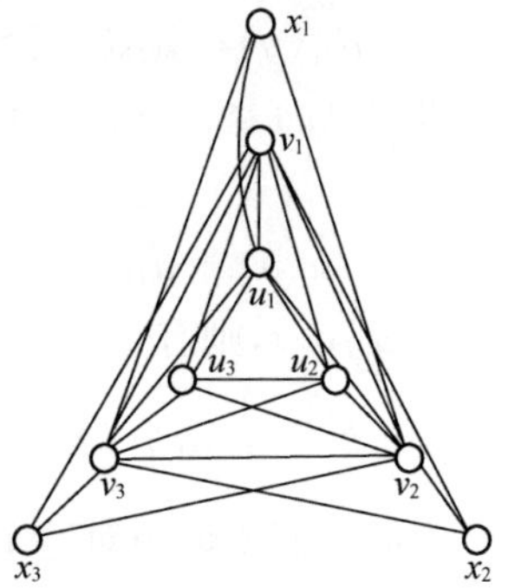

图 4.22 一个 Hamilton 图 G'

从定理 4.3.5 可知，判断图 G 是否为 Hamilton 图可转化为判断 $C(G)$ 是否为 Hamilton 图. 从 $C(G)$ 的构造不难发现：若 x 和 y 是 $C(G)$ 中的两个不相邻的顶点，则

$$d_{c(G)}(x)+d_{c(G)}(y) < p(G).$$

另外我们还有以下结论.

定理 4.3.7 图 G 的闭包 $C(G)$ 是唯一的.

证明 设 G_1 和 G_2 是 G 的两个闭包，由 G 得到 G_1 所添加的边依次为 e_1', e_2'，

$\cdots, e'_k$，由 G 得到 G_2 所添加的边依次为 $e''_1, e''_2, \cdots, e''_l$. 我们要证明 $e'_1, e'_2 \cdots, e'_k$ 均是 G_2 的边. 如果不是这样，设 $e'_{n+1} = vv'(n+1 \leqslant k)$ 为其第一条不属于 G_2 的边. 令

$$H = G + \{e'_1, e'_2, \cdots, e'_n\},$$

则在构作 G 的闭包 G_1 的过程中，下一步是在 H 中连接 v 与 v'，即在 H 中添加边 e'_{n+1}，故

$$d_H(v) + d_H(v') \geqslant p(G),$$

而由 e'_{n+1} 的假设，$H \subseteq G_2$，所以

$$d_{G_2}(v) + d_{G_2}(v') \geqslant p(G), \tag{4.3-1}$$

但 v 与 v' 在 G_2 中不相邻，而 G_2 是 G 的一个闭包，故

$$d_{G_2}(v) + d_{G_2}(v') < p(G),$$

这与(4.3-1)式相矛盾，所以 $e'_1, e'_2, \cdots, e'_k$ 均是 G_2 的边. 同理可证 $e''_1, e''_2 \cdots, e''_l$ 也是 G_1 的边. 由此推得 $G_1 = G_2$. □

我们可以利用推论 4.3.6 来推导一个图是 Hamilton 图的几个以顶点度来表达的充分条件. 例如，当 $\delta(G) \geqslant p(G)/2$ 时，$C(G)$ 显然是完全图，故当 $p(G) \geqslant 3$ 时，G 是 Hamilton 图. 当 G 满足定理 4.3.2 的条件时，$C(G)$ 也是完全图，故 G 是 Hamilton 图. 一个比 Ore 定理更一般的结论是由 Chvátal 在 1972 年给出的定理.

定理 4.3.8 设图 G 的度序列为 $(d_1, d_2, \cdots, d_p)$，$d_1 \leqslant d_2 \leqslant \cdots \leqslant d_p$，$p = p(G) \geqslant 3$. 若对任何 $k < \dfrac{p}{2}$，或有 $d_k > k$，或有 $d_{p-k} \geqslant p-k$，则 G 是 Hamilton 图.

证明 如果能证明 G 的闭包 $C(G)$ 为完全图，则由推论 4.3.6 可知 G 是 Hamilton 图. 为方便，记 $H = C(G)$. 假设 H 不是完全图，在 H 中取两个不相邻的顶点 u 和 v，使对 H 中任何两个不相邻的顶点 u' 和 v'，有

$$d_H(u) + d_H(v) \geqslant d_H(u') + d_H(v'),$$

不妨设 $d_H(u) \leqslant d_H(v)$. 因为 H 是 G 的闭包，而 u 和 v 是 H 中两个不相邻的顶点，故

$$d_H(u) + d_H(v) < p, \tag{4.3-2}$$

记 $k = d_H(u)$，则有

$$k \leqslant \frac{1}{2}(d_H(u) + d_H(v)) < \frac{p}{2}. \tag{4.3-3}$$

下面我们要证明对这个正整数 k，定理的条件不满足. 令

$$S = \{x \in V(G) \backslash \{v\} \mid xv \notin E(H)\},$$
$$T = \{x \in V(G) \backslash \{u\} \mid xu \notin E(H)\},$$

则由 S, T 的定义以及(4.3-2)式，得

$$|S| = p - d_H(v) - 1 \geqslant d_H(u) = k,$$
$$|T| = p - d_H(u) - 1 = p - k - 1.$$

此外,根据 u 和 v 的选取,S 中每个顶点在 H 上的度数不超过 $d_H(u)=k$,而 $T\cup\{u\}$ 中的每个顶点在 H 上的度数不超过 $d_H(v)<p-k$. 因此,在 H 中至少有 $|S|(\geqslant k)$ 个顶点的度小于或等于 k,同时至少有 $p-k(=|T\cup\{u\}|)$ 个顶点的度小于 $p-k$. 由于 G 是 H 的生成子图,因而在 G 中更有 k 个顶点的度小于或等于 k 以及至少有 $p-k$ 个顶点的度小于 $p-k$,从而 $d_k\leqslant k, d_{p-k}<p-k$. 而由(4.3-3)式有 $k<\frac{p}{2}$,这与定理的条件相矛盾. □

需要注意的是,定理 4.3.8 也只是一个 Hamilton 图的充分条件而不是必要条件. 另外,由定理 4.3.8 可直接推得定理 4.3.2 和推论 4.3.3,而且定理 4.3.8 比这两个充分条件更强. 例如,图 4.22 所示的图 G' 满足定理 4.3.8 的条件,所以它是 Hamilton 图,但这个图不满足定理 4.3.2 和推论 4.3.3 的条件.

推论 4.3.9　设图 G 的度序列为$(d_1,d_2,\cdots,d_p)$,$d_1\leqslant d_2\leqslant\cdots\leqslant d_p$,$p\geqslant 3$. 若对任何 k,$1\leqslant k<\frac{p-1}{2}$,均有 $d_k>k$,若 p 为奇数,更有 $d_{\frac{1}{2}(p+1)}>\frac{1}{2}(p-1)$,则 G 是 Hamilton 图.

证明　若 p 为偶数,对任何正整数 $k<\frac{p}{2}$,必有 $k<\frac{p-1}{2}$,故由定理的条件得 $d_k>k$,则由定理 4.3.8 知 G 是 Hamilton 图.

若 p 为奇数,对 $k<\frac{1}{2}(p-1)$,有 $d_k>k$,而对 $k=\frac{1}{2}(p-1)$,有 $p-k=\frac{1}{2}(p+1)$,按定理条件

$$d_{p-k}=d_{\frac{1}{2}(p+1)}\geqslant\frac{1}{2}(p-1)+1=p-k,$$

故由定理 4.3.8 知 G 是 Hamilton 图. □

前面我们所讨论的 Hamilton 图的充分条件所涉及的都是以度作为条件. 下面我们给出一个充分条件,仅涉及图的连通度 $\kappa(G)$ 和独立数 $\beta_0(G)$(见定义 5.5.2).

定理 4.3.10(Chavátal 和 Erdös (1972))　若 G 是一个 $p(G)\geqslant 3$ 且 $\kappa(G)\geqslant\beta_0(G)$ 的图,则 G 是 Hamilton 图.

证明　若 $\beta_0(G)=1$,则 $G=K_p$,因为 $p\geqslant 3$,$G=K_p$ 为 Hamilton 图. 下面考虑 $\beta_0(G)\geqslant 2$. 因 $\kappa(G)\geqslant\beta_0(G)\geqslant 2$,故 G 有圈. 若记 $k=\kappa(G)$,C 为 G 中最长的圈,则由定理 2.1.1,$l(C)\geqslant k+1$. 下面证明 $l(C)=p(G)$. 反之,若 $l(C)<p(G)$. 设 G_1 是 $G\backslash V(C)$ 中一个非平凡连通分支,记 $V_C=\{v\in V(C)\mid v$ 与 G_1 中一个点相邻$\}$,则 V_C 构成 G 的一个顶点割集,故 $|V_C|\geqslant\kappa(G)=k$. 记 $V_C=\{u_1,u_2,\cdots,u_l\}$,$l\geqslant k$,其 u_i 的下标按 C 顺时针方向从 1 到 l 排序.

对每个 $1\leqslant i\leqslant l$,令 a_i 是 C 上紧跟在 u_i 后面的顶点,即

$$C=\cdots u_1a_1\cdots u_2a_2\cdots u_la_l\cdots,$$

如果$\{a_1,a_2,\cdots,a_l\}$中有两个顶点相邻，不妨设$a_ia_j \in E(G)$. 对于u_i和u_j，在G_1中存在两个顶点v_i和v_j，使$u_iv_i,u_jv_j \in E(G)$，又G_1为G的连通分支，在G_1中存在(v_i-v_j)路P，则

$$C' = (C\backslash\{u_ia_i,u_ja_j\}) \cup P \cup \{u_iv_i,v_ju_j,a_ia_j\}$$

是G中一个比C更长的圈，矛盾！故$\{a_1,a_2,\cdots,a_l\}$为G的一个独立集.

若G_1中存在一个点与$\{a_1,a_2,\cdots,a_l\}$中一个点相邻，不妨设为$a_iv_0 \in E(G)$，$v_0 \in V(G_1)$. 记G_1中与u_i相邻的一个顶点为v_i，P_0为G_1中的一条(v_0-v_i)路，则

$$C' = (C\backslash\{u_ia_i\}) \cup P_0 \cup \{u_iv_i,v_0a_i\}$$

是G中一个比C更长的圈，矛盾！故G_1中没有一个顶点与$\{a_1,a_2,\cdots,a_l\}$中的顶点相邻.

在G_1中任取一个顶点v，则$\{v,a_1,a_2,\cdots,a_l\}$构成G的一个独立集，其顶点数$l+1 \geqslant k+1$，这与$\beta_0(G)=k$相矛盾. 故$l(C)=p(G)$，即C为G的Hamilton圈. □

注意到一个图G有Hamilton路当且仅当$G+K_1$有Hamilton圈，因此，我们可以获得Hamilton路存在的若干充分条件（留给读者完成）.

4.4 旅行售货员问题

设有p个城镇，已知每两个城镇之间的距离，一个售货员从某一城镇出发巡回售货，问这个售货员应如何选择路线，能使每个城镇经过一次且仅一次，最后返回到出发地，而使总的行程最短？这个问题称为旅行售货员问题. 容易看出，旅行售货员问题就是在一个赋权完全图中找一个具有最小权的Hamilton圈，我们称这种圈为**最优 Hamilton 圈**.

除旅行售货员问题之外，邮局中负责到各个信箱取信的邮递员，以及去各个分局送邮件的汽车等都会类似遇到这种问题. 还有一些问题表面上似乎与之无关，而实质上却可以归结为旅行售货员问题来解决. 既然这个问题有着如此广泛的应用，那么找一个求解最优Hamilton圈的有效算法就成为一件非常重要的事. 遗憾的是，目前还没有一个求解最优Hamilton圈的有效算法，所以希望有一个方法以获得相当好（但不一定是最优）的解. 下面我们给出一个较好的近似算法——最邻近算法，以及一个修改的方法.

设$G=(V,E;w)$是一个赋权完全图，根据实际问题，我们可作如下的规定：对$V(G)$中任何三个顶点u,v和x，满足$w(uv)+w(vx) \geqslant w(ux)$.

求近似最优Hamilton圈的最邻近算法：

(1) 任选一个顶点v_0作为起点，找一条与v_0关联其权最小的一条边e_1，e_1的另一个端点记为v_1，得一条路v_0v_1；

(2) 设已选出路 $v_0v_1\cdots v_i$，在 $V(G)\backslash\{v_0,v_1,\cdots,v_i\}$ 中取一个与 v_i 最近的相邻顶点 v_{i+1}，得 $v_0v_1\cdots v_iv_{i+1}$；

(3) 若 $i+1<p(G)-1$，用 i 代 $i+1$ 返回(2)，否则记 $C=v_0v_1\cdots v_{p-1}v_0$，停止.

最后所得的 C 就是 G 的一个近似最优的 Hamilton 圈.

例如，在图 4.23 中，粗边表示了起点选 a 并用最邻近法求得的一个 Hamilton 圈 $C=adbcea$，该 Hamilton 圈的长度为 40.

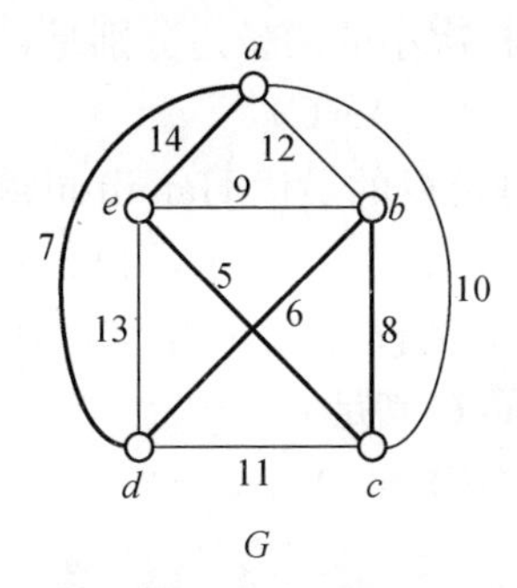

图 4.23　图 G 的一个 Hamilton 圈 C

用最邻近法求得的 Hamilton 圈一般不是最优的，但通过以下的修改可获得更短的 Hamilton 圈. 其修改方法如下：

设 $C=v_1v_2\cdots v_pv_1$ 是 G 的一个 Hamilton 圈，若存在 i,j 适合 $1<i+1<j<p$，并且

$$w(v_iv_j)+w(v_{i+1}v_{j+1})<w(v_iv_{i+1})+w(v_jv_{j+1}),$$

则 Hamilton 圈 $C_{ij}=v_1v_2\cdots v_iv_jv_{j-1}\cdots v_{i+1}v_{j+1}\cdots v_pv_1$（它是由 C 中删去边 v_iv_{i+1} 和 v_jv_{j+1}，添加边 v_iv_j 和 $v_{i+1}v_{j+1}$ 而得到的(如图 4.24 所示)）的权和

$$\begin{aligned}w(C_{ij})&=w(C)-w(v_iv_{i+1})-w(v_jv_{j+1})+w(v_iv_j)+w(v_{i+1}v_{j+1})\\&<w(C),\end{aligned}$$

因而 Hamilton 圈 C_{ij} 将是 C 的一个改进.

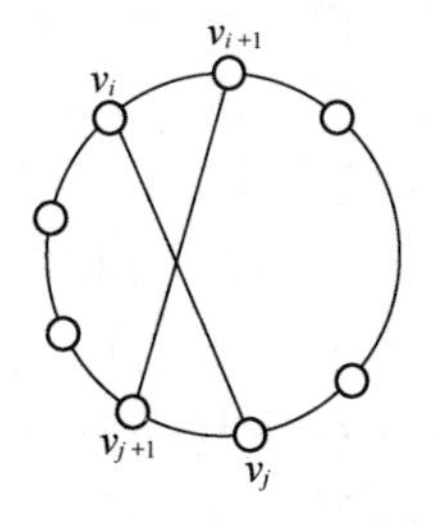

图 4.24　修改 Hamilton 圈的图示

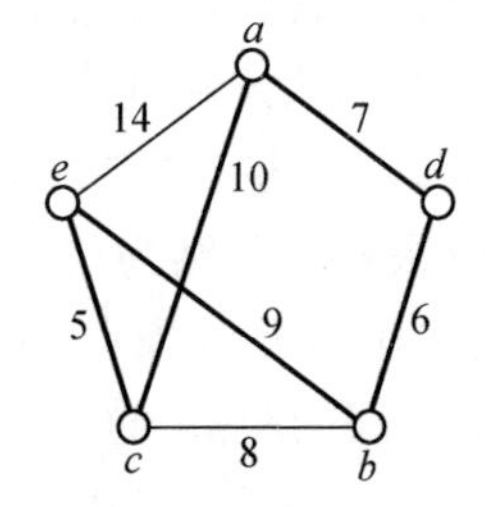

图 4.25　H-圈 $C=adbcea$ 的一个修改方法

在接连进行上述的一系列修改后，最后得到的一个 Hamilton 圈不能再用此方法改进了，这个 Hamilton 圈虽然未必是最优的，但有理由认为它常常是比较好的.

例如,用最邻近法得到的图 4.23 所示的 G 的 Hamilton 圈为 $C = adbcea$,用此方法修改后可得 $C' = acebda$(见图 4.25),其长度为 37.

我们可以利用 Kruskal 算法给出最优 Hamilton 圈下界的一个估计式. 设 v 是赋权完全图G 的任意一个顶点,用Kruskal算法求出$G-v$的一棵最优树T,设C是G 的一个最优 Hamilton 圈,显然 $C-v$ 是$G-v$ 的一棵生成树,因此

$$w(T) \leqslant w(C-v),$$

设 G 中与 v 关联且权最小和权次小的两条边分别是 e 和 f,则

$$w(T)+w(e)+w(f) \leqslant w(C),$$

因此 $w(T)+w(e)+w(f)$ 将是 G 的最优 Hamilton 圈的一个下界估计式. 以图 4.23 中的 G 为例,$G-c$ 的图为图 4.26(a) 所示,用 Kruskal 算法求得 $G-c$ 的一棵最优树 T(如图 4.26(b) 所示),T 的权为 22,G 中与c 关联而权最小的两条边为 ce 和 cb,因此 G 的最优 Hamilton 圈 C 满足

$$w(T)+w(ce)+w(cb)=22+5+8=35 \leqslant w(C) \leqslant w(C')=37.$$

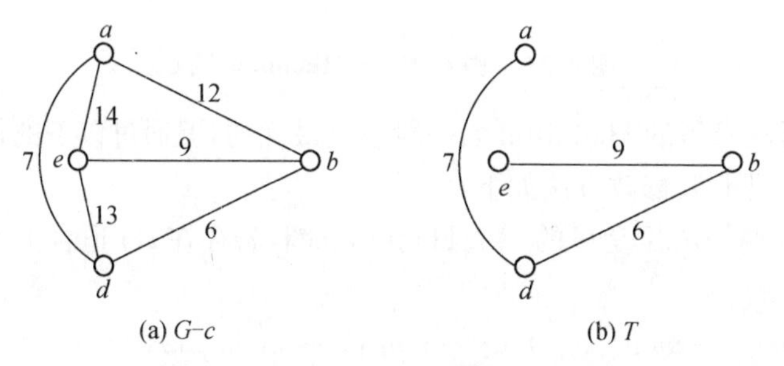

图 4.26　$G-c$ 的最优树 T

由此可见,结合上面两个方法所得到的 Hamilton 圈是一个较好的近似解. 其实 C' 就是图 4.23 所示的图 G 的一个最优 Hamilton 圈.

下面介绍旅行售货员问题的两个应用实例.

1) 计算机线路问题

在设计计算机接口时经常遇到这样的问题:一个接口由一些组件构成,每个组件上有几个接线插头连接起来. 由于插头比较小及其他一些原因,规定每个插头上至多接两条电线,又为了整洁和避免信号相互干扰,要求使电线的总长度最小.

这个问题很容易归结为旅行售货员问题. 事实上,令 P 为需要连接的所有插头的集合,构造一个以 P 为顶点集的完全图G,在 G 中连接插头 i 与 j 的边的长度 C_{ij} 定义为 i 与 j 之间的距离. 这样,需要解决的问题就是在 G 中找一条长度最短的 Hamilton 路. 令 $N = P \cup \{0\}$,这儿 0 代表一个新增加的顶点,对于任意 $i \in P$,令 $C_{i0}=0$. 易见在以 N 为点集的完全图上求出旅行售货员问题的最优解即可得出 G 中最短的 Hamilton 路.

2）行车路线问题

在北荷兰的 Ducth 省的 28 个城镇中，国家邮政服务公司装置了若干投硬币的公用电话亭，一个雇员必须每星期到每个电话亭去一至二次，以收取盒子中的硬币，有时还对电话进行小修理. 若他每天工作时间不超过 7 个半小时，并且必须从该省的首府 Haarlem 出发并回到原地，问应该怎样安排才能使工作天数以及整个旅行时间达到最少？

在 Utrecht 城有一个相似的问题. 那里有 200 个信箱要由一些卡车去取信，卡车的起点和终点是中央火车站，每次出车时间不能超过 1 小时. 问怎么使卡车数及总的行车时间达到最少？

上面两个问题（分别记为 P_1 和 P_2）都是经典的行车路线问题，它们可以描述如下：有 m 辆车要去访问 n 个城市 $i(1 \leqslant i \leqslant n)$，起始点为城市 0，对于 $i,j \in \{0,1,2,\cdots,n\}$，城市 i 与 j 之间的旅行时间为 $d_{ij} = d_{ji}$ 分钟，在城市 i 需要工作 e_i 分钟，每辆车每次出车的时间不能超过 f 分钟，问题是使两个目标

A：使用的车数　　及　　$B(A)$：A 辆车的行驶总时间

达到最小.

可以将上述问题转化为旅行售货员问题，方法是将出发点 0 改为 m 个虚设的出发点 $n+1,n+2,\cdots,n+m$，然后定义距离如下：

$$d_{i,n+k} = d_{n+k,i} = d_{i0} \quad (k = 1,2,\cdots,m;i = 1,2,\cdots,n),$$

$$d_{n+k,n+r} = \lambda \quad (k,r = 1,2,\cdots,m),$$

另外，规定 $e_{n+k} = 0(k = 1,2,\cdots,m)$. 令

$$N = \{1,2,\cdots,n,n+1,\cdots,n+m\},$$

又对于任意的 $i,j \in N$，令

$$c_{ij} = \frac{1}{2}e_i + d_{ij} + \frac{1}{2}e_j,$$

于是，可以考虑以 N 为顶点集合的旅行售货员问题，它的每一条路线 t 可以写成

$$t = \{\cdots,n+i_1,\cdots,n+i_2,\cdots,\cdots,n+i_m,\cdots\},$$

这里 $n+i_1,n+i_2,\cdots,n+i_m$ 为 m 个虚设的出发点. 如果把这些虚设的出发点仍看作原出发点 0，就成为以 0 为出发点的 m 条路线了. 如果这 m 条路线的行车时间都不超过上界 f，我们就得到行车路线问题的一个可行解. t 中可能出现一些连接两个虚设出发点的边，如果有 $m-A$ 条这样的边，则实际上就分解成 A 条路线，即只需要用 A 辆车就足够了.

下面解释一下 λ 的作用：

（1）如果取 $\lambda = +\infty$，则所得解中不会出现连接两个虚设点的边，故 m 辆车全部用上，所得到的是总行驶时间 $B(m)$ 为最小的解；

（2）如果取 $\lambda = 0$，则车数没有限制，求得的是总行驶时间最小的解；

(3) 如果取 $\lambda=-\infty$，则使用的车数将尽量小，求得的是使车数最小时总行驶时间最小的解.

因此，对于问题 P_1 与 P_2，都应取 $\lambda=-\infty$.

当然，由于有每次出车时间不能超过 f 的限制，上述问题与行车路线问题并不完全等价. 一种可用的解行车路线问题的办法如下：

(1) 取一条路线 t，满足行车路线问题的约束；

(2) 用一种迭代法来改进路线 t，并要求在路线的总长度下降时仍满足行车路线问题的约束.

习题 4

4.1 在图 4.27 中找一个 Euler 环游.

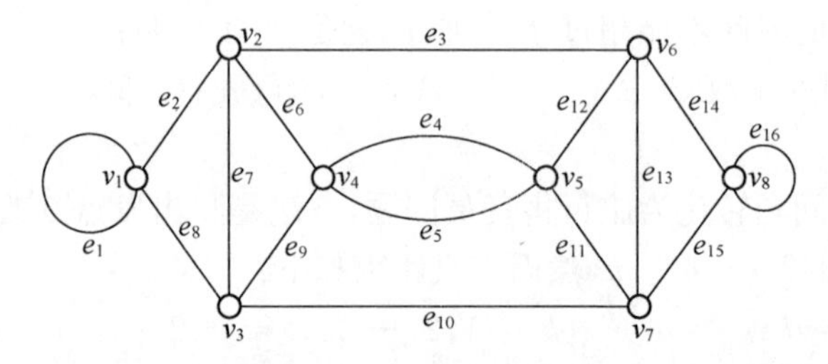

图 4.27　习题 4.1 的图

4.2 设 G 是连通图，证明：G 是 Euler 图当且仅当存在边不相交的圈 $C_1, C_2, \cdots, C_k$，使得

$$E(G)=E(C_1)\cup E(C_2)\cup\cdots\cup E(C_k).$$

4.3 设简单图 G 是一个 Euler 图，证明：对 G 中的每个顶点 u，均有

$$w(G-u)\leqslant\frac{1}{2}d(u).$$

4.4 图 4.28 所示图形中哪一些能一笔不重复画成？

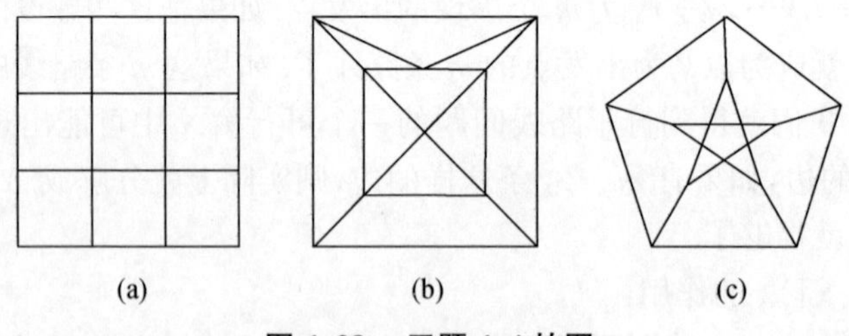

图 4.28　习题 4.4 的图

4.5 如图 4.29 所示，四个村庄下面各有一个防空洞甲、乙、丙、丁，相邻的两个

防空洞之间有地道相通，并且每个防空洞各有一条地道与地面相通（图中地道用⌣⌢表示）. 问是否存在一条行走路线通过每条地道都恰好一次？

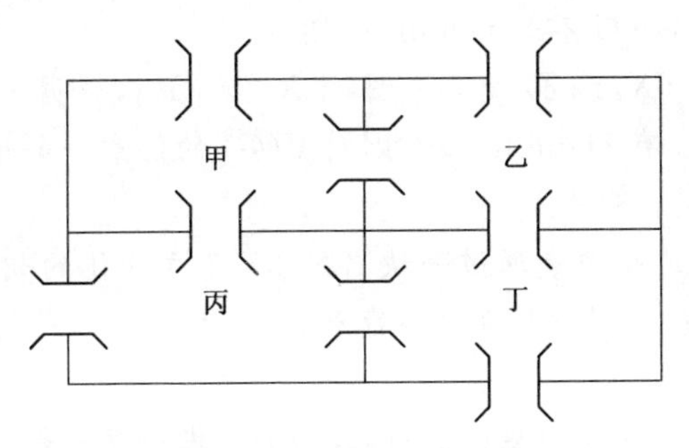

图 4.29　习题 4.5 的图

4.6 是否存在顶点数为偶数、边数为奇数的 Euler 图？如果没有这样的图，给出理由；如果存在这样的图，给出一个实例.

4.7 设 G 是一个非 Euler 的连通正则图，证明：若 G^c 是连通的，则 G^c 是 Euler 图.

4.8 在图 4.30 所示赋权图 G 中找一个最优环游.

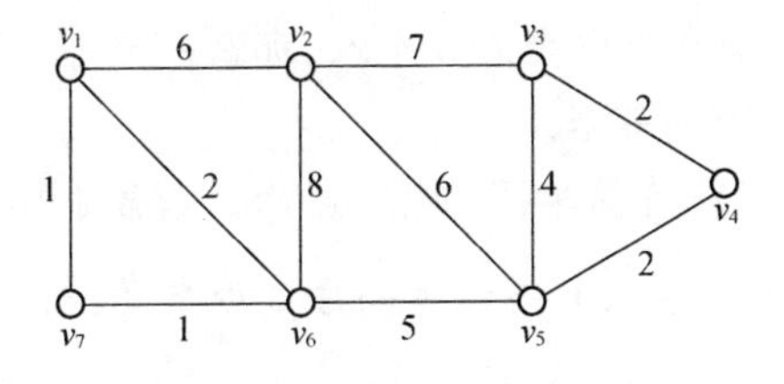

图 4.30　习题 4.8 的图 *G*

4.9 证明：图 4.31 所示两个图 G 和 H 中无 Hamilton 圈.

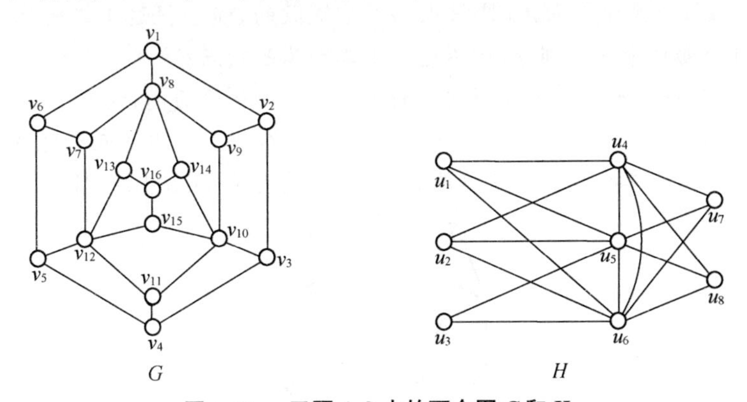

图 4.31　习题 4.9 中的两个图 *G* 和 *H*

4.10 证明：Petersen 图不是 Hamilton 图.

4.11 设G是一个$p(\geqslant 3)$-阶且具有下面性质的图：对每个顶点v，存在一条以v为起点的 Hamilton 路. 证明：G是 2-连通的，但G未必有 Hamilton 圈.

4.12 找一个有 10 个顶点的简单图G，使G的每一对不相邻顶点u与v均有$d_G(u)+d_G(v)\geqslant 9$，而G不是 Hamilton 图.

4.13 设图$G=(X,Y;Z)$是二分图，$|X|\neq|Y|$，证明：G不是 Hamilton 图.

4.14 证明：若G有 Hamilton 路，则对$V(G)$的任意一个非空真子集S，均有
$w(G\backslash S)\leqslant|S|+1$.

4.15 一只老鼠边吃边走通过一块$3\times 3\times 3$立方体的奶酪，要通过所有(27个)$1\times 1\times 1$子立方体，若它从某个角落开始，并且总是移动到下一个相邻而未被吃过的子立方体，它能否最后到达立方体的中心？

4.16 设C是连通图G的某一个圈，若删去C中任意一条边就得G的一条最长路，证明：圈C就是G的 Hamilton 圈.

4.17 置$1,2,\cdots,n(n\geqslant 3)$于一圆周上，使相邻两数之间的差最多为 2，证明：恰有一解.

(提示：以$1,2,\cdots,n$为顶点，当且仅当$|i-j|\leqslant 2$时连一条边$ij(i\neq j)$，所得图G中$d_G(1)=2$，只要证明G有唯一的 Hamilton 圈)

4.18 证明：若围绕圆桌至少坐着 5 个人，那么一定可以调整他们的座位，使得每个人的两侧都挨着两个新邻居.

4.19 设G是$p(\geqslant 3)$-阶简单图，顶点u_1的度数最小，u_2的度数次小，试证明：如果$d_G(u_1)\geqslant 2$，$d_G(u_2)\geqslant 3$，其余顶点的度至少是$\frac{p}{2}$，则G是 Hamilton 图.

4.20 设G是$p(\geqslant 3)$-阶简单图，对G中任两个不相邻的顶点u,v，均有$d_G(u)+d_G(v)\geqslant p-1$，证明：$G$有 Hamilton 路.

4.21 假设一个十二面体(见图 4.32)是纸做的，能否把这十二面体剪成两部分，要求每个面也分成二部分，但不通过十二面体的顶点？

(提示：先把这十二面体投影到平面上得十二面体平面图，它有十二个区域，包括外部区域，再以这些区域作为顶点，两个顶点相邻当且仅当这两个区域有公共线段，得到一个有十二个顶点的简单图G，考虑G是否有 Hamilton 圈)

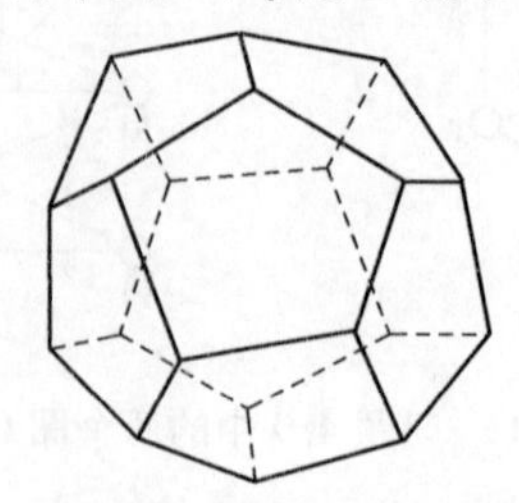

图 4.32　习题 4.21 的十二面体投影图

4.22 设图 $G=(X,Y;E)$ 是二分图，$|X|=|Y|=n\geqslant 2$. 若对任意 $x\in X$，$y\in Y$，由 $xy\notin E(G)$ 就有 $d_G(x)+d_G(y)\geqslant n+1$，证明：$G$ 是 Hamilton 图.

4.23 亚瑟王在王宫中召见他的 $2n$ 名骑士，其中有些骑士之间互相有仇. 已知每个骑士的仇人不超过 $n-1$，证明：摩尔林(亚瑟王的谋士)能够让这些骑士围桌而坐，使得每一个骑士不与他的仇人相邻.

4.24 求图 4.33 所示这些图的闭包.

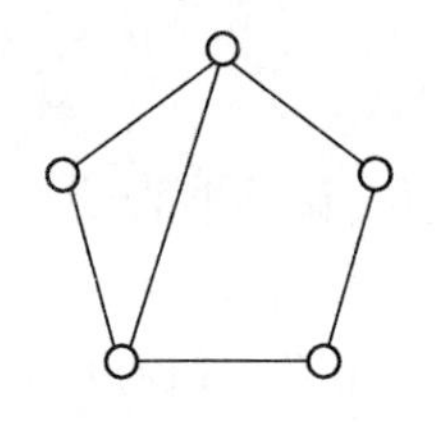
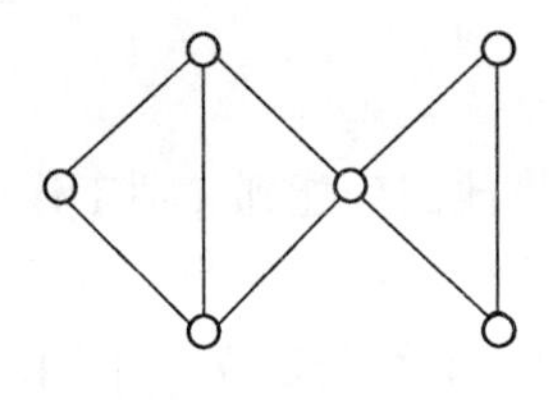
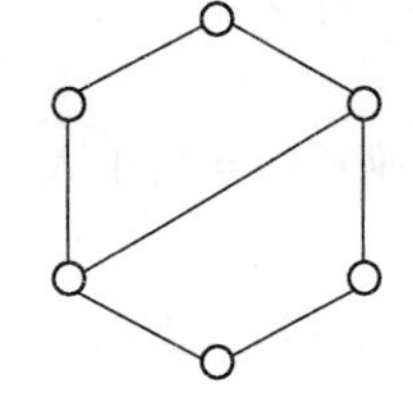

图 4.33　习题 4.24 的图

5　图的对集和独立集

5.1　对集

某企业新招 n 名工人，要将他们分配到 n 项工作岗位. 试问能否给每一个工人分配一项他能胜任的工作，并使得每项工作都有人做?如果能做这样的分配，那将如何进行?事实上，我们可以为这个问题建立一个图的模型 G，其顶点为 n 个工人 $\{x_1,x_2,\cdots,x_n\}$ 和 n 项工作 $\{y_1,y_2,\cdots,y_n\}$，若工人 x_i 可以胜任工作 y_j，就在 G 中让 x_i 与 y_j 相邻，所得图是我们所熟悉的二分图 $G=(X,Y;E)$，即人员分配图. 图论中的对集就是为了解决这类问题而产生的.

设有一个满足要求的分配方案：x_k 做 y_{i_k} 这项工作 $(k=1,2,\cdots,n)$. 当然 $l\neq j$ 时，$y_{i_l}\neq y_{i_j}$. 那么在分配图 G 中，以 x_k 和 y_{i_k} 为端点的这 n 条边 $\{x_ky_{i_k}\mid k=1,2,\cdots,n\}$ 中的任两条边不相邻. 图 5.1 是一个 $n=5$ 的例子，粗边表示这类边. 反之，如果在这个人员分配图中存在 n 条具有如此性质的边，就有一个满足要求的分配方案.

所以人员分配问题就归结为图中这样的一个问题：能否从人员分配图中找出 n 条边，它们中的任两条边不相邻. 其实还有另外一些实际问题最后也将归结为在图中找一些互不相邻的边的问题. 因此具有此性质的边子集在应用中有着特殊的作用，而且也具有丰富的理论意义. 在这一节及下一节我们将讨论这类边子集.

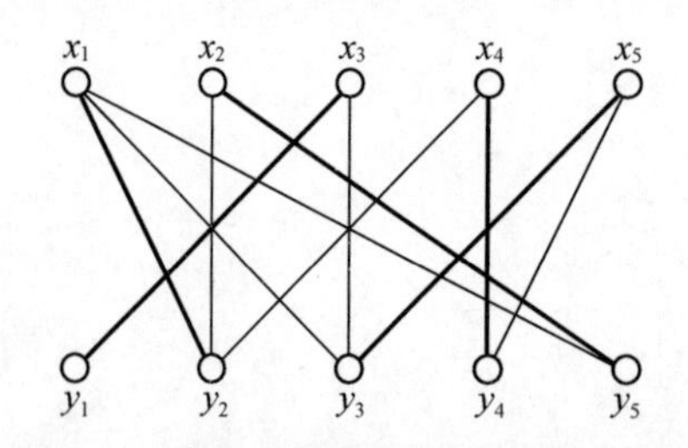

图 5.1　含有 5 条两两不相邻的边的图

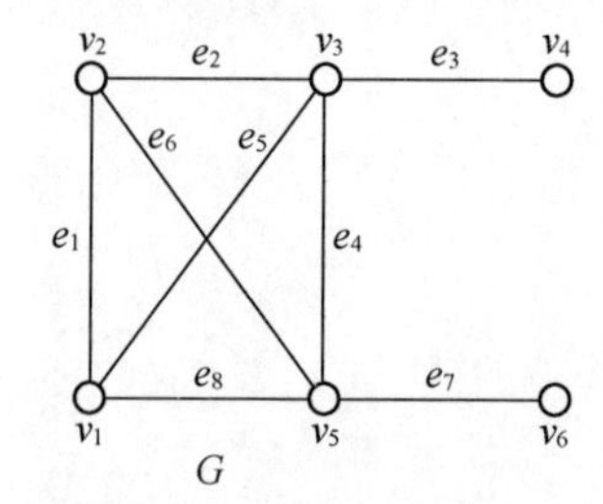

图 5.2　图 G 的对集

定义 5.1.1　设 $G=(V,E)$ 是一个无环图，$M=\{e_1,e_2,\cdots,e_k\}$ 是 G 的一个边子集. 如果 M 中任意两条边互不相邻，则称 M 为图 G 的一个**对集**. 而 M 中一条边的两个端点称为在 M 下是**配对的**；如果顶点 v 与 M 中的某条边关联，就称 v 是 M **饱和的**，否则称 v 是 M **非饱和的**.

例如，图 5.1 中的 5 条粗边组成的集合 $M=\{x_1y_2,x_2y_5,x_3y_1,x_4y_4,x_5y_3\}$ 是

该图的一个对集. 图 5.2 中,$M=\{e_1,e_4\}$ 是 G 的一个对集. 这里 v_1 与 v_2,v_3 与 v_5 是在 M 下配对的;而 v_4 和 v_6 是 G 中两个 M 非饱和点. $M'=\{e_1,e_3,e_7\}$ 也是 G 的一个对集. 与 M 不同的是,G 中不存在 M' 非饱和点.

定义 5.1.2　如果图 G 的一个对集 M 饱和 G 中每一个顶点,则称 M 为 G 的**完美对集**.

由上面的定义可知,图 5.2 中的 $M'=\{e_1,e_3,e_7\}$ 是 G 的一个完美对集,而 M 不是 G 的完美对集. 要注意的是,并不是每一个图都有完美对集. 一个明显的必要条件就是 G 的顶点数 $p(G)$ 为偶数,而二分图 $G=(X,Y;E)$ 有完美对集的一个必要条件是 $|X|=|Y|$.

定义 5.1.3　G 的一个对集 M 称为是**最大对集**,如果对 G 中每一个对集 M',均有 $|M'|\leqslant|M|$.

明显的,如果图 G 有完美对集,则 G 的每一个完美对集必定是最大对集. 因此我们可以通过寻找最大对集来讨论其中的完美对集.

定义 5.1.4　设 M 是 G 的一个对集,P 是 G 中一条路,如果 P 中的边在 M 与 $E(G)\backslash M$ 中交替出现,就称 P 为一条 M-**交错路**,其起点与终点是 M 非饱和点的 M-交错路,称为 M-**可扩路**.

例如,图 5.2 中,$M=\{e_1,e_4\}$ 是 G 的一个对集,$P=v_4v_3v_5v_2v_1$ 是一条 M-交错路;而 $P=v_4v_3v_5v_6$ 是一条 M-可扩路. 容易看出,在一条 M-可扩路中,第一条边与最后一条边都不是 M 中的边,因而可扩路中属于 M 的边数比不在 M 中的边数少一条.

为什么把起点与终点是非饱和点的 M-交错路称为 M-可扩路呢?这是因为一旦在 G 中找到一条这样的 M-可扩路 P,就可以对现有的对集 M 进行调整而得另一个比 M 多一条边的对集 M'. 调整的方法是这样的:把可扩路 P 上原来在对集 M 上的边从对集 M 中划去,而把 P 上原来不在 M 中的边加到 M 中去,得到 G 的另一个边子集

$$M_1=(M\backslash E(P))\cup(E(P)\backslash M)=M\Delta E(P).$$

(注:集合 $A\Delta B=(A\backslash B)\cup(B\backslash A)$ 称为集合 A 与 B 的对称差)由于 M-可扩路 P 的起点与终点是 M 非饱和点,用上面方法调整后所得到的边子集 M_1 仍是 G 的一个对集. 显然 $|M_1|=|M|+1$. 如图 5.2 中,$P=v_4v_3v_5v_6$ 是对集 $M=\{e_1,e_4\}$ 的一条可扩路,取 M 与 $E(P)$ 的对称差 $M_1=M\Delta E(P)=\{e_1,e_3,e_7\}$,$M_1$ 是 G 的另一个对集,比原来对集 M 多一条边.

现在再查看 G 中是否还存在 M_1 可扩路,如果存在,可以对 M_1 继续进行调整(图 5.2 中,M_1 已是完美对集,故不能再作此调整). 继续这一过程,最后一定能得到 G 的一个对集 M',使 G 中不再存在 M'-可扩路,即对 M' 不能用此方法进行调整来得到一个更大的对集,那么 M' 是否为 G 的最大对集?Berge 在 1957 年证明了这

样的对集就是 G 的一个最大对集.

定理 5.1.1 G 的一个对集 M 是最大对集当且仅当 G 中不存在 M -可扩路.

证明 (必要性)设 M 是 G 的一个最大对集,则 G 中不存在 M -可扩路. 否则,若 P 是 G 的一条 M -可扩路 P,则利用 M 和 $E(P)$ 作对称差,可得 G 的另一个对集 $M_1 = M\Delta E(P)$,并且 $|M_1| = |M| + 1$,这与 M 是 G 的最大对集相矛盾.

(充分性)设 G 中不存在 M -可扩路,我们要证明 M 就是 G 的一个最大对集. 用反证法,假设 M 不是最大对集,令 M' 是 G 的最大对集,则 $|M| < |M'|$. 置 $H = G[M\Delta M']$,由于 G 中的每一个顶点至多与 M 中的一条边以及与 M' 中的一条边关联,所以 H 中每个顶点的度不是 1 就是 2. 因此 H 的每一个连通分支或是其边在 M 和 M' 中交替出现的偶圈,或是其边在 M 和 M' 中交替出现的路(图 5.3 给出了其中的一个事例). 由 $|M'| > |M|$ 可知,H 中 M' 的边数多于 M 的边数. 而 H 的每个圈中,M 与 M' 的边数相同,所以在 H 中必存在一个连通分支是一条路 P,且 P 中 M' 的边数比 M 的边数多. 因此 P 的第一条边与最后一条边都在 M' 中,由此推得 P 的起点与终点是 M 非饱和点. 于是 P 就构成了 G 的一条 M -可扩路,这与 G 无 M -可扩路的假设相矛盾,也即证明了 M 是 G 的一个最大对集. □

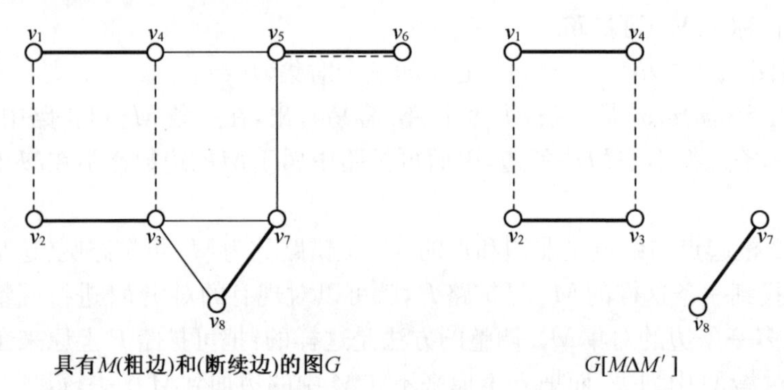

图 5.3 定理 5.1.1 证明中的一个图例

由该定理的证明及结论可知,找一个图的最大对集的关键就是设法寻找可扩路. 如果不存在所给图的对集的可扩路,该对集就是最大对集.

一个图有完美对集的一个充分必要条件是由 Tutte 在 1947 年获得的.

图的连通分支根据它有奇数个顶点或有偶数个顶点而分别称为**奇分支**或**偶分支**. 我们用 $w_0(G)$ 表示图 G 的奇分支个数.

定理 5.1.2 图 G 有完美对集的充分必要条件是对 $V(G)$ 的任意真子集 S,均有

$$w_0(G\backslash S) \leqslant |S|. \tag{5.1-1}$$

证明 我们只需对简单图证明该定理即可.

(必要性) 设 M 是 G 的一个完美对集,S 是 $V(G)$ 的一个真子集,并设 G_1, G_2,

$\cdots, G_n$ 是 $G\backslash S$ 的奇分支. 因为 G_i 是奇分支，而 M 是 G 的完美对集，所以 G_i 中存在一个顶点 u_i 在 M 下与 S 中的一个顶点 $v_i(i=1,2,\cdots,n)$ 配对(如图 5.4 所示). 则由 $\{v_1, v_2, \cdots, v_n\} \subseteq S$，有

$$w_0(G\backslash S) = n = |\{v_1, v_2, \cdots, v_n\}| \leqslant |S|.$$

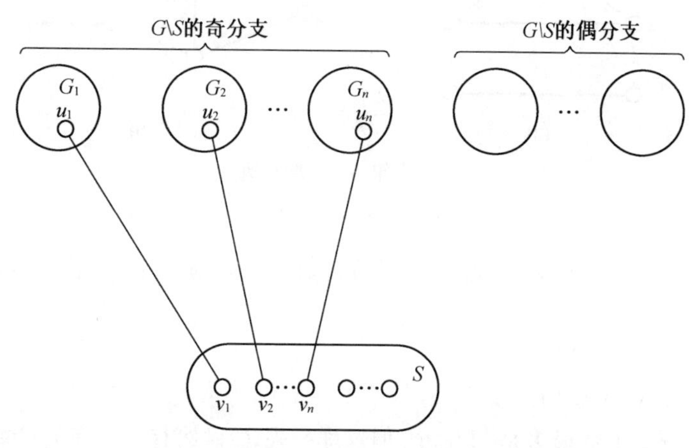

图 5.4　定理 5.1.2 证明过程中的必要性

(充分性) 采用反证法，假设 G 满足(5.1-1)式但不含完美对集. 令 G 是具有这种性质而边数最多的一个图，在(5.1-1)式中取 $S=\varnothing$，则由 $w_0(G)=0$ 知 $p(G)$ 是偶数.

设 U 表示 G 中度数为 $p(G)-1$ 的顶点的集合，显然 $U \neq V(G)$，下面我们将证明 $G\backslash U$ 是不相交的完全图的并. 事实上，若 $G\backslash U$ 的某一分支不是完全图，则该分支中存在顶点 x, y 和 z，使得 $xy, yz \in E(G)$ 但 $xz \notin E(G)$，因 $y \notin U$，在 $G\backslash U$ 中存在顶点 w，使得 $yw \notin E(G)$.

由于 G 是不含完美对集的极大图，所以 $G+xz$ 和 $G+wy$ 都有完美对集，设分别为 M_1 和 M_2. 用 H 表示由 $M_1 \Delta M_2$ 导出的 $G+\{xz, yw\}$ 的子图，因为 H 中每个顶点的度为 2，所以 H 是由一些不相交的圈组成的子图. 进一步，由于沿着这些圈的边是在 M_1 和 M_2 中交替出现的，所以每个 H 中的圈长为偶数. 下分两种情况讨论：

(1) xz 和 yw 属于 H 的不同分支中

设 yw 在 H 的圈 C 中(如图 5.5(a) 所示)，则 M_1 在 C 中的边连同 M_2 不在 C 中的边一起组成 G 的一个完美对集，这和 G 的取法矛盾.

(2) xz 和 yw 属于 H 的同一分支 C 中

根据 x 和 z 的对称性，可以假设 x, y, w, z 依次出现在 C 中(如图 5.5(b) 所示). 于是 M_1 在 C 的 $yw\cdots z$ 这一段中的边连同 yz 以及 M_2 不在 C 的 $yw\cdots z$ 这一段中的边一起组成 G 的一个完美对集，再次与 G 的取法矛盾.

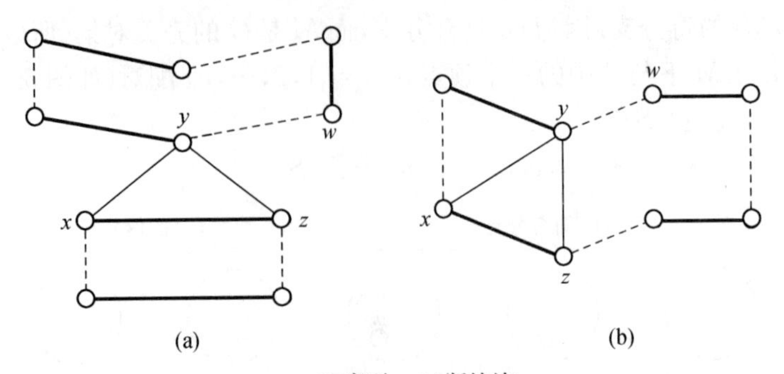

图 5.5　两条边 xz 和 yw 在 H 中所处的位置

因此无论情形(1) 或(2) 都导致矛盾，因此 $G\backslash U$ 确是由若干个不相交的完全图组成.

现在根据(5.1 - 1) 式，有

$$w_0(G\backslash U) \leqslant |U|,$$

故 $G\backslash U$ 的奇分支个数最多是 $|U|$ 个. 但这样一来，G 显然有一个完美对集：$G\backslash U$ 的各个奇分支中的一个顶点和 U 的一个顶点配对，U 中余下的顶点数必为偶数，可以两两配对，$G\backslash U$ 的各分支中余下的顶点也可以相应的两两配对(如图 5.6 所示).

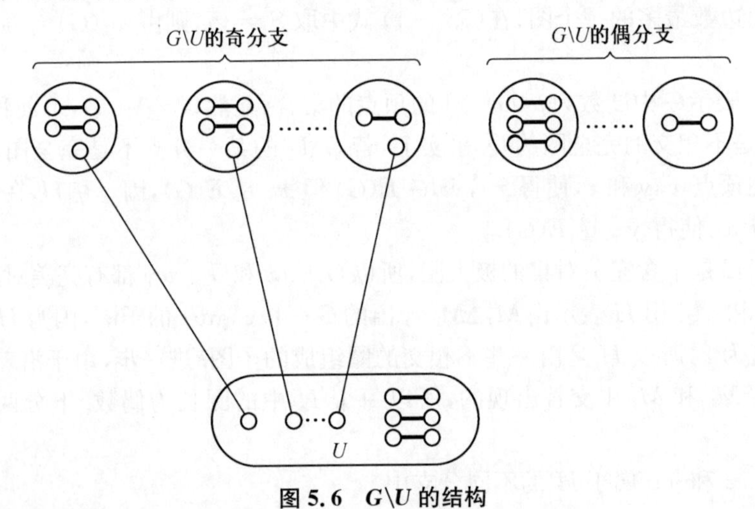

图 5.6　$G\backslash U$ 的结构

由于假设 G 是没有完美对集的，因而得到了希望出现的矛盾. 于是 G 确有完美对集. □

应用 Tutte 定理可以证明下面的推论.

推论 5.1.3　设 G 是有偶数个顶点的 k -正则连通图，若对 $V(G)$ 的任一非空真子集 S，有

$$|[S,\overline{S}]| \geqslant k-1,$$

则 G 有完美对集.

证明　设 S 是 V 的任一非空真子集，$G_1, G_2, \cdots, G_n$ 是 $G\backslash S$ 的奇分支. 对每个 G_i，由假设

$$|[V(G_i),\overline{V(G_i)}]| \geqslant k-1,$$

又 G 是 k-正则图，故

$$\begin{aligned}|[V(G_i),\overline{V(G_i)}]| &= \sum_{u\in V(G_i)}(d_G(u)-d_{G_i}(u)) \\ &= kp(G_i)-2q(G_i).\end{aligned}$$

由于 $p(G_i)$ 是奇数，所以 $|[V(G_i),\overline{V(G_i)}]|$ 与 k 有相同的奇偶性，因此

$$|[V(G_i),\overline{V(G_i)}]| \geqslant k,$$

于是

$$\begin{aligned}w_0(G\backslash S) = n &\leqslant \frac{1}{k}\sum_{i=1}^{n}|[V(G_i),\overline{V(G_i)}]| = \frac{1}{k}\sum_{i=1}^{n}|[S,V(G_i)]| \\ &\leqslant \frac{1}{k}|[S,\overline{S}]| \leqslant \frac{1}{k}(k|S|) = |S|,\end{aligned}$$

从而由 Tutte 定理，G 有完美对集.　□

需要注意的是，仅仅是 k-正则连通图不能保证该图有完美对集. 例如，图 5.7 所示的 3-正则图 G，容易验证 G 没有完美对集. 但由推论 5.1.3，容易证明任何一个 2-边连通的 3-正则图有完美对集(见习题 5.4).

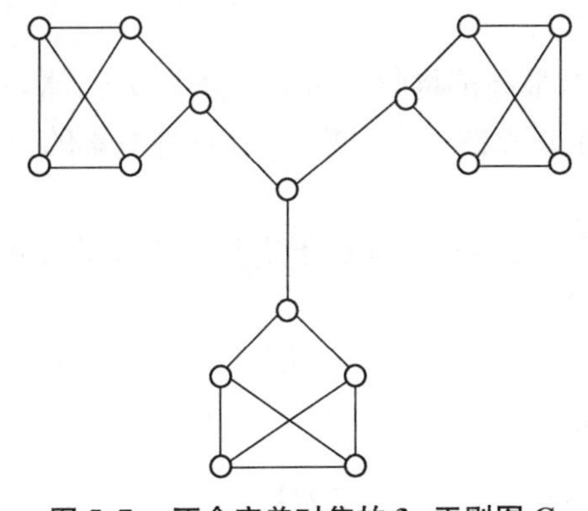

图 5.7　不含完美对集的 3-正则图 G

对于一个图 G 的完美对集 M，$G[M]$ 是 G 的一个 1-正则生成子图. 图 G 的 1-正则生成子图也称为是 G 的 1-因子. 一般的，若 H 是 G 的 k-正则生成子图，则称 H 是 G 的 k-因子. 著名的 Petersen 图有 1-因子，也有 2-因子，但不存在两个边不交的 1-因子(见习题 5.3). 若图 G 有 Hamilton 圈 C，则 C 是 G 的一个 2-因子，但反之不成立. 图 5.7 所示的 3-正则图 G 不含 1-因子，但对于 2-边连通的 3-正则图

含 1-因子(见习题 5.4),因而 2-边连通的 3-正则图也有 2-因子.

例 5.1(1951—1964 年奥林匹克数学竞赛题) 某工厂生产由 6 种不同颜色的纱织成的双色布,要求所生产的双色布中每一种颜色至少和其他 3 种颜色搭配.证明:可以挑选出 3 种不同的双色布,它们含有所有的 6 种颜色.

证明 首先建立图 $G=(V,E)$,6 种颜色与图的 6 个顶点相对应,连接一对顶点之间的边表示该工厂生产出一种由这两种颜色搭配而成的双色布,这样就得到一个 6-阶简单图.由题意,G 中每个顶点的度至少是 3,每条边对应一种已生产的双色布.我们只要证明所构成的图 G 含有一个完美对集.

设 $V(G)=\{v_1,v_2,v_3,v_4,v_5,v_6\}$,不妨设 $v_1v_2\in E(G)$.由于 $d_G(v_3)\geqslant 3$,存在一个不同于 v_1,v_2 的顶点 $v_i(4\leqslant i\leqslant 6)$,使 $v_3v_i\in E(G)$,不妨设 $i=4$,即 $v_3v_4\in E(G)$.如果 $v_5v_6\in E(G)$,则 $\{v_1v_2,v_3v_4,v_5v_6\}$ 就是 G 的一个完美对集.否则,假设 $v_5v_6\notin E(G)$.由于 $d_G(v_5)\geqslant 3$,v_1,v_2,v_3,v_4 中至少有 3 个顶点与 v_5 相邻,即 v_5 与 v_1v_2,v_3v_4 中的每一条边的某一个端点相邻,不妨设 $v_1v_5\in E(G)$ 和 $v_3v_5\in E(G)$.

对于顶点 v_6,同样与 $\{v_1,v_2,v_3,v_4\}$ 中的至少 3 个顶点相邻,即在 v_2 和 v_4 中至少有一个顶点与 v_6 相邻.如果 $v_2v_6\in E(G)$,则 $\{v_1v_5,v_3v_4,v_2v_6\}$ 是 G 的一个完美对集;如果 $v_4v_6\in E(G)$,则 $\{v_1v_2,v_3v_5,v_4v_6\}$ 是 G 的一个完美对集.

综上所述,G 总存在一个完美对集,该完美对集中的 3 条边所对应的 3 种双色布即为所求.

5.2 二分图的对集

在许多实际应用中,最终都将归结为求二分图 $G=(X,Y;E)$ 的完美对集或更一般地求饱和 X 中每个顶点的一个对集.存在这种对集的一个充分必要条件是由 Hall 在 1935 年给出的.

定义 5.2.1 对于图 G 的一个顶点子集 S,G 中 S 的邻集是与 S 中的顶点相邻的所有顶点全体,记为 $N_G(S)$.

例如,图 5.8 中,取 $S=\{v_1,v_4,v_5\}$,则 $N_G(S)=\{v_2,v_4,v_5,v_6\}$.

其实不难直接验证,对每个 $S\subseteq V(G)$,都有 $N_G(S)=\bigcup_{u\in S}N_G(u)$.

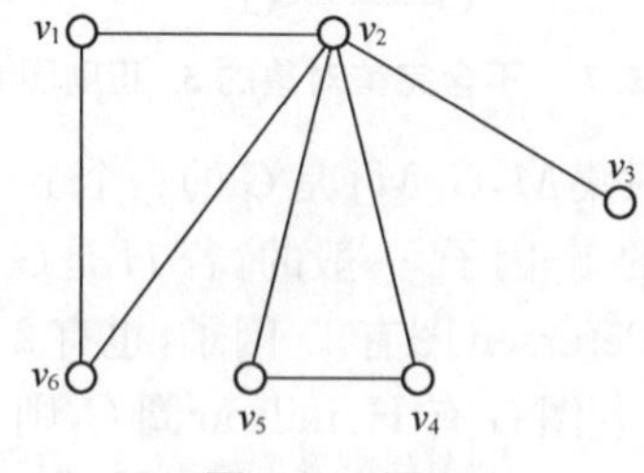

图 5.8 图 G

定理 5.2.1　设 $G=(X,Y;E)$ 是二分图，则 G 有饱和 X 的每个顶点的对集的充分必要条件是对所有 $S\subseteq X$，均有

$$|N_G(S)|\geqslant|S|. \tag{5.2-1}$$

证明　(必要性) 假设 M 是二分图 $G=(X,Y;E)$ 的一个饱和 X 中每个顶点的一个对集，$S=\{x_1,x_2,\cdots,x_r\}$ 是 X 的任意一个非空子集，则在 Y 中存在 r 个顶点 $y_{i_1},y_{i_2},\cdots,y_{i_r}$ 在 M 下分别与 $x_1,x_2,\cdots,x_r$ 配对. 因而 $\{y_{i_1},y_{i_2},\cdots,y_{i_r}\}\subseteq N_G(S)$，故 $|N_G(S)|\geqslant|S|$.

(充分性) 设 $G=(X,Y;E)$ 是满足(5.2-1)式的二分图，M 是 G 的一个最大对集，下证 M 饱和 X 中的每个顶点. 反之，如果 X 中存在 M 非饱和点，设 u 是其中的一个. 置

$$A=\{x\in X\backslash\{u\}\mid G \text{ 中存在从 } u \text{ 到 } x \text{ 的 } M\text{-交错路}\}.$$

因为 M 是最大对集，A 中的每个顶点都是 M 饱和的，为此，记 B 是 Y 中在 M 下与 A 配对的顶点集合. 显然，$|A|=|B|$(如图 5.9 所示). 现令

$$S=A\cup\{u\},$$

易见 $B\subseteq N_G(S)$. 下证 $N_G(S)=B$.

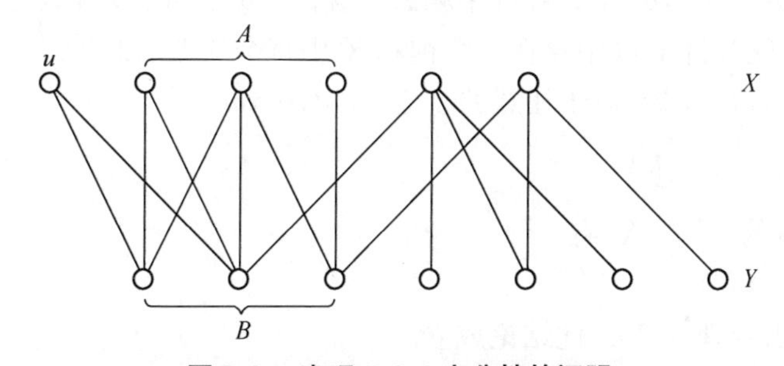

图 5.9　定理 5.2.1 充分性的证明

若存在 $y\in N_G(S)\backslash B$，记 S 中与 y 相邻的这个顶点为 x，则 G 的边 xy 不在 M 中. 现分两种情况来讨论：

第一种情况：y 是 M 非饱和点. 由于 $x\in A\cup\{u\}$，如果 $x=u$，则 xy 就是 G 的一条 M-可扩路，与 M 是最大对集矛盾. 如果 $x\in A$，由 A 的定义，G 中存在一条从 u 到 x 的 M-交错路 P，在 P 中再加上边 xy 就得 G 的一条 M-可扩路，再次与 M 是最大对集相矛盾.

第二种情况：y 是 M 饱和点. 设在 M 下与 y 配对的顶点为 x'，则 $x'\notin A$，否则 $y\in B$. 在 G 中存在从 u 到 x 的 M-交错路 P，再加上 xyx'，就得到 G 的一条从 u 到 x' 的 M-交错路，故 $x'\in A$，矛盾.

以上两种情况均不能成立，也就说明了 $N_G(S)\backslash B=\varnothing$，所以 $N_G(S)=B$. 由此可得

$$|N_G(S)|=|B|=|A|=|S|-1<|S|,$$

这与G满足(5.2-1)式相矛盾,所以M饱和X中的每个顶点. □

如果一个二分图$G=(X,Y;E)$满足$|X|=|Y|$,那么G的饱和X中每个顶点的对集就是G的一个完美对集,因而定理5.2.1也给出了二分图有完美对集的一个充分必要条件.

推论5.2.2 二分图$G=(X,Y;E)$有完美对集的充分必要条件是$|X|=|Y|$,并且对一切$S\subseteq X$,均有

$$|N_G(S)|\geqslant|S|.$$

定理5.2.1也可以表述为一个所谓集合族的相异代表系的结果:设$A_1,A_2,\cdots,A_m$是集合S的m个子集,子集族$(A_1,A_2,\cdots,A_m)$的一个相异代表系是指S的一个子集$\{a_1,a_2,\cdots,a_m\}$满足当$1\leqslant i\leqslant m$时有$a_i\in A_i$,并且当$i\neq j$时有$a_i\neq a_j$,则子集族$(A_1,A_2,\cdots,A_m)$有相异代表系当且仅当对于集合$\{1,2,\cdots,m\}$的所有子集J,有

$$\left|\bigcup_{i\in J}A_i\right|\geqslant|J|.$$

事实上,我们可以作一个二分图$G=(X,Y;E)$,其中$X=\{A_1,A_2,\cdots,A_m\}$,$Y=\{b_1,b_2,\cdots,b_n\}=S$,$b_i$与$A_j$在$G$中相邻当且仅当$b_i\in A_j$.这样,$(A_1,A_2,\cdots,A_m)$有相异代表系就等价于$G$中存在一个饱和$X$中每个顶点的对集.

而根据图G的构造,对于任意的$J\subseteq\{1,2,\cdots,m\}$,有

$$\left|\bigcup_{i\in J}A_i\right|\geqslant|J|,$$

与G中对任意的$X'\subseteq X$,有

$$|N_G(X')|\geqslant|X'|$$

相等价,因而由定理5.2.1,此结论成立.

推论5.2.3 若G是$k(\geqslant 1)$-正则二分图,则G有完美对集.

证明 设$G=(X,Y;E)$是k-正则二分图,则易得$k|X|=|E(G)|=k|Y|$.因$k>0$,故$|X|=|Y|$.令S是X的任意一个子集,用E_1和E_2分别表示与S和$N_G(S)$中的顶点相关联的边子集.根据$N_G(S)$的定义,$E_1\subseteq E_2$,而由于G是k-正则二分图,$|E_1|=k|S|$,$|E_2|=k|N_G(S)|$,因此

$$k|N_G(S)|=|E_2|\geqslant|E_1|=k|S|,$$

于是

$$|N_G(S)|\geqslant|S|,$$

根据定理5.2.1,G有饱和X中每个顶点的对集,因而G有完美对集. □

推论5.2.4 设$G=(X,Y;E)$是连通的二分图,则G的每一条边都含在一个完美对集中的充分必要条件是$|X|=|Y|$,且对X的每一个非空真子集S,均有

$$|N_G(S)|\geqslant|S|+1. \tag{5.2-2}$$

证明 (必要性)设G的每一条边含在一个完美对集中,令S是X的任意一个

非空真子集. 因为 G 连通,故 $N_G(S)$ 中存在一个顶点 y 与 $X\backslash S$ 中的一个顶点 x 相邻. 对于边 xy,G 中存在一个对集 M 含边 xy,则 $M\backslash\{xy\}$ 就是 $G\backslash\{x,y\}$ 的完美对集,而 $S\subseteq X\backslash\{x\}$,由定理 5.2.1 知

$$|N_{G\backslash\{x,y\}}(S)|\geqslant|S|,$$

明显的

$$N_G(S)=N_{G\backslash\{x,y\}}(S)\cup\{y\},$$

所以

$$|N_G(S)|=|N_{G\backslash\{x,y\}}(S)|+1\geqslant|S|+1.$$

(充分性) 在 $G=(X,Y;E)$ 中任取一条边 xy,其中 $x\in X,y\in Y$,考虑二分图 $G\backslash\{x,y\}$. 在 $X\backslash\{x\}$ 中任取一个点子集 S,易见

$$N_G(S)\subseteq N_{G\backslash\{x,y\}}(S)\cup\{y\},$$

结合(5.2-2)式,有

$$|N_{G\backslash\{x,y\}}(S)|+1\geqslant|N_G(S)|\geqslant|S|+1,$$

于是

$$|N_{G\backslash\{x,y\}}(S)|\geqslant|S|.$$

由定理 5.2.1 知,二分图 $G\backslash\{x,y\}$ 中存在饱和 $X\backslash\{x\}$ 的每个顶点的对集 M'. 但 $|X\backslash\{x\}|=|Y\backslash\{y\}|$,所以 M' 是 $G\backslash\{x,y\}$ 的完美对集,因此 $M'\cup\{xy\}$ 是 G 的含边 xy 的完美对集. □

由推论 5.2.3 并结合习题 5.11,对每个正整数 $r(1\leqslant r\leqslant k)$,$k$-正则二分图 G 存在 r-因子. 这一结论对一般的正则图未必成立,但 Petersen 在 1891 年证明了 $2k$-正则图有 2-因子.

定理 5.2.5　对 $k\geqslant 1$,$2k$-正则图 G 有 2-因子.

证明　设 $G=(V,E)$ 是任意一个 $2k$-正则图,不妨设 G 连通,则 G 有欧拉环游 $C=v_0e_0v_1e_1v_2\cdots v_ie_iv_{i+1}\cdots v_{q-1}e_{q-1}v_q(v_q=v_0)$. 注意到 G 的每个顶点在 C 中出现 k 次.

下面构作一个图 H:将 G 中每个顶点 v 分裂为两个顶点 v^+ 和 v^-(如图 5.10 所示),沿 C 的方向顺序,对 G 的边 $e_i=v_iv_{i+1}$,对应 H 中一条边 $v_i^+v_{i+1}^-$.

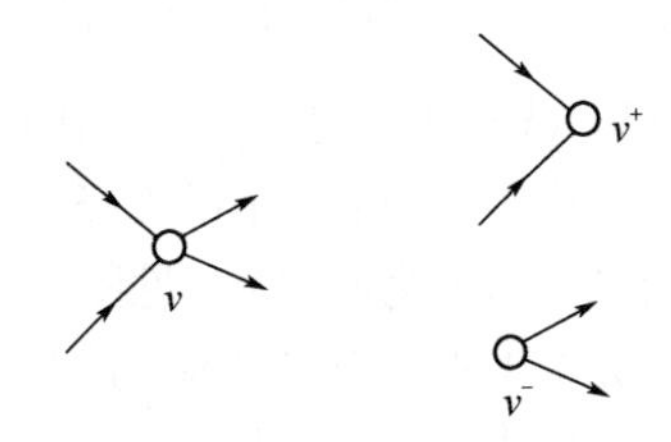

图 5.10　顶点 v 的分裂

所得图 $H=(V^+,V^-;E)$ 是二分图,其中 $V^+=\{v^+\mid v\in V(G)\}$,$V^-=\{v^-\mid v$

$\in V(G)\}$. 由于 G 中每个顶点在 C 中出现 k 次，因此 H 是 k -正则二分图，则由推论 5.2.3 可知 H 有一个完美对集 M，不妨记为

$$M=\{v_1^+v_{i_1}^-,v_2^+v_{i_2}^-,\cdots,v_p^+v_{i_p}^-\},$$

其中下标 $i_1,i_2,\cdots,i_p$ 是整数 $1,2,\cdots,p$ 的一个排列. 由 H 的构造，G 有 p 条不同边 $v_1v_{i_1},v_2v_{i_2},\cdots,v_pv_{i_p}$，则由这 p 条不同的边所导出的子图 $G[v_1v_{i_1},v_2v_{i_2},\cdots,v_pv_{i_p}]$ 是 G 的一个 2 -因子. □

事实上，应用习题 5.11 的结论，对于 $2k$ -正则图 G，存在 k 个边不交的 2 -因子 $H_1,H_2,\cdots,H_k$，使

$$G=H_1\cup H_2\cup\cdots\cup H_k.$$

下面我们举例来说明定理 5.2.5. 考虑一个 4 -正则图 $G=K_{2,2,2}$（如图 5.11 所示），取 G 的一个欧拉环游

$$C=v_1v_3v_2v_5v_3v_6v_1v_4v_5v_6v_4v_2v_1.$$

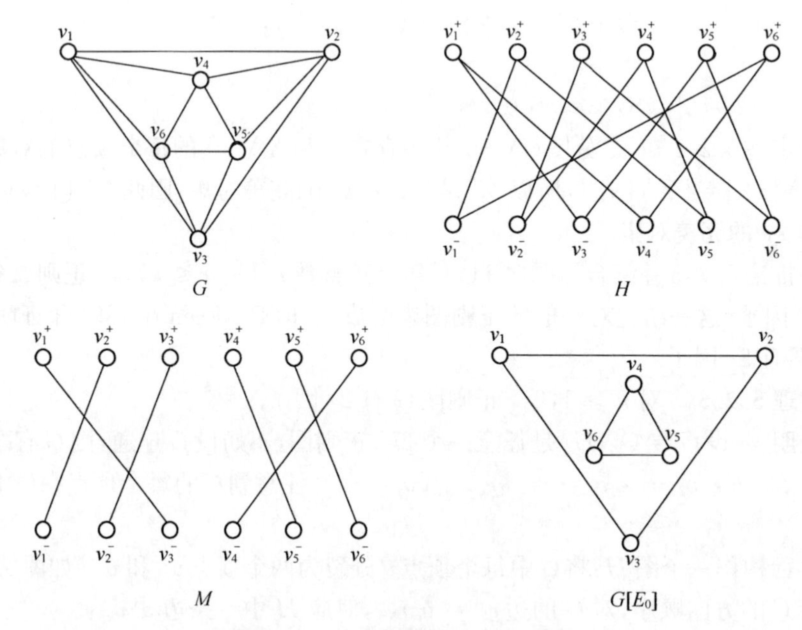

图 5.11　4 -正则图的一个 2 -因子

由 C 构造二分图 $H=(V^+,V^-;E)$（见图 5.11 中 H），取 2 -正则图 H 的一个完美对集 M（见图 5.11 中 M），由 M 可得 G 中的 6 条边为 $E_0=\{v_1v_3,v_2v_1,v_3v_2,v_4v_5,v_5v_6,v_6v_4\}$，则 G 的一个 2 -因子为 $G[E_0]$（见图 5.11 中 $G[E_0]$）.

拉丁长方的扩充是推论 5.2.3 的一个具体应用.

设 $\boldsymbol{A}$ 是一个 $r\times n(r\leqslant n)$ 的矩阵，元素为 $1,2,\cdots,n$，如果每一个数 $i(1\leqslant i\leqslant n)$ 在 $\boldsymbol{A}$ 的每一行恰好出现一次，在每一列至多出现一次，这样的矩阵称为拉丁长方. 例如

$$A = \begin{bmatrix} 1 & 2 & 3 & 4 & 5 \\ 2 & 3 & 4 & 5 & 1 \\ 3 & 5 & 1 & 2 & 4 \end{bmatrix}$$

就是一个 3×5 的拉丁长方. 对于 **A**,我们可以再添上两行使其成为 5×5 的拉丁长方($n \times n$ 拉丁长方称为拉丁方),如

$$\begin{bmatrix} 1 & 2 & 3 & 4 & 5 \\ 2 & 3 & 4 & 5 & 1 \\ 3 & 5 & 1 & 2 & 4 \\ 4 & 1 & 5 & 3 & 2 \\ 5 & 4 & 2 & 1 & 3 \end{bmatrix}.$$

一般的,如果给出一个 $r \times n(r \leqslant n)$ 的拉丁长方 **A**,能不能在这个拉丁长方的基础上再添上 $n-r$ 行,使它成为一个 $n \times n$ 拉丁方呢?

为此作一个二分图 $G=(X,Y;E)$,X 的顶点为 $1,2,\cdots,n$,Y 的顶点为 $y_1,y_2,\cdots,y_n$,分别表示 **A** 的 n 个列,如果数 i 在 **A** 第 j 列中没有出现,我们就在 i 与 y_j 之间连一条边.

因为 **A** 的每一列有 r 个元素,所以每个顶点 y_j 有 $n-r$ 条与之关联的边;又每一行恰好有一个 i,所以 r 行共有 r 个数 i,因此数 i 只出现在 r 个列中,即每个顶点 i 也有 $n-r$ 条边与之关联($1 \leqslant i,j \leqslant n$). 所以 G 是一个$(n-r)$-正则二分图. 根据推论 5.2.3,图 G 有完美对集,记为 M.

利用对集 M,可以在 $r \times n$ 的拉丁长方 **A** 的基础上补上一行,使之成为$(r+1)\times n$ 拉丁长方. 方法如下:如果边 iy_j 在对集 M 中出现(即数 i 不在 A 的第 j 列中出现),就将 i 添加到第 $r+1$ 行的第 j 列处($1 \leqslant i \leqslant n$). 这样添加的结果显然还是一个拉丁长方.

如果 $r+1<n$,再用上述方法继续这一过程,最后可得到一个 $n \times n$ 的拉丁方.

最后我们以国外一个数学竞赛题目作为本节的结尾.

例 5.2　有 n 张纸牌,每张纸牌的正反两面都写上 $1,2,\cdots,n$ 的某一个数. 证明:如果每个数字都恰好出现两次,那么这些纸牌一定可以这样摊开,使朝上的面中 $1,2,\cdots,n$ 都出现.

证明　作一个二分图 $G=(X,Y;E)$,其中 $X=\{1,2,\cdots,n\}$,$Y=\{y_1,y_2,\cdots,y_n\}$ 表示这 n 张纸牌. i 与 y_j 之间连接的边数等于数 i 在纸牌 y_j 中出现的次数,这样得到的图 G 是一个 2-正则二分图. 由推论 5.2.3,G 中存在一个完美对集,设为 $M=\{1y_{i_1},2y_{i_2},\cdots,ny_{i_n}\}$,则只要把纸牌 y_{i_1} 中的 1 朝上,y_{i_2} 中的 2 朝上,$\cdots$,y_{i_n} 中的 n 朝上,这样摊开的纸牌就能使朝上的面中 $1,2,\cdots,n$ 都出现.

5.3 二分图最大对集算法

人员分派问题是二分图中的对集在实际应用中的一个具体例子. 如设某单位有 n 名工作人员 $x_1, x_2, \cdots, x_n$ 和 m 项工作 $y_1, y_2, \cdots, y_m$，能否给每个人恰好分派一项他能胜任的工作，且每项工作至多分派给一名能胜任该项工作的人员？人员分派问题可以用图的语言叙述，即令 $X = \{x_1, x_2, \cdots, x_n\}$，$Y = \{y_1, y_2, \cdots, y_m\}$，构造二分图如下：其顶点集的二分划为 X 和 Y，对于 $1 \leqslant i \leqslant n, 1 \leqslant j \leqslant m$，当且仅当人员 x_i 能胜任工作 y_j 时，G 中存在连接顶点 x_i 与 y_j 的边. 于是人员分派问题就成为在 G 中求一个饱和 X 中每个顶点的对集的问题. 上一节的定理 5.2.1 给出了存在这种对集的充分必要条件. 然而在实际应用中，我们自然不会满足于此，而是进一步希望找到一种便于运算的算法. 这种算法应该满足如下的要求：当问题存在解时，它至少求出一个解；当问题不存在解时，求其中一个最大对集或 X 的一个子集 S，使 $|N_G(S)| < |S|$. 下面要介绍的就是一个满足要求的算法，通常称为匈牙利算法.

算法的基本思想是很简单的. 从任意一个对集 M 开始，如果 M 饱和 X 中每个顶点，则 M 即为所求. 否则令 u 是 X 中的一个 M 非饱和点，以 u 为起点作 G 的所有 M-交错路，如果存在 M-可扩路 P，则 $M_1 = M \Delta E(P)$ 就是比 M 大的一个对集，然后以 M_1 代替 M 并重复这一过程. 如果不存在 M-可扩路，记

$$Z = \{v \mid G \text{ 中存在从 } u \text{ 到 } v \text{ 的 } M\text{-交错路}\},$$

$$A = X \cap Z \backslash \{u\},$$

设 B 为 Y 中在 M 下与 A 配对的顶点集. 记 $S = A \cup \{u\}$，则如同定理 5.2.1 证明那样，我们有

$$|N_G(S)| = |B| = |S| - 1 < |S|,$$

即 G 不存在饱和 X 中每个顶点的对集.

匈牙利算法(从 G 的任意一个对集 M 开始) 的具体步骤如下：

(1) 若 M 饱和 X 中的每个顶点，则停止；否则，设 u 是 X 中的一个 M 非饱和点，置 $S = \{u\}, B = \varnothing$.

(2) 若 $N_G(S) = B$，由于 $|S| = |B| + 1$，所以 $|N_G(S)| < |S|$，因而停止(根据定理 5.2.1，不存在饱和 X 的每个顶点的对集)；否则，令 $y \in N_G(S) \backslash B$.

(3) 若 y 是 M 饱和的，设 $yz \in M$，用 $S \cup \{z\}$ 代替 S，$B \cup \{y\}$ 代替 B，并转到第(2) 步(仍有 $|S| = |B| + 1$)；否则，y 是 M 非饱和的，则 G 中存在从 u 到 y 的 M-可扩路，设为 P，用 $M \Delta E(P)$ 代替 M，并转到第(1) 步.

该算法结束时所得到的结果或是一个饱和 X 中每个顶点的对集，或有一个子集 $S \subseteq X$，满足 $|N_G(S)| < |S|$，此时说明了 $G = (X, Y; E)$ 中没有一个对集能饱和 X 的每个顶点. 若需要求出二分图 $G = (X, Y; E)$ 的最大对集，则应在第二种结

果的基础上继续检查是否存在其他 M 非饱和点为起点的 M -可扩路. 为此下面给出求二分图最大对集的一个算法,仍从任意一个对集 M 开始.

(1) 置 $S=\varnothing, B=\varnothing$.

(2) 若 $X\setminus S$ 中每个顶点是 M 饱和的,则停止;否则,令 u 是 $X\setminus S$ 中的一个 M 非饱和点,用 $S\cup\{u\}$ 代替 S.

(3) 若 $N_G(S)=B$,转第(5) 步;否则,令 $y\in N_G(S)\setminus B$.

(4) 若 y 是 M 饱和点,设 $yz\in M$,用 $S\cup\{z\}$ 代替 S, $B\cup\{y\}$ 代替 B,转第(3) 步;否则,y 是 M 非饱和顶点,令 P 是从 u 到 y 的 M-可扩路,并用 $M\Delta E(P)$ 代替 M,转到第(1) 步.

(5) 若 $X\setminus S=\varnothing$,则停止;否则,转第(2) 步.

用这个算法最终得到的对集 M 就是二分图 $G=(X,Y;E)$ 的一个最大对集.

5.4　最优分派问题

本节讨论所谓第二类分派问题,即讨论如何安排才能使创造的总价值最大或总效率最高,而寻找这种分派的问题称为最优分派问题.

考虑一个具有二分划 (X,Y) 的赋权完全二分图 $G=(X,Y;E;w)$,这里 $X=\{x_1,x_2,\cdots,x_n\}$, $Y=\{y_1,y_2,\cdots,y_m\}$,边 x_iy_j 赋权 $w_{ij}=w(x_iy_j)$, $w(x_iy_j)$ 可以表示工人 x_i 做工作 y_j 所创造的价值或工作效率. 对于 $G=(X,Y;E;w)$ 的一个对集 M,称 $w(M)=\sum\limits_{e\in M}w(e)$ 为 M 的权. 显然,最优分派问题等价于在 G 中寻找一个具有最大权的对集,称这种对集为**最优对集**. 以下的讨论假设 $m=n$. 否则,若 $m>n$,则假设另有 $m-n$ 个工人 $x_{n+1},\cdots,x_m$,它们做任一项工作所创造的价值为零;对 $m<n$ 可以类似处理.

在实际工作中,常常会遇到这样的问题:第一,计划人员不仅希望创造的总价值最大,而且希望每一个人创造的价值尽可能平均,这一点对计划的顺利执行是很重要的;第二,如果每个工人做任一项工作所创造的价值都大于零,则最优对集一定是完美对集,即每一个工人都被分派做一项工作,否则最优对集不一定是完美对集,即可能不需要 n 个工人一样能创造出最大总价值,也即为了实现优化劳动组合的目的,希望以最少的人去创造这个最大的总价值. 这两个问题的共同点都是要求对应的赋权二部图中的最优对集. 不同点是:第一个问题还要求该最优对集中最大边权与最小边权之差尽可能小,称这种对集为最小极差最优对集;第二个问题还要求该对集中权大于零的边尽可能少,称这种对集为最小基数最优对集.

为了解决这些问题,我们先证明一个定理. 有了这个定理,可以把赋权图上的问题转化为无权图上的问题.

若顶点集 $X \cup Y$ 上的实值函数 l 满足下述条件：对所有的 $x \in X, y \in Y$，均有

$$l(x) + l(y) \geqslant w(xy), \tag{5.4-1}$$

则称函数 l 为该二分图的一个**可行顶点标号**，实数 $l(v)$ 称为顶点 v 的标号. 不管边的权是什么，总存在一个可行顶点标号. 例如，下述定义的函数 l 就是一个可行顶点标号：

$$\begin{cases} l(x) = \max\limits_{y \in Y}\{w(xy)\}, & x \in X; \\ l(y) = 0, & y \in Y. \end{cases} \tag{5.4-2}$$

若 l 是可行顶点标号，则用 E_l 表示使(5.4-1)式中等式成立的那些边的集合，即

$$E_l = \{xy \in E \mid l(x) + l(y) = w(xy)\},$$

其边集合为 E_l 的 G 的生成子图称为对应于可行顶点标号 l 的**相等子图**，用 G_l 表示.

定理 5.4.1　设 l 是 G 的一个可行顶点标号，若 G_l 包含完美对集，则

(1) G_l 中任一完美对集 M 均是 G 的最优对集；

(2) G 的任一最优对集 M^* 都包含在 G_l 中.

证明　(1) 设 M 是 G_l 中的任一完美对集. 由于 G_l 是 G 的生成子图，所以 M 也是 G 的完美对集，于是

$$w(M) = \sum_{e \in M} w(e) = \sum_{v \in V} l(v), \tag{5.4-3}$$

这是因为每条边 $e \in M$ 都属于这个相等子图，并且 M 的边的端点覆盖 V 的每个顶点恰好一次. 另一方面，若 M' 是 G 的任一最优对集，则有

$$w(M') = \sum_{e \in M'} w(e) \leqslant \sum_{v \in V} l(v). \tag{5.4-4}$$

由(5.4-3)，(5.4-4)二式推出 $w(M) \geqslant w(M')$. 因此，M 是 G 的最优对集.

(2) 设 M^* 是 G 的任一最优对集，M 是 G_l 中任一完美对集，由(1)得

$$w(M^*) = w(M). \tag{5.4-5}$$

设 $M^* = E_1 \cup E_2$，$E_1 \subseteq E \backslash E_l$，$E_2 \subseteq E_l$. 如果 M^* 不包含在 G_l 中，则 E_1 非空. 于是由 E_1 的定义得

$$w(M^*) = \sum_{e \in M^*} w(e) = \sum_{e \in E_1} w(e) + \sum_{e \in E_2} w(e) < \sum_{v \in V} l(v). \tag{5.4-6}$$

因 M 是完美对集，从而(5.4-3)成立. 由(5.4-3)和(5.4-6)二式得 $w(M^*) < w(M)$，这与(5.4-5)式矛盾. □

定理 5.4.1 是求最优对集算法的基础. 如果找到一个可行顶点标号 l，G_l 中含有完美对集 M，则 M 就是 G 的最优对集，且 G 的所有最优对集都包含在 G_l 中. 因此，求各种最优对集只需在 G_l 中进行.

1）求最优对集的算法

求最优对集的算法是 Kuhn 和 Munkres 提出的，这里的处理方式基本上按照 Edmonds 的论述.

首先给出任一可行顶点标号 l（如由(5.4-2)式给出的函数 l），然后决定 G_l，在 G_l 中任选一个对集 M，并且用匈牙利方法求 G_l 的最大对集. 若在 G_l 中找到一个完美对集，则由定理 5.4.1(1)，该对集就是最优的. 否则，匈牙利方法将终止于一个非完美对集 M'，和一棵既不包含 M'-可扩路，又能在 G_l 中进一步生长的 M' 交错树 H. 令 $S = X \cap V(H)$，$T = Y \cap V(H)$. 若 H 的根 $u \in S$，则 $N_{G_l}(S) = T$. 在这种情况下，把 l 修改为具有下述性质的另一可行顶点标号 l_0：M' 和 H 都包含在 G_{l_0} 中，并且 H 能够在 G_{l_0} 中"生长". 每当必要时，连续不断地进行这种可行顶点标号的修改，直至一个完美对集在某个相等子图中找到为止.

2）Kuhn-Munkres 算法

(0) 任给一个可行顶点标号 l，确定 G_l，并且在 G_l 中选取任一对集 M.

(1) 从 M 出发，利用匈牙利方法求 G_l 的最大对集 M'. 若 M' 是完美对集，则由定理 5.4.1(1) 可知 M' 是最优对集，此时算法终止；否则，得到 $S \subseteq X$，$T \subseteq Y$，$N_{G_l}(S) = T$.

(2) 计算

$$\alpha_l = \min_{x \in S, y \notin T} \{l(x) + l(y) - w(xy)\},$$

并由

$$l_0(v) = \begin{cases} l(v) - \alpha_l, & 若\ v \in S; \\ l(v) + \alpha_l, & 若\ v \in T; \\ l(v), & 其他 \end{cases}$$

得到一个新的可行顶点标号 $l_0(v)$. 因 $\alpha_l > 0$，有 $N_{G_{l_0}} \supset T$. 用 l_0 代替 l，G_{l_0} 代替 G_l，M' 代替 M，返回(1).

3）求最小基数最优对集的算法

设 M 是 $G = (X, Y; E; w)$ 的一个最优对集，$P = x_1 y_1 \cdots x_k y_k$ 是一条 M-交错路，$x_1 y_1 \in M$，$x_k y_k \in M$. 如果

$$\sum_{e \in E(P) \setminus M} w(e) = \sum_{e \in E(P) \cap M} w(e),$$

则称 P 是一条 M-**可调整路**. 显然 $M' = M \Delta E(P)$ 也是 G 的最优对集，且

$$|M'| = |M| - 1.$$

定理 5.4.2　设 M 是 G 的最优对集，则 M 是 G 的最小基数最优对集的充要条件是 G 中不存在 M-可调整路.

证明　设 M 是 G 的最优对集. 如果 G 中存在 M-可调整路 P，则由定义可得另一最优对集 M'，$|M'| = |M| - 1$，即 M 不是 G 的最小基数最优对集.

反之,若 M 不是 G 的最小基数最优对集,设 M' 是 G 的一个最小基数最优对集,则

$$|M'|<|M|. \tag{5.4-7}$$

令 $H=G[M\Delta M']$,则 H 的每一个顶点的度或者是1或者是2.因此,H 的每一个连通分支或者是一个偶圈,其边在 M 和 M' 中交替出现;或者是一条 M(也是 M')-交错路.因为 M 和 M' 都是最优对集,所以对 H 的任一分支 H_1,有

$$\sum_{e\in E(H_1)\cap M} w(e)=\sum_{e\in E(H_1)\cap M'} w(e). \tag{5.4-8}$$

由(5.4-7)式得 H 的某一分支中包含的 M 的边数比 M' 的边多.因此,该分支是一条开始和终止于 M 的边的路,由(5.4-8)式和 M-可调整路的定义知它是一条 M-可调整路,矛盾. □

从定理5.4.2可以看到,求最小基数最优对集的关键是判别 G_l 有没有 M-可调整路.若有,求出这些 M-可调整路.

定理 5.4.3 G_l 中存在 M-可调整路的必要条件是 G_l 中存在权为0的边.

设 $P=x_1y_1x_2y_2\cdots x_ky_k$ 是 G_l 中一条 M-交错路,若 $x_1y_1, x_ky_k\in M$,则称 P 为 (x_1,y_k)-M 路.

定理 5.4.4 设 x_1, y_k 是 M 饱和点,$x_1y_k\in E_l$,$w(x_1y_k)=0$,则

(1) G_l 中存在 M-可调整 (x_1,y_k)-路的充要条件是 $G_l\backslash\{x_1y_1, x_ky_k\}$ 中存在从顶点 y_1 到 x_k 的 M-交错路;

(2) 如果 G_l 中存在 M-可调整 (x_1,y_k)-路,则对 G_l 中任意的 M-可调整路 P,$x_1y_k\notin E(P)$.

根据这两个定理,可以给出求 M-可调整路的如下算法:

(0) 令 $G_0=G_l[V(M)]$,即 G_0 是由 M 中边的端点导出的 G_l 的子图.

(1) 检查 G_0 中是否有权为0的边.若没有,由定理5.4.4,G_l 中不存在 M-可调整路,算法结束;否则,设 $x_1y_k\in E(G_0)$,$w(x_1y_k)=0$,转(2).

(2) 寻找 M-可调整路,即设 $e_1=x_1y_1\in M$,$e_2=x_ky_k\in M$,利用匈牙利方法在 $G_0\backslash\{e_1,e_2\}$ 中求以 y_1 为始点,x_k 为终点的 M-交错路.若不存在,则以 $G_0\backslash\{x_1y_k\}$ 代替 G_0,返回(1);若存在,设为 P,则 $P_1=P\cup\{e_1,e_2\}$ 是一条 M-可调整路,算法结束.

利用该算法,或者得到 G_l 中不存在 M-可调整路,或者求出一条 M-可调整路.

有了求可调整路的算法就不难给出求最小基数最优对集的算法,这留给读者.

5.5 独立集和覆盖

由于本节的内容极易从简单图推广到一般的图,因此这一节所考虑的图均假

设为简单图. 首先引入点覆盖的概念.

定义 5.5.1　设 K 是图 G 的一个顶点子集,若 G 中的每一条边至少有一个端点在 K 中,则称 K 是 G 的一个**点覆盖**. 若 G 中不存在满足 $|K'|<|K|$ 的点覆盖 K',则称 K 是 G 的一个**最小点覆盖**. G 的最小点覆盖所含的顶点数称为 G 的**点覆盖数**,记为 $\alpha_0(G)$.

从定义不难发现,图 G 的一个顶点子集 $K(|K|<p(G))$ 是 G 的一个点覆盖当且仅当 $G\backslash K$ 是空图. 例如图 5.12 中,点集 $\{v_0,v_1,v_3,v_4\}$ 是 G 的一个点覆盖,而且是一个最小点覆盖,因此该图的点覆盖数为 4.

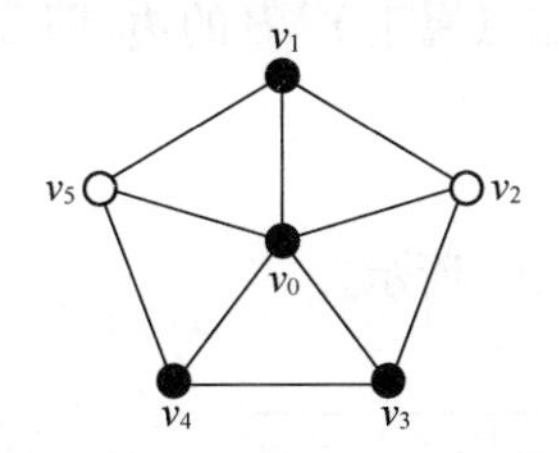

图 5.12　图 G 的一个点覆盖

一个图的点覆盖数与最大对集的边数密切相关. 记 G 的最大对集的边数为 $\beta_1(G)$,令 M 是 G 的一个最大对集,K 是 G 的一个最小点覆盖,则 K 中至少包含 M 中每条边的一个端点,所以总有 $|M|\leqslant|K|$,即

$$\beta_1(G)\leqslant\alpha_0(G). \tag{5.5-1}$$

一般说来,上式中的等式未必成立. 例图 5.12 所示的图 G,易计算 $\beta_1(G)=3$, $\alpha_0(G)=4$. 但对于二分图来说,(5.5-1)式等号成立,该结论是 König 在 1931 年给出的. 在给出它的证明之前,先证明如下引理.

引理 5.5.1　设 M 是 G 的一个对集,K 是 G 的一个点覆盖,且 $|M|=|K|$,则 M 是 G 的一个最大对集,K 是 G 的一个最小点覆盖.

证明　设 M' 是 G 的最大对集,K' 是最小点覆盖,则 $\beta_1(G)=|M'|$,$\alpha_0'(G)=|K'|$,并且

$$|M|\leqslant|M'|=\beta_1(G)\leqslant\alpha_0(G)=|K'|\leqslant|K|,$$

由于 $|M|=|K|$,所以 $|M|=|M'|$, $|K|=|K'|$,即 M 是 G 的一个最大对集,K 是 G 的一个最小点覆盖. □

定理 5.5.2　对每一个二分图 $G=(X,Y;E)$,$\beta_1(G)=\alpha_0(G)$.

证明　设 M^* 是 G 的一个最大对集,若 M^* 饱和 X 中的每一个顶点,则由于 $K=X$ 构成 G 的一个点覆盖,并且 $|M^*|=|X|=|K|$,由引理 5.5.1 知 $K=X$ 就是 G 的一个最小点覆盖. 故

$$\alpha_0(G)=|X|=|M^*|=\beta_1(G).$$

若 X 中含有 M^* 非饱和点,记 U 是 X 中的所有非饱和点. 置

$$Z = \{v \in V(G) \mid 存在 u \in U, G 中有一条从 u 到 v 的 M^* -交错路\},$$

我们约定$U \subseteq Z$,令

$$A = X \cap Z, \quad B = Y \cap Z,$$

由于M^*是G的最大对集,G中不存在M^*-可扩路,故Z中除U中的顶点外,其余的顶点均是M^*饱和点. 所以$A \backslash U$中的顶点能与B中的顶点在M^*下两两配对. 因而

$$|A \backslash U| = |B|,$$

并且$N_G(A) \supseteq B$. 与定理5.2.1证明中的充分性类似,$B = N_G(A)$. 因此G中不存在一个端点属于A而另一个端点属于$Y \backslash B$的边,即G中每一条边至少有一个端点属于B或$X \backslash A$. 从而

$$K = B \cup (X \backslash A)$$

构成G的一个点覆盖(如图5.13所示).

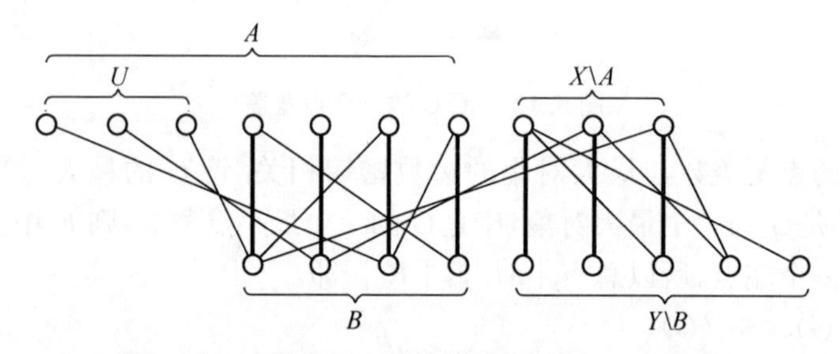

图5.13　定理5.5.2的证明(粗边是M^*中的边)

根据U的定义,有

$$\begin{aligned} |M^*| &= |X \backslash U| = |(A \backslash U) \cup (X \backslash A)| \\ &= |A \backslash U| + |X \backslash A| \\ &= |B| + |X \backslash A| = |K|, \end{aligned}$$

则由引理5.5.1,K是G的一个最小点覆盖,故$|K| = \alpha_0(G)$,也即证明了

$$\beta_1(G) = |M^*| = |K| = \alpha_0(G). \qquad \square$$

把这个定理的结论反映到组合论中的(0,1)矩阵上,就是下面的这个例题.

例5.3　设$\boldsymbol{A}$是一个$n \times m$的(0,1)矩阵,$\boldsymbol{A}$的一行或一列称为一条线. 试证明:$\boldsymbol{A}$中两两不属于同一条线上的1的个数最大值等于包含$\boldsymbol{A}$中所有1的线数的最小值.

证明　利用第1章中二分图与(0,1)矩阵的关系,由$\boldsymbol{A}$构造一个二分图$G = (X, Y; E)$,$|X| = n$,$|Y| = m$,则$\boldsymbol{A}$中两两不属于同一条线上的1的集合对应于G中的对集,而包含$\boldsymbol{A}$中全部1的线的集合对应于G的点覆盖. 由定理5.5.2立即得知例中的结论成立.

下面我们再介绍独立集的概念.

定义 5.5.2 设 I 是图 G 的一个顶点子集，若 I 中任意两个顶点不相邻，则称 I 是 G 的一个**独立集**；若 G 中不存在满足 $|I'|>|I|$ 的独立集 I'，则称 I 为 G 的**最大独立集**. 最大独立集的点数称为 G 的**独立数**，记为 $\beta_0(G)$.

例如图 5.14 所示的图 G 中，$\{v_6\}$ 是 G 的一个独立集，$\{v_3, v_6\}$ 是 G 的一个最大独立集，易得 $\beta_0(G)=2$.

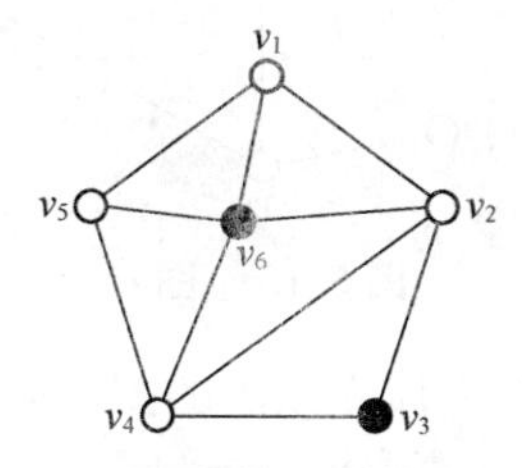

图 5.14 图 G 的一个最大独立集

在一个图中，独立集与点覆盖有互补性质，即为以下结论.

定理 5.5.3 图 G 的一个顶点子集 I 是 G 的独立集当且仅当 $V(G)\backslash I$ 是 G 的点覆盖.

证明 由独立集的定义易得，I 是 G 的独立集当且仅当 G 中每一条边至少有一个端点在 $V(G)\backslash I$ 中，即 $V(G)\backslash I$ 就是 G 的点覆盖. □

如图 5.14 中，$\{v_6\}$，$\{v_3, v_6\}$ 都是 G 的独立集，而 $V(G)\backslash\{v_6\}=\{v_1, v_2, v_3, v_4, v_5\}$ 和 $V(G)\backslash\{v_3, v_6\}=\{v_1, v_2, v_4, v_5\}$ 都是 G 的点覆盖.

推论 5.5.4 若 p-阶图 G 没有孤立点，则

$$\alpha_0(G)+\beta_0(G)=p.$$

证明 设 I 是 G 的最大独立集，K 是 G 的最小点覆盖，则 $V(G)\backslash K$ 是 G 的独立集，$V(G)\backslash I$ 是 G 的点覆盖，所以

$$p-\alpha_0(G)=|V(G)\backslash K|\leqslant|I|=\beta_0(G),$$
$$p-\beta_0(G)=|V(G)\backslash I|\geqslant|K|=\alpha_0(G),$$

因此

$$\alpha_0(G)+\beta_0(G)=p.$$ □

最后我们引进边覆盖的概念.

定义 5.5.3 设 L 是图 G 的一个边子集，若 G 的每一个顶点至少与 L 中的一条边关联，则称 L 是 G 的一个**边覆盖**. 若 G 不存在满足 $|L'|<|L|$ 的边覆盖 L'，则称 L 是 G 的**最小边覆盖**，它的边数称为 G 的**边覆盖数**，记为 $\alpha_1(G)$.

显然 G 有边覆盖的充要条件是 $\delta(G)>0$.

$\alpha_1(G)$ 与 $\beta_1(G)$ 也有类似于 $\alpha_0(G)$ 和 $\beta_0(G)$ 的一个简单关系式，但是对集与边覆盖之间并没有像定理 5.5.3 那样的互补关系. 如图 5.15 所示，$M=\{v_1v_2, v_4v_5\}$ 是 G 的一个对集，但

$$E\backslash M = \{v_2v_3, v_2v_4, v_3v_4\}$$

并不是 G 的边覆盖.

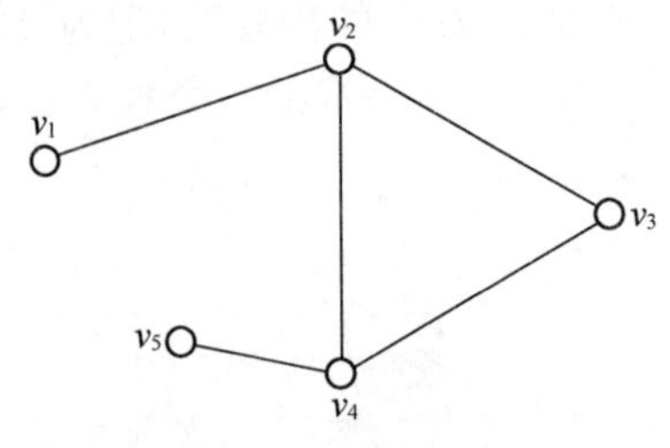

图 5.15　图 G

定理 5.5.5　设 G 是 p 阶无孤立顶点的图,则

$$\alpha_1(G) + \beta_1(G) = p.$$

证明　设 M 是 G 的最大对集, $|M| = \beta_1(G)$. F 是 G 中关于 M 的非饱和点全体,则有

$$|F| = p - 2|M|.$$

由于 G 无孤立点,对于 F 的每一个顶点 v,取一条与 v 关联的边,所有这些边与 M 一起构成的边子集记为 L,显然 L 构成 G 的一个边覆盖,因此 $|L| \geqslant \alpha_1(G)$,且

$$|L| = |M| + |F| = |M| + p - 2|M| = p - |M|,$$

所以

$$\alpha_1(G) \leqslant |L| = p - |M| = p - \beta_1(G),$$

即有

$$\alpha_1(G) + \beta_1(G) \leqslant p. \tag{5.5-2}$$

反之,令 L 是 G 的一个最小边覆盖, $|L| = \alpha_1(G)$. 令 $H = G[L]$,则 H 是 G 的生成子图,又设 M' 是 H 的最大对集,显然也是 G 的对集,且 $M' \subseteq L$. 现以 U 表示 H 中关于 M' 的非饱和点的集合,则有

$$|U| = p - 2|M'|,$$

因为 M' 是 H 的最大对集, H 中 U 的顶点互不相邻,因而在 H 中与 U 内的顶点相关联的边均在 $L\backslash M'$ 中. 因此

$$|L| - |M'| = |L\backslash M'| \geqslant |U| = p - 2|M'|,$$

即有

$$|L| + |M'| \geqslant p.$$

由于 M' 是 G 的对集,故

$$|M'| \leqslant |\beta_1(G)|,$$

于是

$$\alpha_1(G) + \beta_1(G) \geqslant |L| + |M'| \geqslant p. \tag{5.5-3}$$

综合(5.5-2)和(5.5-3)两式,便有

$$\alpha_1(G)+\beta_1(G)=p. \qquad \square$$

现从定理5.5.2、推论5.5.4和定理5.5.5,易得下面的推论.

推论 5.5.6　对任一个二分图 $G=(X,Y;E)$,如果 $\delta(G)>0$,则

$$\alpha_1(G)=\beta_0(G).$$

5.6　Ramsey 数

在介绍Ramsey数概念之前,先看下面一个例题.

例 5.4　在9个人中一定有3个人相互认识或有4个人互不认识.

证明　用图的语言来表达就相当于:若G是具有9个顶点的简单图,那么G中存在3个顶点u,v和w,使$G[\{u,v,w\}]\cong K_3$,或存在4个顶点x_1,x_2,x_3,x_4,使$G[\{x_1,x_2,x_3,x_4\}]\cong K_4^c$.

分两种情况讨论:

(1) $\Delta(G)\geqslant 4$. 设顶点u的度至少是4,而且u_1,u_2,u_3,u_4与u相邻. 如果u_1,u_2,u_3,u_4中有一对相邻的顶点,不妨设u_1与u_2相邻,则$G[\{u,u_1,u_2\}]\cong K_3$. 否则,$G[\{u_1,u_2,u_3,u_4\}]\cong K_4^c$.

(2) $\Delta(G)\leqslant 3$. 这时G^c中每个顶点的度至少是5. 由于奇点的个数总是偶数,故G^c中存在一个顶点x,使$d_{G^c}(x)\geqslant 6$,并记$x_1,x_2,\cdots,x_6$与x在G^c中相邻. 由习题1.8不难看出,在$G^c[\{x_1,x_2,\cdots,x_6\}]$中,或有3个互相邻接的顶点,这3个顶点与$x$一起构成$G^c$中4个互相邻接的顶点,因而这4个顶点是$G$中4个互不相邻的顶点;或者有3个互不相邻的顶点,这3个顶点构成G中3个两两相邻的顶点.

这一例中的9个人(或9个顶点)不能改为较小的数. 下面图5.16给出的图G就是一个含有8个顶点的简单图,在G中没有K_3也没有K_4^c(即在G^c中没有K_4).

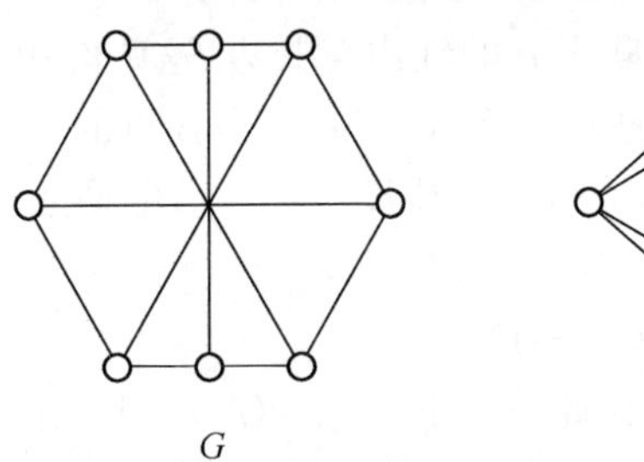

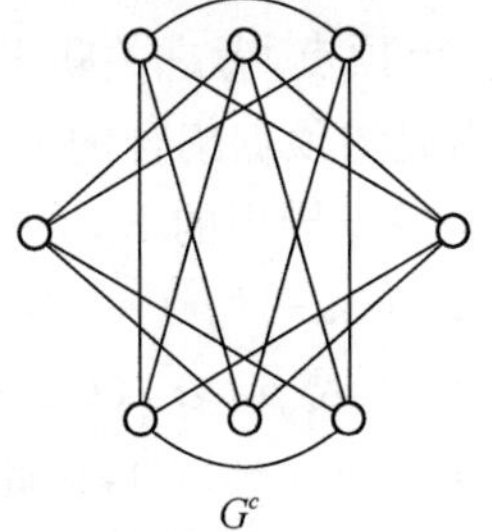

G　　　　G^c

图 5.16　一个不含 K_3 和 K_4^c 的 8-阶图

从例5.4的证明可以发现,对于至少有9个顶点的简单图G,或者含有子图K_3,或者G^c含有子图K_4. 这一问题的推广就是拉姆瑟(F. P. Ramsey)在1930年获

得的结果:对于任意的自然数 k 和 t,总存在一个最小正整数 $r(k,t)$,使得每个至少有 $r(k,t)$ 个顶点的简单图 G,或者 G 含有一个子图 K_k,或者 G^c 含有一个子图 K_t. 其中,$r(k,t)$ 就称为 Ramsey **数**.

从定义中不难直接算得

$$r(1,t)=r(k,1)=1, \tag{5.6-1}$$

$$r(2,t)=t, \quad r(k,2)=k. \tag{5.6-2}$$

由习题 1.8 可知 $r(3,3)=6$,从本节例 5.4 可推得 $r(3,4)=9$.

任一具有 p 个顶点的简单图与它的补图一起可以这样来描述:我们在 G 上添加一定数目的边而得到一个具有 p 个顶点的完全图,给此完全图的边染色,使 G 中的边染为红色,G 的补图 G^c 中的边染为蓝色. 此图也叫做一个关于 G 的 p-阶红-蓝完全图,其中 G 是红色的,G^c 是蓝色的.

于是 Ramsey 数也可以叙述如下:$r(k,t)$ 是具有下述性质的一个最小正整数,任意一个至少有 $r(k,t)$ 个顶点的红-蓝完全图,或者包含一个具有 k 个顶点的红完全子图,或者包含一个具有 t 个顶点的蓝完全子图.

利用两种颜色的互换,我们能得到下面等式:

$$r(k,t)=r(t,k).$$

关于 Ramsey 数的下述定理是由 Erdödos 和 Szekeres(1935) 以及 Greenwood 和 Cleason(1955) 给出的. 它不仅归纳证明了 $r(k,t)$ 对一切自然数 k 和 t 的存在性,同时还导出了 $r(k,t)$ 的一个上界.

定理 5.6.1 对于任意两个整数 $k\geqslant 2$ 和 $t\geqslant 2$,若 $r(k,t-1)$ 和 $r(k-1,t)$ 都存在,则 $r(k,t)$ 也存在,并且

$$r(k,t)\leqslant r(k-1,t)+r(k,t-1), \tag{5.6-3}$$

此外,当 $r(k-1,t)$ 与 $r(k,t-1)$ 都为偶数时,(5.6-3) 式中的不等式严格成立.

证明 设 K_p 是有 $p=r(k-1,t)+r(k,t-1)$ 个顶点的红-蓝完全图,我们需要证明 K_p 或者含有一个 k-阶的红完全子图,或者含有一个 t-阶的蓝完全子图. 以 u 表示 K_p 的一个顶点,考虑关联于 u 的红边与蓝边,这些红边与蓝边的另一端点(异于 u)分别构成的顶点集合记为 V_1 和 V_2. 设 p_1 个顶点的 K_{p_1} 与 p_2 个顶点的 K_{p_2} 分别是由 V_1 与 V_2 导出的 K_p 的子图,则 K_{p_1} 与 K_{p_2} 也是红-蓝完全图,并且

$$p_1+p_2=r(k-1,t)+r(k,t-1)-1,$$

则有 $p_1\geqslant r(k-1,t)$ 或 $p_2\geqslant r(k,t-1)$.

我们先假设 $p_1<r(k-1,t)$,在此情况下 $p_2\geqslant r(k,t-1)$. 由归纳假设,K_{p_2} 或者含有(因而 K_p 也含有)k 个顶点的红完全子图,或者含有 $t-1$ 个顶点的蓝完全子图. 在后一种情况下,这个蓝完全子图与 u 及某些与 u 关联的蓝边一起构成含于 K_p 中的一个 t-阶的蓝完全子图.

若 $p_1\geqslant r(k-1,t)$,则类似(以 K_{p_1} 替换 K_{p_2})可得到 K_p 或者含有一个 k-阶

的红完全子图,或者含有一个 t-阶的蓝完全子图.

现在证明定理的后半部分. 设 $r(k-1,t)=2n_1$, $r(k,t-1)=2n_2$, 以 K_p 表示具有 $p=2n_1+2n_2-1$ 个顶点的红-蓝完全图, u 是 K_p 中的一个顶点, 则

$$d_{K_p}(u)=2n_1+2n_2-2,$$

并且下列三种情况之一成立:

(1) 至少有 $2n_1$ 条红边关联于 u;

(2) 至少有 $2n_2$ 条蓝边关联于 u;

(3) u 恰关联于 $2n_1-1$ 条红边及 $2n_2-1$ 条蓝边.

在情况(1)下,我们考虑关联于 u 的红边,它们的另一端点构成一个顶点集合,记为 V_1. 以 G_1 表示由 V_1 导出的 K_p 的子图,则 G_1 是顶点数至少为 $2n_1=r(k-1,t)$ 的红-蓝完全子图,所以 G_1 或者含有 $k-1$ 个顶点的红完全子图,或者含有 t 个顶点的蓝完全子图. 因此 K_p 或者含有 k 个顶点的红完全子图,或者含有 t 个顶点的蓝完全子图.

情况(2) 与(1) 相同,只需考虑关联于 u 的蓝色边的另一个端点所构成的点子集的导出子图.

若(3) 对于 K_p 的每个顶点都正确,则 K_p 的红色边导出的子图的每个顶点的度是 $2n_1-1$,但红色子图的顶点数 $p(K_p)=2n_1+2n_2-1$ 为奇数,与推论 1.3.2 相矛盾. 因此,由顶点 u 的一个适当选择,(1) 或(2) 成立. 即定理得证. □

定理 5.6.2　对任意正整数 k 和 t, $k+t>2$, 均有

$$r(k,t)\leqslant\binom{k+t-2}{k-1}. \tag{5.6-4}$$

证明　对 $k+t$ 进行归纳. 由式(5.6-1),(5.6-2) 和 $r(3,3)=6$, $r(3,4)=9$ 可知,当 $k+t\leqslant 6$ 时结论成立. 现假设(5.6-4) 式对于满足 $6\leqslant k+t<m+n$ 的一切正整数 k, t 成立. 由定理 5.6.1 及归纳假设推得

$$\begin{aligned} r(m,n) &\leqslant r(m-1,n)+r(m,n-1)\\ &\leqslant \binom{m-1+n-2}{m-1-1}+\binom{m+n-1-2}{m-1}\\ &=\binom{m+n-2}{m-1}, \end{aligned}$$

故式(5.6-4) 对一切正整数 k, t 成立. □

从(5.6-4) 式易得

$$r(3,t)\leqslant\frac{t^2+t}{2},$$

但我们可以获得一个更好的上界.

定理 5.6.3　对每一个正整数 $t\geqslant 3$, 有

$$r(3,t) \leqslant \frac{t^2+3}{2}. \tag{5.6-5}$$

证明 我们对 t 进行归纳. 当 $t=3$ 时,有

$$r(3,t)=r(3,3)=6=\frac{t^2+3}{2},$$

(5.6-5) 式成立. 下面设

$$r(3,t-1) \leqslant \frac{(t-1)^2+3}{2},$$

对 $t \geqslant 4$,由(5.6-3) 式得

$$r(3,t) \leqslant r(2,t)+r(3,t-1) = t+r(3,t-1), \tag{5.6-6}$$

并当 t 与 $r(3,t-1)$ 均为偶数时,不等号严格成立. 根据归纳假设有

$$r(3,t) \leqslant t+\frac{(t-1)^2+3}{2}=\frac{t^2+4}{2}. \tag{5.6-7}$$

当 t 是奇数时,t^2+4 是奇数,故

$$r(3,t) \leqslant \frac{t^2+3}{2}.$$

当 t 是偶数时,若 $r(3,t-1)<\frac{(t-1)^2+3}{2}$,则(5.6-7) 式的不等号严格成立,因此式(5.6-5) 成立;如果

$$r(3,t-1)=\frac{(t-1)^2+3}{2}=\frac{t^2}{2}-t+2,$$

因为 t 是偶数,故 $r(3,t-1)$ 也是偶数,因此(5.6-6) 式中的不等号严格成立,所以(5.6-5) 式成立. □

关于 $r(3,t)$,目前已知的准确值只有 7 个(见表 5-1). 我们可以应用这 7 个 Ramsey 数和定理 5.6.3 将上界不等式(5.6-5) 作进一步的优化.

表 5.1 Ramsey 数

k \ t	3	4	5	6	7	8	9	10
3	6	9	14	18	23	28	36	40 42
4		18	25	36 41	49 61	58 84	73 115	92 149
5			43 49	58 87	80 143	101 216	126 316	144 442

定理 5.6.4 对于每一个正整数 $t \geqslant 9$,有

$$r(3,t) \leqslant \frac{t^2-9}{2}. \tag{5.6-8}$$

证明　我们对 t 进行归纳. 当 $t=9$ 时,我们有 $r(3,9)=36$,故

$$r(3,t)=r(3,9)=36=\frac{t^2-9}{2},$$

所以在 $t=9$ 时,(5.6-8) 式成立. 下面假设 $t\geqslant 10$ 时,有

$$r(3,t-1)\leqslant\frac{(t-1)^2-9}{2}.$$

由定理 5.6.1 可知 $r(k,t)\leqslant r(k-1,t)+r(k,t-1)$ 成立,并且当 $r(k-1,t)$ 与 $r(k,t-1)$ 均为偶数时,不等号严格成立.

现对 $t\geqslant 10$,有

$$r(3,t)\leqslant r(2,t)+r(3,t-1)=t+r(3,t-1), \tag{5.6-9}$$

并且当 $r(2,t)=t$ 与 $r(3,t-1)$ 均为偶数时,不等号严格成立. 根据归纳假设,有

$$r(3,t-1)\leqslant\frac{(t-1)^2-9}{2}=\frac{t^2-2t-8}{2}. \tag{5.6-10}$$

当 t 是奇数时,t^2-8 是奇数,故由

$$\begin{aligned}r(3,t)&\leqslant t+r(3,t-1)\\&\leqslant t+\frac{(t-1)^2-9}{2}=\frac{t^2-8}{2}\end{aligned}$$

可得

$$r(3,t)\leqslant\frac{t^2-9}{2}.$$

当 t 是偶数时,如果 $r(3,t-1)<\dfrac{(t-1)^2-9}{2}$,则(5.6-9) 式的不等号严格成立,因此(5.6—8) 式成立;如果 $r(3,t-1)=\dfrac{(t-1)^2-9}{2}=\dfrac{t^2}{2}-t-4$,因为 t 是偶数,故 $r(3,t-1)$ 也是偶数,因此(5.6-9) 式中的不等号严格成立,所以(5.6-8) 式仍然成立. □

通过以上证明可以知道,对某一个正整数 $t_0\geqslant 10$,若已知 $r(3,t_0)=a$,则对 $t\geqslant t_0$,我们可以获得比定理 5.6.4 更好的结果.

定理 5.6.5　对每个整数 $t\geqslant 3$,有

$$r(3,t)\geqslant 3(t-1). \tag{5.6-11}$$

证明　首先作一个红-蓝完全图 K_{3t-1},作法如下:把 K_{3t-1} 的顶点均匀地分布在一圆周上,当且仅当两顶点之间的距离大于圆内接正三角形的边长时,把这两个顶点之间的边染为红颜色,其余边染为蓝颜色. 为方便,把 K_{3t-1} 中的红颜色边组成的子图记为 H_t(对于 $t=3$,参见图 5.17). 我们将要证明 H_t 不含三角形也不含具有 $t+1$ 个顶点的独立集.

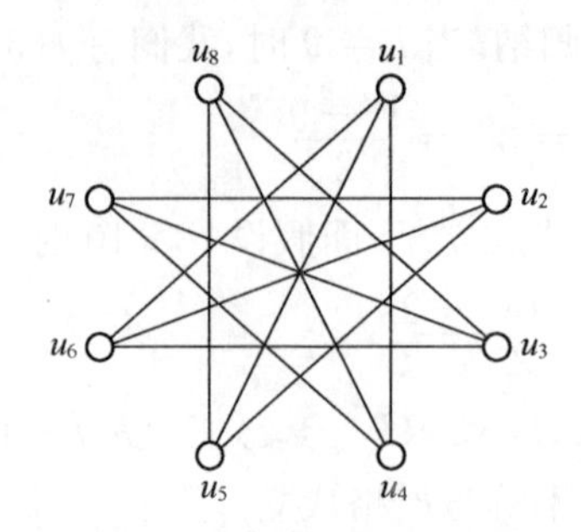

图 5.17　不含 K_3 和 K_4^c 的图 H_3

由于 K_{3t-1} 内的任何三角形至少有一条边其长不大于该圆内接正三角形的边长，则该边在 K_{3t-1} 的红-蓝染色中染为蓝颜色. 所以 K_{3t-1} 不含有红色三角形，即 H_t 不含 K_3.

设 $u_1, u_2, \cdots, u_{3t-1}, u_{3t} = u_1$ 是 H_t 的全部顶点，按此顺序置于圆周上. 由圆的对称性表明，H_t 上每个顶点出现于一个合适的极大独立集中. 一个含有顶点 u_1 的极大独立集中有多少个顶点？容易验证，顶点 $u_{t+1}, u_{t+2}, \cdots, u_{2t}$ 邻接于 u_1，因此下列顶点

$$\begin{array}{llll} u_2, & u_3, & \cdots, & u_t \\ u_{2t+1}, & u_{2t+2}, & \cdots, & u_{3t-1} \end{array}$$

不与 u_1 相邻.

由对称性，同一行的顶点组成一个独立集. 同一列的两个顶点 u_i 与 u_{2t+i-1} 是相邻的($i = 2,3,\cdots,t$)，因为它们之间的距离都等于 u_1 与 u_{2t} 之间的距离，所以顶点 $u_1, u_2, \cdots, u_t$ 构成 H_t 的一个极大独立集. 从而 H_t 不含具有 $t+1$ 个顶点的独立集.

因而我们证明了 $r(3, t+1) \geqslant 3t$. 我们以 $t-1$ 替换 t 就有

$$r(3,t) \geqslant 3(t-1).$$ □

由(5.6 - 5)式和(5.6 - 11)式，就可以得到 $r(3,4) = 9$.

以上我们给出了几个上界和 $r(3,t)$ 的一个下界. 但是要具体确定 $r(k,t)$ 的准确值却是相当困难的，这也是图论中的一大难题. 在 $k, t > 2$ 时，目前已经知道的 $r(k,t)$ 的值只有为数不多的几个. 表 5.1 给出目前为止所已知的所有 Ramsey 数和 k, t 取较小值时某些 Ramsey 数的下、上界.

关于 Ramsey 数 $r(k,t)$ 可作如下推广：Ramsey 数 $r(k_1, k_2, \cdots, k_n)$ 是一个具有下述性质的最小正整数 m，使得 K_m 的每个 n 种颜色的边染色中，总存在某一 i_0($1 \leqslant i_0 \leqslant n$)，使 K_m 中有一个 k_{i_0} 阶完全子图，它的边所染的都是第 i_0 种颜色.

关于推广的 Ramsey 数，有类似于定理 5.6.1 和定理 5.6.2 的结果，证明也是类似的.

定理 5.6.6　对任意整数 $k_1, k_2, \cdots, k_n$($k_i \geqslant 2; i = 1,2,\cdots,n$)，均有

$$r(k_1,k_2,\cdots,k_n)\leqslant r(k_1-1,k_2,\cdots,k_n)+r(k_1,k_2-1,\cdots,k_n)+\cdots+r(k_1,k_2,\cdots,k_n-1)-n+2.$$

定理 5.6.7　$r(k_1+1,k_2+1,\cdots,k_n+1)\leqslant\dfrac{(k_1+k_2+\cdots+k_n)!}{k_1!k_2!\cdots k_n!}$.

我们记 $r_n=r(\underbrace{3,3,\cdots,3}_{n个})$，则有下面的定理.

定理 5.6.8　$r_n\leqslant n(r_{n-1}-1)+2$.

证明　记 $N=n(r_{n-1}-1)+2$. 把 n 种颜色染给 K_N 的边，得 n 色完全图 K_N. 对 K_N 中的一个顶点 u_0，与 u_0 关联的 $n(r_{n-1}-1)+1$ 条边中，平均每种颜色有 $r_{n-1}-1+\dfrac{1}{n}$ 条边. 因而根据平均数原理，有 r_{n-1} 条边同为某一种颜色，不失一般性，设边 $u_0u_1,u_0u_2,\cdots,u_0u_{r_{n-1}}$ 均为第 n 色. 由 $u_1,u_2,\cdots,u_{r_{n-1}}$ 构成 K_N 的导出子图仍是完全图，记为 $K_{r_{n-1}}$，如果这个 $K_{r_{n-1}}$ 中有一条边，不妨设为 u_1u_2 是第 n 色，则 $K_N[\{u_0,u_1,u_2\}]$ 是 K_N 的一个同色三角形(第 n 色). 否则，这个 $K_{r_{n-1}}$ 中没有第 n 色的边，那么它的边至多有 $n-1$ 中不同的颜色，根据 r_{n-1} 的定义，这个 $K_{r_{n-1}}$ 中有一个同色的三角形，因此

$$r_n\leqslant N=n(r_{n-1}-1)+2.$$

□

例 5.5　有 17 位学者，每一位都给其余的人写 1 封信，信的内容是讨论 3 个论文题目中的任一个，而且两个人互相通信所讨论的是同一个题目. 证明：至少有 3 位学者，他们之间通信所讨论的是同一个论文题目.

证明　作一个完全图 K_{17}，它的 17 个顶点代表 17 位学者，我们把其中的边染上 3 种颜色；如果两位学者讨论的是第 i 个题目，就将连接相应这两个顶点的边染上第 i 种颜色($i=1,2,3$). 这样就得到 3 色完全图 K_{17}. 由定理 5.6.8，有

$$r_3\leqslant 3(r_2-1)+2=3(r(3,3)-1)+2=17,$$

因此这个 3 色完全图 K_{17} 中有一个同色三角形，而这个同色三角形所对应的 3 位学者之间通信所讨论的是同一个论文题目.

例 5.6　设$(S_1,S_2,\cdots,S_n)$是整数集$\{1,2,\cdots,r_n\}$的一个分类，则存在某一数 $i_0(1\leqslant i_0\leqslant n)$，$S_{i_0}$ 包含 3 个整数 x,y 和 z(不必相异)，满足方程 $x+y=z$.

证明　考虑以$\{1,2,\cdots,r_n\}$为顶点的完全图 K_{r_n}，用颜色 $1,2,\cdots,n$ 按下述规则给 K_{r_n} 的边染色：边 uv 染颜色 j 当且仅当 $|u-v|\in S_j$. 由 r_n 的定义，K_{r_n} 中存在一个同色三角形，即存在 3 个顶点 a,b,c，使得 ab,bc,ca 有相同的颜色，设为 i_0 色，不失一般性，设 $a>b>c$，并记 $x=a-b,y=b-c,z=a-c$，则 $x,y,z\in S_{i_0}$，显然 $x+y=z$.

习题 5

5.1 两个人在图 G 上做游戏，方法是交替地选择相异的顶点 $v_0, v_1, \cdots, v_i, v_{i+1}, \cdots$，使得对每一个 $i > 0$，v_i 相邻于 v_{i-1}，最后一个顶点的选择者为胜. 证明：第一个选点人有一个得胜策略当且仅当 G 没有完美对集.

5.2 有 $2n$ 个学生每天出去散步，每两个人组成一对. 如果每一对学生只在一起散步一次，这样的散步可以持续多少天？

5.3 证明：Petersen 图中不存在两个边不交的完美对集.

5.4 证明：任一个 2-边连通的 3-正则图有完美对集.

5.5 设 G 至少包含 $2k$ 个顶点，其中每个顶点的度数至少是 k，则图 G 的最大对集至少有 k 条边.

（提示：设 M 是 G 的最大对集，但 $|M| \leqslant k-1$. 用 Q 表示 M 的边的端点集合，由于在 Q 内的顶点数为 $2|M| \leqslant 2k-2$，在 $V(G) \backslash Q$ 中至少存在两个顶点，设为 x，y. 由 M 的最大性，$V(G) \backslash Q$ 中任两个顶点不相邻. 若存在 M 的一条边，使其中的一个端点相邻于 x，而另一个端点相邻于 y，则 G 存在 M-可扩路，这将矛盾于 M 是最大对集. 现在我们考虑 x 的所有邻点 $x_1, x_2, \cdots, x_l (l \geqslant k)$. 这 l 个点全在 Q 内，让我们分别用 $y_1, y_2, \cdots, y_l$ 表示在 M 下与 $x_1, x_2, \cdots, x_l$ 配对的顶点，则 y 不能与 $y_1, y_2, \cdots, y_l$ 相邻. 由此可得

$$d_G(y) \leqslant (2k-2) - l \leqslant k-2,$$

与 G 的假设矛盾）

5.6 证明：树最多只有一个完美对集.

5.7 证明：二分图 $G = (X, Y; E)$ 有完美对集的充分必要条件是对所有 $S \subseteq V(G)$，均有

$$|N_G(S)| \geqslant |S|.$$

5.8 设 $G = (X, Y; E)$ 是简单二分图，$|X| = |Y| = n \geqslant 2$. 证明：若 $\delta(G) \geqslant \frac{n}{2}$，则 G 有完美对集.

5.9 设 $G = (X, Y; E)$ 是简单二分图，若存在正整数 t，使得任意 $x \in X$，$d_G(x) \geqslant t$，任意 $y \in Y$，$d_G(y) \leqslant t$，则 G 中存在饱和 X 的每个顶点的对集.

5.10 设 $G = (X, Y; E)$ 是二分图，证明：若对任何 $x \in X$，$y \in Y$ 均有 $d_G(x) \geqslant d_G(y)$，则 G 有饱和 X 中每个顶点的对集.

（提示：在 X 中任取一个非空子集 S，记 $E_0 = \{xy \mid x \in S, y \in Y\}$，则 $|E_0| = \sum\limits_{x \in S} d_G(x)$. 故 S 中顶点的平均度是 $|E_0| / |S|$. 而 $N_G(S)$ 中顶点度的平均数至少是 $|E_0| / |N_G(S)|$，由题意 $|E_0| / |S| \geqslant |E_0| / |N_G(S)|$，因此 $|N_G(S)| \geqslant |S|$. 即 G 中含有饱和 X 中所有顶点的对集）

5.11 设 G 是 k-正则二分图($k>0$)，证明：G 中存在 k 个边不交的完美对集 $M_1, M_2, \cdots, M_k$，使

$$E(G)=M_1 \cup M_2 \cup \cdots \cup M_k.$$

5.12 证明：一个 8×8 方格棋盘移去其中两个对角上的 1×1 方格之后不能用 1×2 的长方形不重叠而恰好填满.

5.13 有 8 个问题出现于一刊物上，对于每一个问题编辑部收到两个正确的解. 他们发现 16 个解由 8 个人寄来，每人给出 2 个解. 证明：能对每一个问题发表 1 个解，并使 8 个人中的每人恰好被提到一次.

5.14 从 8×8 方格棋盘上选出 16 格，使每行每列含有其中的 2 格. 证明：可以把 16 个棋子(8 个白的与 8 个黑的) 放置在所选方格上，使每行每列都恰好有一个白的与一个黑的棋子.

(提示：构造二分图 $G=(X,Y;E)$，$X=\{x_1, x_2, \cdots, x_8\}$，$Y=\{y_1, y_2, \cdots, y_8\}$ 分别对应于棋盘的 8 行 8 列，当且仅当属于行 x_i 且属于列 y_j 的方格被选出时，边 $x_i y_j$ 属于 $E(G)$，于是所构造的图的边对应于所选的方格. 所以 G 是 2-正则二分图. 由习题 5.11，它有两个边不交的完美对集，设为 M_1 与 M_2. 若把白的与黑的棋子分别放置在对应于 M_1 与 M_2 的边所对应的方格上，即得所求的放置法)

5.15 求二分图 G(见图 5.18) 的一个最大对集.

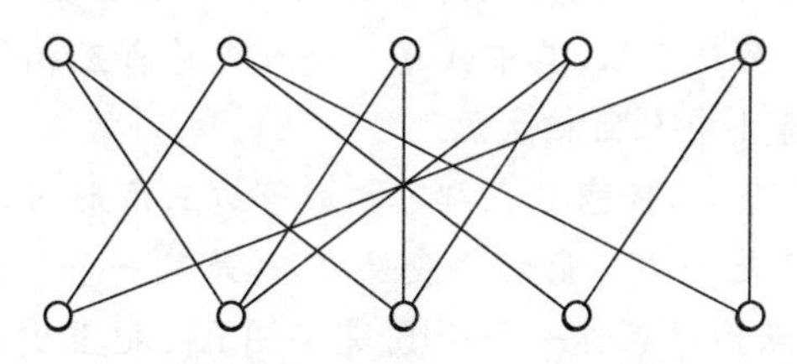

图 5.18　习题 5.15 的图

5.16 某人给 6 个人写了 6 封信，并且准备了 6 个写有收信人地址的信封. 问有多少种投放信笺的方法，使每份信笺与信封上收信人不相符？

(提示：设信笺为 x_i，信封为 y_i($i=1,2,\cdots,6$)，x_i 与 y_i 是相符的. 于是问题就转化为求图

$$G=K_{6,6}\backslash\{x_1y_1, x_2y_2, x_3y_3, x_4y_4, x_5y_5, x_6y_6\}\quad(\text{见图 } 5.19)$$

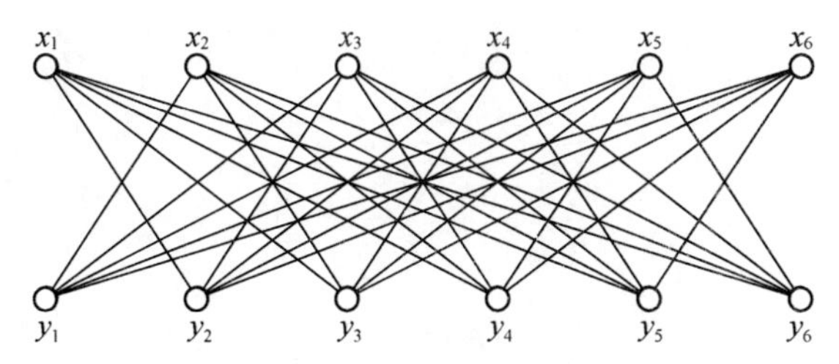

图 5.19　习题 5.16 的图

中有多少个不同的完美对集,我们把这个数目记 $\varphi(6)$. 当 x_1 与 y_2 配对时,完美对集的个数等于从图 G 中删去顶点 x_1, y_2 后所得图 $G\backslash\{x_1, y_2\}$ 中完美对集的个数,这个数目记成 $\psi(5)$. 在 $G\backslash\{x_1, y_2\}$ 中的 $\psi(5)$ 个完美对集分成两类:① 含 x_2y_1 的完美对集有 $\varphi(4)$ 个;② 不含 x_2y_1 的完美对集有 $\varphi(5)$ 个. 于是 G 中 x_1 与 y_2 相配对时,有 $\varphi(5)+\varphi(4)$ 个完美对集. 由对称性,x_1 与 $y_j(3\leqslant j\leqslant 6)$ 相配对时,亦有 $\varphi(5)+\varphi(4)$ 个完美对集. 故 $\varphi(6)=5(\varphi(5)+\psi(4))$,利用这递推公式可求得 $\varphi(6)$)

5.17 试证明:对任意简单图 G,有 $\alpha_0(G)\geqslant\delta(G)$.

5.18 试证明:若 G 是二分图,则 $q(G)\leqslant\alpha_0(G)\cdot\beta_0(G)$,仅在 G 是完全二分图时才能取等号.

5.19 设 G 是 p 个顶点的图,试证明:G 是二分图的充分必要条件是对 G 的每个子图 H,均有 $\beta_0(H)\geqslant\dfrac{p(H)}{2}$.

5.20 试给出使 $\alpha_1(G)=\beta_1(G)$ 成立的充分必要条件.

5.21 试证明:对任意图 G,只要 $\delta(G)>0$,恒有 $\alpha_1(G)\geqslant\beta_0(G)$.

5.22 若 L 是 G 的一个最小边覆盖,证明:$G[L]$ 无圈.

5.23 证明:19 个人中必定有 3 个人互相认识,或者有 6 个人互不认识.

5.24 利用 $r_2=r(3,3)=6$,证明:$r_n\leqslant\lfloor n!\mathrm{e}\rfloor+1$.

5.25 在某协会中有 9 个人,其中任意 3 个人中总有互相认识的 2 个人. 证明:在这 9 个人中,至少有 4 个人互相认识.

5.26 平面上有 6 个点,任意 3 点都不构成等边三角形. 证明:由这些点组成的三角形中,有一条边既是一个三角形的最长边,也是某一个三角形的最短边.

(提示:以这 6 个点为顶点作一个 6-阶完全图 K_6. 把至少是一个三角形的最长边的边染上红色,其余边染上蓝色,这个红-蓝完全图中必不含蓝色 K_3,但 $r(3,3)=6$,所以 K_6 中有一个红色 K_3. 这个红色三角形的最短边即为所求)

6 平面图

6.1 平面图及平面嵌入

在现实生活中有大量的实际问题会涉及所谓图的平面性问题，如印刷电路板的设计、集成电路板的布线、工程计划网络系统的布局等.

例 6.1(水、电、气)　有三个冤家，他们各自的房子 H_1，H_2，H_3 建在一个森林中，该区域中的基本生活资源水、电、气分别在 W，G，E 三处. 为了生活，每个住户均要开辟三条路分别通往 W，G 和 E. 为了避免冲突，他们都不希望有两条路交叉，能有办法做到这一点吗?

针对这一问题，如图 6.1(a) 所示，可以建立图 6.1(b) 所示的图的模型. 不难发现这个图就是 $K_{3,3}$，因而用图论的语言来表述该问题就是：能否将 $K_{3,3}$ 画在平面上而不会出现交叉的边?

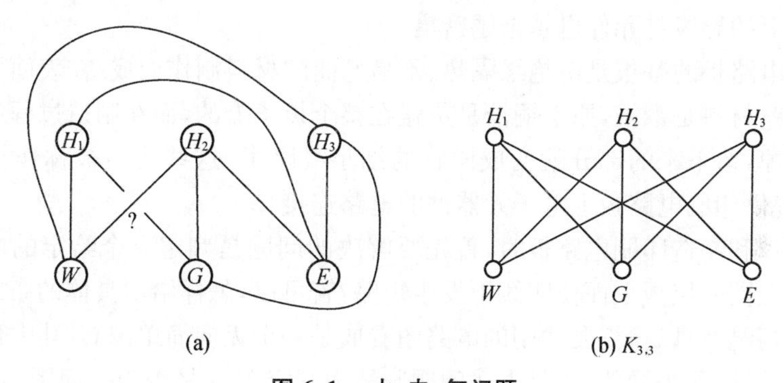

图 6.1　水、电、气问题

以上这些问题都最终涉及同样一个问题：什么样的图能画在一个平面上，使得它的边仅仅在端点处有可能交叉?这类图就是本章将要介绍的平面图.

定义 6.1.1　如果 G 能与这样的一个图 G_0 同构，其中 G_0 的顶点在同一个平面上，而 G_0 的边只可能在端点处相交，就称 G 为**平面图**，而称 G_0 为 G 的一个**平面嵌入**，同时将已经嵌入平面内的这个图称为**平图**. 一个不是平面图的图称为**非平面图**.

例如，图 6.2 所示的图 G 是平面图，这里 G_1 和 G_2 都是 G 的平面嵌入，因此 G_1 和 G_2 都是 G 的平图. 由该例可知一个平面图的平面嵌入是不唯一的.

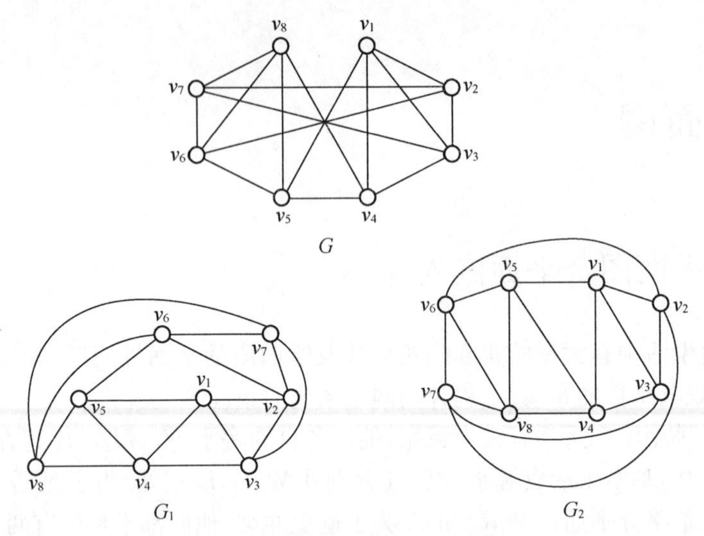

图 6.2　平面图 G 的两个平面嵌入

例 6.2(印刷电路板设计)　印刷电路板(单层印刷电路板、多层印刷电路板)几乎都会出现在每一种电子设备中,它的主要功能是提供印刷电路板上各个电子元器件的相互电气连接. 随着电子设备越来越复杂,需要的电子元件越来越多,印刷电路板上的导线与元件也越来越密集.

印刷电路板的基板是由绝缘隔热、不易弯曲的材料制作而成. 在表面可以看到的细小线路材料是铜箔,原本铜箔是覆盖在整个板子上的,而在制造过程中部分被蚀刻处理掉,留下来的部分就变成网状的细小线路了. 这些线路被称作导线或布线,用来提供印刷电路板上电子元器件的电路连接.

在设计和制造印刷电路板时,首先要解决的问题是判定一个给定的电路图是否能印刷在同一层板上而使明线不发生短路?若可以,怎样给出具体的布线方案?

为此,我们可以将需要印刷的电路图看成是一个无向简单图 G,其中顶点代表电子元器件,边代表导线,于是上述问题归结为判定图 G 是否为平面图. 若 G 是平面图,我们就可以根据图 G 的一个平面嵌入来设计这个印刷电路板.

例 6.3(地图与平面图)　一张地图由若干区域 $F_1, F_2, \cdots, F_n$ 组成,在每个区域 F_k 中选一个顶点 $v_k(k=1,2,\cdots,n)$,两个顶点相邻当且仅当这两个顶点所对应的两个区域有一段公共边界线. 易知所得图 G 是一个平面图,G 也表达了这张地图各区域间的相邻关系. 图 6.3 展示了一张地图 F 与一个平面图 G 之间的关系.

平面图的平面嵌入概念可以推广到一般的曲面和空间上. 若图 G 能画在一个曲面 S 上,使 G 的边仅仅在端点处可能交叉,则称 G 可嵌入曲面 S. 图 G 的这样一种画法称为 G 的一个**曲面 S 嵌入**. 一个有趣的事实是,一个图的可平面嵌入与可球面嵌入是等价的.

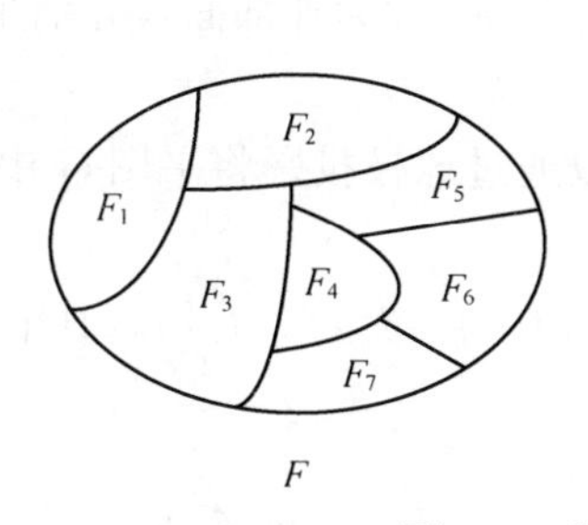

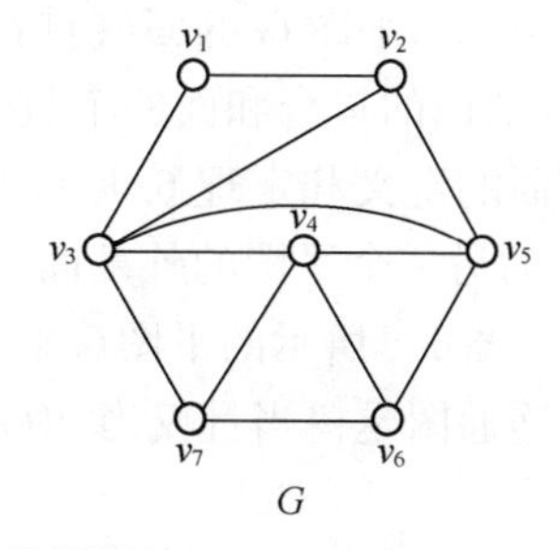

图 6.3　地图 F 与平面图 G

定理 6.1.1　图 G 可嵌入平面当且仅当 G 可嵌入球面.

证明　考虑图 6.4 所示的球极投影,球面 S 与平面 P 在点 Z 处相切,过 Z 的直径的另一个端点为 N(也称该点为球面 S 的北极),定义映射为

$$\varphi: S \to P.$$

现对 $S\backslash\{N\}$ 中任何一个点 x,直线 Nx 必与平面 P 交与一点 x',则令 $\varphi(x) = x'$. 用这种方法建立了点集 $S\backslash\{N\}$ 与平面 P 之间的一一对应关系. 平面 P 上的任何一段连续曲线对应 S 上仍是一段连续曲线,反之也成立.

若图 G' 是图 G 在球面 S 上的一个嵌入,构作一个球极投影,使北极 N 不取在 G' 的顶点或边上,则由 φ 的定义,G' 在平面 P 中的像即为 G 在平面 P 中的一个嵌入. 反之,若 G'' 是图 G 在平面 P 上的一个嵌入,用同样的过程可以得到 G'' 在球面 S 上的一个原像 G',G' 就是 G 在球面 S 上的一个嵌入. □

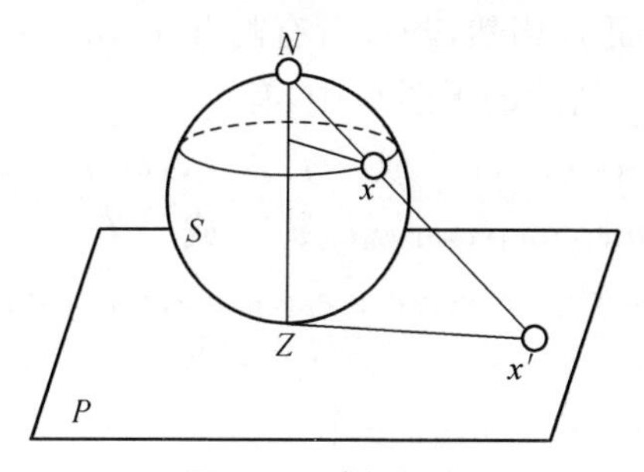

图 6.4　球极投影

6.2　平面图性质

我们所熟知的一些图类,如路、回路、星、树等都是平面图. 要注意的并不是所有的图都是平面图,在下面我们将证明 $K_{3,3}$ 和 K_5 不是平面图. 一个明显的事实是平面图的每一个子图是平面图,这样含 $K_{3,3}$ 或 K_5 作为子图的图都不是平面图.

定义 6.2.1　一个平图 G 的顶点和边把整个平面分割成若干个连通区域,这

些区域的闭包称为平图 G 的**面**(包括外部无限区域,称为外部面),分别用 $F(G)$ 和 $r(G)$ 表示 G 的面的集合和面的个数.

从平图面的定义和定理 6.1.1,我们可以通过球极投影将平图 G 中的任何一个面作为 G 的另一个平图的外部面.

例 6.4 图 6.5 所示的平图 G 中有六个面 f_1,f_2,f_3,f_4,f_5,f_6,其中 f_4 是外部面. 明显的,连通图是树当且仅当 $r(G)=1$.

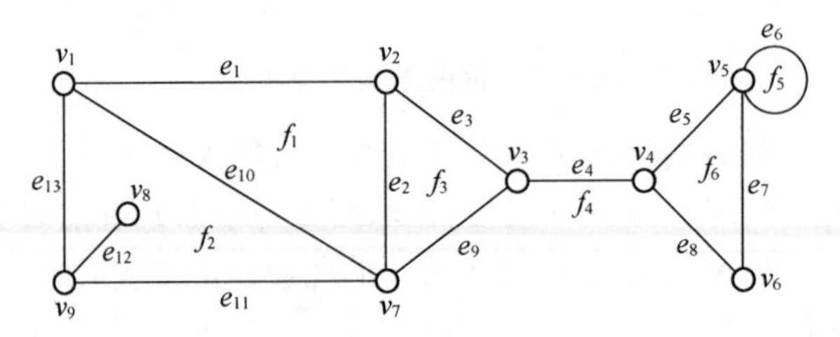

图 6.5 平图 G

定义 6.2.2 用 $b(f)$ 表示平图 G 中围成面 f 的**周界**;用 $d_G(f)$(或 $d(f)$)表示围成面 f 的周界的边数,称为 f 的度.

特别约定:如果割边 e 属于平图 G 的面 f,那么在计算 $d_G(f)$ 时 e 要计算两次.

对于面 f 的周界作以下补充:如果 G 是连通的,则 $b(f)$ 是一条闭途径;如果 G 内有割边,则 $b(f)$ 中 f 内的每条割边都被这条闭途径通过两次;当 f 无割边且无环时,$b(f)$ 就是 G 的一个圈. 当 $b(f)$ 中的顶点依次为 $u_1,u_2,\cdots,u_k$ 时,我们通常用 $[u_1u_2\cdots u_k]$ 来表示这个面 f. 当然,若 G 含有割点,$u_1,u_2,\cdots,u_k$ 中的某些顶点是可以相同的. 例如,在图 6.5 所示的平图 G 中,有

$$b(f_1)=v_1e_1v_2e_2v_7e_{10}v_1 \quad 或 \quad f_1=[v_1v_2v_7],$$
$$b(f_2)=v_1e_{10}v_7e_{11}v_9e_{12}v_8e_{12}v_9e_{13}v_1 \quad 或 \quad f_2=[v_1v_7v_9v_8v_9],$$
$$b(f_4)=v_1e_1v_2e_3v_3e_4v_4e_5v_5e_6v_5e_7v_6e_8v_4e_4v_3e_9v_7e_{11}v_9e_{13}v_1,$$

或

$$f_4=[v_1v_2v_3v_4v_5v_5v_6v_4v_3v_7v_9],$$
$$d_G(f_1)=3, \quad d_G(f_2)=5 \quad 和 \quad d_G(f_4)=11.$$

根据上面的定义,平图 G 的每一条非割边恰好含于两个面的周界上;而每一条割边虽然只在一个面的周界上,但在计算这个面的度数时被计算了两次. 因此在计算各个面的度数的总和时,G 的每条边都恰好被计算了两次,由此就推出了与定理 1.3.1 类似的结论.

定理 6.2.1 如果 G 是平图,则

$$\sum_{f\in F(G)} d_G(f)=2q(G).$$

推论 6.2.2 在任何平图中,度数为奇数的面的个数必为偶数.

在平图中，有一个涉及平图的点数、边数和面数这三者关系的重要公式——Euler 公式.

定理 6.2.3　设 G 是一个有 p 个顶点、q 条边和 r 个面的连通平图，则

$$p-q+r=2. \tag{6.2-1}$$

证明　对面数 r 进行归纳证明. 由于 G 是连通的平图，所以当 $r=1$ 时 G 是树，因此 $q=p-1$. 故 $p-q+r=2$.

假设对于一切面数少于 $r(\geqslant 2)$ 的所有连通平图，Euler 公式成立，现假设 G 是一个有 p 个顶点、q 条边和 r 个面的连通平图. 由于 $r\geqslant 2$，G 至少有一个圈，取这个圈中的一条边 e，则 $G-e$ 仍是连通平图，有 p 个顶点、$q-1$ 条边和 $r-1$ 个面. 根据归纳假设，有

$$p-(q-1)+(r-1)=2,$$

即

$$p-q+r=2.$$

□

从 Euler 公式可以看出，对于一个平面图，虽然可以有不同形状的平面嵌入，但它们的面数总是不变的，即为 $q-p+2$(连通的情况下). 在使用此公式时要注意它只适合于连通的平图，而对于非连通平图的点数、边数、面数及连通分支个数之间关系可见习题 6.5. 利用 Euler 公式，可获得平图中一些重要结论.

一个图 G 的围长 $g(G)$ 定义为 G 中最短圈的长度.

推论 6.2.4　若 G 是 $p(G)\geqslant 3$ 且 $g(G)\geqslant 3$ 的平图，则

$$q(G)\leqslant\frac{g(G)}{g(G)-2}(p(G)-2). \tag{6.2-2}$$

证明　显然只要对连通的平图证明该结论成立即可. 对每个面 $f\in F(G)$，由假设 $d_G(f)\geqslant g(G)$，因此

$$\sum_{f\in F(G)} d_G(f)\geqslant g(G)\cdot r(G),$$

由定理 6.2.1 知

$$2q(G)=\sum_{f\in F(G)} d_G(f),$$

于是

$$r(G)\leqslant\frac{2q(G)}{g(G)},$$

因 G 是连通的平图，根据 Euler 公式，有

$$2=p(G)-q(G)+r(G)\leqslant p(G)-q(G)+\frac{2q(G)}{g(G)},$$

因此

$$q(G)\leqslant\frac{g(G)}{g(G)-2}(p(G)-2).$$

□

推论 6.2.5 任何一个简单平面图 G,有

$$q(G) \leqslant 3p(G) - 6.$$

例 6.5 证明:$K_{3,3}$ 和 K_5 是非平面图.

证明 因 K_5 有 5 个顶点、10 条边,它不满足推论 6.2.5,所以不是平面图;因 $K_{3,3}$ 有 6 个顶点、9 条边,最短圈的长度为 4,故它不满足推论 6.2.4 的(6.2-2)式,因此 $K_{3,3}$ 不是平面图.

例 6.6 平面上有 $n(\geqslant 3)$ 个点,其中任两个点之间的距离至少是 1.证明:在这 n 个点中,距离恰好为 1 的点对数至多是 $3n-6$.

证明 首先建立图 $G=(V,E)$,其中 V 就取平面上给定的 n 个点(位置也不变),两个顶点之间的距离为 1 时,该两顶点之间用一条直线段连接.所得图是一个 n 阶简单图,我们只要证明 G 是平面图即可.

若 G 中存在两条不同的边 $x_{i_1}x_{i_2}$ 和 $x_{j_1}x_{j_2}$ 相交于非端点处 O(如图 6.6(a) 所示),记它们的夹角为 $\theta(0<\theta\leqslant\pi)$.若 $\theta=\pi$,这时的情形如图 6.6(b) 所示,存在两点其距离小于 1,这是不可能的.因而 $0<\theta<\pi$.

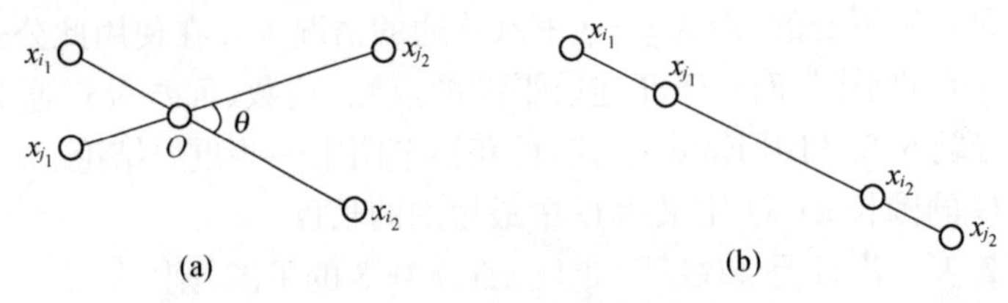

图 6.6 例 6.6 的证明

由于 $|x_{i_1}x_{i_2}|=1$, $|x_{j_1}x_{j_2}|=1$, $x_{i_1}, x_{i_2}, x_{j_1}, x_{j_2}$ 中至少有两个点,从交点 O 到这两点的距离均不超过 $\frac{1}{2}$,不妨设 $|Ox_{i_1}|\leqslant\frac{1}{2}$, $|Ox_{j_1}|\leqslant\frac{1}{2}$,则必有 $|x_{i_1}x_{j_1}|<1$,矛盾.

这就证明了 G 是平图.明显的,G 是简单图,故由推论 6.2.5 得 $q(G)\leqslant 3n-6$.即这 n 个点中,距离为 1 的点对数不超过 $3n-6$.

推论 6.2.6 设 G 是简单平面图,则 $\delta(G)\leqslant 5$.

证明 用反证法.假设 G 是一个简单平面图,但 $\delta(G)\geqslant 6$,则

$$2q(G) = \sum_{v\in V(G)} d_G(v) \geqslant 6p(G),$$

但由推论 6.2.5 得

$$2q(G) \leqslant 6p(G) - 12,$$

矛盾.故对每一个简单平面图 G,有 $\delta(G)\leqslant 5$. □

Euler 公式不仅适用于连通的平图,对于凸多面体也是适合的.因为凸多面体可以“绷”在一个球面上,因而可嵌入球面,再作一个球极投影,凸多面体就变成为

平面上一个连通平图. 其中多面体中含北极 N 的面就变为平图的外部面，多面体的顶点及棱分别对应平图上的顶点和边. 明显的，这类平图不含割边，每个顶点的度和每个面的度至少是 3.

图 6.7 给出了 5 种正多面体所对应的平图. 利用 Euler 公式，可以证明下面重要结果.

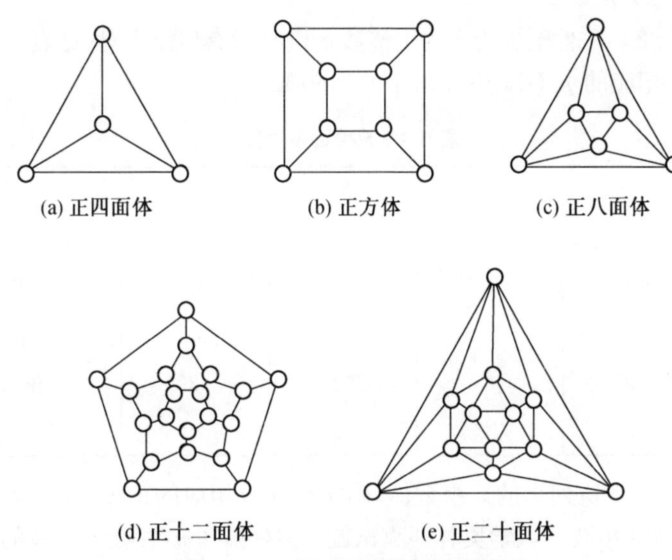

(a) 正四面体　(b) 正方体　(c) 正八面体

(d) 正十二面体　(e) 正二十面体

图 6.7　五个正多面体对应的平图

定理 6.2.7　仅存在 5 种正多面体，即正四面体、正方体、正八面体、正十二面体和正二十面体.

证明　首先容易看出一个正多面体在平面上的投影所得平图是 2-连通的正则图，而且每个面的度相同，均为$\frac{2q(G)}{r(G)}$. 下面只需证明满足这 3 条的简单平面图有且只有如图 6.7 所示的 5 个平图即可.

设平图 G 是 k-正则的，且每个面的度为 m，则 $k \geqslant 3, m \geqslant 3$，并且

$$2q(G) = \sum_{u \in V(G)} d_G(u) = k \cdot p(G), \tag{6.2-3}$$

$$2q(G) = \sum_{f \in F(G)} d_G(f) = m \cdot r(G). \tag{6.2-4}$$

将式(6.2-3) 和(6.2-4) 与 Euler 公式

$$p(G) - q(G) + r(G) = 2$$

联立，解得

$$p(G) = \frac{4m}{2k + 2m - km},$$

$$r(G)=\frac{4k}{2k+2m-km},$$

$$q(G)=\frac{2km}{2k+2m-km},$$

因 $p(G)>0, q(G)>0, r(G)>0$,且 $k\geqslant 3, m\geqslant 3$,可得 $2k+2m-km>0$,即

$$(k-2)(m-2)<4. \tag{6.2-5}$$

满足式(6.2-5)且至少为3的正整数k和m只有以下5对(见表6.1),在该表中也同时给出相应的 $p(G), q(G)$ 和 $r(G)$ 的值.

表 6.1　5 种正多面体

k	m	$p(G)$	$q(G)$	$r(G)$	相应的多面体
3	3	4	6	4	正四面体
3	4	8	12	6	正方体
3	5	20	30	12	正十二面体
4	3	6	12	8	正八面体
5	3	12	30	20	正二十面体

对应于表6.1所列出的5组数值,确实存在着相应的正多面体(见图6.7).□

例 6.7(1968年波兰数学奥林匹克试题)　对哪些 n,存在 n 条棱的凸多面体?

解　以多面体的顶点作为图的顶点,以多面体的棱作为图的边,组成一个平图 G,则 $p(G)\geqslant 4, r(G)\geqslant 4$,每个面的度至少是3.由 Euler 公式,$q(G)\geqslant 6$,即没有棱数小于6的凸多面体.

四面体是棱数为6的凸多面体.

若有7条棱的凸多面体,则存在满足上述条件且 $q(G)=7$ 的平图 G,由 Euler 公式得

$$p(G)+r(G)=q(G)+2=9, \tag{6.2-6}$$

但 G 的每个面的度至少是3,故

$$2q(G)=\sum_{f\in F(G)} d_G(f)\geqslant 3r(G),$$

即

$$r(G)\leqslant\frac{2}{3}q(G)=\frac{14}{3},$$

但 $r(G)$ 为整数,所以 $r(G)\leqslant 4$.同样 $p(G)\leqslant 4$,于是

$$p(G)+r(G)\leqslant 8,$$

这与式(6.2－6)矛盾.所以7条棱的凸多面体是不存在的.

设 $k\geqslant 4$,则以 k 边形为底的棱锥即为有 $2k$ 条棱的凸多面体.若把底为 $k-1$ 边

形的棱锥底角处的一个三角形“锯掉一个尖儿”，得到的是一个有 $2k+1$ 条棱的凸多面体. 总之，当 $n \geqslant 6, n \neq 7$ 时均有 n 条棱的凸多面体.

找出一个图是平面图的充分必要条件的研究曾经持续了几十年，直到 1930 年波兰数学家库拉托夫斯基(Kuratowski) 给出了平面图的一个非常简洁的特征刻画. 我们这里仅叙述库拉托夫斯基定理，由于它的证明较长，在此不作介绍.

给定图 G 的一个**剖分**，是对图 G 实现有限次下述过程而得到的另一个图 G'：删去 G 的一条边 uv 后，添加一个新的顶点 w 及两条新的边 uw 和 wv. 也就是说，在 G 的某些边上插入有限个顶点便可以得到 G 的一个剖分图 G'. 图 6.8 分别给出了 K_5 和 $K_{3,3}$ 的一个剖分.

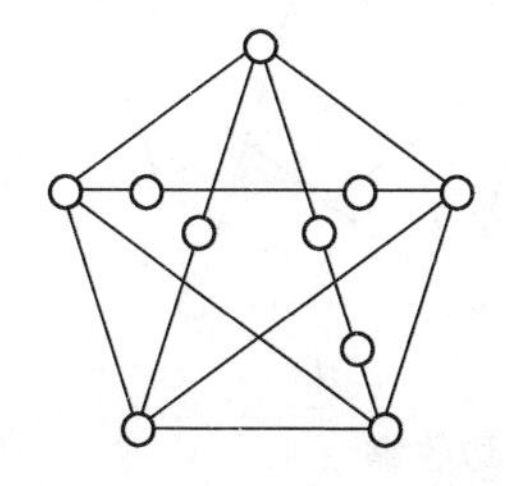

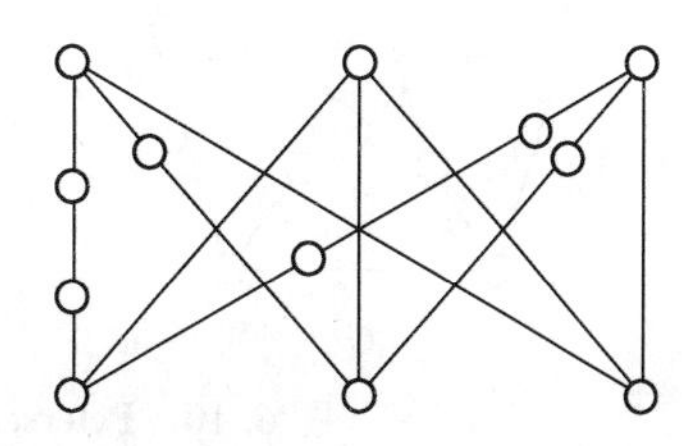

图 6.8　K_5 和 $K_{3,3}$ 的剖分图

很显然，一个平面图的每个剖分是平面图，一个非平面图的每个剖分也是非平面图. 即对 G 的每一个剖分图 G'，G 是平面图当且仅当 G' 是平面图. 我们已经证明了 $K_{3,3}$ 和 K_5 是非平面图，因此所有 $K_{3,3}$ 和 K_5 的剖分图都是非平面图. 因而，若图 G 含 $K_{3,3}$ 或 K_5 的一个剖分作为其子图，则 G 为非平面图. 库拉托夫斯基在 1930 年证明了这个结论的逆也成立.

定理 6.2.8(Kuratowski)　图 G 是平面图当且仅当它的任何子图都不是 K_5 或 $K_{3,3}$ 的剖分.

例如，在图 6.9 左侧的图 G 中，存在一个子图 H(右侧的图)，它是 $K_{3,3}$ 的一个剖分，所以 G 不是平面图.

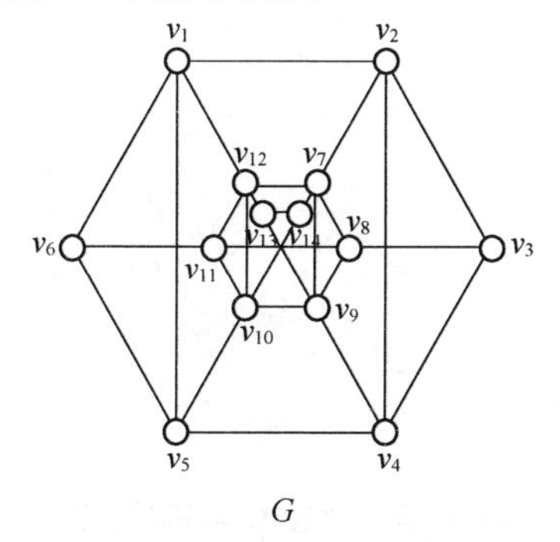

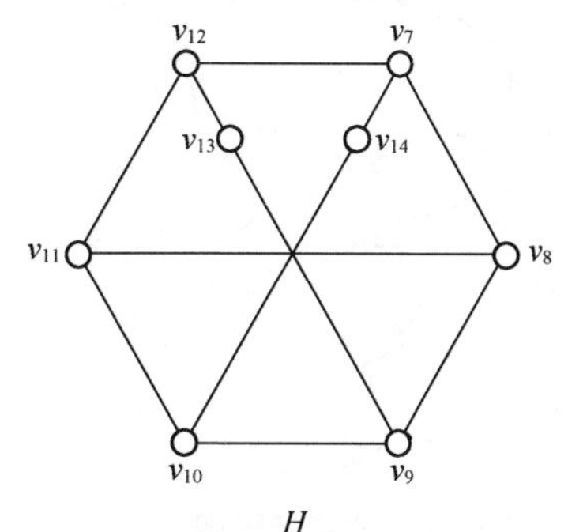

图 6.9　含 $K_{3,3}$ 的一个剖分作为子图的图

除有以上平面图的判别方法外，1937 年瓦格纳（K. Wanger）给出了平面图的另一判别准则.

设 $E_1 = \{e_1, e_2, \cdots, e_k\}$ 是图 G 的一个边子集，e_i 的两个端点为 u_i 和 $v_i(i = 1, 2, \cdots, k)$. 在 G 中除去边子集 E_1，并且分别将 u_i 与 v_i 重合为一个新的顶点 w_i，使得 w_i 与 u_i 和 v_i 的每个邻点相邻($i = 1, 2, \cdots, k$)，所得图称为 G 收缩 E_1，记为 $G \cdot E_1$. 图 6.10 给出了 Petersen 图 G 关于边子集 $E_1 = \{e_1, e_2, e_3, e_4, e_5\}$ 的一个收缩，所得图 $G \cdot E_1$ 即为 K_5.

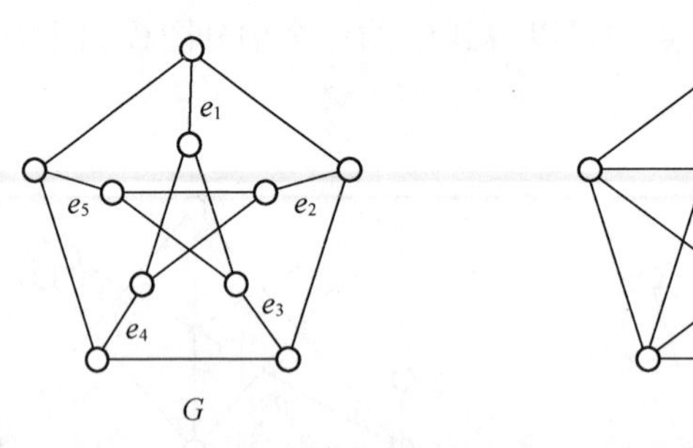

图 6.10　Petersen 图的一个边收缩

图 H 称为是图 G 的一个**子式**，如果图 H 可以由 G 通过一系列的边收缩、边删除或顶点删除(可以按任何顺序)而得到. 按此定义，K_5 是如图 6.10 所示的图 G 的一个子式，即 K_5 是 Petersen 图的一个子式.

定理 6.2.9(Wagner)　一个图 G 为平面图当且仅当 K_5 和 $K_{3,3}$ 都不是 G 的子式.

由此定理我们即可得 Petersen 图(也称单星妖怪图)不是平面图. 我们类似可以证明双星妖怪图 G(如图 6.11 所示)也不是平面图. 事实上，我们只要将 G 中 5 个形如 $\{v_1, v_2, v_3, v_4, v_5, v_6\}$ 的导出子图的 25 条边进行收缩，所得图含子图 K_5. 因为 K_5 是 G 的一个子式，故双星妖怪图不是平面图.

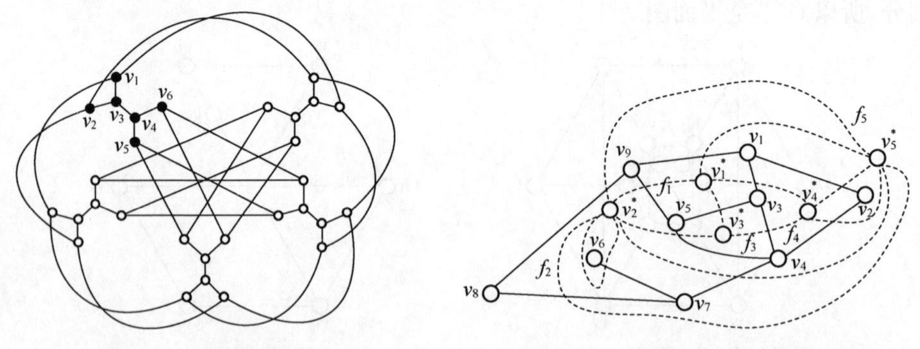

图 6.11　双星妖怪图　　**图 6.12　平图 G 与其对偶图 G^***

给定一个平面图的一个平面嵌入 G，我们可以构造另一个图 G^* 如下：设平图

G的面的集合为$F(G)=\{f_1,f_2,\cdots,f_r\}$,则取$G^*$的顶点集合为$V(G^*)=\{v_1^*,v_2^*,\cdots,v_r^*\}$.若$G$中两个面$f_i$与$f_j$有公共边$e_k$,则在$G^*$中将两个顶点$v_i^*$和$v_j^*$连上一条边$e_k^*$;若$G$的边$e_k$只在一个面$f_i$的边界中出现,则在$G^*$中,以顶点$v_i^*$为端点作一个环$e_k^*$.于是得到$G^*$中的边集合$E(G^*)=\{e_1^*,e_2^*,\cdots,e_q^*\}$,所得图$G^*$称为平图$G$的**对偶图**.如图6.12所示,其中的实线部分为平图G,虚线部分则为G的对偶图G^*.

容易看出,任意一个平图都有对偶图,且平图的对偶图仍是平面图.从对偶图的定义,我们还可以获得平图G与其对偶图G^*的下列性质:

(1) G有环当且仅当G^*含有度为1的顶点;e为G的环当且仅当对应的边e^*是G^*的割边;G有度为2的顶点当且仅当G^*含有重边.

(2) $p(G^*)=r(G)$, $q(G^*)=q(G)$, $r(G^*)=p(G)$;

(3) 对G^*的每个顶点v_i^*,有$d_{G^*}(v_i^*)=d_G(f_i)$.

定理 6.2.10　任何一个平图的对偶图是连通的平面图.

证明　设G^*是平图G的对偶图,对G^*中的任何两个顶点x^*和y^*,G中与之相对应的两个面为f和g.对G中的这两个面f和g,显然存在互不相同的面的序列$f_0,f_1,\cdots,f_k$使得$f=f_0,g=f_k$,且f_i与f_{i+1}相邻$(i=0,1,\cdots,k-1)$.于是在G^*中有一条相对应的(x^*,y^*)-路:$x_0^*x_1^*\cdots x_k^*$,其中$x_0^*=x^*,x_k^*=y^*$.这就证明G^*是连通的. □

值得注意的是,一个平面图的两个不同的平面嵌入可能有不同构的对偶.如图6.13所示,G_1和G_2是平面图G的两个不同的平面嵌入,明显的,G_1和G_2的对偶图G_1^*和G_2^*是不同构的.

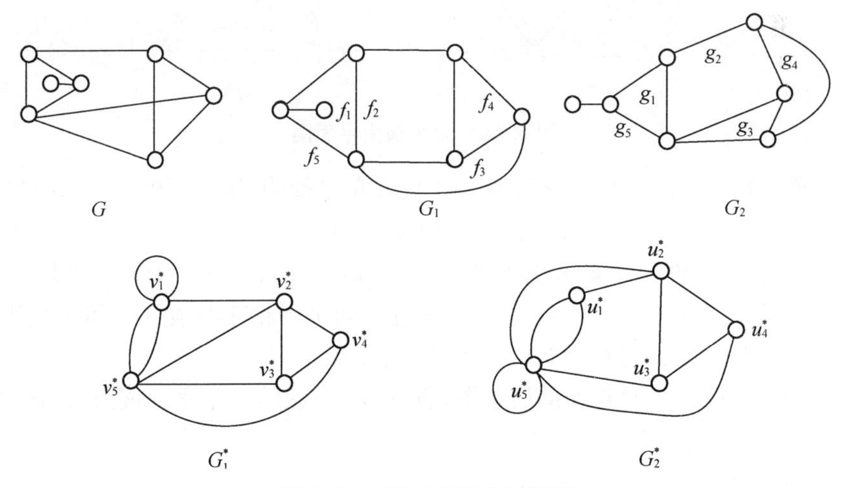

图 6.13　图 G 的两个对偶图

我们来看一种特殊的平图与其对偶图. 如果一个正则平图 G 的对偶图 G^* 也是正则的,则称 G 是**完全正则平图**. 显然完全正则平图的每个面的度都相同.

完全正则平图是很少的,我们用 k 和 k^* 分别表示 G 和 G^* 中各顶点的度数,则 k^* 也是 G 中各个面的度数. 容易获得 $k=2$ 或 $k^*=2$ 的完全正则平图的特征. 而对于 $k>2,k^*>2$ 的完全正则平图,与定理 6.2.7 一样可得它们所对应的平图分别是正四面体、正方体、正八面体、正十二面体和正二十面体,其图形如图 6.7 所示.

完全正则图的对偶图是完全正则图,显然正八面体的对偶图为正方体,正二十面体的对偶图为正十二面体,正四面体的对偶图为正四面体. 这些完全正则图统称为柏拉图体,被古人看作是宇宙和谐的象征.

6.3 几类特殊的平面图

图论中的图千姿百态,多种多样,许多图之间具有密切的联系,而且有着重要的性质和实际应用背景,平面图也不例外. 下面介绍三类重要而特殊的平面图.

定义 6.3.1 设 G 是简单平面图,若对于 G 中任意一对不相邻的顶点 u 和 v, $G+uv$ 不是平面图,则称 G 为**极大平面图**. 极大平面图的平面嵌入称为**极大平图**.

例如,对于 K_5 中的任意一条边 e, K_5-e 是极大平面图. 图 6.14 所示的两个图 G 和 H 也都是极大平面图.

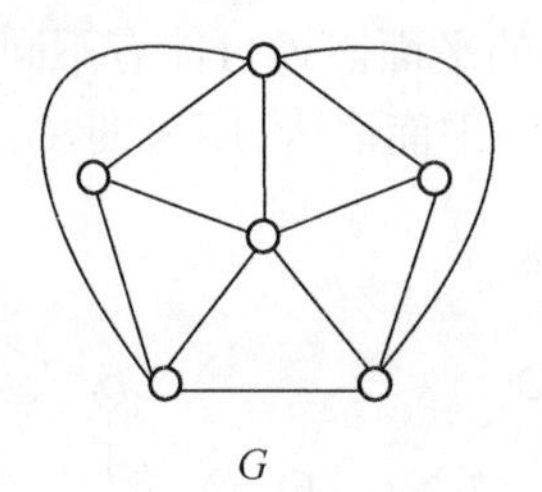

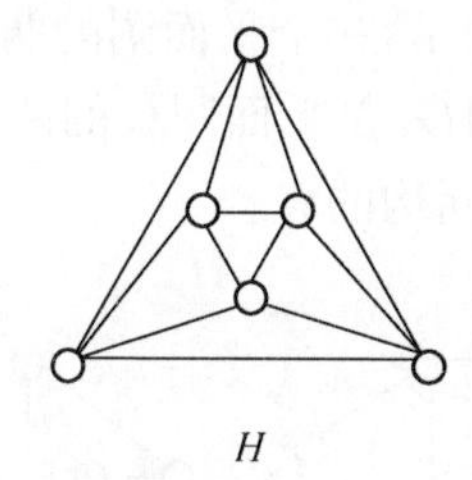

G　　　　H

图 6.14　两个极大平面图

定理 6.3.1 设 G 是至少有 3 个顶点的简单平面图,则 G 是极大平面图当且仅当 G 的任何一个平面嵌入中的每个面的度都是 3.

证明 (必要性) 假设 G_1 是 G 的一个平面嵌入. 若存在一个面 f 的度至少是 4,设 $f=[v_1v_2\cdots v_k]$,则在 $v_1,v_2,\cdots,v_k$ 中存在两个不相邻的顶点 v_i 和 v_j 使得 $G+v_iv_j$ 仍是简单平面图,与 G 是极大平面图矛盾.

(充分性) 首先 G 是连通的简单图,假设 G_1 是 G 的一个平面嵌入,由已知, G_1 中每一个面的度为 3,则

$$2q(G_1)=\sum_{f\in F(G_1)}d_{G_1}(f)=3r(G_1),$$

结合 Euler 公式 $p(G_1)-q(G_1)+r(G_1)=2$,我们有

$$q(G_1) = 3p(G_1) - 6,$$

但由推论 6.2.5,对任何一个简单平面图 G,均有 $q(G) \leqslant 3p(G) - 6$. 故 G_1 是极大平图,即 G 为极大平面图. □

从该定理的证明过程中容易获得如下结论.

推论 6.3.2 至少有 3 个顶点的简单平面图 G 是极大平面图当且仅当

$$q(G) = 3p(G) - 6.$$

定义 6.3.2 设 G 是一个平面图,若存在 G 的一个平面嵌入 G^*,使其所有顶点都落在 G^* 的外部面的周界中,则称 G 是**外可平面图**,同时称 G^* 是**外平面图**.

通过平面图的球极投影不难看出,若平面图 G 存在一个平面嵌入 G^*,使其所有顶点都落在 G^* 的某一个面的周界中,则 G 也是外可平面图. 如图 6.15 所示的图是外可平面图.

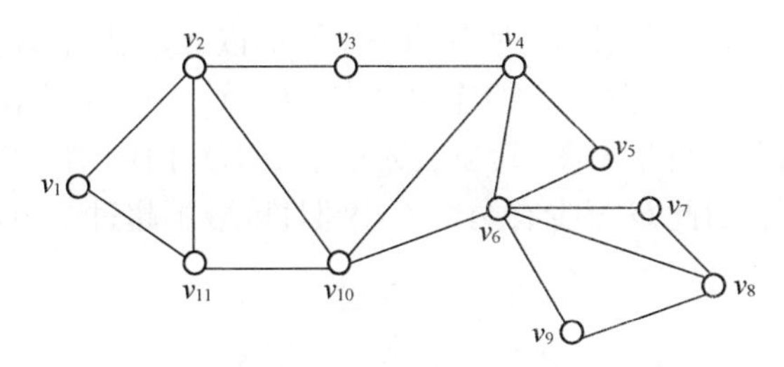

图 6.15 外平面图 G

定理 6.3.3 2-连通外平面图 G 是 Hamilton 图.

证明 假设图 G 是 2-连通外平面图,G^* 是 G 的一个平面嵌入,其所有顶点均在外部面 f_0 的周界上. 记 $f_0 = [v_1 v_2 \cdots v_n]$,则 $b(f_0)$ 是一个闭途径. 因为 G 是 2-连通图,故 $b(f_0)$ 中没有重复的顶点,因此 $b(f_0)$ 是图 G 的一个 Hamilton 圈. □

由定理 6.3.3 或外平面图的定义,我们马上可以判断如图 6.16 所示的平面图 $K_{2,3}$ 和 K_4 不是外可平面图. 事实上,我们有下面的关于外可平面图的判定定理.

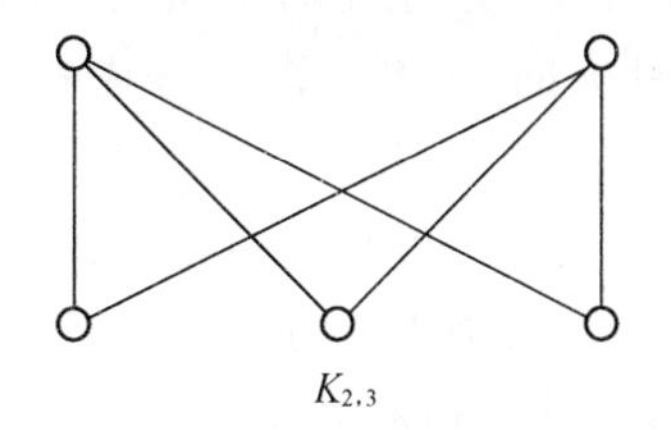

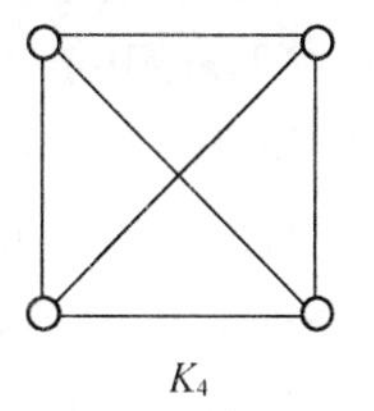

图 6.16 两个非外可平面图

定理 6.3.4 除等同两个圈的各一条边得到的图外(见图 6.17),一个图 G 是外可平面图当且仅当 G 不包含 K_4 和 $K_{2,3}$ 的剖分图.

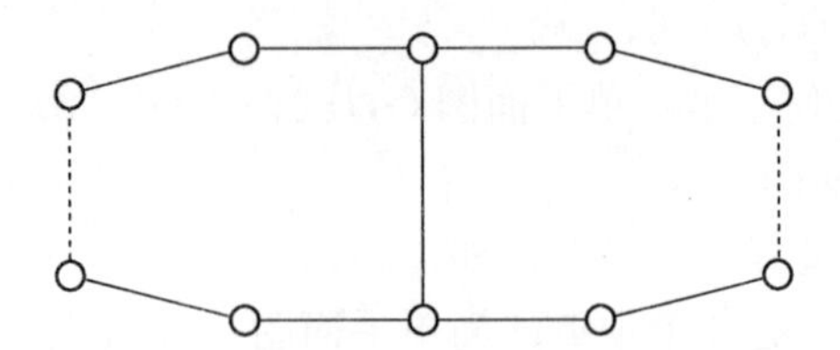

图 6.17　不满足定理 6.3.4 的外平面图

定理 6.3.5　设 G 是简单外可平面图，则 $\delta(G) \leqslant 2$.

证明　不妨假设 G 是连通图，我们对 G 的顶点数 $p(G)$ 进行归纳证明. $p(G) \leqslant 3$ 时结论显然成立. 当 $p(G) \geqslant 4$ 时，我们可以证明一个更强的结论：G 有两个不相邻的度数至多为 2 的顶点. 当 $p(G) = 4$ 时，因为 K_4 不是外可平面图，故 G 中有两个不相邻的顶点，这两个顶点的度至多是 2.

下面假设 $p(G) \geqslant 5$ 并且 G^* 是 G 的一个平面嵌入，其所有顶点均在外部面 f_0 的周界上. 若 G 有割点 x，记 $G-x$ 的连通分支为 $G_1, G_2, \cdots, G_k$，则 $G[V(G_1) \cup \{x\}]$ 和 $G \backslash V(G_1)$ 是两个外可平面图，其顶点数小于 $p(G)$. 由归纳假设，分别有两个度数不超过 2 的顶点，因此 G 至少有两个不相邻且度数不超过 2 的顶点.

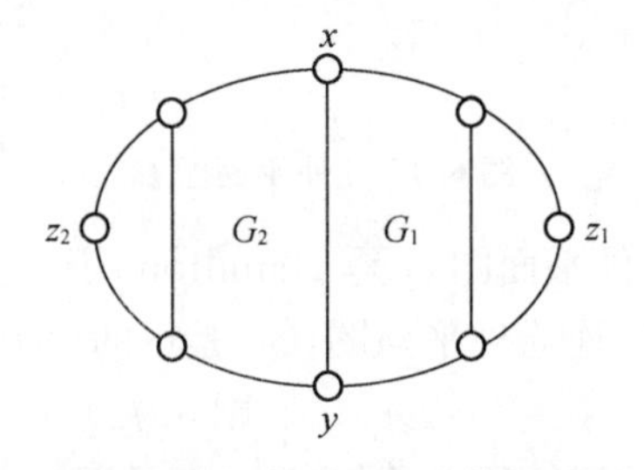

图 6.18　定理 6.3.5 的证明

若 G 是 2-连通图，则 G^* 的外部面 f_0 的周界 C 是 G^* 的一个 Hamilton 圈. 如果 G^* 是 2-正则图，则结论显然成立. 否则 G^* 中存在两个顶点 x 和 y，使 $xy \in E(G^*) \backslash E(C)$，按 Hamilton 圈 C 的顺时针方向，x 和 y 将 C 分成两段 $C(x,y)$ 和 $C(y,x)$，这两段的导出子图 $G_1 = G^*[V(C(x,y))]$ 和 $G_2 = G^*[V(C(y,x))]$ 也是两个外平面图（见图 6.18）. 由归纳假设，G_1 有两个度数不超过 2 的顶点，其中至少有一个顶点不同于 x 和 y，不妨记为 z_1，同样，G_2 有两个度数不超过 2 的顶点，其中至少有一个顶点不同于 x 和 y，不妨记为 z_2，则 z_1 和 z_2 就是 G 中两个不相邻且度数不超过 2 的顶点. □

定义 6.3.3　Halin 图 $H = T \cup C$ 是一个平面图，其中 T 是一棵最大度至少是 3 且没有度为 2 的顶点的树，而 C 是按照平面嵌入的顺序依次连接 T 中度为 1 的顶点所组成的一个圈.

图 6.19 所示的图中，H_1 是 Halin 图，H_2 不是 Halin 图. 事实上，所有轮图 W_n

是 Halin 图.

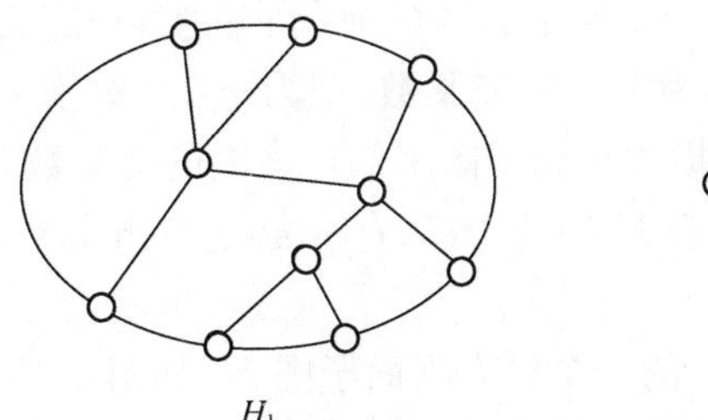

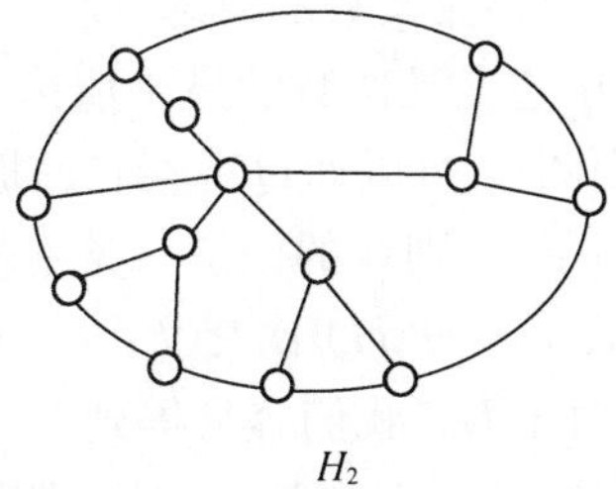

图 6.19　H_1 是 Halin 图,H_2 不是 Halin 图

Halin 图 G 是极小的 3-连通图,亦即 G 是 3-连通的,但移去 G 的任意一条边或一个顶点后所得的图不再是 3-连通的.

1975 年,J. A. Bondy 证明了下面结果.

定理 6.3.6　Halin 图是 Hamilton 的.

6.4　图的曲面嵌入

一个非平面图是不能嵌入在一个平面上的,但它们可分成若干个子图,分别可嵌入在一些平面上. 若 G 可表示为若干个平面图的并图,称这种平面图的最小数为 G 的**厚度**,记为 $\theta(G)$,于是 $\theta(G)=1$ 当且仅当 G 是平面图.

易见,研究一个非平面图的厚度是有实际意义的. 例如在设计一个印刷电路板时,需要把设计好的电网络在平面图上实现. 如果不能在一块印刷板上实现,则至少需要几块印刷电路板呢?

然而不幸的是,关于非平面图厚度的计算是一个比较复杂的问题,至今为止依然难以确定. 但对一些特殊的图,它们的厚度已确定. 例如,$\theta(K_p)=\left\lfloor\frac{p+7}{6}\right\rfloor$,$p\neq 9,10$,$\theta(K_9)=\theta(K_{10})=3$;又如,$\theta(K_{p,p})=\left\lfloor\frac{p+5}{4}\right\rfloor$.

关于厚度,有如下平凡的下界.

定理 6.4.1　设 G 是具有围长 $g(\geqslant 3)$ 的一个非平面图,则

$$\theta(G)\geqslant\left\lceil\frac{(g-2)q(G)}{g(p(G)-2)}\right\rceil.$$

证明　对于一个围长为 g,阶为 $p(G)$ 的平面图 G_0,由推论 6.2.4 得

$$0<q(G_0)\leqslant\frac{g(p(G)-2)}{g-2},$$

于是

$$0<\frac{(g-2)q(G)}{g(p(G)-2)}\leqslant\theta(G),$$

这意味着定理结论成立. □

我们再介绍交叉数的概念. 要把一个非平面图G画在平面上,一定会有一些边交叉,将G中边交叉次数的最小值称为图G的**交叉数**,记为$\upsilon(G)$. 对于一个阶数较小的非平面图G,可以通过观察它的极大平面子图来估计该图的交叉数. 令H为G的极大平面子图,则G的任意一条不在H中的边e,$H+e$必定有边交叉,因此这个图至少有$q(G)-q(H)$次交叉.

例如,对于K_6,我们容易得到K_6的一个极大平面子图H(如图 6.20 所示),因H有 12 条边,故$\upsilon(K_6)\geqslant 3$,而G按图 6.21 所示的一个作图,表明了等号成立.

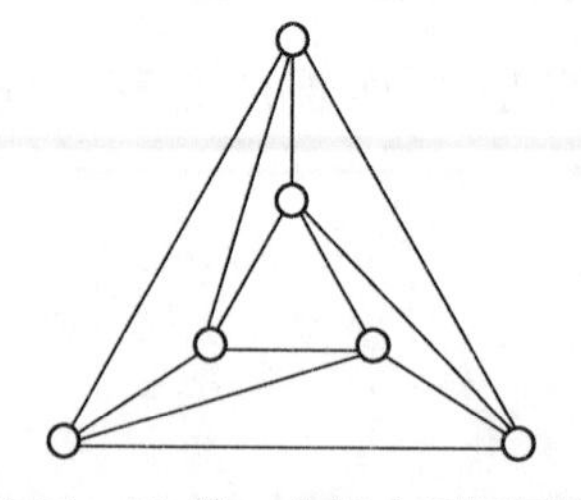

图 6.20 K_6 的一个极大平面子图 H

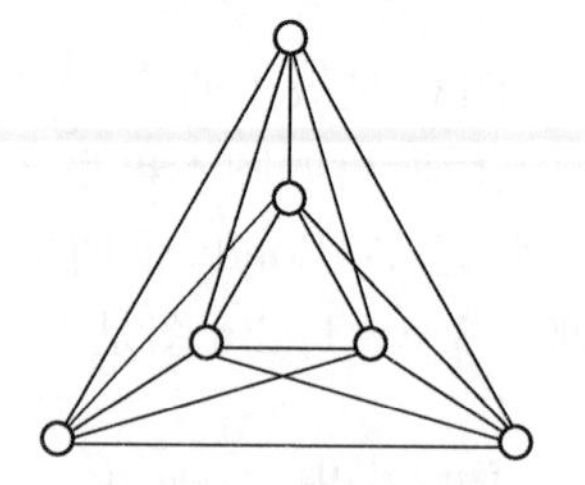

图 6.21 完全图 K_6

我们已经知道一个平面图G可以嵌入到一个球面上,使边与边不交叉. 当然,如果一个图G可以嵌入到球面上,使边与边不交叉,则G也可以嵌入到平面上. 由此引入另一个问题 —— 图在其他曲面上的嵌入问题. 环面是最常见的一种曲面,一个轮胎形状的曲面如图 6.22(a) 所示.

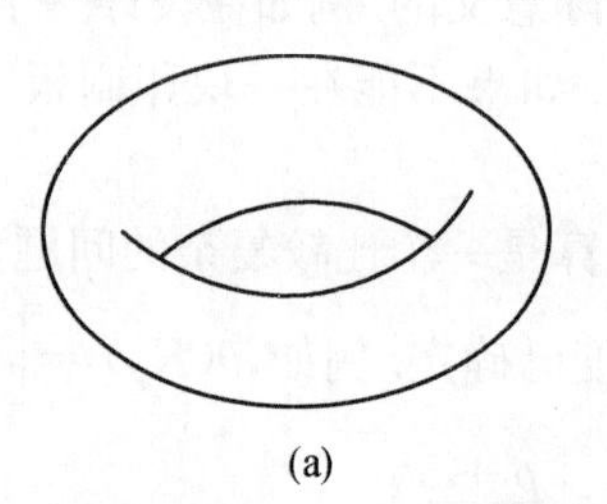

(a)

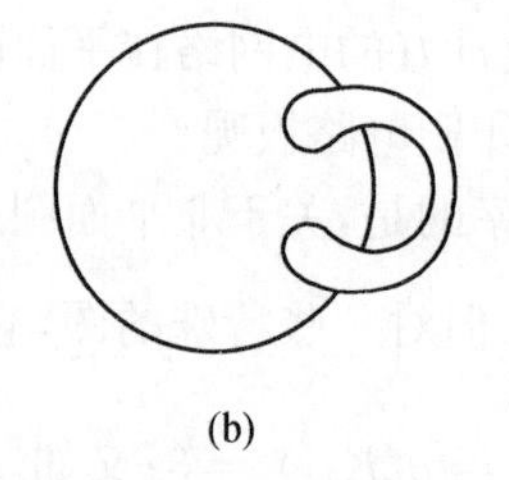

(b)

图 6.22 环面

对于环面,我们还可以通过在球面上加一个环柄的方式来获得. 将一个球面挖两个孔,然后用一个环柄将球面上的两个孔连接起来,得到一个带环柄的球面(如图 6.22(b) 所示). 从拓扑学的角度看,环面与这个带环柄的球面是一样的.

一个环面也可以用一个矩形来表示. 如图 6.23 所示,其中标号为A的点在环面上为同一个点,标号为B的点为同一个点,标号为C的点也为同一个点.

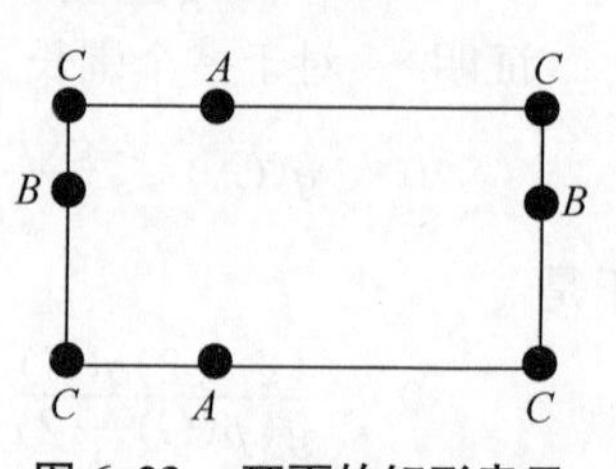

图 6.23 环面的矩形表示

我们知道K_5是非平面图,但我们可以将K_5嵌入环面,使边与边不交叉. 图 6.24(a) 给出了K_5在环面上的两种嵌入方式;图 6.24(b) 所示的 K_5 在环面的嵌入中,其中的一条边是穿过环面的环柄.

如果一个图的边数较多,也许就不能嵌入环面,使边与边不交叉,这时可以考虑与一个带环柄的球面一样,在球面上粘有较多环柄的曲面,让一些边通过环柄来避免边与边的交叉.用 S_k 表示一个球面上粘有 k 个环柄的曲面,曲面 S_k 也称为是一个**亏格为 k 的曲面**.从定义可知,S_0 就是球面本身,而 S_1 是一个环面.

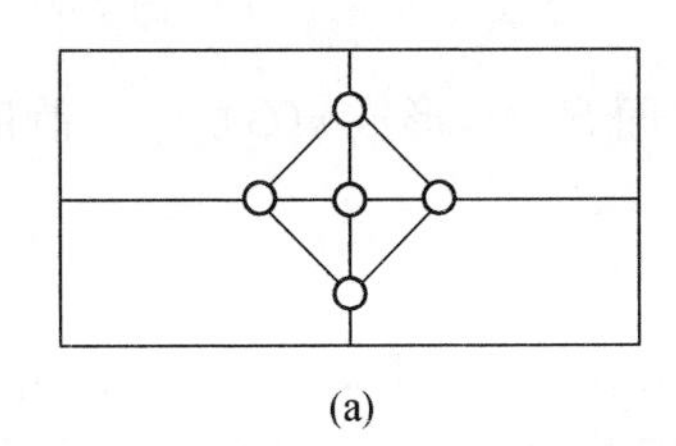
(a)

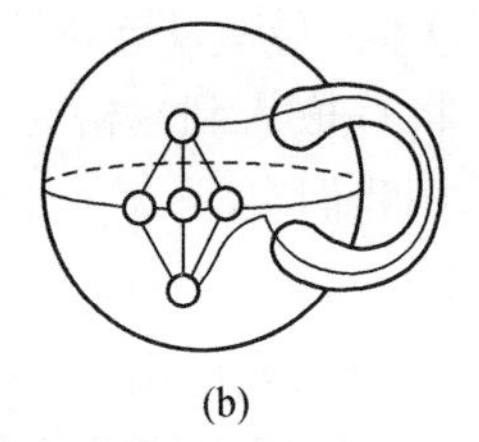
(b)

图 6.24　K_5 在环面上的嵌入

与 K_5 在环面上的嵌入一样,每个图都可以嵌入到某个曲面上.使得一个图 G 可以嵌入到曲面 S_k 的最小非负整数 k 称为图 G 的**亏格**,记为 $\gamma(G)$.由此定义,我们容易看到 G 是平面图当且仅当 $\gamma(G)=0$,G 可以嵌入环面当且仅当 $\gamma(G)=1$,如 $\gamma(K_5)=1$.此外,不难验证 $\gamma(K_{3,3})=1$(见习题 6.12).

平面图的有关理论,特别是连通平面图的欧拉公式,可以以某种方式扩展到可嵌入正亏格曲面的图上.为此我们需要一个 2-胞腔概念.曲面 S_k 上的一个区域称为是 2-胞腔,若该区域中的任意一条闭合曲线都可以经过连续变形压缩成一个点.

定义 6.4.1　若连通图 G 可以嵌入曲面 S_k,使得每一个区域都是 2-胞腔的,则称 G 在曲面 S_k 的这个嵌入是一个 2-胞腔嵌入.

图 6.25 给出了 K_4 在环面 S_1 上的两个嵌入,其中 6.25(a) 所示的这个嵌入就不是 2-胞腔嵌入,因为区域 $F_3(=F_4)$ 不是 2-胞腔的;而图 6.25(b) 所示的这个嵌入是 K_4 的一个 2-胞腔嵌入,在这个嵌入中只有两个区域.类似于平面图的欧拉公式,对于 K_4 的这个 2-胞腔嵌入,有 $p-q+r=4-6+2=0$.

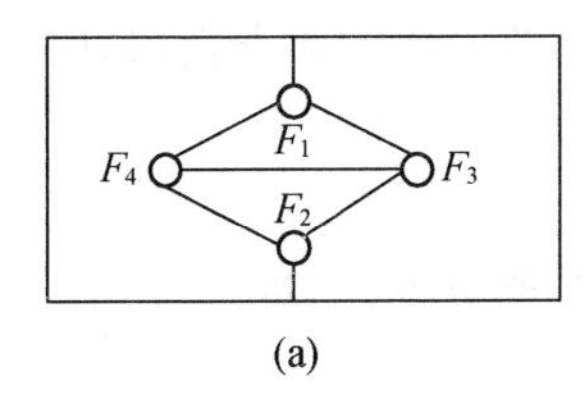

(a)

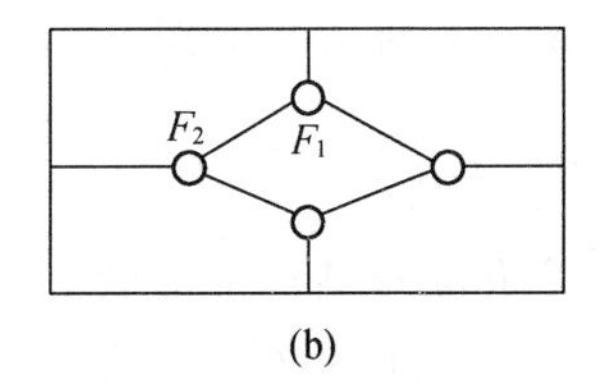

(b)

图 6.25　K_4 在环面上的两个嵌入

事实上,我们将看到这是一个普遍规律,有一个类似于连通平面图的欧拉公式.

定理 6.4.2（S_γ 上的欧拉公式） 设连通图 G 有 p 个顶点、q 条边，其亏格为 γ，在曲面 S_γ 上的一个 2-胞腔嵌入中形成 r 个面，则

$$p-q+r=2-2\gamma.$$

该定理的证明略.

与推论 6.2.5 类似，有下面的推论.

推论 6.4.3 设连通简单图 G 至少有 3 个顶点，可以嵌入到曲面 S_γ 上，则

$$q(G)\leqslant 3(p(G)-2+2\gamma(G)).$$

证明 将 G 嵌入到亏格为 $\gamma(G)$ 的曲面 S_γ 上，形成 $r(G)$ 个 2-胞腔区域 F_1，$F_2,\cdots,F_{r(G)}$，则我们有

$$p(G)-q(G)+r(G)=2-2\gamma(G). \tag{6.4-1}$$

对每个区域 F_i，我们用 f_i 表示该区域边界上的边数，则 $f_i\geqslant 3, 1\leqslant i\leqslant r(G)$. 明显的，$G$ 的每条边属于 1 或 2 个区域中，因此有

$$3r(G)\leqslant\sum_{i=1}^{r}f_i\leqslant 2q(G),$$

故有 $r(G)\leqslant\frac{2q(G)}{3}$，代入(6.4-1)式，我们有

$$q(G)\leqslant 3(p(G)-2+2\gamma(G)).$$ □

在这个推论中，若 G 为平面图，则 $\gamma(G)=0$，则有

$$q(G)\leqslant 3p(G)-6,$$

即为推论 6.2.5.

习题 6

6.1 证明：若 G 是 $p(G)\geqslant 4$ 且 $\delta(G)\geqslant 1$ 的简单平面图，则 G 至少有 3 个顶点的度不超过 5.

6.2 证明：若 G 是 $p(G)\leqslant 11$ 的简单平面图，则 $\delta(G)\leqslant 4$.

6.3 证明：若 G 是 $p(G)\geqslant 4$ 的极大平面图，则 $\delta(G)\geqslant 3$.

6.4 设 G 是一个极大平面图，n_i 是 G 中度为 i 的顶点个数，证明：

$$\sum_{i=3}^{\Delta(G)}(6-i)n_i=12.$$

6.5 设 G 是有 ω 个连通分支的 p-阶简单平面图，证明：

$$p(G)-q(G)+r(G)=\omega+1.$$

6.6 如果平图 G 的对偶图 G^* 同构于 G，则称 G 是自对偶图.

(1) 若 G 是自对偶图，证明：$q(G)=2p(G)-2$；

(2) 若极大平面图 G 是自对偶图，刻画 G 的特征.

6.7 验证轮图 W_6 和 W_7 是自对偶图.

6.8 设 G 为 $p(G)(\geqslant 4)$-阶的极大平面图,证明:G 的对偶图 G^* 是 2-边连通的 3-正则图.

6.9 证明:平图 G 的对偶图 G^* 是欧拉图当且仅当 G 中每个面的度数均为偶数.

6.10 设 G 是一个没有 3-圈的简单平面图,证明下面结论:

(1) $q(G) \leqslant 2p(G) - 4$;

(2) $\delta(G) \leqslant 3$.

6.11 确定 Petersen 图的厚度.

6.12 证明:$\gamma(K_{3,3}) = 1$.

6.13 证明:若 G 是 $p(G) \geqslant 12$ 的平面图,则 G^c 不是可平面图.

6.14 证明:一个 2-连通平图是二分图当且仅当它的每一个面的周界是偶圈.

6.15 证明:3-正则的 Halin 图含有一个完美对集.

7 图的染色

图染色问题的研究起源于著名的“四色问题”.“四色问题”是图论中乃至整个数学领域中最著名、最困难的问题之一.

给定一张世界地图,我们说两个国家是相邻的,如果它们的公共边界上至少有一段连续曲线. 所谓四色猜想就是说,总可以用至多四种颜色给每一个国家染色,使得相邻国家染不同的颜色. 如图 7.1 所示的地图用红、蓝、黑、黄四种颜色给每个区域染色,使得任何两个相邻的区域得到不同的颜色.

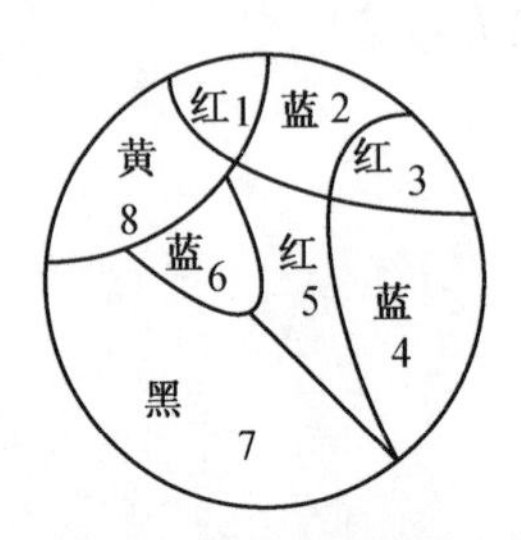

图 7.1 地图染色

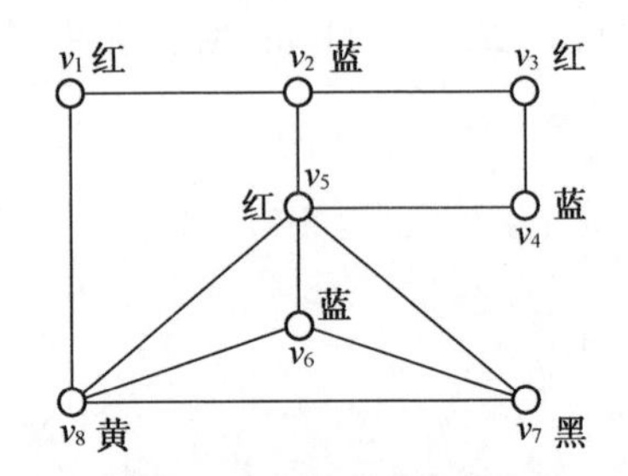

图 7.2 图的顶点染色

“四色问题”可追溯到19世纪50年代. 1852年嘉思瑞(Guthrie)兄弟在通信中首次提出了这个问题. 嘉思瑞求教于他的老师摩根(De Morgan). 摩根和他的朋友们在信件中讨论了这个问题,都没办法给出解答. 1878 年凯莱(Cayley)在伦敦数学会上宣布了这个问题,此后引起数学界的广泛关注. Kempe 和 Tait 分别在 1879 年和 1880 年发表文章,声称证明了四色问题. 11 年后,希伍德(Heawood)指出了 Kempe 证明中存在的错误,但是用 Kempe 的方法证明了五色定理. 1891 年 Petersen 指出了 Tait 证明中也存在错误,但利用 Tait 方法证明了四色猜想与下面命题等价:任何一个 2-边连通的 3-正则平面图是 3-边可染的. 历经一百多年之后,这个看似简单的四色猜想才被美国的 Appel 和 Haben 于 1976 年借助电子计算机花了 1200 多个小时证明成立. 1997 年 Robertson,Sanders,Seymour 和 Thomas 给出了一个简化证明,但仍需要借助计算机来完成,不过仅要求几分钟的运算. 从此四色猜想变成了四色定理. 不过,给出四色定理的不用计算机进行运算的数学推理证明仍是一个有意义的工作.

四色问题可以转化为图论中的点染色问题. 首先是从地图出发构造一个平面图 G,其方法如下:把地图的每一个区域看做一个顶点,两个点之间连一条边当且仅当对应的两个区域有一段公共的边界线. 这样,地图染色问题就转化为用至多四

种颜色染 G 的顶点使得相邻的顶点得到不同的颜色. 如图 7.2 所示的图 G 就是由图 7.1 所示的地图构造而来的.

由于地图中每一块区域对应图 G 的一个顶点,两个相邻顶点对应两个相邻区域,所以对地图染色使相邻的区域染以不同的颜色相当于对图 G 的每个顶点染以相应的一种颜色,使得相邻的顶点有不同颜色. 例如,图 7.1 中地图的一个染色对应图 7.2 中图 G 的一个顶点染色.

7.1　顶点染色

本节给出图的顶点染色概念及相关性质,这里我们仅限于讨论简单图.

定义 7.1.1　图 G 的一个**正常 k-点染色**(简称 k-点染色)是指一个映射 φ: $V(G) \to \{1,2,\cdots,k\}$,使对任意相邻的顶点对 $u,v \in V(G)$,亦即 $uv \in E(G)$,有 $\varphi(u) \neq \varphi(v)$. 若图 G 有一个正常 k-点染色,就称 G 是 k-可染的. 而 G 的**色数**是指 G 有正常 k-点染色的数 k 的最小值,用 $\chi(G)$ 表示. 若 $\chi(G)=k$,就称 G 是 k-点可色图.

从定义不难发现,对于 G 的任何子图 H,均有 $\chi(H) \leqslant \chi(G)$. 若 G 是 p 阶完全图,则 $\chi(G)=p$.

事实上,对于 $\chi(G)$ 的下界,我们可以用图 G 的**团数** $\omega(G)$ 来描述,其中 $\omega(G)=\max\{k \mid K_k \subseteq G\}$. 从 $\chi(G)$ 定义不难得到如下结论.

定理 7.1.1　对于任何一个图 G, $\chi(G) \geqslant \omega(G)$.

例如,图 7.2 给出了图 G 的一个 4-点染色,因此 $\chi(G) \leqslant 4$. 但在 G 中, $G\{[v_5, v_6, v_7, v_8]\} = K_4$,故 $\omega(G) \geqslant 4$,所以由定理 7.1.1, $\chi(G) \geqslant 4$. 因此, $\chi(G)=4$.

定理 7.1.1 中关于 $\chi(G)$ 的下界,对二分图、完全图和长度为偶数的圈来说可以取到等号;但对绝大部分图, $\chi(G)$ 严格大于 $\omega(G)$,如长度为奇数的圈、Petersen 图和著名的 Grötzsch 图(见图 7.3).

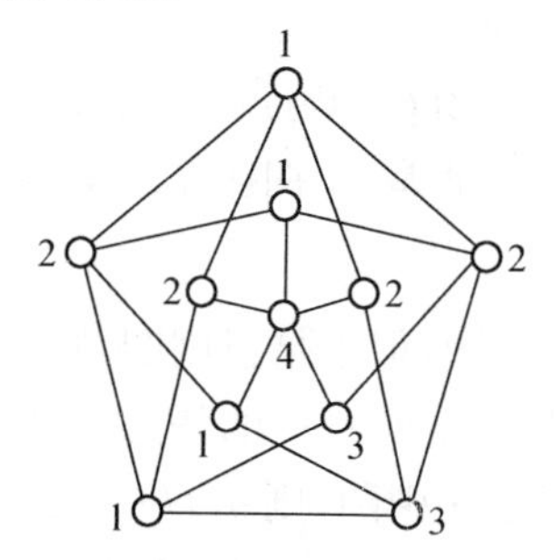

图 7.3　无三圈且色数为 4 的 Grötzsch 图

给定图 $G=(V,E)$ 的一个 k-点染色,用 V_i 表示 G 中染以第 i 色的顶点集合 $(i=1,2,\cdots,k)$,则每个 V_i 都是 G 的独立集. 因而 G 的一个 k-点染色对应 $V(G)$ 的一个划分 $[V_1,V_2,\cdots,V_k]$,其中每一个 V_i 是一个独立集. 反之,给出 $V(G)$ 的这样一个划分 $(V_1,V_2,\cdots,V_k)$,其中每一个 V_i 均是独立集 $(1\leqslant i\leqslant k)$,则相应得到 G 的一个 k-点染色,我们称 $V(G)$ 的这样一个划分为 G 的一个**色划分**,每个 V_i 称为色类 $(i=1,2,\cdots,k)$. 因此,G 的色数 $\chi(G)$ 就是使这种划分成为可能的最小自然数 k.

通过上面的讨论,我们可直接得以下结论.

命题 7.1.2 (1) $\chi(G)=1$ 当且仅当 G 是空图;

(2) $\chi(G)=2$ 当且仅当 G 是至少有一条边的二分图;

(3) 若 G 是长为奇数的圈,则 $\chi(G)=3$.

对于 $k\geqslant 3$,k-色图的特征至今尚未清楚,然而我们可以给出色数的一个上界.

定理 7.1.3 设 $k=\max\limits_{H}\delta(H)$,这里的 H 取遍 G 的所有导出子图,则

$$\chi(G)\leqslant k+1.$$

证明 我们只需要证明 G 是 $(k+1)$-可染的. 由于 H 能取到 G,故 $\delta(G)\leqslant k$,从而在 G 中可取到一个顶点 v_p 使得 $d_G(v_p)\leqslant k$. 令 $H_{p-1}=G-v_p$,取 $H=H_{p-1}$,则 H_{p-1} 中也有一个顶点 v_{p-1},使得 $d_{H_{p-1}}(v_{p-1})\leqslant k$. 再令 $H_{p-2}=H_{p-1}-v_{p-1}=G\backslash\{v_{p-1},v_p\}$,同样存在 $v_{p-2}\in V(H_{p-2})$ 使得 $d_{H_{p-2}}(v_{p-2})\leqslant k$. 这样继续下去,就得到一个顶点序列 $v_1,v_2,\cdots,v_p$,根据这个点列的构造,点列中的每个顶点 v_j 至多与它前面 $v_1,v_2,\cdots,v_{j-1}$ 中的 k 个顶点相邻. 现在我们按照 $v_1,v_2,\cdots,v_p$ 这个顶点序列给出 G 的一个 $(k+1)$-点染色. 首先给 v_1 染颜色 1,当 v_2 与 v_1 不相邻时,仍给 v_2 染 1,否则给 v_2 染颜色 2. 一般来说,当已经给 $v_1,v_2,\cdots,v_t$ 染色,使相邻的点对染有不同的颜色后,再给 v_{t+1} 染色. 由于 v_{t+1} 最多与 $v_1,v_2,\cdots,v_t$ 中的 k 个顶点相邻,因此这 t 个顶点内与 v_{t+1} 相邻的顶点中至多出现 k 种颜色,在 $k+1$ 种颜色中我们总可以把不出现的而且按照标号最小的这种颜色染给 v_{t+1}. 这样一直把 G 中的全部顶点染上某种颜色为止,可得 G 的一个 $(k+1)$-点染色,故 $\chi(G)\leqslant k+1$. □

推论 7.1.4 对任意图 G,均有 $\chi(G)\leqslant\Delta(G)+1$.

证明 对于 G 的任意一个点导出子图 H,总有 $\delta(H)\leqslant\Delta(H)\leqslant\Delta(G)$,故由定理 7.1.3 得此结论成立. □

推论 7.1.5 若 G 是连通图,但不是正则图,则 $\chi(G)\leqslant\Delta(G)$.

证明 由定理 7.1.3,只需证明对 G 的任意一个点导出子图 H,都有 $\delta(H)\leqslant\Delta(G)-1$. 若 $H=G$,因 G 不是正则图,则 $\delta(H)\leqslant\Delta(G)-1$. 否则,设 H 是 G 的真子图. 因 G 连通,存在 $x\in V(H)$,$y\in V(G\backslash H)$,使 $xy\in E(G)$,则 $d_H(x)\leqslant d_G(x)$

$-1 \leqslant \Delta(G)-1$，于是 $\delta(H) \leqslant \Delta(G)-1$. □

定理 7.1.3 及两个推论给出了色数的几个上界，但这些上界是很弱的. 例如，当 G 是二分图时，$\chi(G) \leqslant 2$，而 $\Delta(G)$ 可以取得相当大.

布鲁克斯(R. L. Brooks)在 1941 年证明了这样的结果：使 $\chi(G)=\Delta(G)+1$ 的图有且只有两类，即或是完全图或是奇圈.

定理 7.1.6　如果连通图 G 不是奇圈，也不是完全图，则 $\chi(G) \leqslant \Delta(G)$.

证明　由推论 7.1.5，我们只需要考虑连通的 k-正则图. 设 G 是连通的 k-正则图，既不是奇圈，也不是完全图. 若 $k=2$，则 G 是一个长为偶数的圈，易见 $\chi(G)=2=\Delta(G)$. 下面假设 $3 \leqslant k \leqslant p(G)-2$，分两种情况讨论：

首先假设 G 有割点 v. 设 $G-v$ 的连通分支为 $G_1, G_2, \cdots, G_l(l \geqslant 2)$，记 $G_i'=G[V(G_i) \cup \{v\}]$，则 $d_{G_i'}(v)<k$，因此 G_i' 是最大度为 k 的非正则图，由推论 7.1.5，$\chi(G_i') \leqslant k(i=1,2,\cdots,l)$. 由此可推得 $\chi(G) \leqslant k$.

其次假设 G 是 2-连通图. 下面先证明 G 中存在三个顶点 v_1, v_2, v_p，使得 v_1v_p，$v_2v_p \in E(G)$，$v_1v_2 \notin E(G)$ 且 $G \backslash \{v_1, v_2\}$ 仍连通.

对于一个顶点 $v \in V(G)$，若 $\kappa(G-v) \geqslant 2$，取 $v_1=v$，因 $d_G(v_1)=k<p(G)-1$，且 G 为连通图，存在顶点 v_2，使 $d_G(v_1, v_2)=2$，令 $v_p \in N_G(v_1) \cap N_G(v_2)$，则 v_1, v_2 和 v_p 满足要求.

若 $\kappa(G-v)=1$，记 $G-v$ 的块为 $B_1, B_2, \cdots, B_t$. 不妨假设 B_1 与 B_t 均只包含 $G-v$ 中的一个割点，分别记为 x, y(如图 7.4 所示). 因为 G 是 2-连通图，B_1 和 B_t 中各有一个顶点 $v_1 \in V(B_1) \backslash \{x\}$，$v_2 \in V(B_t) \backslash \{y\}$，使 $v_1v, v_2v \in E(G)$. 又 $k \geqslant 3$，$V(G) \backslash \{v_1, v_2\}$ 中有一个顶点与 v 相邻，故 $G \backslash \{v_1, v_2\}$ 仍是连通图，且 $v_1v_2 \notin E(G)$. 现令 $v_p=v$，则 v_1, v_2 和 v_p 满足要求.

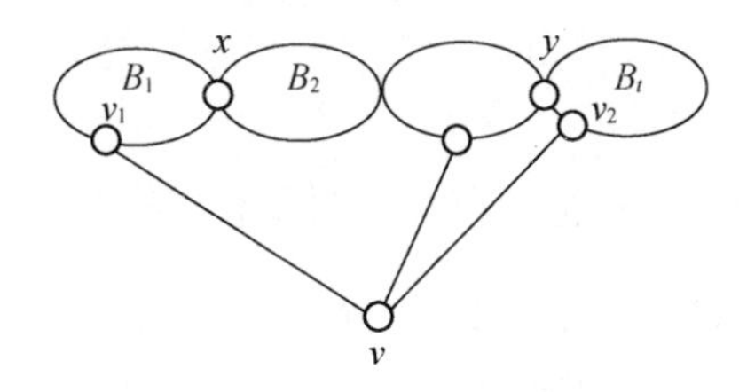

图 7.4　图 G 的结构

现对选取的三个顶点 v_1, v_2 和 v_p，取 $G \backslash \{v_1, v_2\}$ 的一个生成树 T，并将 T 改造为以 v_p 为根的树形图 $\vec{T}$，记 $\vec{T}$ 的高度为 h. 我们用 $3,4,5,\cdots,p$ 对 T 中的顶点编号，其编号原则是按 $3,4,5,\cdots,p$ 的顺序，层次高的顶点优先编号，直到第 0 层的顶点 v_p 编号为 p. 将 v_1, v_2 分别编为 1 和 2. 现将 G 中编号为 i 的顶点记为 $u_i(i=1,2,\cdots,p)$，则对每个顶点 $u_i(i<p)$，存在 $j>i$，使 $u_iu_j \in E(G)$. 即对 G 的顶点序列

$$u_1, u_2, \cdots, u_{p-1}, u_p, \tag{*}$$

除 u_p 外的每个顶点 u_i 至多与 $u_1, u_2, \cdots, u_{i-1}$ 中的 $k-1$ 个顶点相邻.

现构造 G 的一个 k-点染色 $\varphi: V(G) \to C = \{1,2,\cdots,k\}$. 因 $u_1u_2 \notin E(G)$,令 $\varphi(u_1) = \varphi(u_2)$,假设顶点 $u_1, u_2, \cdots, u_i (i \leqslant p-1)$ 已进行染色,使相邻的两个顶点不同色. 对 u_{i+1},由顶点序列(*)的构造及 $\varphi(u_1) = \varphi(u_2)$,存在 $a \in C \setminus \{\varphi(u_j) \mid u_j \in N_G(u_{i+1}), j \leqslant i\}$. 则令 $\varphi(u_{i+1}) = a$.

从 φ 的构造可知 φ 是 G 的一个 k-点染色,故 $\chi(G) \leqslant k$. □

对于著名的 Petersen 图 G(见图 4.17),应用这一结论立即可得 $\chi(G) \leqslant \Delta(G) = 3$,但 G 不是二分图,故 Petersen 图的色数是 3.

定理 7.1.7 如果一个图 G 的每一个顶点至多在 k 个奇圈上,则

$$\chi(G) \leqslant \left\lceil \frac{1+\sqrt{8k+9}}{2} \right\rceil.$$

证明 如果 $k=0$,那么 G 是二分图,于是 $\chi(G) \leqslant 2$,结论成立. 因此假设 $k \geqslant 1$,令 $t = \left\lceil \frac{1+\sqrt{8k+9}}{2} \right\rceil$. 因为 $k \geqslant 1$,推出 $t \geqslant 3$.

对 G 的阶数 p 进行归纳证明. 当 $p \leqslant t$ 时,显然有 $\chi(G) \leqslant t$,于是假设 $p > t$. 假设对每一个阶数为 p,每一个顶点至多在 k 个奇圈上的图 H,有 $\chi(H) \leqslant t$. 设 G 是一个阶为 $p+1$,每一个顶点至多在 k 个奇圈上的图. 我们来证明 $\chi(G) \leqslant t$.

设 v 是 G 的一个顶点,那么 $G-v$ 有 p 个顶点,且每一个顶点至多在 k 个奇圈上,由归纳假设,$\chi(G-v) \leqslant t$. 设 $\varphi: V(G-v) \to C = \{1,2,\cdots,t\}$ 是 $G-v$ 的一个 t-点染色. 因为 $t = \left\lceil \frac{1+\sqrt{8k+9}}{2} \right\rceil$,推出 $\frac{1+\sqrt{8k+9}}{2} \leqslant t$,进而

$$k \leqslant \frac{t^2-t-2}{2} = \binom{t}{2} - 1.$$

在 C 中的 $\binom{t}{2}$ 个颜色对中,至少存在一对颜色,例如 $\{1,2\}$,不同时出现在 v 的两个邻点上使得这两个邻点连同 v 同在一个奇圈上. 设 G' 是 $G-v$ 中染颜色 1 或 2 的顶点所导出的子图,显然,G' 是二分图. 如果没有 v 的邻点被染颜色 1,我们染 v 为颜色 1,因此 $\chi(G) \leqslant t$. 于是假设 v 相邻至少一个染颜色 1 的顶点. 设 $G'_1, G'_2, \cdots, G'_s (s \geqslant 1)$ 表示 G' 的连通分支,它们中的每一个含有至少一个染颜色 1 且与 v 相邻的顶点. 我们断言:没有一个连通分支包含颜色为 2 且与 v 相邻的顶点. 假设相反,存在一个 $G'_i (1 \leqslant i \leqslant s)$ 包含一个与 v 相邻的颜色 1 顶点 u 和颜色 2 顶点 w,那么 G' 含有一条长为偶数从 u 到 w 的路 P. 进一步,$P \cup \{uv, vw\}$ 是 G 中的一个奇圈,且 u 和 w 分别被染颜色 1 和 2,矛盾于颜色对 $\{1,2\}$ 的选择. 现在,在每一个连通分

支 G_i' 中交换顶点的颜色，即染颜色 1 的顶点变为染颜色 2，染颜色 2 的顶点变为染颜色 1，这样一来，没有 v 的邻点染颜色 1，我们就可以将 v 染成颜色 1，得到 G 的一个正常 t-点染色. 所以，$\chi(G) \leqslant t$. □

下面给出求图色数的一个算法.

定理 7.1.8 设 u 和 v 是 G 中两个不相邻的顶点，则

$$\chi(G) = \min\{\chi(G+uv), \chi(G \cdot uv)\}.$$

证明 设 $\chi(G)=k$，并考虑 G 的一个 k-点染色 φ. 若顶点 u 和 v 染不同的颜色，则 φ 也是 $G+uv$ 的 k-点染色. 因而，此时 $\chi(G+uv) \leqslant k = \chi(G)$. 若顶点 u 和 v 染相同的颜色，则 φ 也是 $G \cdot uv$ 的一个 k-点染色，于是有 $\chi(G \cdot uv) \leqslant k = \chi(G)$. 由于在 G 的 k-点染色中，或者 u 与 v 染为不同的颜色或者为相同颜色，所以

$$\min\{\chi(G+uv), \chi(G \cdot uv)\} \leqslant \chi(G).$$

另一方面，由于 G 是 $G+uv$ 的子图，显然有 $\chi(G) \leqslant \chi(G+uv)$.

设 $\chi(G \cdot uv) = k_1$，并记 w 为收缩 u 和 v 所得到的顶点，则在 $G \cdot uv$ 的 k_1-点染色中，把分配给 w 的颜色分配给 u 和 v，即可得到 G 的一个 k_1-点染色. 于是 $\chi(G) \leqslant k_1 = \chi(G \cdot uv)$. 因此

$$\chi(G) \leqslant \min\{\chi(G+uv), \chi(G \cdot uv)\}.$$

综合以上结论，有

$$\chi(G) = \min\{\chi(G+uv), \chi(G \cdot uv)\}.$$ □

以上定理的结论提供了一个求图的色数算法的基础. 设 G 是有 p 个顶点的简单图，我们建立一个确定 $\chi(G)$ 的算法：

(1) 如果 G 是 K_p，则 $\chi(G) = p$；否则，令 $H = G$ 并执行(2).

(2) 选取 H 中不相邻的一对顶点 u, v，构造图 $H+uv$ 和 $H \cdot uv$，并执行(3).

(3) 令 H 是由(2)得到的两个图. 若 H 是完全图 K_k，则 $\chi(H) = k$；否则转(2)，继续进行.

当所得到的图都是完全图时，算法结束. 因为边的重数不影响图的染色，所以在算法的第(2)步中，若 $H \cdot uv$ 中出现重边，我们只需考虑 $H \cdot uv$ 的基础简单图. 由于图的加边不改变顶点个数，图的收缩减少顶点个数，所以经过有限步骤后，算法必定结束. 从定理 7.1.8 可知，G 的色数是所得到的所有完全图的色数中最小者，因为完全图的色数等于它的顶点数，而 $\chi(G)$ 等于由算法生成的最小的完全图的顶点个数.

图 7.5 给出了一个计算 $\chi(G)$ 的图例，根据定理 7.1.8 可知 $\chi(G) = 3$.

下面我们介绍平面图的五色定理的证明.

定理 7.1.9 每个平面图的色数不超过 5.

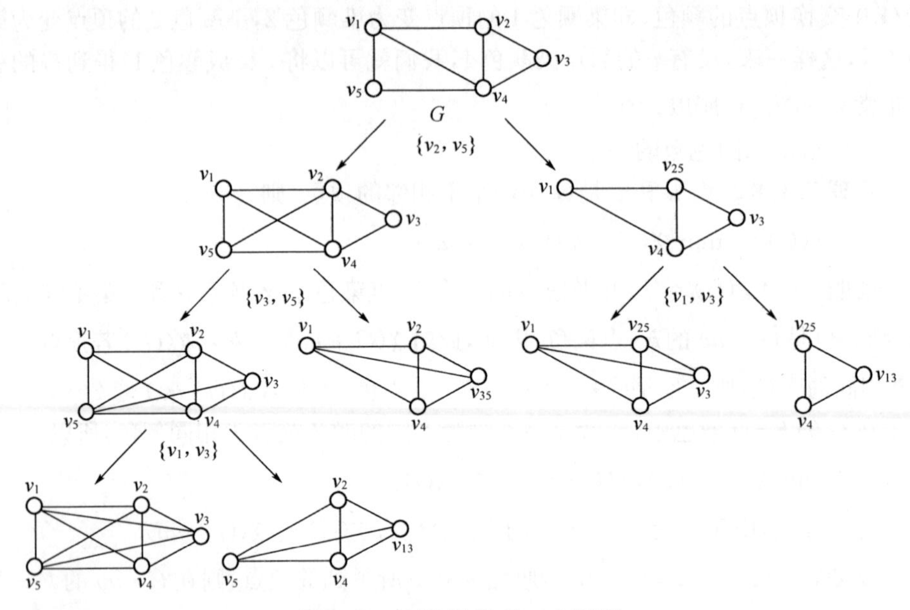

图 7.5　计算 $\chi(G)$ 的一个图例

证明　只要对简单图讨论即可. 我们对平面图的顶点数 p 进行归纳证明. 当 $p \leqslant 5$ 时,结论是显然成立的. 假设对顶点数为 $p-1$ 的平面图结论成立,下设 G 是顶点数为 $p(\geqslant 6)$ 的简单平面图.

由推论 6.2.6,$\delta(G) \leqslant 5$. 设 $v_0 \in V(G)$,使得 $d_G(v_0) = \delta(G)$. 令 $G' = G - v_0$,则 G' 是阶为 $p-1$ 的简单平面图,由归纳假设,$\chi(G') \leqslant 5$. 如果 $\chi(G') \leqslant 4$,则只要将第五种颜色染给 v_0 即可得 $\chi(G) \leqslant 5$,定理成立. 故设 $\chi(G') = 5$. 设 $\varphi: V(G) \to C = \{1,2,\cdots,5\}$ 是 G' 的一个 5-点染色.

如果 $d_G(v_0) \leqslant 4$,则在 φ 的基础上将 C 中不在 $N_G(v_0)$ 内出现的某种颜色染给 v_0,就能得到 G 的一个 5-点染色. 因此设 $d_G(v_0) = 5$. 设 v_0 的 5 个邻点在 G 的平面嵌入中依次为 $v_1, v_2, \cdots, v_5$(如图 7.6 所示). 若存在颜色 $a \in C \setminus \{\varphi(v_1), \varphi(v_2), \cdots, \varphi(v_5)\}$,则用 a 染 v_0 能得到 G 的一个 5-点染色. 否则,不失一般性,我们可以假设 $\varphi(v_i) = i(i = 1,2,\cdots,5)$. 设 V_i 表示 G' 中染颜色 i 的顶点集合$(i = 1,2,\cdots,5)$.

现考虑 G' 的导出子图 $G'_{1,3} = G'[V_1 \cup V_3]$. 如果 v_1 与 v_3 不在 $G'_{1,3}$ 的同一个连通分支中,则可以把 $G'_{1,3}$ 中含 v_1 的这个连通分支内的 1 和 3 两种颜色互换,而 G' 中其余顶点颜色不变,此时 v_1 与 v_3 染同色 3,由前面讨论可推出 $\chi(G) \leqslant 5$. 于是假设 v_1 和 v_3 在 $G'_{1,3}$ 的同一个连通分支中,因而在 $G'_{1,3}$ 中存在一条从 v_1 到 v_3 的路,记为 $P(v_1, v_3)$(如图 7.6 所示).

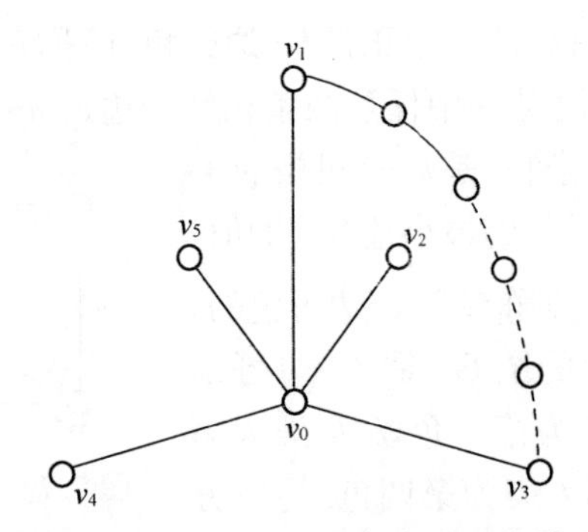

图 7.6 $N_G(v_0)$ 中 5 个顶点的分布情况

同样考虑子图 $G'_{2,4} = G'[V_2 \cup V_4]$，在 $G'_{2,4}$ 中存在从 v_2 到 v_4 的路 $P(v_2, v_4)$.

一方面，由 $P(v_1, v_3)$ 和 $P(v_2, v_4)$ 的构造可知 $P(v_1, v_3)$ 与 $P(v_2, v_4)$ 不相交（即无公共顶点）. 另一方面，在 G 中圈 $C = v_0 v_1 P(v_1, v_3) v_3 v_0$ 将 v_2 与 v_4 分隔在两个不同的区域内，而 G 是平面图，所以 $P(v_2, v_4)$ 必然和 C 相交于某个顶点. 由于 $V(P(v_2, v_4)) \subseteq V(G - v_0)$，故 $P(v_2, v_4)$ 与 $P(v_1, v_3)$ 相交于一个顶点，矛盾. □

虽然四色猜想已借助计算机而获得证明，但并不是说所有有关平面图的顶点染色问题都得以解决了，所存在的问题仍很多. 如无需借助计算机来证明四色定理仍然是一个未获解决的问题；什么样的地图只需三种颜色就可以区分相邻的地区，我们现在还不能回答这个问题；再一个问题就是至今没有找到一个好的办法来确定图的色数. 所以图的顶点染色问题仍是图论中一个重要的、有价值的研究领域.

贮藏问题是图的顶点染色在实际问题中的一个具体应用.

例 7.1 某一仓库要存放 n 种化学药品 $C_1, C_2, \cdots, C_n$，其中某些化学药品不能相接触，否则会引起化学反应甚至爆炸. 为了避免这种现象，这个仓库应分割成若干个空间，以便把那些不能相接触的化学药品放在不同的空间中. 试问这个仓库至少应分割成几个空间？

解 先建立一个图 G，其顶点集 $V(G) = \{v_1, v_2, \cdots, v_n\}$ 分别代表化学药品 $C_1, C_2, \cdots, C_n$. 顶点 v_i 和 v_j 相邻当且仅当 C_i 与 C_j 不能相接触. 容易看出，可以将 G 中不相邻的顶点所对应的化学药品存放在一起. 现在用 $\chi(G)$ 种颜色 $1, 2, \cdots, \chi(G)$ 去给 G 的顶点染色，使相邻的顶点染以不同的颜色. 以 V_i 表示 G 中染第 i 色的所有顶点集合（$i = 1, 2, \cdots, \chi(G)$），则 V_i 中任意两个顶点不相邻. 所以 V_i 中顶点所对应的化学药品可以放在同一个空间里，即这个仓库至少应分割成 $\chi(G)$ 个小空间.

7.2 边染色

本节所讨论的图仅限于无环图.

定义 7.2.1 无环图 G 的一个**正常 k-边染色**(简称 k-边染色)是指一个映射 $\varphi: E(G) \to \{1,2,\cdots,k\}$,使对 G 中任意两条相邻的边 e_1 和 e_2,有 $\varphi(e_1) \neq \varphi(e_2)$. 若 G 有一个正常 k-边染色,则称 G 是 k-边可染的. G 的**边色数**是指 G 为 k-边可染的最小整数 k 的值,记为 $\chi'(G)$. 若 $\chi'(G)=k$,则称 G 是 k-边可色的.

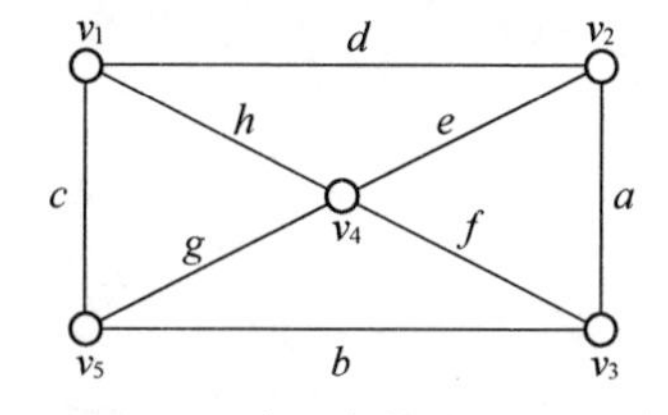

图 7.7 一个边色数为 4 的图 G_0

例如,如图 7.7 所示的图 G_0 是 4-边可染的,如我们可以将 a,g 染为第一色,b,h 染为第二色,c,e 染为第三色,d,f 染为第四色. 另一方面,G_0 显然不存在 3-边染色,故 $\chi'(G_0)=4$.

从定义可见,对任何自然数 $k \geqslant \chi'(G)$,G 是 k-边可染的. 又若 G 的最大度为 Δ,则必定有 $\chi'(G) \geqslant \Delta$. 由图 7.7 中的 G_0 可知,这个不等式允许出现等号. 若在 G_0 中去掉边 h,容易验证 $\chi'(G_0-h)=4$,而 $\Delta(G_0-h)=3$,即 $\chi'(G) \geqslant \Delta(G)$ 也可以出现严格不等式. 下面我们将证明对于二分图 G,有 $\chi'(G)=\Delta(G)$. 为了证明此结论,我们先讨论 G 的一个正常 k-边染色与对集之间的关系.

设 G 有一个正常 k-边染色,置 E_i 为 G 中所有染以第 i 种颜色的边的全体,则 $E_1,E_2,\cdots,E_k$ 是 G 的 k 个边不相交的对集,并且

$$E(G)=E_1 \cup E_2 \cup \cdots \cup E_k,$$

因而 $E_1,E_2,\cdots,E_k$ 是 $E(G)$ 的一个划分. 即 G 的一个正常 k-边染色可以看作是把 $E(G)$ 划分为 k 个互不相交的对集 $E_1,E_2,\cdots,E_k$(E_i 可以是空集).

反之,如果 G 的边集 $E(G)$ 可以划分为 k 个互不相交的对集 $E_1,E_2,\cdots,E_k$,则只要把 E_i 中的边染上第 i 色,就能得到 G 的一个正常 k-边染色. 因而,下面我们直接用 $\mathscr{E}=(E_1,E_2,\cdots,E_k)$ 表示 G 的一个正常 k-边染色,其中 $E_1,E_2,\cdots,E_k$ 是 $E(G)$ 的一个对集划分.

从以上两者之间的关系可以看出,要证明二分图 G 的边色数为 $\Delta(G)$,就只要证明 G 的边集 $E(G)$ 可以划分为 $\Delta(G)$ 个互不相交的对集.

定理 7.2.1 若 G 是二分图,则 $\chi'(G)=\Delta(G)$.

证明 不妨设 $G=(X,Y;E)$,且 $|X| \geqslant |Y|$. 首先在 G 中加上 $|X|-|Y|$ 个新的顶点,将 Y 扩充为 Y^*,使 $|X|=|Y^*|$. 记 $G_1=(X,Y^*;E)$,再在 G_1 中依次将 X 中度数最小的顶点与 Y^* 中度数最小的顶点之间加一条新边,直到 X 和 Y^* 中各点的度为 $\Delta(G)$ 为止. 这样得到一个包含 G 的 $\Delta(G)$-正则的二分图 G^*(G^* 可以不是简单图. 图 7.8 给出一个图例,虚线表示新增加的边).

应用习题 5.11,G^* 中有 $\Delta(G^*)=\Delta(G)$ 个边不交的完美对集 $M_1,M_2,\cdots,M_{\Delta(G)}$,使

$$E(G^*)=M_1 \cup M_2 \cup \cdots \cup M_{\Delta(G)},$$

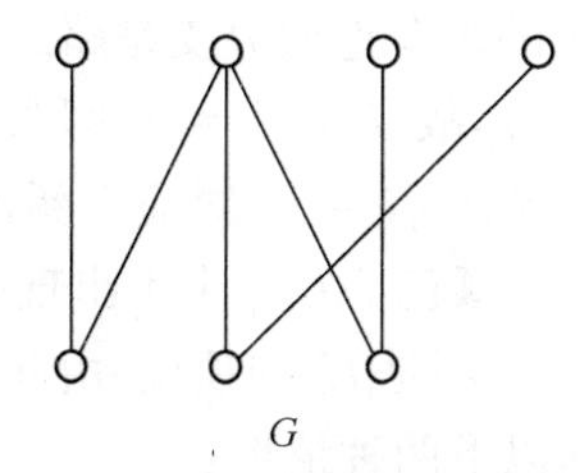

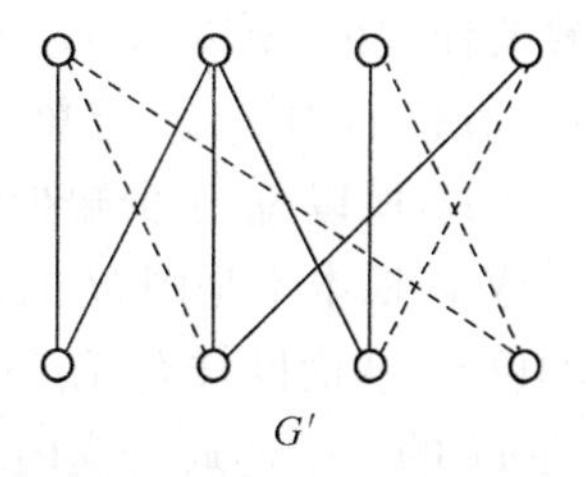

图 7.8 G^* 是一个含 G 的 3-正则二分图

取 $E_i = E(G) \cap M_i (i = 1,2,\cdots,\Delta(G))$，则 $E_1, E_2, \cdots, E_{\Delta(G)}$ 是 $E(G)$ 的一个对集划分. 故 $\chi'(G) \leqslant \Delta(G)$，因而 $\chi'(G) = \Delta(G)$. □

对于非二分图 G 来说，$\chi'(G) = \Delta(G)$ 就未必成立了. 例如图 7.7 所示的 G_0，$\chi'(G_0 - h) = 4 > \Delta(G_0 - h) = 3$. 对于著名的 Petersen 图 G，易证 $\chi'(G) = 4$(参见习题 7.14). Vizing(1964) 和 Cupta(1966) 各自独立地得到下面重要的结论.

定理 7.2.2 若 G 是简单图，则 $\chi'(G) \leqslant \Delta(G) + 1$.

证明 对 G 的边数 $q(G)$ 进行归纳证明. 当 $q(G) = 0$ 时 G 为空图，显然有 $\chi'(G) = 0 \leqslant \Delta(G) + 1$. 假设对于任何一个具有 $q(G) - 1$ 条边的简单图 G_1，$\chi'(G_1) \leqslant \Delta(G_1) + 1$ 成立. 取 $e_1 = xy_1 \in E(G)$，于是

$$\chi'(G - xy_1) \leqslant \Delta(G - xy_1) + 1 \leqslant \Delta(G) + 1,$$

设 $f_1 : E(G - xy_1) \to C = \{1,2,\cdots,\Delta(G) + 1\}$ 是 $G - xy_1$ 的一个正常($\Delta(G) + 1$)-边染色. 以下通过对边的颜色进行调整，最后能得到整个图 G 的一个正常($\Delta(G) + 1$)-边染色.

如果颜色 i 不在与顶点 v 关联的边上出现，就称 v 缺少颜色 i. 因 G 的最大度为 $\Delta(G)$，故它的每个顶点至少缺少 C 中的某一种颜色. 设 x 缺少 s，y_1 缺少 t_1. 现在令与 x 关联的颜色为 t_1 的这条边为 xy_2，设 y_2 缺少颜色 t_2；再令与 x 关联颜色为 t_2 的这条边为 xy_3，设 y_3 缺少颜色 t_3. 继续进行上面的过程. 当选好边 xy_h 时，如图 7.9(a) 那样，图中边 xy_1 用虚线给出，表示没有染色，顶点旁边圈里的数字为该点缺少的颜色，边上的数字表示这条边所染的颜色.

在上述过程中可能遇到的情况只有二种：

(1) 当排列到 $xy_1, xy_2, \cdots, xy_h$ 时，在与 x 关联的边中找不到染有色 t_h 的边，即顶点 x 缺少颜色 t_h. 这时只要把 xy_1 染成颜色 t_1，把 xy_i 改染成颜色 $t_i (i = 2,3,\cdots,h)$，其余边颜色不变. 显然，这就是 G 的一个正常($\Delta(G) + 1$)-边染色.

(2) 当排列到 $xy_1, xy_2, \cdots, xy_h$ 时，前面的某条边 xy_j 已经染了颜色 t_h，即 $t_h = t_{j-1} (j < h)$. 此时先把 xy_1 染为 t_1，把 xy_i 改染成颜色 $t_i (i = 2,3,\cdots,j-1)$，并取消 xy_j 上的颜色，使 xy_j 成为未染色的边. 经过以上调换后状况如图 7.9(b) 所示. 现在考虑由染有颜色 s 及 t_h 的边所构成的集合的导出子图 $H = G[E_s \cup E_{t_h}]$. 由于 H

中的边只需要两种颜色，所以 $\Delta(H) \leqslant 2$，故 H 的每个连通分支是路或偶圈. 在 H 中，由于 x 缺少颜色 s，但 xy_{j-1} 已染上了 $t_{j-1} = t_h$，故 $d_H(x) = 1$. 因为取消了 xy_j 上的颜色 $t_{j-1} = t_h$，所以 y_j 至少缺少颜色 t_h，故 $d_H(y_j) = 1$（对应于颜色 s 在 y_j 中出现的情形），或 y_j 根本不是图 H 的顶点（对应于颜色 s 在 y_j 中不出现的情形）. y_h 原来就缺少颜色 t_h，从而同样有 $d_H(y_h) = 1$ 或 y_h 不是 H 的顶点. 由此可知 x, y_j，y_h 不能同时在 H 的一个连通分支内. 分别处理以下两种情形：

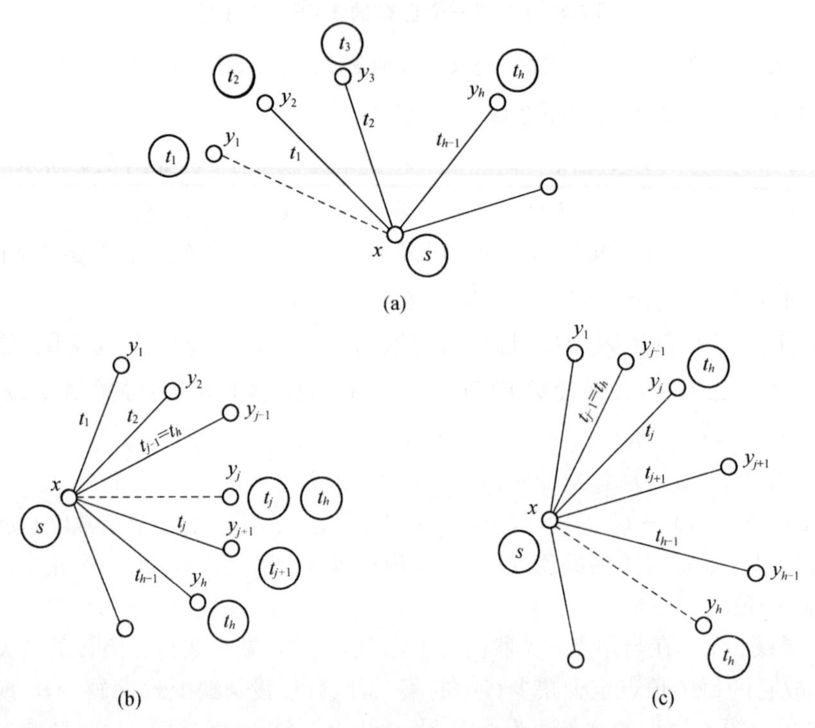

图 7.9　与 x 关联的边的颜色调整

① x, y_j 不属于 H 的同一分支. 如果 y_j 是 H 的顶点，只要把 y_j 所在的图 H 的连通分支中各条边的颜色 s 与 t_h 互换，y_j 就缺少了颜色 s，这时 xy_j 染上颜色 s 即可；如果 y_j 不是 H 的顶点，说明 y_j 缺少 s, t_h 两色，直接把 xy_j 染上颜色 s. 无论哪一种情形都得到了 G 的一个正常 $(\Delta(G)+1)$-边染色.

② x, y_h 不属于 H 的同一分支. 这时把 xy_j 染成色 t_j，而 $xy_{j+1}, \cdots, xy_{h-1}$ 分别改染为颜色 $t_{j+1}, \cdots, t_{h-1}$，并取消 xy_h 上的颜色，此时边染色状况如图 7.9(c) 所示. 由于上述的颜色变化根本不牵扯颜色为 t_h 和 s 的边，故这时由颜色为 s 和 t_h 的边导出的子图仍然是原先的子图 H，所以 x 与 y_h 仍然不在同一连通分支内. 若 y_h 是 H 的顶点，在 y_h 所在的连通分支中对调颜色 s 与 t_h，使得 y_h 缺少颜色 s，这时把 xy_h 染以颜色 s；若 y_h 不是 H 的顶点，说明 y_h 缺少颜色 s 和 t_h，直接把 xy_h 染上颜色 s 即可.

因而 G 也有一个正常 $(\Delta(G)+1)$-边染色.

综上所述，可得 $\chi'(G) \leqslant \Delta(G)+1$. □

实际上，定理 7.2.2 可以推广到任何无环图的情况. 若无环图 G 中任一对顶点之间至多有 k 条边，则

$$\Delta(G) \leqslant \chi'(G) \leqslant \Delta(G)+k.$$

图 7.10 所示的多重图说明了此上界是最好可能的，这时 $\Delta(G)=2k$，而 $\chi'(G)=3k=\Delta(G)+k$.

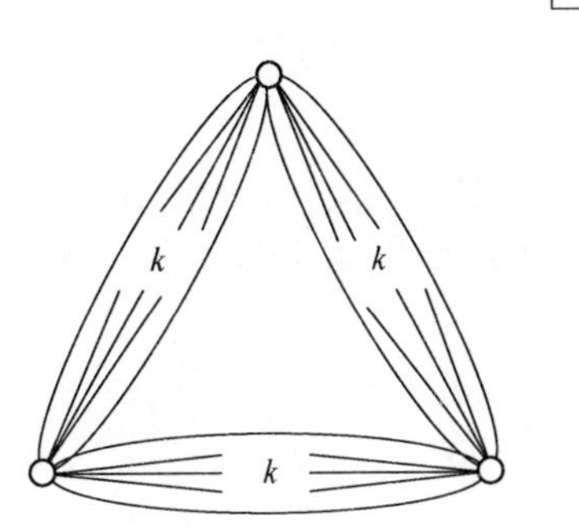

图 7.10　边色数达到上界的多重图

现在我们对简单图的点色数和边色数作一比较. 图 G 的最大度为 $\Delta(G)$，G 的点色数 $\chi(G)$ 可以取到 1 与 $\Delta(G)+1$ 之间的每一个数值，而边色数只能取 $\Delta(G)$ 或 $\Delta(G)+1$ 这两个数值. 从这一点看，对边色数的了解似乎更确切些. 可是另一方面，布鲁克斯定理告诉我们 $\chi(G)=\Delta(G)+1$ 的连通图只可能是奇圈或完全图. 而 $\chi'(G)=\Delta(G)+1$ 的图可能是哪些却远没有弄清楚.

定义 7.2.2　若图 G 满足 $\chi'(G)=\Delta(G)$，则称 G 为第一类图；若 $\chi'(G)=\Delta(G)+1$，则称 G 为第二类图.

由定理 7.2.1 可知二分图为第一类图. 容易验证，对于奇数的 n，圈 C_n 是第二类图.

推论 7.2.3　设 G 是 p 阶图，如果 $q(G)>\Delta(G)\left\lfloor \frac{p}{2} \right\rfloor$，则 G 为第二类图.

证明　假设 G 是第一类图，即 $\chi'(G)=\Delta(G)$. 现给定 G 的一个正常 $\Delta(G)$-边染色，由边染色与对集之间的关系可知 G 中染以同一颜色的边数最多为 $\left\lfloor \frac{p}{2} \right\rfloor$，于是

$$q(G) \leqslant \chi'(G)\left\lfloor \frac{p}{2} \right\rfloor = \Delta(G)\left\lfloor \frac{p}{2} \right\rfloor,$$

这与给定的条件相矛盾. □

定理 7.2.4　设 K_p 是 $p(\geqslant 2)$-阶完全图，那么

$$\chi'(K_p)=\begin{cases} p-1, & \text{如果 } p \text{ 是偶数;} \\ p, & \text{如果 } p \text{ 是奇数.} \end{cases}$$

证明　首先假设 p 是奇数. 因为 $\Delta(K_p)=p-1$，故

$$q(K_p)=\frac{1}{2}p(p-1)=\Delta(K_p)\frac{p}{2}>\Delta(K_p)\left\lfloor \frac{p}{2} \right\rfloor,$$

由推论 7.2.3 知 K_p 是第二类图，即 $\chi'(K_p)=\Delta(K_p)+1=p$.

其次假设 p 是偶数. 设 $V(K_p)=\{v_0, v_1, \cdots, v_{p-1}\}$，只需给出 K_p 的一个正常$(p$

$-1)$-边染色 φ，为此将 $p-1$ 个顶点 $v_0, v_1, \cdots, v_{p-2}$ 依序排列成一个正多边形，将 v_{p-1} 放在正多边形的中心. 分别用颜色 $0,1,\cdots,p-2$ 染边 $v_{p-1}v_0, v_{p-1}v_1, \cdots, v_{p-1}v_{p-2}$，$K_p$ 的其余边染与其垂直的唯一边 $v_{p-1}v_i$ 的颜色，其中 $0 \leqslant i \leqslant p-2$. 例如边 $v_1v_{p-2}, v_2v_{p-3}, v_3v_{p-4}, \cdots, v_{\frac{p}{2}-1}v_{\frac{p}{2}}$ 均与 $v_{p-1}v_0$ 垂直，故它们都染为颜色 0. 容易看到，φ 是 K_p 的一个正常 $(p-1)$-边染色. 因此，$\chi'(K_p) = p-1$（例如，K_6 的染色方法在图 7.11 给出）. □

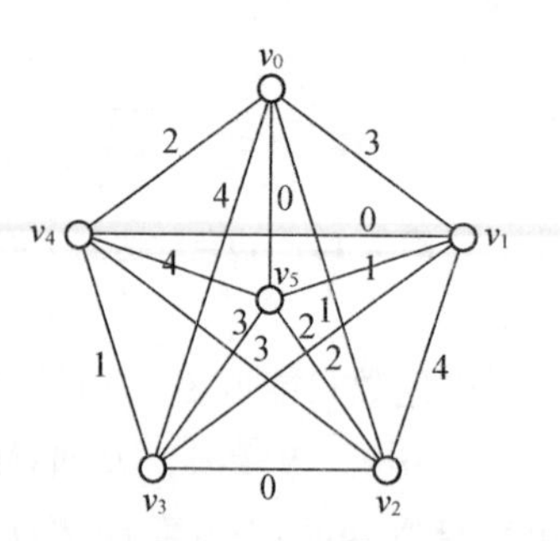

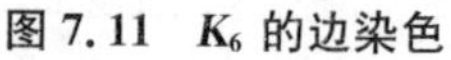
图 7.11　K_6 的边染色

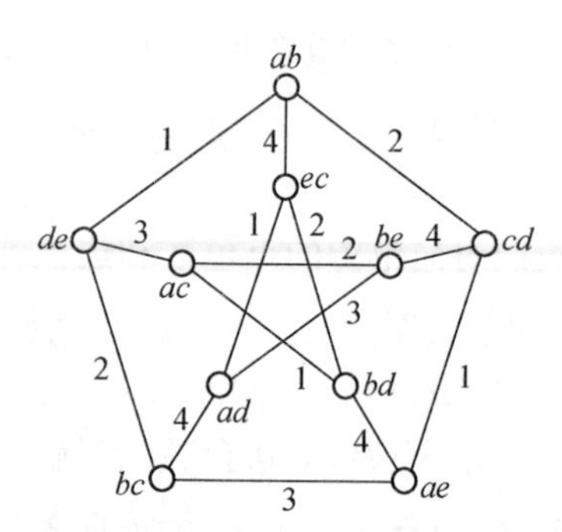

图 7.12　例 7.2 中的图 G

例 7.2　有 5 个人 a,b,c,d,e 被邀请参加桥牌比赛，比赛规则是在两个二人组之间进行. 每个二人组 $\{x,y\}$ 都与其他二人组 $\{w,z\}$（$\{x,y\} \cap \{w,z\} = \varnothing$）进行比赛. 若每个队在同一天至多参加一场比赛，则最少需要多少天能完成所有的比赛？

解　根据题意，这次比赛中出现的分组为 $\{ab, ac, ad, ae, bc, bd, be, cd, ce, de\}$. 两个组 $\{x,y\}$ 与 $\{w,z\}$ 进行一次桥牌比赛当且仅当 $\{x,y\} \cap \{w,z\} = \varnothing$. 我们构造图 G：将这 10 个组作为 G 的 10 个顶点，两个顶点 $\{x,y\}$ 与 $\{w,z\}$ 相邻当且仅当 $\{x,y\} \cap \{w,z\} = \varnothing$. 图 G 在图 7.12 中给出，实际上它是 Petersen 图. 根据图 G 的构造，G 中的一条边对应一场比赛，一天的比赛安排对应 G 中一个两两不相邻的边子集，即为 G 的一个对集. 由图的对集划分与边染色关系，最少 $\chi'(G)$ 天能完成所有的比赛. 由习题 7.14 可知，$\chi'(G) = 4$. 所以，最少 4 天能完成所有的比赛. 图 7.12 所示的一个 G 的正常 4-边染色给出了一个满足要求的比赛安排.

排课表是边染色问题在实际应用中的一个有代表性的例子.

在一所学校有 m 位教师 $x_1, x_2, \cdots, x_m$ 和 n 个班级 $y_1, y_2, \cdots, y_n$，在明确教师 x_i 需要给班级 y_j 上 p_{ij} 节课后，要求制订一张课时尽可能少的课表. 这个问题就称为排课表问题，现利用边染色理论来讨论该问题.

先构造一个二分图 $G=(X,Y;E)$，$X=\{x_1, x_2, \cdots, x_m\}$，$Y=\{y_1, y_2, \cdots, y_n\}$，顶点 x_i 和 y_j 有 p_{ij} 条边连接着. 根据实际情况，可假设在任何一个课时里，一位教师只能给一个班级上课，并且每个班级也最多由一位教师上课. 所以关于一个课时的教学时间表对应于图 G 中的一个对集；反之，G 的一个对集对应于在一个课时里若干教师到若干班级去上课的一种可能分配. 因此排课表问题就是把 $E(G)$ 划分为若干个对集，而使对集个数尽可能得少，或等价的，把 G 的边用尽可能少的颜色去正常染色. 由于 G 是二分图，从定理 7.2.1 可知 $\chi'(G)=\Delta(G)$. 因此若没有教师多于 t 节课，也没有班级上课节数多于 t，则教学要求可用一张 t 课时的课表安排出来. 其安排方法可利用定理 7.2.1 的证明过程，作出相应二分图的 $t(t\geqslant\Delta(G))$ 个边不相交的对集. 于是排课表问题就有了圆满的解决.

以上所考虑的问题中有几个教室可供使用是没有限制的. 假定可供上课的教室数给定，那么要安排一张课表需多少课时呢？

假定总共有 q 节课$\left(q=\sum\limits_{i,j}p_{ij}\right)$ 安排在一张 t 课时的课表里，则明显的在每一课时里要平均开出 $\dfrac{q}{t}$ 节课. 即在某一课时里，必须要用$\left\lceil\dfrac{q}{t}\right\rceil$个教室. 为此先证明一个引理.

引理 7.2.5 设 M 和 N 是 G 的两个不相交的对集，且 $|M|>|N|$，则存在不相交的对集 M' 和 N'，使 $|M'|=|M|-1$，$|N'|=|N|+1$，并且

$$M'\cup N'=M\cup N.$$

证明 构造图 $G'=G[M\cup N]$. 由于 M 和 N 是 G 的两个不相交的对集，G' 中每一个顶点的度为 1 或 2，所以 G' 中的每个连通分支是其边在 M 和 N 中交替出现的路或偶圈. 由于 $|M|>|N|$，G' 中必有一个连通分支是一条路 P，且这条路始于 M 的边也终止于 M 的边. 设

$$P=v_0e_1v_1e_2v_2\cdots e_{2k+1}v_{2k+1},$$

则 $\{e_1,e_3,\cdots,e_{2k+1}\}\subseteq M$，$\{e_2,e_4,\cdots,e_{2k}\}\subseteq N$. 令

$$M'=(M\setminus\{e_1,e_3,\cdots,e_{2k+1}\})\cup\{e_2,e_4,\cdots,e_{2k}\},$$

$$N'=(N\setminus\{e_2,e_4,\cdots,e_{2k}\})\cup\{e_1,e_3,\cdots,e_{2k+1}\},$$

则 M' 与 N' 是 G 中两个不相交的对集，并且 $|M'|=|M|-1$，$|N'|=|N|+1$，$M'\cup N'=M\cup N$. □

该引理的证明过程可参见图 7.13.

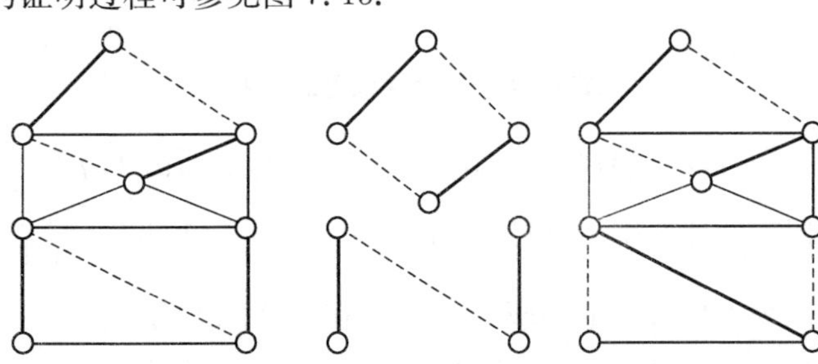

图 7.13 引理 7.2.5 证明中对集的调整

定理 7.2.6 若$G=(X,Y;E)$是二分图，$t\geqslant\Delta(G)$，则存在t个互不相交的对集$M_1,M_2,\cdots,M_t$，使得

$$E(G)=M_1\cup M_2\cup\cdots\cup M_t,$$

其中，对每个$1\leqslant i\leqslant t$，有

$$\left\lfloor\frac{q(G)}{t}\right\rfloor\leqslant|M_i|\leqslant\left\lceil\frac{q(G)}{t}\right\rceil.$$

证明 因G是二分图，由定理 7.2.1 的证明可知G中存在$\Delta(G)$个互不相交的对集$M_1',M_2',\cdots,M_{\Delta(G)}'$，所以对任意$t\geqslant\Delta(G)$，$G$中存在$t$个互不相交的对集$M_1'$，$M_2',\cdots,M_t'$(对$i>\Delta(G)$，$M_i'$可以取空集)，使

$$E(G)=M_1'\cup M_2'\cup\cdots\cup M_t'.$$

在这t个对集里，可以反复应用引理 7.2.5，对边数相差大于 1 的两对集进行调整，最后可得到G的t个满足要求的对集$M_1,M_2,\cdots,M_t$. □

例 7.3 假设有 4 位教师和 5 个班级，授课要求的矩阵$\boldsymbol{P}=(p_{ij})_{4\times5}$如下所示：

$$\boldsymbol{P}=\begin{bmatrix}2&0&1&1&0\\0&1&0&1&0\\0&1&1&1&0\\0&0&0&1&1\end{bmatrix},$$

请设计一个可行的 4 课时的课表.

由矩阵$\boldsymbol{P}$构造一个满足授课要求的二分图G(如图 7.14(a) 所示). 由于$\Delta(G)=4$，$E(G)$可划分为 4 个对集(见图 7.14(a)：细边为M_1，表示第一课时；断续边为M_2，表示第二课时；波浪边为M_3，表示第三课时；粗边为M_4，表示第四课时). 该对集分解对应一个可能采用 4 课时的课表如图 7.14(b) 所示.

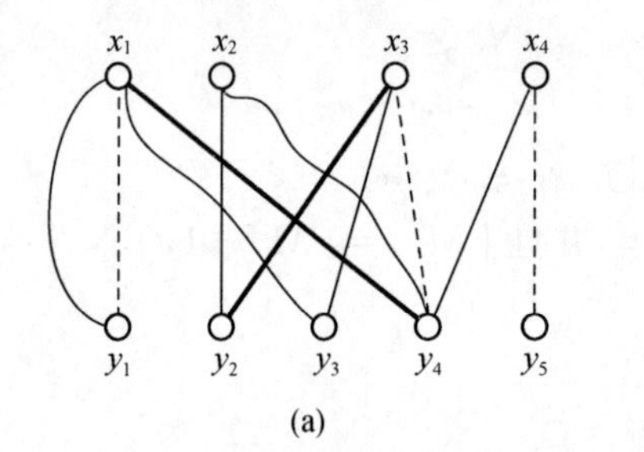

(a)

	1	2	3	4
x_1	y_1	y_1	y_3	y_4
x_2	y_2	—	y_4	—
x_3	y_3	y_4	—	y_2
x_4	y_4	y_5	—	—

(b)

图 7.14 一个 4 课时的课表

从课表中我们可以看到在第一课时需 4 个教室，然而由于$q(G)=11$，由定理 7.2.6，对于 4 课时的课表来说，可以安排出每一课时至多占用$\left\lceil\frac{11}{4}\right\rceil=3$个教室的课表. 事实上，因为$|M_1|=4$，$|M_4|=2$，故在$G[M_1\cup M_4]$中有一个连通分支是一条路，这条路始于$M_1$的边，终止于$M_1$的边. 在$G[M_1\cup M_4]$中不难看出，$P_1=$

$y_1x_1y_4x_4$ 就是其中的一个连通分支(见图 7.15). 在 P_1 中把 M_1 与 M_4 的边互换,即得

$$M_1 = \{x_1y_4, x_2y_2, x_3y_3\}, \quad M_4 = \{x_1y_1, x_3y_2, x_4y_4\},$$

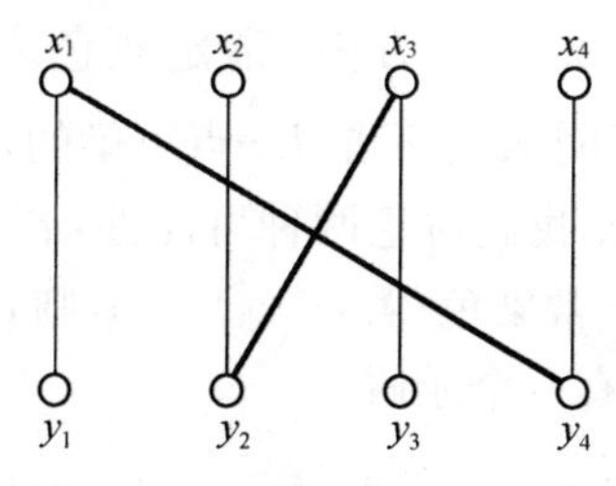

图 7.15　图 $G[M_1 \cup M_4]$

其他两个对集 M_2 与 M_3 不变,即可得调整后的 $E(G)$ 的一个分解(见图 7.16(a)). 由此分解可以作出修改后的课表(见图 7.16(b)),在这个课表中,每一课时内最多占用 3 个教室.

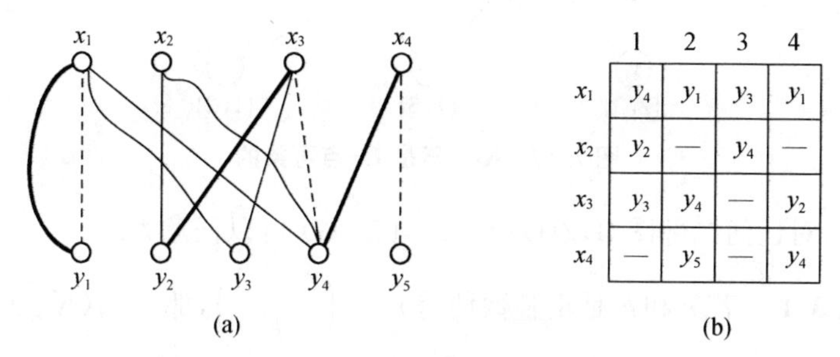

	1	2	3	4
x_1	y_4	y_1	y_3	y_1
x_2	y_2	—	y_4	—
x_3	y_3	y_4	—	y_2
x_4	—	y_5	—	y_4

(b)

图 7.16　仅用 3 个教室的一个 4 课时课表

7.3　列表染色

列表染色是图的一般意义下染色的一个重要推广. 先给图 G 的每一个顶点 v 指定一个颜色表$L(v)$,然后对 G 的顶点进行正常染色,使得相邻的顶点得到不同的颜色,并要求每一个点从对应的颜色表里选取颜色. 确切的,我们有下面定义.

定义 7.3.1　给图G的每一个顶点v 指定一个颜色表$L(v)$. 称 φ 是G 的一个L-点染色,是指对每一个点 $v \in V(G)$,都存在一个颜色 $\varphi(v) \in L(v)$,使得若 $xy \in E(G)$,则 $\varphi(x) \neq \varphi(y)$. 也称$G$是$L$-点可染的. 若对任意指定的颜色表 L,使得对每一个 $v \in V(G)$ 有 $|L(v)| \geqslant k$,G都存在一个L-点染色,则称G是k-列表点可染的,或称G是k-点可选的. G的列表色数或选择数定义为最小的整数k,使得G是 k-点可选的,用 $\chi_l(G)$ 表示.

若G的所有顶点v都定义相同的颜色表$L(v) = \{1,2,\cdots,k\}$,我们将得到G的通常意义下的点染色. 因此由定义,$\chi_l(G) \geqslant \chi(G)$. 该不等式是可以严格成立的. 先

看一个简单的例子.

如图 7.17 所示,设二分图 $K_{3,3}$ 有顶点二分划 $V_1=\{x_1,x_2,x_3\}$ 和 $V_2=\{y_1,y_2,y_3\}$. 一方面,$\chi(K_{3,3})=2$. 另一方面,指定颜色表 $L(x_i)=L(y_i)=\{1,2,3\}\backslash\{i\}$,$i=1,2,3$. 我们来证明 $K_{3,3}$ 不是 L-点可染的,因此 $\chi_l(K_{3,3})\geqslant 3$. 假设相反,$K_{3,3}$ 有一个 L-点染色 φ. 我们讨论两种可能性:若 $\varphi(x_1)=2$,则 $\varphi(y_1)=3$,$\varphi(y_3)=1$,此时 x_2 不能被正常染色;若 $\varphi(x_1)=3$,则 $\varphi(y_1)=2$,$\varphi(y_2)=1$,此时 x_3 不能被正常染色. 我们总有一个矛盾.

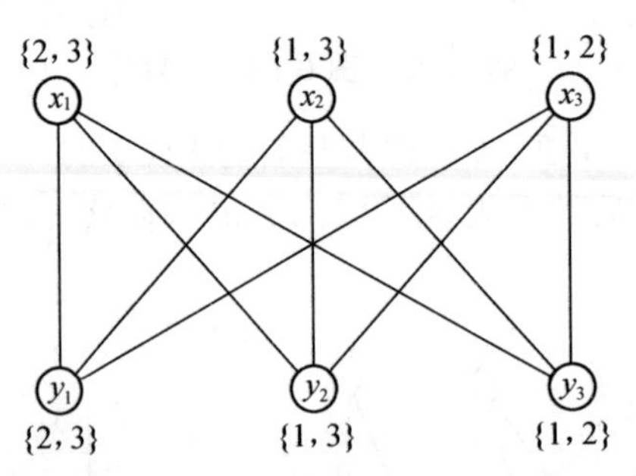

图 7.17　$K_{3,3}$ 不是 L-点可染的

事实上,对任何二部图 G,$\chi(G)\leqslant 2$,但 $\chi_l(G)$ 可以任意大.

定理 7.3.1　若 r 和 k 是正整数使得 $r\geqslant\binom{2k-1}{k}$,那么 $\chi_l(K_{r,r})\geqslant k+1$.

证明　假设相反,$\chi_l(K_{r,r})\leqslant k$,那么 $K_{r,r}$ 是 k-列表点可染的. 设 $U=\{u_1,u_2,\cdots,u_r\}$ 和 $W=\{w_1,w_2,\cdots,w_r\}$ 是 $K_{r,r}$ 的点二分划,又设 $S=\{1,2,\cdots,2k-1\}$,那么 S 中有 $\binom{2k-1}{k}$ 个不同的 k-子集合. 分别指定这些 k-子集给 U 和 W 中的 $\binom{2k-1}{k}$ 个顶点作为颜色表,$U\cup W$ 的其余顶点指定 S 中的任意 k-子集作为颜色表. 对 $i=1,2,\cdots,r$,任选一个颜色 $a_i\in L(u_i)$,令 $T=\{a_i\mid 1\leqslant i\leqslant r\}$. 如果 $|T|\leqslant k-1$,那么存在一个 k-子集 $S'\subseteq S\backslash T$. 不过,对某个 $1\leqslant j\leqslant r$,应有 $L(u_j)=S'$,这是一个矛盾. 如果 $|T|\geqslant k$,那么存在一个 k-子集 $T'\subseteq T$ 和某个 $1\leqslant l\leqslant r$,使得 $L(w_l)=T'$. 无论 $L(w_l)$ 中哪种颜色指定给 w_l,这个颜色都已被指定给某个 u_i,但 w_l 和 u_i 在 $K_{r,r}$ 中是相邻的,一个矛盾被推出. □

Erdös, Rubin 和 Taylor 刻画了图的 2-可选性. 在两个点 u 和 v 之间连接三条内部点不交的路所得到的图被称为 Θ-图,用 $\Theta_{k,l,m}$ 表示其内部不交的三条路的长度分别为 k,l,m 的 Θ-图. 图 G 的核 $c(G)$ 是反复去掉 G 的度为 1 的点后得到的图.

定理 7.3.2　连通图 G 是 2-可选的当且仅当 $c(G)$ 是 K_1,C_{2m} 或 $\Theta_{2,2,2l}$,其中 $m,l\geqslant 1$.

定理 7.3.2 的证明留做习题(见习题 7.17). 显然,所有树是 2-点可选的. 对一个圈 C_n,我们有 $2 \leqslant \chi_l(C_n) \leqslant 3$,且 $\chi_l(C_n) = 3$ 当且仅当 n 是奇数.

尽管 2-点可选择图已被完全刻画,但对 $k \geqslant 3$,要确定一个图是否 k-点可选的是非常困难的,即使对于平面图也是如此. 不过,Thomassen 证明了所有平面图是 5-点可选的. 下面我们详细叙述和证明这个结论.

一个平面图 G 被称为近三角平图,如果 G 嵌入在平面上至多有一个面 f 的度可以大于或等于 4,且 f 的边界形成一个圈,而其他面的度为 3. 通常把这个面 f 设为外面. 图 7.18(a) 是一个近三角平图,而图 7.18(b) 则不是. 显然,对每一个平面图 G,存在一个近三角平图 H,使得 $G \subseteq H$. 事实上,通过反复加边到 G,我们就能得到 H.

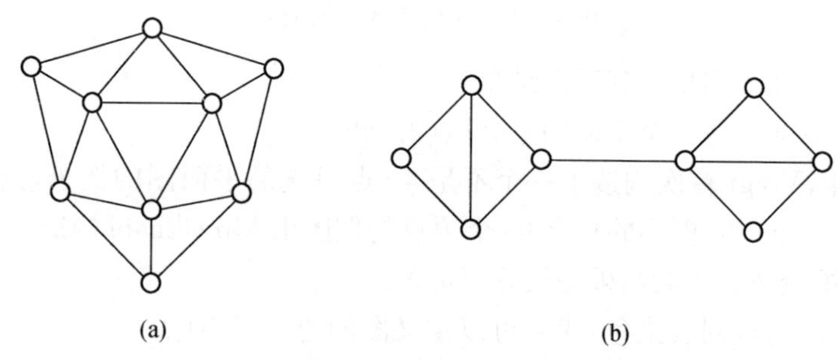

图 7.18 近三角平图与非近三角平图的例子

定理 7.3.3 设 G 是一个近三角平图,其外面边界圈为 $C = v_1 v_2 \cdots v_k v_1$. 设 L 是 $V(G)$ 的颜色表,使得:如果 $v \in V(C) \backslash \{v_1, v_2\}$,则 $|L(v)| \geqslant 3$;如果 $v \in V(G) \backslash V(C)$,则 $|L(v)| \geqslant 5$. 预先指定 v_1 和 v_2 的颜色分别为 1 和 2,那么 v_1 和 v_2 的染色能被扩充为 G 的 L-点染色.

证明 对 G 的点数 $p(G)$ 进行归纳证明. 若 $p(G) = 3$,则 $G = C$,结论显然成立. 假设 $p(G) \geqslant 4$,且对所有点数小于 $p(G)$ 的近三角平图结论成立. 如果 C 有一条弦 vw(亦即连接 C 上两个非相继顶点的一条边),那么 vw 属于唯一的两个圈 $C_1, C_2 \subseteq C + vw$,使得 $v_1 v_2 \in C_1$ 且 $v_1 v_2 \notin C_2$. 对 $i = 1, 2$,设 G_i 表示由 C_i 上的点和其内部的点所导出的子图(见图 7.19(a)). 首先由归纳假设,G_1 是 L-点可染的,设 φ 是 G_1 的一个 L-点染色,于是 v 和 w 得到不同的颜色 a 和 b. 在此基础上,应用归纳假设到 G_2,形成 G 的一个 L-点染色.

如果 C 没有弦,设 $v_1, u_1, \cdots, u_m, v_{k-1}$ 顺次是 v_k 的邻点,$[v_k v_1 u_1]$,$[v_k u_1 u_2]$,$\cdots$,$[v_k u_m v_{k-1}]$ 顺次是与 v_k 关联的内部三角面. 设 $P = v_1 u_1 \cdots u_m v_{k-1}$,$C' = P \cup (C - v_k)$,那么 P 是一条从 v_1 到 v_{k-1} 的路,C 是一个圈(见图 7.19(b)). 令 $G' = G - v_k$,则 G' 是近三角平图. 选取 $p, q \in L(v_k) \backslash \{1\}$. 对 $i = 1, 2, \cdots, m$,令 $L'(u_i) = L(u_i) \backslash \{p, q\}$;对 $y \in V(G) \backslash \{v_1, v_2, u_1, \cdots, u_m\}$,令 $L'(y) = L(y)$. 由归纳假设,G'

是有一个 L' -点染色 φ. 在 φ 的基础上，用 $\{p,q\}$ 中不同于 $\varphi(v_{k-1})$ 的颜色染 v_k，就得到 G 的一个 L -点染色. □

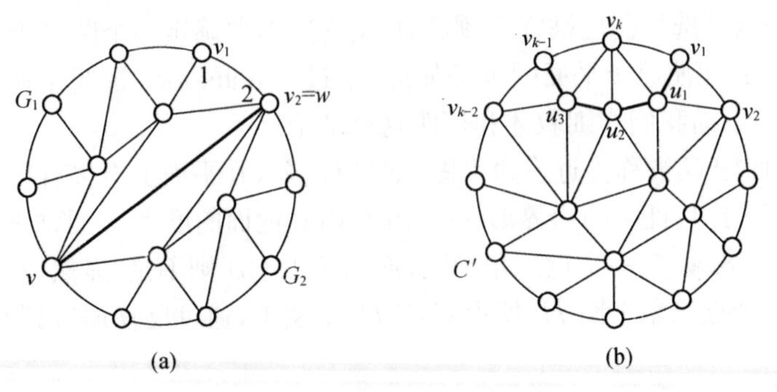

图 7.19　定理 7.3.3 的证明

由定理 7.3.3 容易得到下面结果：

推论 7.3.4　每一个平面图是 5 -点可选的.

1993 年，Voigt 首次构造了一个不是 4 -点可选的平面图的例子，这个例图有 238 个顶点. 1996 年，更小的只有 63 个顶点的例图由 Mirzakhani 构造出来. 从这个意义上讲，推论 7.3.4 的结果是最好可能的.

类似于图的点列表染色，我们可以定义图的边列表染色.

定义 7.3.2　给图 G 的每一条边 e 指定一个颜色表 $L(e)$. 称 φ 是 G 的一个 L -边染色，是指对每一条边 $e \in E(G)$，都存在一个颜色 $\varphi(e) \in L(e)$，使得任两条相邻的边有不同色. 若对任意指定的颜色表 L，使得对每一个 $e \in E(G)$ 有 $|L(e)| \geqslant k$，G 均有一个 L -边染色，则称 G 是 k -列表边可染的，或称为 k -边可选的. G 的列表边色数或边选择数定义为最小的整数 k，使得 G 是 k -边可选的，用 $\chi'_l(G)$ 表示.

由定义，对任意图 G，$\chi'_l(G) \geqslant \chi'(G) \geqslant \Delta(G)$. 另一方面，应用贪婪算法容易得到 $\chi'_l(G) \leqslant 2\Delta(G)-1$. 定理 7.3.1 证明了图的列表点色数 χ_l 与一般点色数 χ 之间的差可以任意大，对边染色的情形则有下面著名的猜想.

猜想 7.3.1（列表染色猜想）　对每一个图 G，$\chi'_l(G) = \chi'(G)$.

目前，猜想 7.3.1 仅对一些特殊图被证明成立，如圈、树、奇阶完全图、最大度至少为 4 的外平面图、最大度至少为 12 的平面图等. 特别是，Galvin 证明了该猜想对多重二分图成立，后来 Slivnik 给出这个结果的一个简单证明. 下面我们介绍一下 Slivnik 的证明.

设 $G=(U,W;E)$ 是一个二分图. 对一条边 $e \in E(G)$，并设 u_e 和 w_e 分别表示 e 在 U 和 W 中的端点.

引理 7.3.5　设 $G=(U,W;E)$ 是一个非空二分图，并设 φ 是 G 的一个正常边染色. 对每一条边 $e \in E(G)$，设

$$\sigma_G(e) = |\{f \in E(G) \mid u_e = u_f \text{ 且 } \varphi(f) > \varphi(e)\}| + |\{f \in E(G) \mid w_e = w_f \text{ 且 } \varphi(f) < \varphi(e)\}| + 1,$$

定义颜色表 L,使得 $e \in E(G)$ 有 $|L(e)| = \sigma_G(e)$,那么 G 是 L -边可染的.

证明 对 G 的边数 q 进行归纳证明. 当 $q = 1$ 时,结论显然成立. 假设引理对所有边数少于 q 的非空二分图成立,其中 $q \geqslant 2$. 设 G 是一个边数为 q 的二分图,且 φ 是 G 的一个边染色. 如假设条件,对每一条边 $e \in E(G)$,定义颜色表 $L(e)$ 使得 $|L(e)| = \sigma_G(e)$.

设 $S \subseteq E(G)$. 一个对集 $M \subseteq S$ 被称作是最优的(在 S 中),如果对每一条边 $e \in S \backslash M$,存在一条边 $f \in M$,使得:① $u_e = u_f$ 且 $\varphi(f) > \varphi(e)$,或者 ② $w_e = w_f$ 且 $\varphi(f) < \varphi(e)$.

现在证明对每一个 $S \subseteq E(G)$,存在一个最优的对集 $M \subseteq S$. 若 S 本身是一个对集,那么 $M = S$ 显然是最优的. 若 $|S| = 1$, $M = S$ 是最优的. 假设对任何 $k > 1$,对每一个 $S' \subseteq E(G)$ 使得 $|S'| = k - 1$,都存在一个最优对集 $M' \subseteq S'$. 设 $S \subseteq E(G)$, $|S| = k$. 我们来证明 S 包含一个最优对集 M.

称一条边 $e \in S$ 是 U -最大的,如果不存在边 $f \in S$ 使得 $u_e = u_f$ 且 $\varphi(f) > \varphi(e)$;e 是 W -最大的,如果不存在边 $f \in S$ 使得 $w_e = w_f$ 且 $\varphi(f) > \varphi(e)$;e 是 φ -最大的,如果 e 同时是 U -最大和 W -最大的. 因此,当一条边 $e \in S$ 是 φ -最大时,对 S 中任何与 e 相邻的边 f 都有 $\varphi(f) < \varphi(e)$. 考虑下面两种情形:

情形 1 S 中每一条 U -最大边也是 W -最大的. 设

$$M = \{e \in S \mid e \text{ 是 } \varphi \text{ -最大的}\},$$

我们断言 M 是最优的. 因为 M 中没有两条边是相邻的,故 M 是一个对集. 此外,M 显然是非空的. 设 $e \in S \backslash M$. 因 e 不是 φ -最大的,所以由假设,e 不是 U -最大的. 因此,存在一条边 $f \in S$ 使得 $u_e = u_f$ 且 $\varphi(f)$ 尽可能的大. 这说明 f 是 U -最大的,从而是 φ -最大的. 故 $f \in M$ 且 $\varphi(f) > \varphi(e)$. 因此,M 是最优的.

情形 2 存在 $g \in S$ 是 U -最大而不是 W -最大. 因为 g 不是 W -最大的,存在 $h \in S$ 使得 $w_h = w_g$ 且 $\varphi(h) > \varphi(g)$. 设 $S' = A \backslash \{h\}$,那么 $|S'| = k - 1$. 由归纳假设,S' 含有一个最优对集 M. 由定义,对每一个 $e \in S' \backslash M = S \backslash (M \cup \{h\})$,存在 $f \in M$,使得:① $u_e = u_f$ 且 $\varphi(f) > \varphi(e)$,或者 ② $w_e = w_f$ 且 $\varphi(f) < \varphi(e)$.

下证 M 在 S 中也是最优的. 只需证明存在一条边 $f \in M$,使得:① $u_f = u_h$ 且 $\varphi(f) > \varphi(h)$,或者 ② $w_f = w_h$ 且 $\varphi(f) < \varphi(h)$. 为此分下面两种子情形加以讨论:

情形 2.1 $g \notin M$. 那么,$g \in S \backslash (M \cup \{h\})$. 由归纳假设,存在 $f \in M$,使得:① $u_g = u_f$ 且 $\varphi(f) > \varphi(g)$,或者 ② $w_g = w_f$ 且 $\varphi(f) < \varphi(g)$. 因 g 是 U -最大的,① 不成立,于是 ② 必成立,即 $\varphi(f) < \varphi(g) < \varphi(h)$,因此 M 是最优的.

情形 2.2 $g \in M$. 取 $f = g$ 即可. 因此,M 是最优的.

选择一个颜色 $a \in \bigcup_{e \in E(G)} L(e)$,并设 $S = \{e \in E(G) \mid a \in L(e)\}$. 如上所证,存

在一个最优对集 $M \subseteq S$. 设 $G' = G - M$. 对每一条边 $e \in E(G')$，令 $L'(e) = L(e) \setminus \{a\}$. 如果 $e \in E(G) \setminus S$，那么 $a \notin L(e)$ 且

$$|L'(e)| = |L(e)| = \sigma_G(e) \geqslant \sigma_{G'}(e).$$

因 $|E(G')| < |E(G)|$，由归纳假设，G' 是 L'-边可染的. 设 φ' 是 G' 的一个正常 L'-边染色. 定义 G 的一个正常 L-边染色 φ 如下：

$$\varphi(e) = \begin{cases} \varphi'(e), & \text{若 } e \in E(G'); \\ a, & \text{若 } e \in M. \end{cases}$$

□

定理 7.3.6 若 G 是一个二分图，则 $\chi'_l(G) = \chi'(G)$.

证明 因为 G 是二分图，由定理 7.2.1，$\chi'(G) = \Delta(G)$. 于是，存在 G 的一个正常边染色 $\varphi: E(G) \to \{1, 2, \cdots, \Delta(G)\}$. 对每一条边 $e \in E(G)$，定义

$$\sigma_G(e) = |\{f \in E(G) \mid u_e = u_f \text{ 且 } \varphi(f) > \varphi(e)\}| + |\{f \in E(G) \mid w_e = w_f \text{ 且 } \varphi(f) < \varphi(e)\}| + 1.$$

设 $L(e)$ 是 e 的一个颜色表，满足

$$|L(e)| = \sigma_G(e) \leqslant 1 + (\chi'(G) - c(e)) + (c(e) - 1) = \chi'(G),$$

由引理 7.3.5，G 是 L-边可染的，故 $\chi'_l(G) \leqslant \chi'(G)$. 另一方面，$\chi'_l(G) \geqslant \chi'(G)$ 是显然的. 因此，$\chi'_l(G) = \chi'(G)$. □

7.4 全染色

在一些实际问题中，人们需要考虑 G 的（点-边）全染色，亦即对图 G 的点和边进行联合染色，使得相邻点、相邻边、相关联的点和边得到不同色. 确切的定义如下.

定义 7.4.1 一个图 G 的 k-全染色是一个映射 $\varphi: V(G) \cup E(G) \to \{1, 2, \cdots, k\}$，使得任两个相邻点、相邻边和相关联的点和边有不同色. 图 G 的全色数定义为使得 G 有一个 k-全染色的最小整数 k，用 $\chi''(G)$ 表示.

因为染一个图 G 的最大度顶点及其关联的边需要不同的染色，故 $\chi''(G) \geqslant \Delta(G) + 1$. 另一方面，用颜色 $1, 2, \cdots, \chi(G)$ 正常染 G 的点，用 $\chi(G) + 1, \chi(G) + 2, \cdots, \chi(G) + \chi'(G)$ 正常染 G 的边，能得到 G 的一个正常全染色. 因此

$$\chi''(G) \leqslant \chi(G) + \chi'(G).$$

若 G 是二分图，由 $\chi(G) \leqslant 2$ 和 $\chi'(G) = \Delta(G)$（定理 7.2.1）可推出 $\chi''(G) \leqslant \chi(G) + \chi'(G) \leqslant \Delta(G) + 2$；若 G 是平面图，由“四色定理”和定理 7.2.2 可推出 $\chi''(G) \leqslant \chi(G) + \chi'(G) \leqslant 4 + \Delta(G) + 1 = \Delta(G) + 5$.

早在 20 世纪 60 年代，Vizing 和 Behzad 独立地提出下面著名猜想：

猜想 7.4.1（全染色猜想）　对每一个简单图 G，$\chi''(G) \leqslant \Delta(G)+2$.

猜想 7.4.1 至今尚未解决. 当前最好的已知上界是由 Molloy 和 Reed 应用概率方法得到的（见下面的定理）.

定理 7.4.1　对任何简单图 G，$\chi''(G) \leqslant \Delta(G)+10^{26}$.

该定理的证明略.

对树、圈、完全图、完全多部图、最大度至多为 5 的图、最大度不为 6 的平面图等，猜想 7.4.1 被证实是对的. 这里仅讨论完全图和最大度为 3 的情形.

定理 7.4.2　若 G 是一个 $\Delta(G) \leqslant 3$ 的图，则 $\chi''(G) \leqslant 5$.

证明　对 G 的点数和边数之和 $p(G)+q(G)$ 进行归纳证明. 若 $p(G)+q(G) \leqslant 5$，定理显然成立，因为我们可以用不同的颜色染 G 的所有点和边. 假设 G 是一个 $\Delta(G) \leqslant 3$ 且 $p(G)+q(G) \geqslant 6$ 的图，且对任一个满足 $\Delta(H) \leqslant 3$ 和 $p(H)+q(H) < p(G)+q(G)$ 的图 H，有 $\chi''(H) \leqslant 5$. 不妨设 G 是连通图（否则考虑 G 的一个连通分支），于是 $\delta(G) \geqslant 1$. 证明分下面两种情形：

情形 1　$\delta(G) \leqslant 2$.

设 v 是 G 的一个顶点使得 $d_G(v) \leqslant 2$. 不妨设 $d_G(v)=2$（若 $d_G(v)=1$，讨论类似且更简单）. 设 v_1, v_2 是 v 的邻点. 令 $H=G-vv_1$，则 H 是满足 $\Delta(H) \leqslant 3$ 且 $p(H)+q(H)=p(G)+q(G)-1$ 的图. 由归纳假设，H 是 5-全可染的. 设 φ 是 H 的一个 5-全染色，$C=\{1,2,\cdots,5\}$ 是其颜色集合. 设 $C(v_1)=\{\varphi(e) \mid e \in E(H)$ 关联顶点 $v_1\} \cup \{\varphi(v_1)\}$. 在 φ 的基础上，构造 G 的一个 5-全染色 ψ 如下：

$$\psi(vv_1)=a \in C \setminus (C(v_1) \cup \{\varphi(vv_2)\}),$$

$$\psi(v)=b \in C \setminus \{a, \varphi(v_1), \varphi(v_2), \varphi(vv_2)\},$$

对所有 $x \in (V(G) \cup E(G)) \setminus \{v, vv_1\}$，$\psi(x)=\varphi(x)$.

因为 $\Delta(H) \leqslant 3$，$|C(v_1)|=1+(d_H(v_1)-1) \leqslant 3$，故 $|C \setminus (C(v_1) \cup \varphi(vv_2))| \geqslant 5-1-3=1$，颜色 a 存在，从而 ψ 是 G 的正常 5-全染色. 这证明了 $\chi''(G) \leqslant 5$.

情形 2　$\delta(G)=3$.

注意到 G 是 3-正则图，证明分两种子情形：

情形 2.1　G 包含一条割边.

假设 $e=xy$ 是 G 的一条割边，设 x_1, x_2 是 x 的不同于 y 的邻点，y_1, y_2 是 y 的不同于 x 的邻点. $G-e$ 由两个连通分支 G_1 和 G_2 组成，其中 $x \in V(G_1)$，$y \in V(G_2)$. 由归纳假设，G_i 有一个 5-全染色 $\varphi_i (i=1,2)$. 经过颜色的重排，我们可以指定 G_1 中 x, xx_1, xx_2 的颜色分别为 1,2,3，G_2 中 y, yy_1, yy_2 的颜色分别为 2,1,3. 用 4 染边 e，然后联合 φ_1 和 φ_2，G 的一个 5-全染色被建立. 因此 $\chi''(G) \leqslant 5$.

情形 2.2　G 是 2-边连通的.

由推论 7.1.4，G 有一个点染色 $\varphi: V(G) \to \{1,2,3,4\}$. 由推论 5.1.3，$G$ 有一个

完美匹配M,$G\backslash M$由若干个点不交的圈组成.在φ的基础上构造G的一个边染色ψ如下:

(1) M中所有边染5.

(2) 对$G\backslash M$中的每一条边$e=uv$,定义颜色表$L(e)=\{1,2,3,4\}\backslash\{\varphi(u),\varphi(v)\}$.那么,$|L(e)|=2$.

下证$G\backslash M$是L-边可染的.设$C=u_0u_1\cdots u_{n-1}u_0$是$G\backslash M$的一个任意圈,只需证$C$是$L$-边可染的.

若C有两条相邻的边e_i和e_{i+1}使得$L(e_i)\neq L(e_{i+1})$,那么先用颜色$a_{i+1}\in L(e_{i+1})\backslash L(e_i)$染$e_{i+1}$,然后用$a_{i+2}\in L(e_{i+2})\backslash\{a_{i+1}\}$染$e_{i+2}$,用$a_{i+3}\in L(e_{i+3})\backslash\{a_{i+2}\}$染$e_{i+3}$,依次下去,最后用$a_i\in L(e_i)\backslash\{a_{i-1}\}$染$e_i$.$C$的一个$L$-边染色已被建立.

否则,设$L(e_0)=L(e_1)=\cdots=L(e_{n-1})=\{1,2\}$.若$n$是偶数,交替用1,2染$C$的边即可得$C$的一个$L$-边染色.若$n$是奇数,即$C$是一个奇圈,必存在$C$上两个相邻的顶点染同色3或者4,矛盾于$\varphi$的正常性,因此这种情形不会出现.

结合φ和ψ,我们建立了G的一个5-全染色.因此$\chi''(G)\leqslant 5$. □

定理 7.4.3 设$K_n(n\geqslant 1)$是n-阶完全图,则

$$\chi''(K_n)=\begin{cases}n, & \text{如果 } n \text{ 是奇数;}\\ n+1, & \text{如果 } n \text{ 是偶数.}\end{cases}$$

证明 设$V(K_n)=\{v_1,v_2,\cdots,v_n\}$,$K_{n+1}=V(K_n)\cup\{v_{n+1}\}$,$\chi'(K_{n+1})=r$,则$K_{n+1}$有一个正常$r$-边染色$\varphi$应用染色$1,2,\cdots,r$.构造$K_n$的一个$r$-全染色$\psi$如下:

$$\psi(v_i)=\varphi(v_{n+1}v_i),\quad i=1,2,\cdots,n;$$
$$\psi(e)=\varphi(e),\quad e\in E(K_n).$$

因为$\varphi(v_{n+1}v_1),\varphi(v_{n+1}v_2),\cdots,\varphi(v_{n+1}v_n)$是互不相同的,易证$\psi$是$K_n$的一个$r$-全染色.因此$\chi''(K_n)\leqslant r$.

若n是奇数,则$n+1$是偶数.由定理7.2.4,$\chi'(K_{n+1})=r=\Delta(K_{n+1})=n$,于是$\chi''(K_n)\leqslant n$.另一方面,$\chi''(K_n)\geqslant\Delta(K_n)+1=n$是显然的.因此$\chi''(K_n)=n$.

若n是偶数,则$n+1$是奇数.由定理7.2.4,$\chi'(K_{n+1})=r=\Delta(K_{n+1})+1=n+1$,于是$\chi''(K_n)\leqslant n+1$.因为$p(K_n)+q(K_n)=n+\frac{1}{2}n(n-1)=\frac{1}{2}n(n+1)$,且每一种颜色至多用来染1个顶点和$\frac{1}{2}(n-2)$条边,或染0个点和$\frac{1}{2}n$条边,总之每种颜色至多可染$V(K_n)\cup E(K_n)$中$\frac{1}{2}n$个元素,因此$\chi''(K_n)\geqslant n+1$.这证明了$\chi''(K_n)=n+1$. □

类似于一般图的(点-边)全染色,人们可以考虑平图的边-面联合染色、点-面联合染色、点-边-面联合染色等概念.

定义 7.4.2　一个平图 G 的边-面染色是一个映射 $\varphi: E(G)\cup F(G)\rightarrow\{1,2,\cdots,k\}$,使得任两个相邻边、相邻面、相关联的边和面有不同色.图 G 的边-面全色数定义为使得 G 有一个 k-边-面染色的最小整数 k,用 $\chi_{ef}(G)$ 表示.

如果我们考虑对集合 $V(G)\cup F(G)$ 和 $V(G)\cup E(G)\cup F(G)$ 的联合染色,就可以类似定义平图 G 的点-面染色和点-边-面染色,其相应的色数记为 $\chi_{vf}(G)$ 和 $\chi_{vef}(G)$.

1975 年,Mel'nikov 猜想:每一个平图 G 是 $(\Delta(G)+3)$-边-面全可染的.20 世纪末,几组作者独立地给出该猜想的证明.

引理 7.4.4　对每一个平图 G,$\chi_{ef}(G)\leqslant\chi'(G)+2$.

证明　设 $\chi'(G)=r$.用颜色 $1,2,\cdots,r$ 正常染 G 的边.设 S 表示染有颜色 $r-1$ 和 r 的边的集合,然后抹去 S 中所有边的颜色.由"四色定理",G 有一个面染色 φ: $F(G)\rightarrow\{r-1,r,r+1,r+2\}$.对每一条边 $e\in S$,定义颜色表 $L(e)=\{r-1,r,r+1,r+2\}\backslash\{\varphi(f_1),\varphi(f_2)\}$,其中 f_1 和 f_2 表示与 e 关联的两个面.注意到,若 e 是 G 的一条割边,则 f_1 与 f_2 是同一个面.那么,$|L(e)|\geqslant 4-2=2$.因为 S 是由若干个点不交的路和偶圈组成,所以 S 是 L-边可染的(参见定理 7.4.2 的证明),进而 G 的一个 $(r+2)$-边-面染色被建立.　□

由引理 7.4.4 和定理 7.2.2,立即推出下面的结果:

定理 7.4.5　对每一个平图 G,$\chi_{ef}(G)\leqslant\Delta(G)+3$.

平图的其他联合染色也有着很丰富的内容,其中不乏一些著名的猜想和难题.如 Borodin 证明了 Ringel(1965) 猜想:每一个平图 G 满足 $\chi_{vf}(G)\leqslant 6$;几位作者联合证明了 Kronk 和 Mitchem(1973) 猜想:每一个平图 G 满足 $\chi_{vef}(G)\leqslant\Delta(G)+4$.

7.5　染色方法

图的染色方法形形色色,但却没有一个万能的通用的方法,往往需要具体问题具体分析.除了常规的数学归纳法和反证法之外,这里我们介绍几种较为有效的方法.

7.5.1　权转移方法

当处理稀疏图(如平面图、可嵌入曲面上的图、最大平均度比较小的图)的染色问题时,人们往往采用权转移技术(Discharging).1976 年,Appel 和 Haken 成功地应用这种方法并借助计算机证明了"四色定理".下面我们通过一个例子来说明这种方法在平面图族上的应用.

定理 7.5.1 设G是一个连通平图,则对任何实数$k,l>0$,下面恒等式成立:

$$\sum_{v\in V(G)}(kd_G(v)-2(k+l))+\sum_{f\in F(G)}(ld_G(f)-2(k+l))=-4(k+l).$$

证明 由定理 6.2.3,欧拉公式$p(G)-q(G)+r(G)=2$成立,又由定理 1.3.1 和定理 6.2.1,有

$$\sum_{v\in V(G)}d_G(v)=\sum_{f\in F(G)}d_G(f)=2q(G),$$

于是有

$$\begin{aligned}&\sum_{v\in V(G)}(kd_G(v)-2(k+l))+\sum_{f\in F(G)}(ld_G(f)-2(k+l))\\&=k\sum_{v\in V(G)}d_G(v)-2(k+l)p(G)+l\sum_{f\in F(G)}d_G(f)-2(k+l)r(G)\\&=2kq(G)-2(k+l)p(G)+2lq(G)-2(k+l)r(G)\\&=2(k+l)(q(G)-p(G)-r(G))\\&=-4(k+l)\end{aligned}$$

□

设G是一个平图,G的一个度为k的点或面称为k-点或k-面,设$m_k(u)$表示与顶点u关联的k-面的个数.

定理 7.5.2 设G是一个简单的没有 5-圈的平面图,则$\delta(G)\leqslant 3$.

证明 假设相反,$\delta(G)\geqslant 4$. 不妨设G是连通的. 将G嵌入在平面上,因为G不包含 5-圈,下面子图不存在(见图 7.20):

(A1) 一个 5-面;

(A2) 一个 3-面相邻于一个 4-面;

(A3) 一个 3-面相邻于两个 3-面.

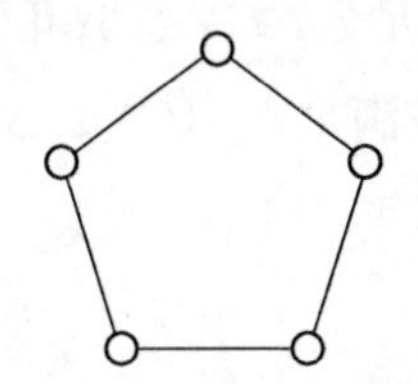

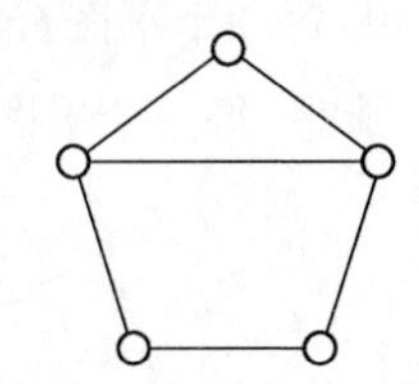

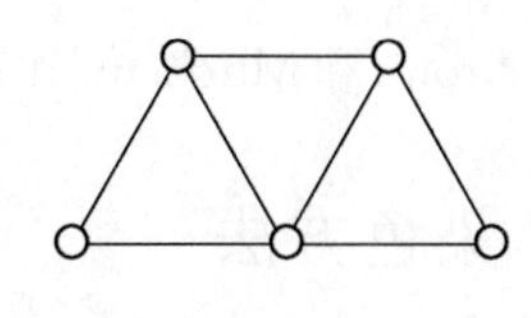

图 7.20 子图形(A1),(A2) 和(A3)

在定理 7.5.1 的恒等式中代入$k=2$和$l=1$,有

$$\sum_{v\in V(G)}(2d_G(v)-6)+\sum_{f\in F(G)}(d_G(f)-6)=-12.$$

设w表示初始权函数,使得对$v\in V(G)$有$w(v)=2d_G(v)-6$,对$f\in F(G)$有$w(f)=d_G(f)-6$. 一方面,G的所有点和面的权和为-12;另一方面,我们应用适当的规则重新分配这些权使得总和不变,但每一个$x\in V(G)\cup F(G)$有新权$w'(x)\geqslant 0$. 于是下面的矛盾不等式产生:

$$0\leqslant \sum_{x\in V(G)\cup F(G)} w'(x)=\sum_{x\in V(G)\cup F(G)} w(x)=-12,$$

说明这样的图 G 不存在.

假设 $v\in V(G)$，权转移规则定义如下：

(R1) 若 $4\leqslant d_G(v)\leqslant 5$，则 v 送权 1 给每一个相关联的 3 -面，$\frac{1}{2}$ 给每一个相关联的 4 -面；

(R2) 若 $d_G(v)\geqslant 6$，则 v 送权 $\frac{3}{2}$ 给每一个相关联的 3 -面，1 给每一个相关联的 4 -面.

设 w' 表示按照规则(R1)和(R2)在 G 的点和面之间进行权转移之后所得到的结果权函数. 为了完成证明，只需验证对每一个 $x\in V(G)\cup F(G)$，有 $w'(x)\geqslant 0$.

首先设 $f\in F(G)$. 于是 $d_G(f)\geqslant 3$，且由(A1)不在 G 中出现知 $d_G(f)\neq 5$. 如果 $d_G(f)=3$，那么 $w(f)=-3$. 因为 $\delta(G)\geqslant 4$，周界 $b(f)$ 中的每一个顶点 y 的度至少为 4，由(R1)和(R2)，y 送给 f 权量至少为 1，因此 $w'(f)\geqslant -3+3\times 1=0$. 如果 $d_G(f)=4$，那么 $w(f)=-2$. 由(R1)和(R2)，$b(f)$ 中每一个点给 f 权量至少为 $\frac{1}{2}$，因此 $w'(f)\geqslant -2+4\times\frac{1}{2}=0$. 如果 $d_G(f)\geqslant 6$，那么 $w'(f)=w(f)=d_G(f)-6\geqslant 0$.

其次设 $v\in V(G)$. 因为 $\delta(G)\geqslant 4$，知 $d_G(v)\geqslant 4$. 假设 $d_G(v)=4$，那么 $w(v)=2$. 因为 G 不含(A3)，$m_3(v)\leqslant 2$. 若 $m_3(v)=0$，则由(R1)，$w'(v)=2-\frac{1}{2}m_4(v)\geqslant 2-\frac{1}{2}\times 4=0$. 若 $m_3(v)=1$，因 G 不含(A2)，$m_4(v)\leqslant 1$，故 $w'(v)\geqslant 2-1-\frac{1}{2}=\frac{1}{2}$；若 $m_3(v)=2$，可推出 $m_4(v)=0$，因此 $w'(v)\geqslant 2-2\times 1=0$. 假设 $d_G(v)=5$，那么 $w(v)=4$. 因 G 不含(A3)，$m_3(v)\leqslant 3$. 由(R1)，$w'(v)\geqslant 4-3\times 1-2\times\frac{1}{2}=0$. 假设 $d_G(v)\geqslant 6$. 设 $f_{3,2}$ 表示关联于 v 且相邻的 3 -面的对数，因 G 不含(A3)，没有这样的 3 -面对与其他 3 -面相邻. 设 $f_{3,1}=m_3(v)-2f_{3,2}$，则 $m_4(v)\leqslant d_G(v)-m_3(v)-(f_{3,2}+f_{3,1})=d_G(v)-2f_{3,1}-3f_{3,2}$. 于是，由(R2)，有

$$\begin{aligned}w'(v)&=2d_G(v)-6-\frac{3}{2}m_3(v)-m_4(v)\\&\geqslant 2d_G(v)-6-\frac{3}{2}m_3(v)-(d_G(v)-2f_{3,1}-3f_{3,2})\\&=d_G(v)-6+\frac{1}{2}f_{3,1}\geqslant 0.\end{aligned}$$

□

应用定理 7.5.2，我们能够证明没有 5 -圈的平面图是 4 -点可选的.

定理 7.5.3 设G是一个简单的没有 5-圈的平面图,则 $\chi_l(G) \leqslant 4$.

证明 对G的点数进行归纳证明.若 $p(G) \leqslant 4$,结论显然成立.设G是一个没有5-圈的平面图,且假设对于点数小于 $p(G)$ 的没有5-圈的所有平面图结论成立.设 L 是G 的一个任意颜色表,使得对每一个 $v \in V(G)$,有 $|L(v)| \geqslant 4$.由定理 7.5.2,G有一个度至多为3的顶点u.由归纳假设,图$G-u$有一个L-点染色φ.设$C(u)$表示u在$G-u$中邻点所染的颜色集合.构造G的一个L-点染色ψ如下:用颜色 $a \in L(u) \backslash C(u)$ 染 u;对 $v \in V(G) \backslash \{u\}$,令 $\psi(v) = \varphi(v)$.因 $|C(u)| \leqslant 3$,$|L(u)| \geqslant 4$,颜色 a 存在,故 ψ 能被构造出来.因此,$\chi_l(G) \leqslant 4$. □

7.5.2 概率方法

概率方法是数学大师 Erdös 首先引入到图论和组合问题的研究中来的.这种方法对于证明满足特定性质的图的存在性及图中特殊结构的存在性、给出一些图参数的渐近行为十分有效.例如,下面的关于图染色的一个经典结果就是应用概率方法证明的.

定理 7.5.4 对任何整数 $k \geqslant 1$,存在没有三角形的图 G,使得 $\chi(G) > k$.

证明 选择一个有n个顶点,概率为 $p = n^{-\frac{2}{3}}$ 的随机图 $G = G(n,p)$.为了证明 $\chi(G) > k$,只需证明点独立数 $\alpha(G) < \left\lceil \frac{n}{k} \right\rceil$.下面我们通过简单的数学期望计算来证明这个严格不等式成立.

设I是G的基数为$\left\lceil \frac{n}{2k} \right\rceil$的独立集的个数,对每一个有$\left\lceil \frac{n}{2k} \right\rceil$个顶点的子集合$S$,定义一个随机变量$I_S$如下:

$$I_S = \begin{cases} 1, & \text{若 } S \text{ 是独立集}, \\ 0, & \text{否则}, \end{cases}$$

于是随机变量 I_S 的数学期望为$E(I_S) = (1-p)^{\binom{\lceil \frac{n}{2k} \rceil}{2}}$.注意到对任何 $x > 0$,有 $1 - x < \mathrm{e}^{-x}$ 成立,因此当 $n \geqslant 2^{12}k^6$ 时,由数学期望的线性可加性有

$$E(I) = \sum_S E(I_S) = \binom{n}{\lceil \frac{n}{2k} \rceil}(1-p)^{\binom{\lceil \frac{n}{2k} \rceil}{2}} < \binom{n}{\lceil \frac{n}{2k} \rceil}(1-p)^{\binom{\frac{n}{2k}}{2}}$$

$$< 2^n \mathrm{e}^{\frac{-pn(n-2k)}{8k^2}} < 2^n \mathrm{e}^{\frac{-n^{4/3}}{16k^2}} < \frac{1}{2},$$

由马尔科夫不等式,对充分大的 n,有 $P(I > 0) < \frac{1}{2}$.

设T表示G中三角形的个数(即3-圈的个数).注意到3个顶点形成一个三角形的概率为 p^3,因此 T 的数学期望为

$$E(T)=\binom{n}{3}p^3<\frac{n^3}{3!}(n^{-2/3})^3=\frac{n}{6},$$

由马尔科夫不等式，对充分大的 n，有 $P\left(T\geqslant\frac{n}{2}\right)<\frac{1}{3}$.

因为 $P(I>0)+P\left(T\geqslant\frac{n}{2}\right)<\frac{1}{2}+\frac{1}{3}<1$，事件 $I=0$ 和 $T<\frac{n}{2}$ 同时发生的概率为正，因此存在一个图 G 满足 $I=0$ 和 $T<\frac{n}{2}$. 选择 G 的一个顶点子集合 S 使得 $|S|\leqslant\frac{n}{2}$，并且 G 的每一个三角形至少包含 S 中的一个顶点. 令 $H=G\backslash S$，则 $|V(H)|\geqslant\frac{n}{2}$，$\alpha(H)<\left\lceil\frac{n}{2k}\right\rceil\leqslant\left\lceil\frac{|V(H)|}{k}\right\rceil$. 因此，$\chi(H)>k$. □

1959 年，Erdös 应用概率方法证明了下面更强的结果：

定理 7.5.5 对任何整数 $k,l\geqslant1$，存在一个图 G，使得围长 $g(G)>l$，且点色数 $\chi(G)>k$.

当 $l=3$ 时，定理 7.5.5 即为定理 7.5.4.

7.5.3 代数方法

应用组合零点定理(Combinatorial Nullstellensatz)，人们可以解决许多图的染色问题，且这种方法主要基于代数结构分析. 例如，为了研究图的列表染色问题，Alon 和 Tarsi 给出下面的关于 n 元多项式的一个定理.

定理 7.5.6 设 $f(x_1,x_2,\cdots,x_n)$ 是整数环上 $\mathbf{Z}$ 的 n 元多项式，对 $i=1,2,\cdots,n$，假设 x_i 的次数至多为 d_i，并取定 $S_i\subset\mathbf{Z}$ 满足 $|S_i|=d_i+1$，若对所有的 n-元组 $(x_1,x_2,\cdots,x_n)\in S_1\times S_2\times\cdots\times S_n$ 有 $f(x_1,x_2,\cdots,x_n)=0$，则 $f\equiv0$.

该定理的证明略.

设 G 是一个图，D 是 G 的一个定向(即每条边给定一个方向)，对每一个顶点 $v\in V(D)$ 定义一个变量 x_v，于是 G 的关于变量 $\{x_v\mid v\in V(G)\}$ 的图多项式定义为下面的齐次多项式：

$$f(G)=\prod_{uv\in E(D)}(x_u-x_v).$$

定理 7.5.7 对整数 $k\geqslant2$，若 $f(G)$ 中第 $\prod_{v\in V(G)}x_v^{k-1}$ 项的系数非零，则 G 是 k-点可选的.

例 7.4 设 G 是如图 7.21(a) 所示的 4-正则图，证明：$\chi_l(G)=3$.

证明 因为 G 含有 K_3，$\chi_l(G)\geqslant3$. 为了证明 $\chi_l(G)\leqslant3$，给 G 的一个定向 D(见图 7.21(b)). 设 x_i 表示对应于顶点 v_i 的变量($i=1,2,\cdots,6$)，构造 G 的关于 D 的图多项式如下：

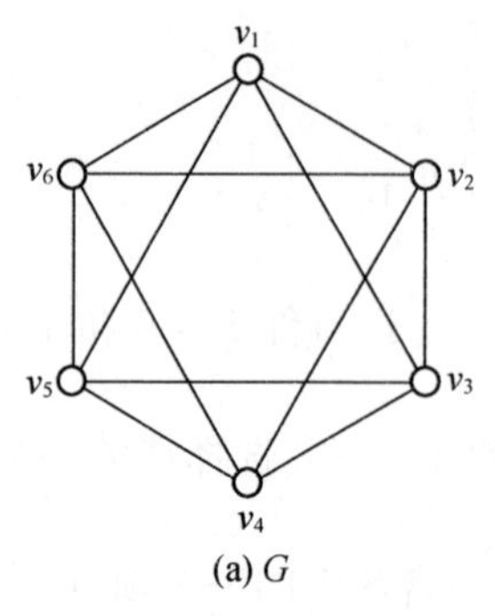

(a) G

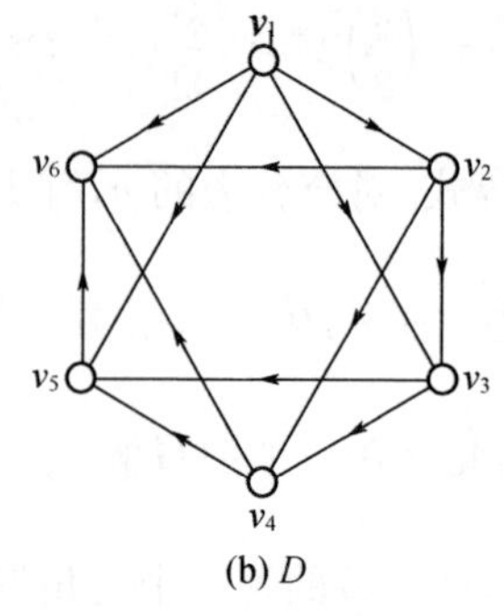

(b) D

图 7.21　例 7.4 的图 G

$$f(G)=(x_1-x_2)(x_1-x_3)(x_1-x_5)(x_1-x_6)(x_2-x_3)(x_2-x_4)$$
$$\cdot(x_2-x_6)(x_3-x_4)(x_3-x_5)(x_4-x_5)(x_4-x_6)(x_5-x_6).$$

为计算方便起见,设

$$f_1=(x_1-x_2)(x_1-x_3)(x_1-x_5)(x_1-x_6),$$
$$f_2=(x_2-x_3)(x_2-x_4)(x_2-x_6),$$
$$f_3=(x_3-x_4)(x_3-x_5),$$
$$f_4=(x_4-x_5)(x_4-x_6),$$
$$f_5=x_5-x_6,$$

那么

$$f(G)=\prod_{i=1}^{5}f_i.$$

注意到 x_1 仅出现在 f_1 中,x_2 仅出现在 f_1,f_2 中,x_3 仅出现在 f_1,f_2,f_3 中,x_4 仅出现在 f_2,f_3,f_4 中,x_5 仅出现在 f_1,f_3,f_4,f_5 中,而 x_6 仅出现在 f_1,f_2,f_4,f_5 中. 对 $1\leqslant k\leqslant 5$,设 $c(x_1^2x_2^2\cdots x_k^2)$ 表示在子多项式 $\prod_{i=1}^{k}f_i$ 中第 $x_1^2x_2^2\cdots x_k^2$ 项前面的系数. 由定理 7.5.7,只需证明 $c(x_1^2x_2^2\cdots x_6^2)\neq 0$. 事实上,不难验证:

$$c(x_1^2)=(x_3+x_5+x_6)x_2+x_3x_5+x_3x_6+x_5x_6,$$
$$c(x_1^2x_2^2)=(x_3^2+x_3x_6+x_6^2)(x_4-x_5),$$
$$c(x_1^2x_2^2x_3^2)=(x_4^2-(x_5+x_6)x_4+x_5x_6)(x_5-x_6),$$
$$c(x_1^2x_2^2x_3^2x_4^2)=x_5^3+3x_5^2x_6-3x_5x_6^2-x_6^3,$$
$$c(x_1^2x_2^2\cdots x_6^2)=-6.$$

习题 7

7.1 证明:对任何图G,$\chi(G)\leqslant 1+m(G)$,其中$m(G)$表示G的最长路的长度.

7.2 证明:任何图G都包含长为$\chi(G)-1$的路.

7.3 设G是连通图,证明:$q(G)\geqslant\binom{\chi(G)}{2}$,等号成立当且仅当$G$为完全图.

7.4 证明:一个无环图G的色数是2当且仅当G是至少有一条边的二分图.

7.5 证明:若G的任何两个奇圈都有一个公共顶点,则$\chi(G)\leqslant 5$.

7.6 证明:若G是有$p(\geqslant 3)$个顶点q条边的简单图,则$\chi(G)\geqslant\dfrac{p^2}{p^2-2q}$.

7.7 对每一个p-阶图G,证明:

$$\frac{p}{\beta_0(G)}\leqslant\chi(G)\leqslant p-\beta_0(G)+1.$$

7.8 如果图G的任一真子图H均有$\chi(H)<\chi(G)$,则称G是色临界图.$\chi(G)=k$的色临界图称为k-色临界图.对$1\leqslant k\leqslant 3$,刻画k-色临界图的特征.

7.9 设G是p-阶图,$\omega(G)$表示G的团数,证明:

$$\chi(G)\leqslant\left\lfloor\frac{p+\omega(G)}{2}\right\rfloor.$$

7.10 设G是p-阶图,G^c是G的补图,证明:

(1) $2\sqrt{p}\leqslant\chi(G)+\chi(G^c)\leqslant p+1$;

(2) $p\leqslant\chi(G)\cdot\chi(G^c)\leqslant\left(\dfrac{p+1}{2}\right)^2$.

7.11 两个图G和H的笛卡儿积图$G\times H$定义为$V(G\times H)=V(G)\times V(H)$,$G\times H$中两个不同的顶点$(u,v)$和$(x,y)$是相邻的当且仅当$u=x$且$yv\in E(H)$,或者$v=y$且$ux\in E(G)$.证明:$\chi(G\times H)=\max\{\chi(G),\chi(H)\}$.

7.12 对任两个图G和H,证明:$\chi(G\cup H)\leqslant\chi(G)\cdot\chi(H)$.

7.13 计算轮图W_n的边色数.

7.14 证明:Petersen图G的边色数为4.

7.15 证明:每个3-正则Hamilton图是第一类图.

7.16 证明:若图G满足下列条件之一,则G是第二类图.

(1) 奇阶正则图;

(2) 含割点的正则图;

(3) $p(G)$是奇数,且$\sum\limits_{v\in V(G)}(\Delta(G)-d_G(v))<\Delta(G)$;

(4) G 是一个奇阶 k -正则图中移去至多 $\frac{k}{2}-1$ 条边得到的图;

(5) G 是在一个偶阶 k -正则图的一条边上插入一个点后所得到的图.

7.17 证明定理 7.3.2.

7.18 证明:没有 3-圈的平面图是 4-点可选的.

7.19 设 G 是一个连通的外平面图, $p(G)\geqslant 2$, 证明: $2\leqslant \chi_l(G)\leqslant 3$, 且 $\chi_l(G)=2$ 当且仅当 G 是含有至多一个圈的二分图.

7.20 证明: $\chi'_l(K_4)=3$ 和 $\chi'_l(K_5)=5$.

7.21 证明:若 G 是非空图, 则 $\chi'_l(G)\leqslant 2\Delta(G)-1$.

7.22 对 $n\geqslant 3$, 求 $\chi''(C_3\times C_n)$.

7.23 证明:若 T 是一个 $\Delta(T)\geqslant 2$ 的树, 则 $\chi''(T)=\Delta(T)+1$.

7.24 证明:对任何图 G, $\chi''(G)\leqslant \chi'_l(G)+2$.

7.25 应用定理 7.5.7 证明图 7.22 中的图 H 满足 $\chi_l(H)=\chi(H)=3$.

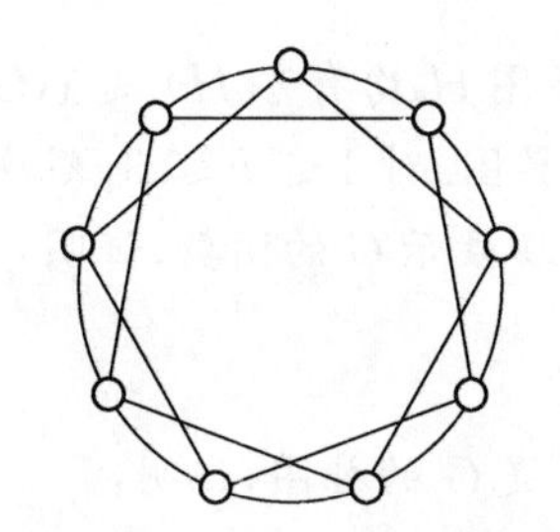

图 7.22 习题 7.25 中的图 *H*

8 网络流

网络流问题是图论与组合最优化中内容丰富、应用广泛的一个问题，运输问题、分派问题、通讯问题等许多问题都可以转化为网络流来解决. 一般有向网络中，每条弧的权不一定是表示弧的长度. 例如，公路运输网络中路面的宽度或管道输送网络中管道的直径，它是单位时间内允许通过实体的限量.

本章将介绍网络流基本理论和求解网络流问题的主要算法及有关应用.

8.1 基本概念和基本定理

本章主要讨论如下的网络.

定义 8.1.1 设有向连通图 $D=(V,A)$ 满足：

(1) D 包含两个特定的顶点 x 和 y，其中 x 仅有出弧而没有入弧，称为**发点**；y 仅有入弧而没有出弧，称为**收点**；D 中其余顶点既有出弧，又有入弧，称为**中间点**.

(2) 在 D 的弧集 A 上定义非负整值函数 c，称为**容量函数**，对任意的弧 $a\in A$，称 $c(a)$ 为弧 a 上的**容量**.

此时称有向图 D 构成一个**网络**，记为 $N=(V,A,c)$. 为方便，记 $c(v_i,v_j)=c_{ij}$.

对于任意一个有多个收、发点的网络 $N=(V,A,c)$，若记 X 为 N 的发点集合，Y 为 N 的收点集合，可以通过一个简单的方法化成只有一个发点和一个收点的网络. 具体做法是在给定网络 N 的基础上，构作一个新的网络 N' 如下：

(1) 在 N 中添加两个顶点 x 和 y；

(2) 用容量为 ∞ 的弧把 x 连接到 X 中的每一个发点；

(3) 用容量为 ∞ 的弧把 Y 中的每个收点都连接到 y；

(4) 指定 x 为 N' 的发点，y 为 N' 的收点.

图 8.1 所示为一个整容量网络，弧 a 上数值为容量 $c(a)$.

定义 8.1.2 对于网络 $N=(V,A,c)$，称定义在弧集 A 上的函数 f 为**网络 N 上的流**. 对于弧 $a\in A$，$f(a)$ 称为**弧 a 上的流量**，如果 $a=(v_i,v_j)$，$f(a)$ 也可记为 $f(v_i,v_j)$ 或 f_{ij}；对于顶点 $v\in V$，记 $f^+(v)=\sum\limits_{u\in N^+(v)} f(v,u)$，$f^-(v)=\sum\limits_{u\in N^-(v)} f(u,v)$，分别称为**流出和流入顶点 v 的流量**. 如果流 f 进一步满足：

(1) 容量限制条件：

$$0\leqslant f(a)\leqslant c(a),\quad \forall a\in A; \tag{8.1-1}$$

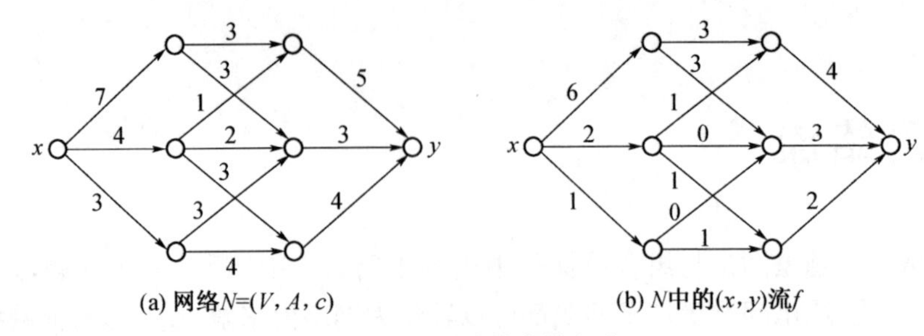

图 8.1　网路的容量和流

(2) 平衡条件：

$$f^+(v)=f^-(v),\quad \forall v\in V\setminus\{x,y\},$$

则称 f 为网络 N 的一个**可行流**.

显然,可行流总是存在的,例如 $f\equiv 0$ 是一个可行流.

对于上述的网络 N 和 N',其流有一个简单方式相对应. 若 f 是 N 中的流,则由

$$f'(a)=\begin{cases} f(a), & a\in A;\\ f^+(v)-f^-(v), & a=(x,v);\\ f^-(v)-f^+(v), & a=(v,y)\end{cases} \tag{8.1-2}$$

所定义的函数 f' 是 N' 的一个流,进一步,若 f 是 N 的可行流,则 f' 是 N' 的一个可行流. 设 f 是 N 的一个可行流,f 在弧 a 上的流量 $f(a)$ 可以看作 f 中物资沿着 a 输送的数量. (8.1-1) 式表明沿一条弧的流量不能超过这条弧的容量;(8.1-2) 式表明对于任何中间点 v,物资流入 v 的流量等于流出 v 的流量. 进一步,不难证明

$$f^+(x)-f^-(x)=f^-(y)-f^+(y),$$

因此,称 $f^-(y)-f^+(y)$ 为可行流 f 的值,记为 $v(f)$.

网络流研究中的一个基本问题是求网络 N 中一个可行流 f,使 $v(f)$ 达到最大,这种流称为最大流,这个问题称为网络最大流问题. 最大流问题等价于一个线性规划问题. 因此,最大流问题可以用单纯形法或其他求解线性规划的方法解决. 这里,我们希望利用网络本身的结构得到更简单的计算方法.

定义 8.1.3　给定网络 $N=(V,A,c)$,若 V 被剖分成两个非空集合 $S,\bar{S}$,使 $x\in S, y\in\bar{S}$,称 $(S,\bar{S})$ 是分离 x 和 y 的一个**割集**. 因而从网络中舍弃任何一个割集,从 x 到 y 就不存在有向路.

记 $C(S,\bar{S})=\sum\limits_{(v_i,v_j)\in(S,\bar{S})}c_{ij}$,称为割集 $(S,\bar{S})$ 的容量,简称**割容量**.

引理 8.1.1　设 f 是网络 N 上的任意一个可行流,$(S,\bar{S})$ 是任一个割集,则

$$v(f)=f^+(S)-f^-(S), \tag{8.1-3}$$

$$v(f)\leqslant C(S,\bar{S}). \tag{8.1-4}$$

证明　$v(f)=[f^+(x)-f^-(x)]+\sum\limits_{v\in S\setminus\{x\}}(f^+(v)-f^-(v))$

$$= \sum_{v \in S}(f^+(v) - f^-(v))$$
$$= f^+(S) - f^-(S)$$
$$= f(S,\bar{S}) + f(S,S) - f(S,S) - f(\bar{S},S)$$
$$= f(S,\bar{S}) - f(\bar{S},S) \leqslant C(S,\bar{S}),$$

这意味着(8.1-3),(8.1-4)二式成立. □

由此,若能得到一个可行流 f^* 及一个割集$(S,\bar{S})$,使 $v(f^*) = C(S,\bar{S})$,则 f^* 便是最大流,而此时的$(S,\bar{S})$是所有割集中容量最小的一个,称之为最小割集.

由Ford和Fulderson提出来的求最大流的算法,就是去找这样的可行流 f^* 和割集$(S,\bar{S})$.

设 P 是 D 中一条 $x-v$ 路,规定 P 的正方向是从 x 到 v,则 P 上的弧被分为两部分:一部分弧是与 P 的正方向相同,记为 P^+;另一部分弧是与 P 的正方向相反,记为 P^-. P^+ 和 P^- 中可能有一个是空集.

定义 8.1.4　设 f 是网络 N 的一个可行流,P 是一条 $x-y$ 路,则 P 满足下列两条件之一的弧(v_i,v_j)称为**增广弧**.

(1) $(v_i,v_j) \in P^+$,且 $f_{ij} < c_{ij}$ 即为不饱和弧;

(2) $(v_i,v_j) \in P^-$,且 $f_{ij} > 0$ 即为非空弧.

如果 P 中的弧都是增广弧,则称 P 为关于 f 的**增广路**.

引理 8.1.2　如果一个可行流存在增广路,则该可行流不是最大流.

证明　设 P 是 N 的一条 $x-y$ 增广路,令

$$\theta = \min\left\{ \min_{(v_i,v_j)\in P^+}(c_{ij} - f_{ij}),\ \min_{(v_i,v_j)\in P^-} f_{ij} \right\}. \tag{8.1-5}$$

根据增广路的定义,选取 $\theta > 0$,构造一个新的流 f' 如下:

$$f'_{ij} = \begin{cases} f_{ij} + \theta, & (v_i,v_j) \in P^+; \\ f_{ij} - \theta, & (v_i,v_j) \in P^-; \\ f_{ij}, & (v_i,v_j) \notin P. \end{cases} \tag{8.1-6}$$

称这个运算为 f 在 P 上作 θ 的平移. 不难验证,$f' = \{f'_{ij}\}$ 仍是 N 中的一个可行流,其流量为 $v(f) + \theta$,这意味着 f 不是最大流. □

上面的证明从可行流 f 和增广路 P 构建可行流 f' 的过程,称为 f 关于 P 的增广过程.

定理 8.1.3(增广路定理)　N 中的可行流 f 是最大流当且仅当 N 中不存在关于 f 的 $x-y$ 增广路.

证明　必要性由引理 8.1.2 可直接得到,下面证明充分性.

假设 N 中不包含关于 f 的增广路,我们证明 f 是最大流.

记网络中从 x 出发,沿增广弧可以到达的顶点集为 S,则 $x \in S$,$y \in \bar{S}$. 于是,

$(S,\bar{S})$ 构成 N 的一个割集. 从而,对于任一弧$(v_i,v_j)\in(S,\bar{S})$,必有 $f_{ij}=c_{ij}$;而对于任一弧$(v_i,v_j)\in(\bar{S},S)$,必有 $f_{ij}=0$. 则由引理 8.1.1 的证明得 f 必是最大流,$(S,\bar{S})$ 是最小割集. □

从定理8.1.3的证明可以看出,寻求最大流的基本途径是化为求从 x 到 y 的增广路的问题.

定理 8.1.4(最大流最小割定理) 在任何网络中,最大流的流量等于最小割集的割量.

定理 8.1.5(整流定理) 如果一个网络中所有弧的容量都是整数,则存在整数最大流.

证明 对任意$(v_i,v_j)\in A$,取 $f_{ij}=0$,得到一个零可行流. 如果整数可行流 f 不是最大流,由定理8.1.3,存在关于 f 的增广路. 利用(8.1-5)和(8.1-6)二式可以得到一个新的可行流 f',由于弧的容量均为整数,且 f 的流值也是整数,所以 f' 也是一个整数可行流.

如果 f' 不是最大流,用上述方法可以继续增广,得到的每个可行流也都是整数流,直至不可增广,就得到整数最大流. □

最大流最小割定理和增广路定理是网络流分析方法的基础. 关于图的许多结果,在适当选择网络后就可以看成是定理 8.1.4 的简单推论.

设 D 是一个有向图,给定 D 中的两个顶点 x 和 y,如果规定每条弧的容量均为1,可以构造一个以 x 为发点,y 为收点的单位容量网络. 利用该网络可以证明下面的定理.

定理 8.1.6(Menger 定理) 设 x,y 是有向图 D 的两个顶点,则 D 中弧不重的有向 $x-y$ 路的最大数目等于分离 x,y 的弧的最小数目.

设 G 是一个无向图,对于 G 的每一条边 $e=uv$,用两条弧(u,v),(v,u)代替 e,所得到的有向图 $D(G)$ 称为 G 的伴随有向图. 通过考虑 G 的伴随有向图 $D(G)$,我们得到如下定理.

定理 8.1.7 设 x,y 是图 G 的两个顶点,则 G 中边不重的 $x-y$ 路最大数目等于分离 x,y 的边的最小数目.

推论 8.1.8 图 G 是 k 边连通的当且仅当对于 G 中任意两个相异顶点 u,v,存在至少 k 条边不重的 $u-v$ 路.

现在讨论具有弧容量和点容量的网络. 如果一个有向网络中,不仅弧具有容量限制,而且顶点也具有容量限制,也就是说,进入顶点 v_j 的总流量值不超过它的容量 w_j,即对每个顶点 v_j 都有 $\sum\limits_{(v_i,v_j)\in N^-(v_j)} x_{ij}\leqslant w_j$,对于这类有向网络中求最大流的问题,也可以化为在一个新的网络中求基本最大流的问题. 具体做法如下:在原有向网络中,把每个顶点 v_j 分为两个点 v_j^+ 和 v_j^-,同时在 v_j^+ 和 v_j^- 之间连一条弧$(v_j^+$,

v_j^-)，其容量为 w_j，并且点 v_j 的每条入弧(v_i, v_j)都改为(v_i^-, v_j^+)，其容量不变，点 v_j 的每条出弧(v_j, v_k)都改为(v_j^-, v_k^+)，其容量也不变.

8.2　最大流问题的算法

最大流问题的算法是由 Ford 和 Fulkerson 于 1957 年最早提出的，基本思路是从任一个可行流 f(例如 $f \equiv 0$)出发，判断 N 中有无关于 f 的 $x-y$ 增广路. 若没有这样的增广路，则 f 是最大流；若有这样的增广路，则可根据引理 8.1.2 证明中的(8.1-5)和(8.1-6)二式对 f 进行调整，得到一个新的流量更大的可行流 f'；对 f' 再重复上述过程，直到找不出 $x-y$ 增广路为止.

最大流问题算法的关键在于寻找 $x-y$ 增广路，我们可以 x 为根，逐步生长树的办法来实现. 在这棵增广树 T 中，从 x 到树 T 中任一顶点 v 有从 x 到 v 的增广路 P. 若 T 含顶点 y 且 P 是 $x-y$ 的增广路，在 P 上按引理 8.1.2 的证明中的方法修改流，得到一个新的流量更大的可行流. 如果增广树 T 不能再生长，而 y 不属于树 T，则 f 是最大流.

生长增广树可以用标号方法. 在标号过程中，一个顶点仅有下列三种状态之一：标号已检查(有标号且所有相邻点都标号了)、标号未检查(有标号，但某些相邻点未标号)和未标号. 一个顶点 v_i 的标号由两部分组成，并取两种形式($+j, \delta(i)$)和($-j, \delta(i)$)之一. 如果 v_i 被标号且存在弧(v_i, v_j)，使得 $f_{ij} < c_{ij}$，则未标号点 v_j 给予标号($+i, \delta(j)$)，其中

$$\delta(j) = \min\{\delta(i), c_{ij} - f_{ij}\};$$

如果 v_i 被标号且存在弧(v_j, v_i)，使得 $f_{ji} > 0$，则未标号点 v_j 给予标号($-i, \delta(j)$)，其中

$$\delta(j) = \min\{\delta(i), f_{ji}\}.$$

当过程继续到 y 被标号时，一条从 x 到 y 的增广路被找到，且它的流量可以增加 $\delta(y)$. 如果过程不能进行，且 y 没有得到标号，则不存在 $x-y$ 增广路. 这时，令 S 是所有标号点的集合，T 是所有未标号点的集合，则(S, T)是一个割集，由定理 8.1.4 可知，割集(S, T)的容量就是最大流的值.

Ford-Fulkerson 标号算法的具体步骤如下：

步骤 0　令 $f = \{f_{ij}\}$ 是任意可行流，可能是零流. 令 $x = v_0$，给 x 一个永久标号($-, \infty$)

步骤 1

步骤 1.1　如果所有标号点都被检查，转步骤 3，否则

步骤 1.2　找一个标号但未检查的点 v_i，并做如下检查：对每一弧(v_i, v_j)，如果 $f_{ij} < c_{ij}$ 且 v_j 未标号，则给 v_j 标号($+i, \delta(j)$)，其中

$$\delta(j) = \min\{\delta(i), c_{ij} - f_{ij}\};$$

对每一弧(v_j, v_i)，如果 $f_{ji} > 0$ 且 v_j 未标号，则给 v_j 标号$(-i, \delta(j))$，其中

$$\delta(j) = \min\{f_{ji}, \delta(i)\}.$$

如果 y 被标号，则转步骤 2；否则，返回步骤 1.1.

步骤 2 由点 y 开始，试用标号的第一个元素构造一条增广路 P（点 y 的标号的第一个元素表示在路中倒数第二个点的下标，而这第二个点的标号的第一个元素表示倒数第三个点的下标，等等），在 P 上作 $\delta(y)$ 平移得新的可行流 f'（标号的第一个元素的正负号表示通过增加或减少弧流量来增大流值）. 以 f' 代替 f，去掉点 x 外的所有标号，转步骤 1.

步骤 3 这时可行流是最大的. 把所有标号点记为 S，未标号点记为 T，则(S, T) 是一个最小割集.

从算法的过程可以看出，只要 N 中存在增广路，算法就一定能找到增广路. 所以当标号算法中止时，就一定达到了最大流. 那么，算法能否在有限步内中止呢？当弧容量为无理数时，可以找到例子，使算法不能在有限步内终止，而且流的极限值严格小于最大流的值. 实际问题中，若容量全为有理数，可以把容量乘上一个适当的因子，化为全是整数的情形. 因此，我们可以仅讨论容量全是整数的情形. 此时根据整流定理，最大流 $v(f)$ 也是整数且有上界，我们可以从一个整数可行流（例如 $f \equiv 0$）开始，每一步取 θ 为整数. 若最大流值为 $v(f)$，因为每一次增广流的值至少增加一个单位，因此最多增广 $v(f)$ 次，即在有限步内必可求出最大流.

现在我们进一步分析上述算法的复杂性. 由于增广的次数可能和最大流值有关，因此这个算法不是有效算法. 对图 8.2 中的网络 N，N 中最大流的值显然是 $2m$. 如果从零流开始，并且轮流选择 $xpuvsy$ 和 $xrvuqy$ 作为增广路，因为在每一种情形下流值每次都恰好增加 1，因此这个标号法要增广 $2m-1$ 次. 由于 m 是任意的，所以在这个例子中完成标号法要增广 $2m-1$ 次，并且完成标号法所需的计算步骤不能用 $p(N)$ 和 $q(N)$ 的函数来限定，即它不是有效算法.

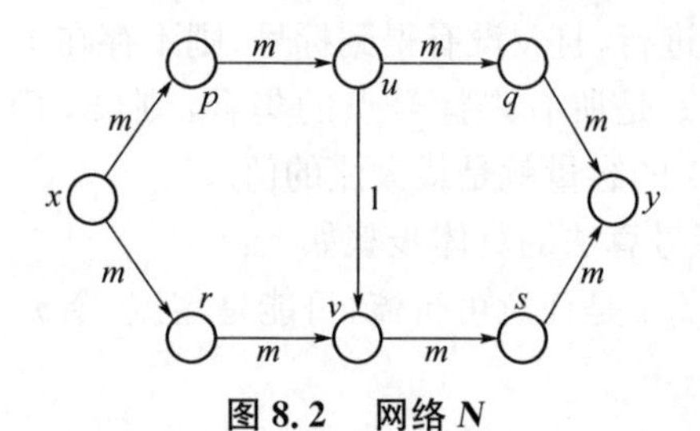

图 8.2 网络 N

Edmonds 和 Karp 证明了在标号算法的标号过程中，遵守先标号的点先检查的原则，则上述算法就转变为有效算法. 按该原则，实际上每次增广都选择最短的增广路来进行. 图 8.2 所示网络 N 中的最大流仅用两次增广就可以求出.

例 8.1 求图 8.3 所示网络中从顶点 1 到 6 的最大流，图中弧旁的第一个数字表示容量，第二个数字表示给定的初始流.

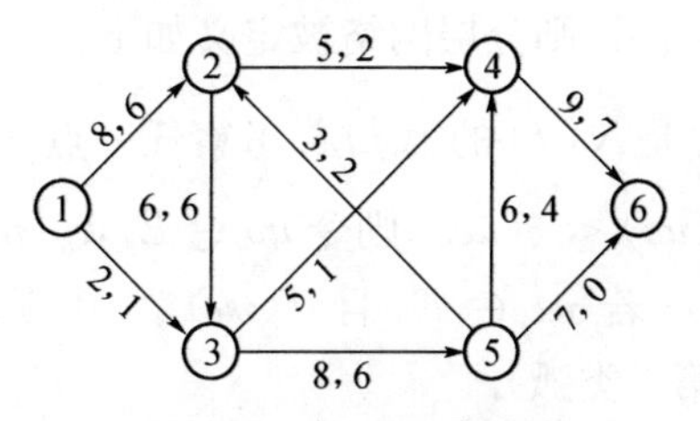

图 8.3 例 8.1 的网络

用 Ford-Fulkerson 标号算法的迭代过程表示在图 8.4 中.

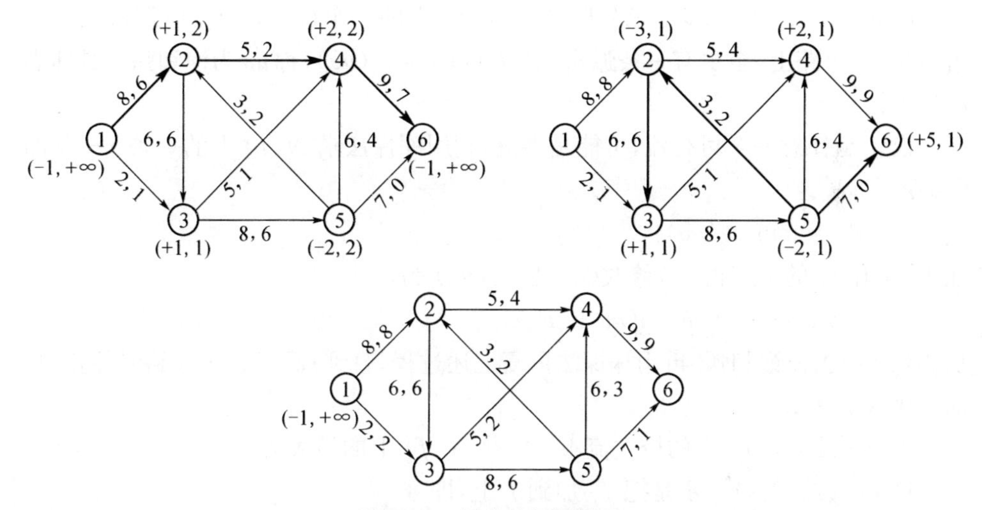

图 8.4 最大流标号算法

在 Edmonds 和 Karp 之后，围绕着如何减少求网络最大流的计算量，相继出现了许多改进的方法. 下面简要介绍根据 Karzanov 的预流推进思想提出的 Dinits 方法和 MPM 方法(由 Malbotra 及 Pramodh 和 Maheshwari 提出).

Dinits 方法的思想是对 f 求最短增广路时，首先搜索出所有最短 $x-y$ 增广路，而不是每次找出一条，对每条这样的路作平移变换后，再重新从 x 开始搜索新的最短 $x-y$ 增广路. Dinits 方法的第一步是构造一个所谓分层网络 $N(f)=(V_f,E_f,c_f)$.

设 f 是一个可行流，令 $V_0=\{x\}$. 设 $V_0,V_1,\cdots,V_{i-1}$ 已有定义($i\geqslant 1$)，令

$$V_i=\left\{v\,\middle|\,v\notin\bigcup_{j=0}^{i-1}V_j,\text{存在 } u\in V_{i-1},\text{使 } uv\in E \text{ 及 } f(uv)<c(uv);\right.$$

$$\left.\text{或者使 } vu\in E \text{ 及 } f(uv)>0\right\}.$$

若 $V_i\neq\varnothing$，则显然 f 是最大流；否则，若 $y\in V_i$，令 $V_i=\{y\}$. 否则，重复上述

过程,定义 V_{i+1}.

上述确定 $V_0, V_1, \cdots$ 的过程实际上是广探法的实施. 设 $V_0, V_1, \cdots, V_r$ 是被定义的集合, $V_0 = \{x\}, V_r = \{y\}$, 则分层网络被定义如下：

设 $V_f = \bigcup_{j=0}^{r} V_j$, 称 V_j 是 $N(f)$ 的第 j 层. 考察任一点 $u \in V_i, v \in V_{i+1}(0 \leqslant i \leqslant r-1)$. 若 $uv \in E$, 且 $f(uv) < c(uv)$, 则令 $uv \in E_f, c_f(uv) = c(uv) - f(uv)$(称 uv 为 E 中的第一类弧)；若 $vu \in E$, 且 $f(vu) > 0$, 则令 $vu \in E_f, c_f(vu) = f(vu)$(称 vu 为 E 中的第二类弧).

显然,分层网络 $N(f)$ 中每一条 $x-y$ 路对应着 N 中关于 f 的一条最短 $x-y$ 增广路.

Dinits 方法的第二步是求分层网络 $N(f)$ 上的一个极大流 f_f. 所谓极大流是指每条 $x-y$ 路上,至少有一条弧 uv, 使 $f_f(uv) = c_f(uv)$(称 uv 为饱和弧). 具体做法如下：

设 f 是任意一个可行流,可能是零流,利用深探法求 $N(f)$ 上的一条 $x-y$ 路 P_1, 令

$$\theta_1 = \min\{c_f(uv)\},$$

在 P_1 上作 θ_1 的平移得 f_1, 修改弧容量 $c_f(uv)$ 为

$$c_f(uv) - f_1(uv) \quad (uv \in P_1),$$

从 $N(f)$ 中去掉饱和弧. 再用深探法重复上述过程,直到找不到 $x-y$ 路时停止,从而得极大流 f_f.

不难看出, $N(f)$ 上的极大流不一定是 $N(f)$ 上的最大流.

Dinits 方法的第三步是把 f_f 加到 f 上,即令

$$f'(uv) = f(uv) + f_f(uv), \quad \text{若 } uv \text{ 是第一类弧},$$
$$f'(uv) = f(uv) - f_f(uv), \quad \text{若 } uv \text{ 是第二类弧},$$
$$f'(uv) = f(uv), \quad \text{对 } E \text{ 中其余的弧 } uv,$$

则 f' 是 N 上的一个流量为 $v(f) + v(f_f)$ 的可行流,这里 $v(f_f)$ 表示流 f_f 的流量.

在 Dinits 方法中,从 f_k 到 f_{k+1}, 至少"截断"一条 $x-y$ 路,即至少有一条弧被饱和. 与此对应的 MPM 方法是另一种类型的方法,它每次截断一些 $x-y$ 增广路,即有一点被"饱和". 下面就来介绍 MPM 方法.

记

$$C_f(v, V_f) = \sum_{vu \in E_f} c_f(vu), \quad C_f(V_f, v) = \sum_{vu \in E_f} c(uv),$$

其中, $C_f(v, V_f), C_f(V_f, v)$ 分别表示了可以从 v 输出的流量的上界和可以输入的流量的上界.

令

$$F(v)=\begin{cases}\min\{C_f(v,V_f),C_f(V_f,v)\}, & v\neq x,y;\\ C_f(v,V_f), & v=x;\\ C_f(V_f,v), & v=y.\end{cases}$$

设 $F(v_0)=\min\limits_{v\in V_f}F(v)$，若 $F(v_0)=0$，$v_0=x$ 或 y 时容易看到，此时 f 已是最大流. 否则，设 $v_0\neq x,y$，则丢去 v_0，重新计算 $F(v)$. 若 $F(v_0)>0$，则由 $F(v_0)$ 的最小性可知 $F(v_0)$ 单位的流量可以从 x 通过 v_0 输送到 y 去. 设 $v_0\in V_i$，我们可以设想要从 x 提取 $F(v_0)$ 单位的物资输送到 y 去，为此，我们逐一地考虑从 x 指向 V_1 的每条弧. 因为这些弧的容量之和至少是 $F(v_0)$，故总可以在弧流量不超过容量的前提下把 $F(v_0)$ 单位的物资输送到 V_1 中去. 对 V_1 类似地考虑，最后可以把 $F(v_0)$ 单位的物资经过 v_0 全部输送到 y 点，从而得到流量为 $F(v_0)$ 的可行流 f_1. 易见，f_1 流入点 v_0 的总量为 $F(v_0)$. 由 $F(v)$ 的定义，流入点 v_0 的总量就不可能再增大了，故从 $N(f)$ 中丢去点 v_0. 对 $N(f)-v_0$ 中任一弧 uv，把 $c_f(uv)$ 改为 $c_f(uv)-f'(uv)$，再计算 $F(v)$，重复上述过程求 f_2，直至某一步 $F(x)=0$ 或 $F(y)=0$ 时停止. 于是对每个 $uv\in E_f$，令 $f_f(uv)=f_1(uv)+f_2(uv)+\cdots$，则 $f_f=\{f_f(uv)\}$ 是 $N(f)$ 上的极大流.

8.3 最小费用流问题

在最大流问题中，我们讨论的网络流仅仅涉及流量，并没有考虑网络流的费用，而在许多实际问题中我们必须考虑流的费用. 例如，在标准运输问题中，往往要求在完成一定运输任务的前提下使运输总费用最省. 本节将讨论与费用有关的网络流的问题.

定义 8.3.1 给定一个有向图 $D=(V,A)$，对任意的弧 $a\in A$，设 $l(a)$，$c(a)$ 是弧 a 的下、上容量函数（$0\leqslant l(a)\leqslant c(a)$）；$b(a)$ 是弧 a 上单位流量的费用，称为费用函数；对任意的顶点 $v\in V$，称 $a(v)$ 是表示顶点 v 的供应量或需求量，称为供需函数，它满足 $\sum\limits_{v\in V}a(v)=0$. 得到的网络 $N=(V,A,l,c,a,b)$ 称为容量-费用网络.

类似于最大流网络，我们也可以定义容量-费用网络的可行流.

定义 8.3.2 设 f:$\{f_{ij}\}$ 是给定的网络 N 上的一个流，如果 f 满足

$$\begin{cases}f^+(v)-f^-(v)=a(v),\\ l_{ij}\leqslant f_{ij}\leqslant c_{ij},\end{cases}\tag{8.3-1}$$

则称 f 是 N 上的一个可行流，流 f 的总费用可以表示为

$$b(f)=\sum_{(i,j)\in A}b_{ij}f_{ij}.$$

最小费用流问题就是在这样的网络中寻找总费用最少的可行流. 最小费用流

问题也可以用线性规划来描述：

$$\min b(f)=\sum_{(i,j)\in A} b_{ij}f_{ij},$$

$$\text{s. t.} \sum_j f_{ij}-\sum_j f_{ji}=a(v_i),\quad \forall v_i\in V,$$

$$l_{ij}\leqslant f_{ij}\leqslant c_{ij},\quad \forall (i,j)\in A. \tag{8.3-2}$$

设 $N=(V,A,l(a),c(a),a(v),b(a))$. 首先研究 D 的一个流是最小费用流的判别准则. 设 C 是 D 的一个圈，若给 C 规定一个方向，则对于这个方向，C 上的弧被分为 C^+ 和 C^- 两类.

设 f 是 D 上的一个流，如果

$$f_{ij}<c_{ij},\quad 当(i,j)\in C^+,$$

或

$$f_{ij}>l_{ij},\quad 当(i,j)\in C^-,$$

则称 C 是关于 f 的增广圈. 值得注意的是，C 是否是增广圈，不仅与 f 有关，还与 C 的方向有关.

设 C 是 D 中关于 f 的增广圈，令

$$\theta=\min\left\{\min_{C^+}(c_{ij}-f_{ij}),\min_{C^-}(f_{ij}-l_{ij})\right\},$$

则 $\theta>0$.

构造一个新的流 $f'=\{f'_{ij}\}$，其中

$$f'_{ij}=\begin{cases} f_{ij}+\theta, & (v_i,v_j)\in C^+,\\ f_{ij}-\theta, & (v_i,v_j)\in C^-,\\ f_{ij}, & (v_i,v_j)\notin C,\end{cases}$$

称 f' 是由 f 在圈 C 上作 θ 平移而得到的，记为 $f'=f\overset{C}{-}\theta$. 不难验证，对任一顶点 $v\in V$，有

$$f^+(v)-f^-(v)=f'^+(v)-f'^-(v),$$

即这种变换总保持在每一点的“净流出量”不变，且

$$f_{ij}<f'_{ij}\leqslant c_{ij},\quad 对任一(v_i,v_j)\in C^+,$$

$$l_{ij}\leqslant f'_{ij}<f_{ij},\quad 对任一(v_i,v_j)\in C^-.$$

显然，若 f 是 N 上的可行流，$f'=f\overset{C}{-}\theta$，则 f' 也是 N 上的可行流. 现在比较一下 f 和 f' 的费用变化：

$$b(f')-b(f)=\sum_A b_{ij}f'_{ij}-\sum_A b_{ij}f_{ij}=\theta\Big(\sum_{(v_i,v_j)\in C^+} b_{ij}-\sum_{(v_i,v_j)\in C^-} b_{ij}\Big),$$

称 $\sum_{(v_i,v_j)\in C^+} b_{ij}-\sum_{(v_i,v_j)\in C^-} b_{ij}$ 为圈 C 的费用，记为 $b(C;f)$（显然，如果 C 的定向不同，则 $b(C;f)$ 相差一个符号）. 由 $b(f')-b(f)=\theta b(C;f)$ 及 $\theta>0$ 可知，若 f 是最小费

用流，则对任一关于 f 的增广圈 C，有

$$b(C;f) \geqslant 0.$$

一般的，有下面定理.

定理 8.3.1　可行流 f^* 是最小费用流，当且仅当 N 中不存在关于 f^* 的负费用的增广圈，即对 N 中的任意增广圈 C，都有 $b(C;f^*) \geqslant 0$.

定理 8.3.1 的证明请参见有关文献，此处略.

由定理 8.3.1 可见，一个流 f 是否是最小费用流看两个条件：

(1) 可行性条件，即满足

$$\begin{cases} f^+(v) - f(v) = a(v), & v \in V, \\ l(a) \leqslant f(a) \leqslant c(a), & a \in A. \end{cases} \tag{8.3-3}$$

(2) 最优性条件，即不存在关于 f 的负费用的增广圈.

因此，我们可以通过不同途径去解决最小费流的问题：

一个是在计算过程中总使流 f 满足可行性条件，并使 f 逐步向满足最优性条件过渡，一旦 f 满足最优性条件，即为最小费用流；

另一个是在计算过程中总使流 f 满足最优性条件，并使 f 逐步向满足可行性条件过渡，一旦 f 可行，即为最小费用流；

第三途径是在计算过程中使流 f 逐步向可行性条件和最优性条件过渡，一旦 f 同时满足了可行性条件及最优性条件，该流即为最小费用流.

应该指出的是，最优性条件有时是通过其他条件去实现的，这一点在算法的讨论时很有用. 比如我们可以证明如下定理，它相当于运输问题中的"位势"条件.

定理 8.3.2　若流 f 是可行流，如果对每个顶点 $v_i \in V$，存在数 π_i（称为"位势"），满足：

$$\begin{cases} \pi_j - \pi_i > b_{ij} \Rightarrow f_{ij} = c_{ij}, \\ \pi_j - \pi_i < b_{ij} \Rightarrow f_{ij} = l_{ij}, \end{cases} \tag{8.3-4}$$

则 f 是最小费用流.

证明　若 C 是关于 f 的增广圈，则当 $(v_i, v_j) \in C^+$ 时 $f_{ij} < c_{ij}$，从而 $\pi_j - \pi_i \leqslant b_{ij}$；当 $(v_i, v_j) \in C^-$ 时 $f_{ij} > l_{ij}$，从而 $\pi_j - \pi_i \geqslant b_{ij}$. 于是

$$b(C;f) \geqslant \sum_{C^+}(\pi_j - \pi_i) - \sum_{C^-}(\pi_j - \pi_i) = 0,$$

因此，由定理 8.3.1 得结论成立. □

最后介绍一类特殊的最小费用流问题 —— 标准运输问题.

设有 m 个发点 $x_1, x_2, \cdots, x_m$，n 个收点 $y_1, y_2 \cdots, y_n$，发点和收点分别有产量 $a_1, a_2, \cdots, a_m$ 和销量 $b_1, b_2, \cdots, b_n$，这里 $\sum\limits_{i=1}^{m} a_i = \sum\limits_{j=1}^{n} b_j$. 已知从第 i 个发点到第 j 个收点的单位运输费用为 b_{ij}，要求运输总费用最小的运输方案，即求一组 x_{ij}（$i = 1, 2, \cdots,$

$m; j = 1,2,\cdots,n$),满足:

$$\sum_{j=1}^{n} x_{ij} = a_i \quad (i = 1,2,\cdots,m),$$

$$\sum_{i=1}^{m} x_{ij} = b_j \quad (j = 1,2,\cdots,n),$$

并使 $\sum_{i=1}^{m}\sum_{j=1}^{n} b_{ij}x_{ij}$ 达到最小. 这里 x_{ij} 表示从第 i 个发点运往第 j 个收点的数量.

构造一个完全二部图 $K_{m,n} = (X, Y, E)$, $X = \{x_1, x_2, \cdots, x_m\}$, $Y = \{y_1, y_2, \cdots, y_n\}$,对任一边 x_iy_j,定向成弧 (x_i, y_j),并令弧 (x_i, y_j) 上的容量为 $l_{ij} = 0, c_{ij} = +\infty$. 另外,令

$$a(x_i) = a_i, \quad a(y_j) = -b_j \quad (i = 1,2,\cdots,m; j = 1,2,\cdots,n),$$

于是得到网络 $N = (V, A, l(a), c(a), a(v), b(a))$. 因此,这个问题等价于在 N 上求最小费用流问题.

8.4 最小费用流的算法

本节考虑传统的单源、单汇网络的最小费用流问题,其中 x 为发点,y 为收点,每条弧的下容量函数为 0,$b(a) \geqslant 0$ 是定义在 A 上的费用函数. 最小费用流问题就是在网络 N 中计算流值为 v^* 的最小费用流 f;当 v^* 是最大流时,最小费用流 f 也称为最小费用最大流. 下面我们讨论流值为 v^* 的最小费用流问题,其可行性条件为

$$f^+(v) - f^-(v) = \begin{cases} v^*, & v = x, \\ 0, & v \neq x, y, \\ -v^*, & v = y, \end{cases} \tag{8.4-1}$$

$$0 \leqslant f_{ij} \leqslant c_{ij}, \quad (v_i, v_j) \in A,$$

其中,v^* 是网络 N 的指定流值.

本节介绍求最小费用问题的几个算法.

8.4.1 原始算法

这个算法是 Klein 根据定理 8.3.1 提出的,它是解决最小费用流的第一个途径. 算法的基本思想是首先从 N 的任一个满足流值为 v^* 的流 f^0 出发,f^0 是最小费用流当且仅当 N 中任一关于 f^0 的增广圈 C 上都有 $b(C; f^0) \geqslant 0$. 因此一般设已有流为 f^k,检查每一个关于 f^k 的增广圈的费用. 若所有增广圈的费用非负,则 f^k 就是最小费用流;若有某个增广圈 C 的费用小于零,则对 f^k 做在增广圈 C 上的平移,得 $f^{k+1} \xrightarrow{C} \theta$,这里

$$\theta = \min\left\{\min_{C^+}(c_{ij} - f_{ij}), \min_{C^-}(f_{ij} - l_{ij})\right\},$$

则 f^{k+1} 仍是具有流值 v^* 的网络流，并且 $b(f^{k+1}) < b(f^k)$，对 f^{k+1} 重复上述过程，直到没有负费用的增广圈为止. 因此，问题的关键是寻求关于 f^k 的负费用增广圈. 首先注意到，若 C 是关于 f^k 的增广圈，则根据定义，它的费用

$$b(C;f) = \sum_{C^+} b_{ij} - \sum_{C^-} b_{ij},$$

因而，如果把 C^- 中的弧 (v_i, v_j) 反向，且令它的权是 $-b_{ij}$，而 C^+ 中的弧的方向不变，且令权为 b_{ij}，则 C 就是一个圈. 圈的权恰好是增广圈的费用，这样就把求负费用增广圈的问题转化成求负圈的问题.

其次，我们分析哪些弧可能在某个增广圈 C 上的 C^+ 中，哪些可能在 C^- 中.

设给定一个可行流 f，则 N 中的弧是如下三种类型之一：

(1) $f_{ij} = 0$，则弧 (v_i, v_j) 只能在 C^+ 中；

(2) $f_{ij} = c_{ij}$，则弧 (v_i, v_j) 只能在 C^- 中；

(3) $0 < f_{ij} < c_{ij}$，则弧 (v_i, v_j) 可能在 C^+ 中，也可能在 C^- 中.

基于这个分析，构造一辅助有向图 $D(f)$，$D(f) = (V, A', w(a))$，其中 $D(f)$ 与 D 有相同的顶点集.

若 $(v_i, v_j) \in A(N)$ 是(1) 型弧，则 $(v_i, v_j) \in A'$，且 $w_{ij} = b_{ij}$；

若 $(v_i, v_j) \in A(N)$ 是(2) 型弧，则 $(v_j, v_i) \in A'$，且 $w_{ij} = -b_{ij}$；

若 $(v_i, v_j) \in A(N)$ 是(3) 型弧，则 $(v_i, v_j), (v_j, v_i) \in A'$，且 $w_{ij} = b_{ij}, w_{ij} = -b_{ij}$.

于是，寻求关于 f 的负费用增广圈等价于求 $D(f)$ 的负圈. 因此，求最小费用流的原始算法的步骤可描述如下：

步骤 0 应用最大流算法求 N 的满足流值为 v^* 的流 f，令 $k = 0, f^k = f$.

步骤 1 构造辅助网络 $D(f^k)$.

步骤 2 在 $D(f^k)$ 中寻求负圈. 若无负圈，则算法结束，f^k 是最小费用流；否则，得到一个关于 f^k 的负费用增广圈 C(负圈的方向是增广圈 C 的正方向)，以 $f^k \xrightarrow{C} \theta$ 代替 f^k，转步骤 1.

8.4.2 对偶算法

求最小费用最大流的原始算法是由任意一个指定流出发，在保持流值的前提下逐步改进可行流，使它的费用越来越小，直到得到费用最小的指定流. 现在介绍一种最小费用流的对偶算法，即由值 $v(f) < v^*$ 的最小费用流出发，在始终保持费用最小的前提下逐步增加可行流的值，使得可行流的值越来越大，直到达到指定流为止. 开始的最小费用流总是存在的，因为 $f \equiv 0$ 是值为 0 的费用最小的流.

因此，我们要解决的主要问题是：若 f 是流量为 $v(f)$ 的所有可行流中费用最

小的，如何从 f 过渡到下一个最小费用的可行流 f'？

我们知道，在带收发点的网络中，通过流在增广路上的平移变换可以得到另一个可行流. 设 f 不是指定流，则存在关于 f 的 $x-y$ 增广路，设 P 是其中一条，对 f 作平移变换，得 $f'=f\overset{P}{-}\theta$，这时 f' 的费用为

$$b(f')=b(f)+\theta\Big(\sum_{P^+}b_{ij}-\sum_{P^-}b_{ij}\Big),$$

因此，$\sum\limits_{P^+}b_{ij}-\sum\limits_{P^-}b_{ij}$ 表示沿 P 增加单位流量所需要的费用，简称为 P 的费用，记为 $b(P;f)$.

利用定理 8.3.1，我们可以证明如下结论：

定理 8.4.1 如果 f 是流量为 $v(f)$ 的最小费用流，P 是关于 f 的最小费用的 $x-y$ 增广路，则 $f'=f\overset{P}{-}\theta$ 是流量为 $v(f)+\theta$ 的最小费用流.

根据这个定理，从一个最小费用可行流过渡到下一个最小费用可行流的关键是要寻求最小费用的增广路. 类似于原始算法，对应于可行流 f 构造辅助有向图 $D(f)$，则求关于 f 的最小费用 $x-y$ 增广路的问题转换成求 $D(f)$ 的最短 $x-y$ 有向路问题. Busacker 和 Gowen 在 1961 提出对偶方法的计算步骤如下：

步骤 0 令 $f^0\equiv 0$（它是流量为 0 的最小费用流），$k=0$.

步骤 1 构造 $D(f^k)$.

步骤 2 求 $D(f^k)$ 中最短 $x-y$ 有向路. 若不存在这样的路，则 f^k 是最小费用最大流，算法结束；否则得到相应的增广路 P，令

$$\theta=\min\Big\{\min_{P^+}(c_{ij}-f_{ij}^k),\min_{P^-}f_{ij}^k\Big\},$$

用 $f^k\overset{P}{-}\theta$ 代替 f^k，返回步骤 1.

最后，我们介绍一下以定理 8.3.2 为基础的算法，它通常被称为原始-对偶算法. 这个算法的基本思想是每一点 v_i 对应一个数 ξ_i（一开始可以令所有的点都对应零），然后给定一可行流 $f=\{f_{ij}\}$，使得 ξ_i 和 f 满足定理 8.3.2 中的(8.3-4)式（例如令所有 $f_{ij}=0$），由定理 8.3.2，f 是流值为 $v(f)$ 的最小费用流.

若 $v(f)=v^*$，则 f 达到指定流，f 就是最小费用流. 否则，我们可以增加流量，在增加流量的过程中，保持从可行流 f 到可行流 f' 且有定理 8.3.2 中(8.3-4)式成立，直到 $v(f)=v^*$ 为止.

由最大流算法可知，增加流量的办法是找增广路. 为了得到满足(8.3-4)式的新的可行流，设 I 是满足 $\xi_j-\xi_i=b_{ij}$ 且 $f_{ij}<c_{ij}$ 的弧的全体，R 表示满足 $\xi_j-\xi_i=b_{ij}$ 且 $f_{ij}>0$ 的弧的全体，用 U 表示不在 $I\cup R$ 中的弧的全体，则我们在 $I\cup R$ 中利用求最大流的标号算法找这样的增广路. 如果增广路 P 被找到，则 $f'=f\overset{P}{-}\theta$ 是

流值为 $v(f)+\theta$ 的最小费用流. 否则,设 S 是所有标号点集合,则 $x \in S, y \in \bar{S}$.

对弧 (v_i, v_j),若 $v_i \in S, v_j \in \bar{S}$,则 $\xi_j - \xi_i \neq b_{ij}$ 或 $f_{ij} = c_{ij}$,否则 v_j 应得到标号. 于是由(8.3-4)式得 $\xi_j - \xi_i < b_{ij}$ 或 $\xi_j - \xi_i > b_{ij}$ 且 $f_{ij} = c_{ij}$. 设 $A_1 = \{v_i \in S, v_j \in \bar{S}, (v_i, v_j) \in A\}$,有

$$\delta_1 = \min\{b_{ij} - \xi_j - \xi_i \mid (v_i, v_j) \in A_1, \text{且 } \xi_j - \xi_i < b_{ij}\},$$

则 $\delta_1 > 0$.

对弧 (v_i, v_j),若 $v_i \in \bar{S}, v_j \in S$,则 $\xi_j - \xi_i \neq b_{ij}$ 或 $f_{ij} = 0$,否则 v_i 应得到标号. 于是由(8.3-4)式得 $\xi_j - \xi_i > b_{ij}$ 或 $\xi_j - \xi_i < b_{ij}$ 且 $f_{ij} = 0$. 设 $A_2 = \{v_j \in S, v_i \in \bar{S}, (v_i, v_j) \in A\}$,有

$$\delta_2 = \min\{\xi_j + \xi_i - b_{ij} \mid (v_i, v_j) \in A_2, \text{且 } \xi_j - \xi_i > b_{ij}\},$$

则 $\delta_2 > 0$.

令 $\delta = \min\{\delta_1, \delta_2\}$,则 $\delta > 0$. 令

$$\xi_i = \begin{cases} \xi_i, & v_i \in S, \\ \xi_i + \delta, & v_i \in \bar{S}, \end{cases}$$

容易看出,至少有一条弧从不属于 $I \cup R$ 变成属于 $I \cup R$.

现在我们把计算步骤叙述如下:

步骤 0 令 $f \equiv 0$,对每一 $v_i \in V, \xi_i = 0$.

步骤 1 构作 I, R, U.

步骤 2 利用求最大流的标号算法在 $I \cup R$ 上找增广路. 若 $I \cup R$ 上的增广路 P 被找到,则转步骤 3;否则,转步骤 4.

步骤 3 用 $f \overset{P}{-} \theta$ 代替 f. 若 $v(f) = v^*$,则算法结束;否则,返回步骤 1.

步骤 4 计算 δ,所有标号点 v_i 的 ξ_i 不变,对所有未标号点 v_i,用 $\xi_i + \delta$ 代替 ξ_i,返回步骤 1.

8.5 计划评审方法和关键路线法

计划评审方法(Program Evaluation and Review Technique,简写为 PERT) 和关键路线法(Critical Path Method,简写为 CPM) 是网络分析的一个组成部分,它广泛应用于系统分析和项目管理. PERT 最早应用于美国海军北极星导弹的研制系统,由于该导弹的研制系统非常庞大复杂,为找到一种有效的管理技术,设计了 PERT 这种方法. CPM 是与 PERT 十分相似但又是独立发展的另一种技术,它主要研究大型工程的费用与工期的相互关系.

在计划管理中,过去习惯采用的是甘特图(Gantt Chart),或称横道图(Bar Chart). 计划评审方法较之甘特图有明显的优点:① 能够直观清晰地反映计划各

部门或各项目工作之间的相互联系制约关系，便于掌握计划的全盘情况；② 反映了某一部门或某一项目工作在全局中的地位和影响，便于发现薄弱环节进行控制、管理；③ 这种计划的编制可利用计算机进行数据推理运算，因此便于进行各种方案的分析比较，一旦发现某个项目偏离计划时，可及时采取措施保证整个计划按时完成.

目前，这种方法已广泛应用于建筑施工和新产品的研制计划、计算机系统安装调试、军事指挥及各种大型复杂工程的控制管理中.

8.5.1 PERT 网络图的一些基本概念

(1) 作业：指任何消耗时间或资源的行动，如新产品设计中的初步设计、技术设计、工装制造等. 根据需要，作业可以划分得粗一些，也可以划分得细一些.

(2) 事件：标志作业的开始或结束，本身不消耗时间或资源，或相对作业讲，消耗量可以小得忽略不计. 某个事件的实现，标志着在它前面各项作业(紧前作业)的结束，又标志着在它之后的各项作业(紧后作业) 的开始. 如机械制造业中，只有完成铸锻件毛坯后才能开始机加工，各项零部件都完工后才能进行总装等. 在 PERT 网络图中，事件通常用圆圈表示，作业用箭头表示(如图 8.5 所示). 图中，事件 ① 是开始进行初步设计的标志，称为该项作业的起点事件；事件 ② 是初步设计的结束标志，称为该作业的终点事件；并将初始设计这项作业标记为(1,2). 一般某项作业若起点事件为 i，终点事件为 j，将该作业标记为(i,j). 作为整个 PERT 网络图开始的事件称最初事件，整个 PERT 网络图结束的事件称最终事件.

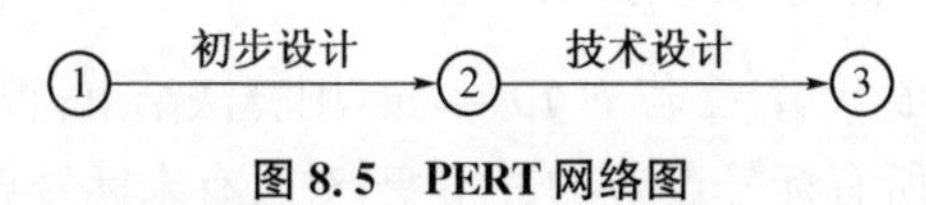

图 8.5 PERT 网络图

(3) 路线：指 PERT 网络图中，从最初事件到最终事件的由各作业连贯组成的一条路. 图中从最初事件到最终事件可以有不同的路，而路的长度是指完成该路上的各项作业持续时间的长度. 各项作业累计时间最长的那条路称为**关键路线**，它决定完成网络图上所有作业需要的最短时间. 如图 8.6 所示，用双箭头线表示的那条路是**关键路线**，需要 11 小时.

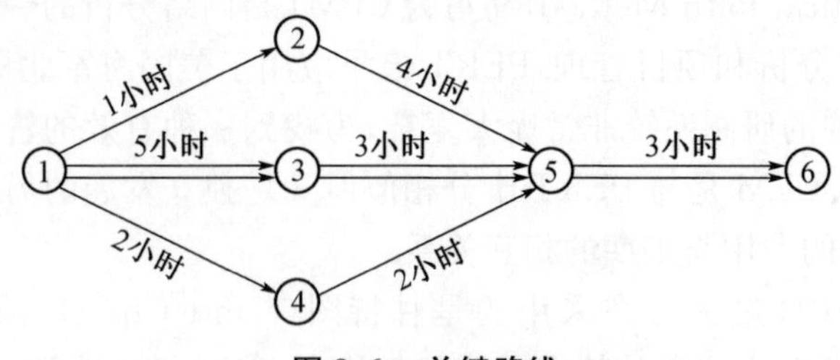

图 8.6 关键路线

8.5.2　建立 PERT 网络图的准则和注意事项

(1) 任何作业在网络图中用唯一的箭线表示，任何作业其终点事件（箭头事件）的编号必须大于其起点事件（箭尾事件）的编号. 若一项作业需分段进行，它应细分成不同作业，并用相应不同的箭线表示.

(2) 两个事件之间只能画一条箭线，表示一项作业，对具有相同开始和结束事件的两项以上作业，要引进虚事件和虚作业. 图 8.7(a) 中事件 ③ 与 ⑤ 之间有两项作业，这种画法不正确，应改画成(b) 那样，其中 ④ 是虚事件，(4,5) 是虚作业，用虚箭线表示.

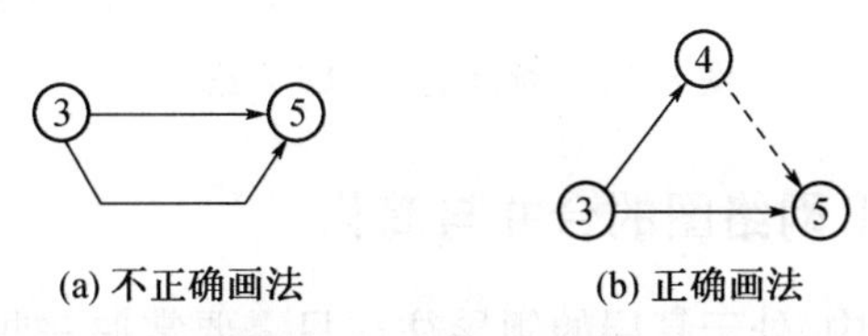

(a) 不正确画法　　(b) 正确画法

图 8.7　虚事件(作业)

(3) 各项作业之间的关系及它们在 PERT 网络图上的表达方式如下：

① 作业 a 结束后可以开始 b 和 c（见图 8.8(a)）；

② 作业 c 在 a 和 b 均结束后才能开始（见图 8.8(b)）；

③ a 和 b 两项作业结束后可以开始 c 和 d（见图 8.8(c)）；

④ 作业 c 在 a 结束后即可进行，但作业 d 必须同时在 a 和 b 结束后才能开始（见图 8.8(d)）.

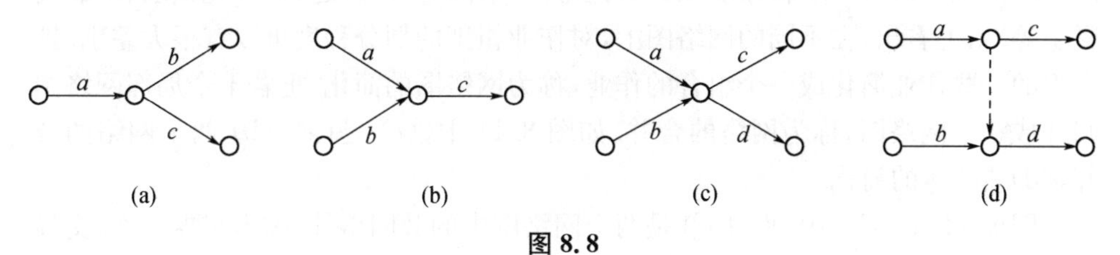

(a)　(b)　(c)　(d)

图 8.8

(4) 任何 PERT 网络图应有唯一的最初事件和唯一的最终事件.

(5) PERT 网络图中不允许出现有向圈. 例如图 8.9 中的画法是不允许的，应予改正.

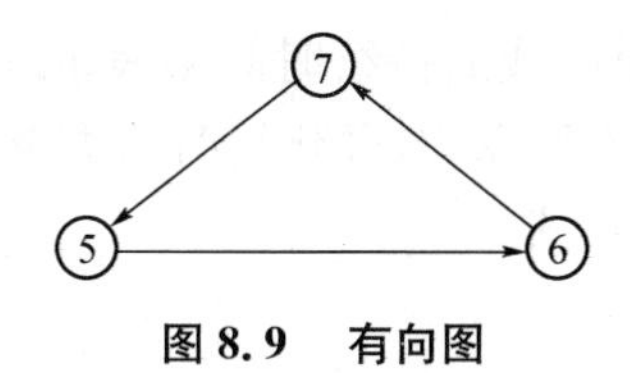

图 8.9　有向图

(6) PERT 网络图的画法是一般是从左到右,从上到下,同时为了方便计算和美观清晰,PERT 网络图中可通过调整布局,尽量避免箭线之间的交叉(如图 8.10(a)、(b) 所示).

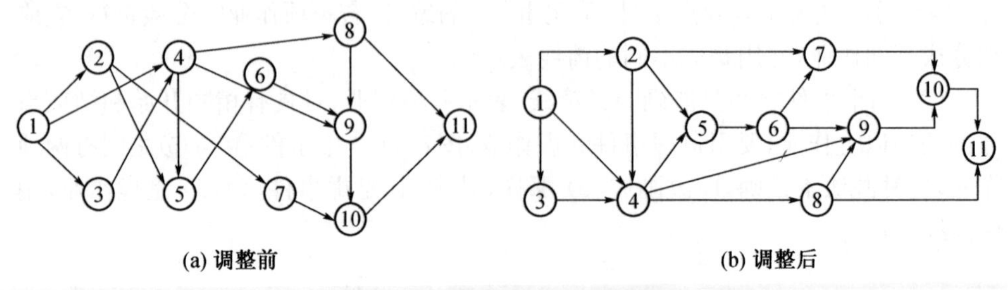

(a) 调整前　　　(b) 调整后

图 8.10　标准的 PERT 网络图

8.5.3　PERT 网络图的合并与简化

在一项大的工程中,处于高层的领导往往只需要掌握一些大的重要项目的进度. 而越到基层,作业项目就应分得细一些,进度也要具体一些. 所以 PERT 网络图按其用途的不同,可分为综合网络图、局部网络图和基层网络图. 如建设一个大型钢铁联合企业,在综合网络图上可能只反映矿山、炼铁厂、轧钢厂、炼焦厂、化工厂、铁路、码头等一些主要的大的项目的进度计划. 而这些大工程项目,每一个都构成一个局部网络. 如炼铁厂的局部网络图上就可以包括浇灌基地,安装高炉炉体、管道、炉料运送、铁水运送等作业. 假如某一工程队负责浇灌基地,那么这个工程队的网络图上就应该进一步将作业细分成挖地基、清除土方、运送材料、扎钢筋、烧灌混凝土等. 由上看出,在不同的网络图上,对作业粗细的划分程度可以有很大差别. 把图中的一些作业简化成一个组合的作业,称为网络图的简化;把若干个局部网络图归并成一个网络图,称为网络的合并. 如图 8.11 中,(c) 是(a)、(b) 两个网络的合并,(d) 是(c) 的简化.

图 8.11(a)、(b) 中,事件 ⑧ 是两个网络图中的共同事件,称为交界事件. 交界事件沟通了两个以上网络的各项作业之间的关系. 交界事件又分进入交界事件(图 8.11(b) 中的事件 ⑧) 和引出交界事件(图 8.11(a) 中的事件 ⑧).

在进行网络图的简化时,由于图 8.11(a) 的一组作业具有唯一的开始事件和结束事件,可以简化成一项大的组合作业. 但注意简化后 ⑤ → ⑧ 这组作业的时间,一定要以这个网络的关键路线的持续时间来表示. 图 8.11(b) 的网络中,由于事件 ⑪、⑫ 与别的网络分别有联系,合并化简时这类事件不能略去,因此只能局部简化成图 8.11(d) 中右边的形式.

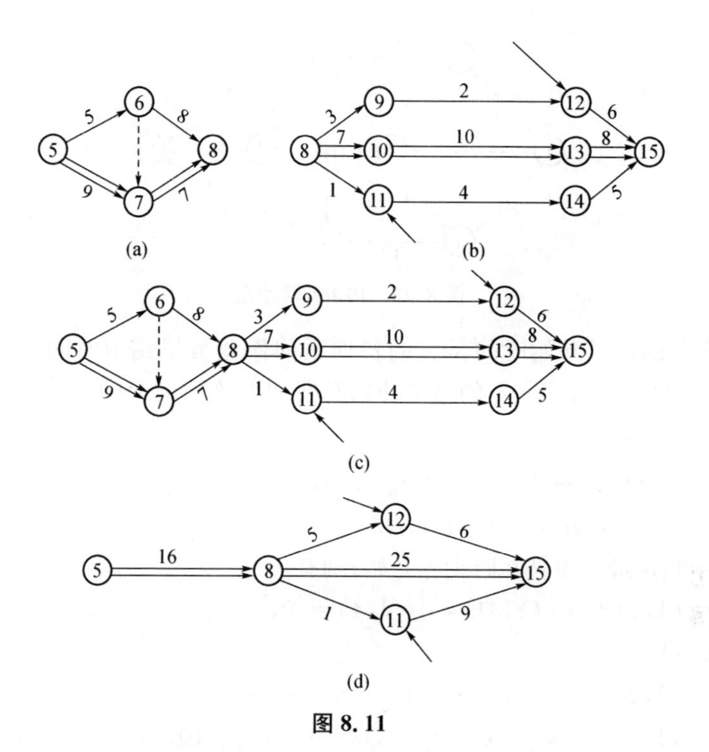

图 8.11

8.5.4　PERT 网络图的计算

对如何建立 PERT 网络图及分析计算的过程,通过下面例子说明.

例 8.2　某项工程由 11 项作业组成(分别用代号 $A,B,\cdots,J,K$ 表示),其计划完成时间及作业时间关系如表 8-1 所示.

解　先按表 8-1 给出的资料画出 PERT 网络图(见图 8.12).图中 ① 为整个网络的最初事件,⑧ 为最终事件,标在箭线上面的是完成各项作业的计划时间.为了对网络图进行分析,需要计算作业的最早开始时间 $t_{ES}(i,j)$、最早结束时间 $t_{EF}(i,j)$ 和作业的最迟开始时间 $t_{LS}(i,j)$ 以及时差值.

表 8.1　项目计划完成时间

作业	计划完成时间(d)	紧前作业	作业	计划完成时间(d)	紧前作业
A	5	—	G	21	B,E
B	10	—	H	35	B,E
C	11	—	I	25	B,E
D	4	B	J	25	F,G,I
E	4	A	K	15	F,G
F	15	C,D		20	

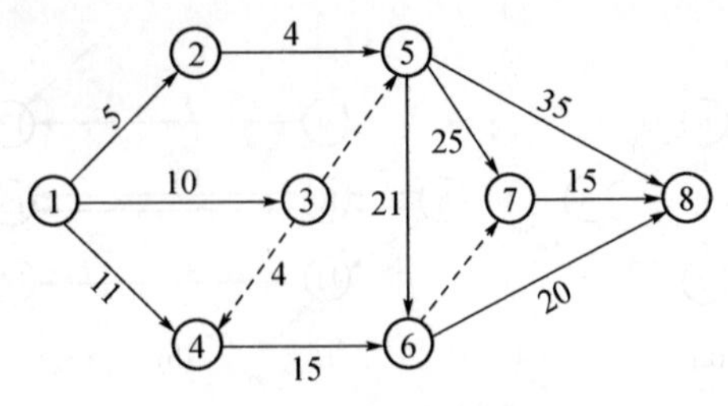

图 8.12 PERT 网络图

(1) 作业的最早开始时间是它的各项紧前作业最早结束时间中的最大一个值,作业的最早结束时间是它的最早开始时间加上该项作业的计划时间 $t(i,j)$ 的值. 用公式表示时有

$$t_{ES}(i,j)=\max_{k}\{t_{EF}(k,i)\}, \tag{8.5-1}$$

$$t_{EF}(i,j)=t_{ES}(i,j)+t(i,j). \tag{8.5-2}$$

本例中假定最初事件在时刻零开始,则有

$$t_{ES}(1,2)=t_{ES}(1,3)=t_{ES}(1,4)=0,$$

由此计算得到

$$t_{EF}(1,2)=t_{ES}(1,2)+t(1,2)=0+5=5,$$

$$t_{EF}(1,3)=t_{ES}(1,3)+t(1,3)=0+10=10,$$

$$t_{EF}(1,4)=t_{ES}(1,4)+t(1,4)=0+11=11,$$

$$t_{ES}(2,5)=t_{EF}(1,2)=5,$$

$$t_{EF}(2,5)=t_{ES}(2,5)+t(2,5)=5+4=9,$$

$$t_{ES}(3,4)=t_{ES}(3,5)=t_{EF}(1,3)=10,$$

$$t_{EF}(3,4)=t_{ES}(3,4)+t(3,4)=10+4=14,$$

$$t_{EF}(3,5)=t_{ES}(3,5)+t(3,5)=10+0=10,$$

$$t_{ES}(4,6)=\max\{t_{EF}(1,4),t_{EF}(3,4)\}=14,$$

$$\vdots$$

最后得到完成网络上全部作业的最短周期为

$$\max\{t_{EF}(5,8),t_{EF}(6,8),t_{EF}(7,8)\}=\max\{45,51,50\}=51.$$

(2) 作业的最迟结束时间是它的各项紧后作业最迟开始时间中的最小一个,各项作业的紧后作业的开始时间应以不延误整个工期为原则;作业的最迟开始时间是它的最后结束时间减去该项作业的时间. 用公式来表示时有

$$t_{LF}(i,j)=\min_{k}\{t_{LS}(j,k)\}, \tag{8.5-3}$$

$$t_{LS}(i,j)=t_{LF}(i,j)-t(i,j). \tag{8.5-4}$$

本例中假定要求全部作业必须在 51 天内结束,故有

$$t_{LF}(5,8)=t_{LF}(6,8)=t_{LF}(7,8)=51,$$

由此可以按公式(8.5-3)和(8.5-4)计算得到

$$t_{LS}(5,8)=t_{LF}(5,8)-t(5,8)=51-35=16,$$

$$t_{LS}(6,8)=t_{LF}(6,8)-t(6,8)=51-20=31,$$

$$t_{LS}(7,8)=t_{LF}(7,8)-t(7,8)=51-15=36,$$

$$t_{LF}(5,7)=t_{LF}(6,7)=t_{LS}(7,8)=36,$$

$$t_{LS}(5,7)=t_{LF}(5,7)-t(5,7)=36-25=11,$$

$$t_{LS}(6,7)=t_{LF}(6,7)-t(6,7)=36-0=36,$$

$$\begin{aligned}t_{LF}(4,6)=t_{LF}(5,6)&=\min\{t_{LS}(6,7),t_{LS}(6,8)\}\\&=\min\{36,31\}=31,\end{aligned}$$

$$t_{LS}(4,6)=t_{LF}(4,6)-t(4,6)=31-15=16,$$

$$t_{LS}(5,6)=t_{LF}(5,6)-t(5,6)=31-21=10,$$

$$\begin{aligned}t_{LF}(2,5)=t_{LF}(3,5)&=\min\{t_{LS}(5,6),t_{LS}(5,7),t_{LS}(5,8)\}\\&=\min\{10,11,16\}=10,\end{aligned}$$

$$t_{LS}(2,5)=t_{LF}(2,5)-t(2,5)=10-4=6,$$

$$t_{LS}(3,5)=t_{LF}(3,5)-t(3,5)=10-0=10.$$

事件 ① 是整个网络的初始事件,以它为起点的有三项作业.由此事件 ① 的最迟实现时间为

$$\min\{t_{LS}(1,2),t_{LS}(1,3),t_{LS}(1,4)\}=0.$$

(3) 时差:按性质可区分为作业的总时差 $R(i,j)$ 和作业的自由时差 $F(i,j)$. 作业的总时差是指网络上多于一项作业共同拥有的机动时间,并非为某项作业单独拥有.总时差 $R(i,j)$ 的计算公式为

$$R(i,j)=t_{LF}(i,j)-t_{ES}(i,j)-t(i,j),$$

或

$$R(i,j)=t_{LF}(i,j)-t_{EF}(i,j)=t_{LS}(i,j)-t_{ES}(i,j). \tag{8.5-5}$$

本例中例如作业(1,2)和(2,5)拥有共同的时差 $R_{ij}=1$,当作业(1,2)用去一部分时差后,作业(2,5)就将减少拥有的机动时间.

作业的自由时差 $F(i,j)$ 是指在不影响它的各项紧后作业最早开工时间条件下,该项作业可以推迟的开工时间的最大限度.它是一项作业独自拥有的机动时间,其计算公式为

$$\begin{aligned}F(i,j)&=\min_j\{t_{ES}(j,k)\}-t_{ES}(i,j)-t(i,j)\\&=\min_j\{t_{ES}(j,k)\}-t_{EF}(i,j).\end{aligned} \tag{8.5-6}$$

本例中有

$$F(1,2)=t_{ES}(2,5)-t_{EF}(1,2)=5-5=0,$$

$$F(1,3)=\min\{t_{ES}(3,4),t_{ES}(3,5)\}-t_{EF}(1,3)$$

$$= \min\{10,10\} - 10 = 0,$$

$$F(2,5) = \min\{t_{ES}(5,6), t_{ES}(5,7), t_{ES}(5,8)\} - t_{EF}(2,5)$$

$$= \min\{10,10,10\} - 9 = 1,$$

$$F(1,4) = t_{ES}(4,6) - t_{EF}(1,4) = 14 - 11 = 3.$$

上述计算可以直接在网络图上进行，也可以用列表的方式进行，计算结果得到了一个网络计划. 直接在网络上计算，优点是比较直观，但缺点是图上数字标注过多，不够清晰；而对比较复杂的PERT网络图，较多的是利用表格进行计算. 这里将本例的表格形式和计算过程有关数据列于表 8.2.

表 8.2　项目计划表

作业(i,j)	$t(i,j)$	$t_{ES}(i,j)$	$t_{EF}(i,j)$	$t_{LS}(i,j)$	$t_{LF}(i,j)$	$R(i,j)$	$F(i,j)$
(1)	(2)	(3)	(4)	(5)	(6)	(7)	(8)
(1,2)	5	0	5	1	6	1	0
(1,3)	10	0	10	0	10	0	0
(1,4)	11	0	11	5	16	5	3
(2,5)	4	5	9	6	10	1	1
(3,4)	4	10	14	12	16	2	0
(3,5)	0	10	10	10	10	0	0
(4,6)	15	14	29	16	31	2	2
(5,6)	21	10	31	10	31	0	0
(5,7)	25	10	35	11	36	1	0
(5,8)	35	10	45	16	51	6	6
(6,7)	0	31	31	36	36	5	4
(6,8)	20	31	51	31	51	0	0
(7,8)	15	35	50	36	51	1	1

下面作几点说明：

① 表的第(1)栏填写网络图上的全部作业. 从起点事件中编号最小的填写起，对起点事件编号相同的作业，按终点事件编号由小到大填写.

② 表的第(2)栏填写各项作业的计划时间 $t(i,j)$.

③ 依据公式(8.5-1)和(8.5-2)计算得出第(3)、(4)两栏的数字，其中第(4)栏数字为第(2)、(3)栏数字之和. 计算时假定 $t_{ES}(1,2) = t_{ES}(1,3) = t_{ES}(1,4) = 0$.

④ 依据公式(8.5-3)和(8.5-4)计算得出第(5)、(6)两栏的数字，其中第(5)栏数字为第(6)栏数字与第(2)栏数字之差. 计算时假定 $t_{LF}(5,8) = t_{LF}(6,8) = t_{LF}(7,8) = 51$，并从表的最下端往上推算.

⑤ 表中的第(7)栏数字 $R(i,j)$ 按式(8.5-5)计算，为表中第(6)栏减去第(4)栏，或第(5)栏减去第(3)栏数字之差.

⑥ 表中的第 8 栏数字 $F(i,j)$ 由公式(8.5-6)计算得到.

习题 8

8.1 设 $N=(V,A,c)$ 是任一有发点 x、收点 y 的有向网络，P 是任意一条 $x-y$ 有向路，$(X,\overline{X})$ 是任一割集. 证明：P 中至少有一条弧属于 $(X,\overline{X})$.

8.2 若 $(S,\overline{S})$ 和 $(T,\overline{T})$ 都是有发点 x、收点 y 的有向网络 N 的最小割集，证明：$(S\cup T,\overline{S\cup T})$ 和 $(S\cap T,\overline{S\cap T})$ 也是 N 中的割集.

8.3 设带收发点的网络 N 中不存在 $x-y$ 有向路，则最大流的值和最小割集的容量都是零.

8.4 设 x,y 是有向图 D 中两个不相邻顶点，证明：D 中内部不相交的 $x-y$ 路的最大数目等于分离 x,y 的点的最小数目.

8.5 设 x,y 是无向图 G 中两个不相邻顶点，证明：G 中内部不相交的 $x-y$ 路的最大数目等于分离 x,y 的点的最小数目.

8.6 求图 8.13 所示网络中从点 x 到 y 的最大流，图中弧旁的数字表示容量.

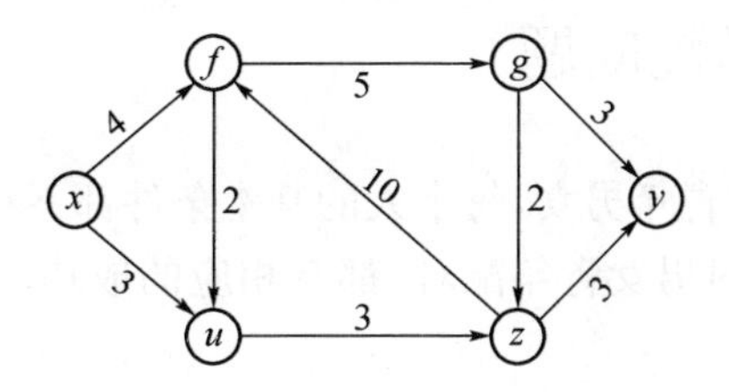

图 8.13 习题 8.6 的图

8.7 设 N 是有发点 x 和收点 y 的网络，称流 f 是 N 上的一个可行流，若满足

$$f(a)\geqslant c(a) \quad \text{和} \quad f(v,V)-f(V,v)=\begin{cases} v(f), & v=x, \\ 0, & v\neq x,y, \\ -v(f), & v=y. \end{cases}$$

(1) 证明：N 有可行流当且仅当每一使 $c(a)>0$ 的弧 $a\in A$，或者存在圈包含 a，或者存在 $x-y$ 路包含 a.

(2) 叙述求使 $v(f)$ 取最小的可行流或判明不存在可行流的方法.

8.8 把求二分图上最大流的问题化为网络上的最大流问题，说明匈牙利方法中的增长路和最大流问题中的增广路之间的关系.

8.9 在图 8.14 所示的网络 N 中，用原始算法求一个从 x 到 y 的最小费用最大流，其中弧旁的第一数字表示单位流的费用，第二个数字表示容量.

8.10 在图 8.14 所示的网络 N 中，用对偶算法求一个从 x 到 y 的最小费用最大流.

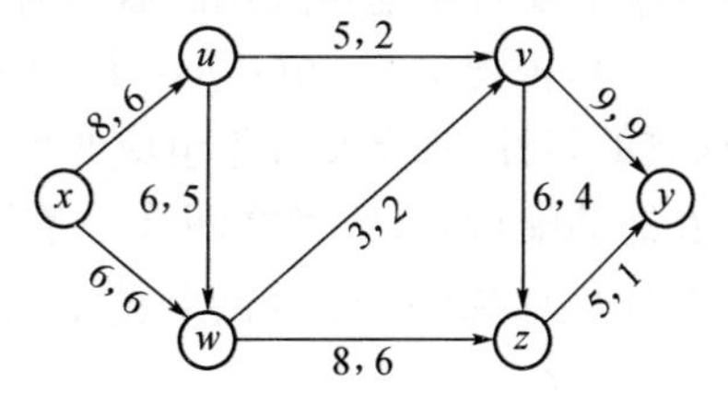

图 8.14 习题 8.9 的图

9 图论在数学建模中的应用

图论是数学的一个既有古老的历史渊源而又十分年轻的分支，是一门生气勃勃、前途广大的学科. 图论在化学、统计学、生物学、信息论、计算机科学中都有很强的实际应用背景，并且饶有趣味，引人入胜. 图论方法是建立数学模型的一个重要方法，而利用图论知识，通过建立图论模型解决实际问题是我们学习图论课程的重要目的之一. 本章我们通过大量的实例，系统介绍如何利用图论知识建立数学模型来解决实际问题，培养分析问题、解决问题的能力.

9.1 模型 1:婚配问题[①]

有 n 对年龄相当的青年男女，每个人的基本条件都不相同，每个人的择偶条件也不尽相同. 任意对一对男女青年配对，都有相应的成功率. 试给出合适的配对方案，使得

(1) 总的配对成功率尽可能的高；

(2) 男女青年都配对成功的成功率最大.

9.1.1 问题分析

因为实际中任何一对男女青年都有配对成功与不成功的可能性，所谓的“成功率”，就是男女双方最终配对成功的概率. 对问题(1)，要使总的配对成功率尽可能的高，也就是给出一种方案，使得男女青年配对成功的概率之和最大；对问题(2)，要求给出一种对男女青年都能配对成功的方案，使得这种可能性(概率) 最大，即使得每一对男女成功的概率之积最大.

9.1.2 模型建立

假设第 i 名男青年和第 j 名女青年配对成功的概率为 p_{ij}，当第 i 名男青年和第 j 名女青年能够配对时 $x_{ij}=1$，否则 $x_{ij}=0(i,j=1,2,\cdots,n)$.

问题(1)：根据这一问题的特性，将男女青年组成的集合作为二部集，即作为二分图的顶点集，当一对男女能够配对时，两者之间连一条线作为二分图的边，相互之间的配对成功的概率为对应边的权重. 于是问题就是求赋权二分图的最大匹配

① 选自：韩中庚. 数学建模方法及其应用. 北京：高等教育出版社，2005

问题(如图 9.1 所示). 总配对成功的概率为

$$\max P = \sum_{i=1}^{n}\sum_{j=1}^{n} p_{ij}x_{ij}.$$

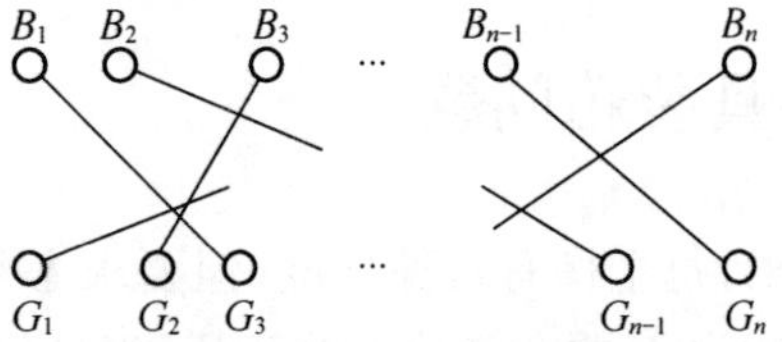

图 9.1　二分图的示意图

问题(2):类似的,求上述的赋权二分图的最优匹配问题,对男女青年都配对成功的概率可以表述为

$$\max P = \prod_{i=1}^{n}\prod_{j=1}^{n} p_{ij}x_{ij}.$$

9.1.3　模型的求解

问题(1) 可用求解图的最大对集的"匈牙利算法"直接求解;而问题(2) 首先对目标函数做线性处理,即借鉴于最大似然法求极值的方法,令 $B_{ij} = \ln p_{ij}$,然后考虑相应的目标函数 $\max P = \sum_{i=1}^{n}\sum_{j=1}^{n} p_{ij}x_{ij}$,同样用"匈牙利算法"求解,所得的最优解也就是原问题的最优解. 例如:设有 10 对男女青年,已知配对成功率矩阵为

$$\boldsymbol{C} = \begin{bmatrix} 0.832 & 0.808 & 0.804 & 0.832 & 0.884 & 0.884 & 0.788 & 0.84 & 0.84 & 0.788 \\ 0.916 & 0.644 & 0.84 & 0.884 & 1 & 0.884 & 0 & 0.936 & 0.852 & 0.82 \\ 0.744 & 0.724 & 0.772 & 0.744 & 0.756 & 0.704 & 0.704 & 0.72 & 0.636 & 0.712 \\ 1 & 0.852 & 0.804 & 1 & 0.916 & 0.872 & 0.832 & 0.936 & 0.84 & 0.84 \\ 0.936 & 0.656 & 0.772 & 0.904 & 0.884 & 0.852 & 0.644 & 0.884 & 0.832 & 0.84 \\ 0.808 & 0.676 & 0.72 & 0.688 & 0.72 & 0.72 & 0 & 0.772 & 0.788 & 0.756 \\ 0.936 & 0.644 & 0.84 & 0.936 & 0.884 & 0.84 & 0 & 0.968 & 0.84 & 0.82 \\ 0.968 & 0.704 & 0.788 & 0.916 & 0.936 & 0.884 & 0.644 & 0.884 & 0.832 & 0.884 \\ 0.916 & 0.756 & 0.72 & 0.84 & 0.84 & 0.84 & 0.676 & 0.872 & 0.852 & 0.872 \\ 0.748 & 0.688 & 0.788 & 0.768 & 0.724 & 0.656 & 0.68 & 0.724 & 0.644 & 0.704 \end{bmatrix}.$$

问题(1):用 Matlab 编程求解可得到配对结果为

$$\boldsymbol{e} = \begin{bmatrix} 2 & 4 & 6 & 7 & 9 & 10 & 3 & 1 & 5 & 8 \\ 5 & 4 & 9 & 8 & 10 & 3 & 2 & 7 & 1 & 6 \end{bmatrix},$$

最大总成功率为 $P = 8.7480$.

问题(2):同样用 Matlab 编程求解可得配对结果为

$$e = \begin{bmatrix} 2 & 4 & 6 & 7 & 5 & 9 & 8 & 1 & 10 & 3 \\ 5 & 4 & 9 & 8 & 1 & 10 & 6 & 7 & 3 & 2 \end{bmatrix},$$

都配对的成功率为 $P = 0.2474$.

9.2 模型 2:锁具装箱问题[①]

设一种锁具有五个槽,每个槽有六种高度,但要求必须有两个不同槽高,而且相邻两个槽的高度差不能为 3. 两个锁具能够互开,当且仅当有四个对应的槽高度相同,最后一个槽高度差 1. 销售时每 60 个锁具装一箱,求出最大不能互开的锁具数.

9.2.1 分析与建模

通过分析,满足要求的合格锁具共 5880 种组合,可令$(x_{i1},x_{i2},x_{i3},x_{i4},x_{i5})$表示五个槽高分别为 $x_{i1},x_{i2},x_{i3},x_{i4},x_{i5}$ 的一个锁具. 记 H_1 是所有槽高之和为奇数的锁具集合,H_2 是所有槽高之和为偶数的锁具集合. 在有奇数个槽,每个槽有偶数高度的情况下,集合 H_1 和 H_2 之间存在双射 $\psi: H_1 \rightarrow H_2$,其对应关系为

$$(x_{i1},x_{i2},x_{i3},x_{i4},x_{i5}) \rightarrow (x'_{i1},x'_{i2},x'_{i3},x'_{i4},x'_{i5}),$$

其中 $x'_{ij} = 7 - x_{ij}\ (j = 1,2,\cdots,5)$,所以 H_1 和 H_2 各有 2940 个元素. 然后,将每个合格锁具都看作一个顶点,能够互开的两个顶点连一条边,可计算出互开总对数为 22778,所以共有 22778 条边. 因为能互开的锁具奇偶性不同,所以 H_1 和 H_2 之间有边相连,而 H_1 和 H_2 内部无边相连,即构成一个以 H_1 和 H_2 为顶点,有 22778 条边的二分图.

9.2.2 模型的求解

最大不能互开锁具数,即为此图的最大独立顶点数,有“最大独立顶点数 = 顶点总数 - 最大对集的边数”. 由于此图的邻接关系比较复杂,所以从理论上求出最大对集是很困难的,在这里我们可以用“匈牙利算法” 来求解二分图的最大独立顶点数,即最大不能互开锁具数.

首先求出 H_1,H_2 和它们之间的邻接矩阵 $\boldsymbol{W}$,再用 Matlab 求解可得到最大对集 M 及其边数 2940,所以最大独立顶点数 $= 5880 - 2940 = 2940$,即为最大不能互开锁具数.

类似的,也可以在两个分部顶点个数不相等的条件下求解最大对集的问题. 这时为了更快求得最大对集,在寻找可扩路时,应该从顶点个数较少的部分进行寻

① 选自:叶其孝. 大学生数学建模辅导教材. 长沙:湖南教育出版社,1997

找. 譬如,若将“锁具装箱”的问题变为有六个槽,每个槽有六个槽高. 此时合格锁具为35080种,H_1 有17720种,H_2 有17360种,互开总对数为168984. 然而,邻接矩阵的维数为17720×17360,规模太大,不能用满矩阵存储,但在Matlab中可使用稀疏矩阵存储. 可求出最大对集边数17360,所以最大独立顶点数 $= 35080 - 17360 = 17720$.

9.3 模型3:最优截断切割问题[①]

从一个长方体中加工出一个已知尺寸、位置预定的长方体(这两个长方体的对应表面是平行的),通常要经过6次截断切割. 设水平切割单位面积的费用是垂直切割单位面积费用的 r 倍,且当先后两次垂直切割的平面(不管它们之间是否穿插水平切割)不平行时,因调整刀具需额外费用 e. 试设计一种安排各面加工次序的方式(称“切割方式”),使加工费用最少.

下面根据问题先建立模型,然后进行求解.

设待加工长方体的左右面、前后面、上下面间的距离分别为 a_0, b_0, c_0. 六个切割面分别位于左、右、前、后、上、下,将它们相应的编号为 $M_1, M_2, M_3, M_4, M_5, M_6$,这六个面与待加工长方体相应外侧面的边距分别为 $u_1, u_2, u_3, u_4, u_5, u_6$. 这样,一种切割方式就是六个切割面的一个排列,共有 $P_6^6 = 720$ 种切割方式. 当考虑到切割费用时,显然有局部优化准则:两个平行待切割面中,边距较大的待切割面总是先加工. 由此准则,只需考虑

$$\frac{P_6^6}{2! \times 2! \times 2!} = 90(\text{种})$$

切割方式. 即在求最少加工费用时,只需在90种满足准则的切割序列中考虑. 不失一般性,设 $u_1 \geqslant u_2, u_3 \geqslant u_4, u_5 \geqslant u_6$,故只考虑 M_1 在 M_2 前、M_3 在 M_4 前、M_5 在 M_6 前的切割方式.

1) $e = 0$ 的情况

为简单起见,先考虑 $e = 0$ 的情况. 构造如图9.2所示的一个有向赋权网络图 $G(V, E)$. 为了表示切割过程的有向性,在网络图上加坐标轴 x, y, z.

图 $G(V, E)$ 的含义如下:

(1) 空间网络图中每个结点 $v_i(x_i, y_i, z_i)$ 表示被切割长方体所处的一个状态. 顶点坐标 x_i, y_i, z_i 分别代表长方体在左右、前后、上下方向上已被切割的刀数. 例如,$v_{24}(2,1,2)$ 表示石材在左右方向上已被切割两刀,前后方向上已被切一刀,上

---

① 选自:全国大学生数学建模竞赛组委会. 全国大学生数学建模竞赛优秀论文汇编. 北京:中国物价出版社,2002

下方向上已被切两刀，即面 $M_1, M_2, M_3, M_4, M_5, M_6$ 均已被切割；顶点 $v_1(0,0,0)$ 表示长方体加工完成后的状态.

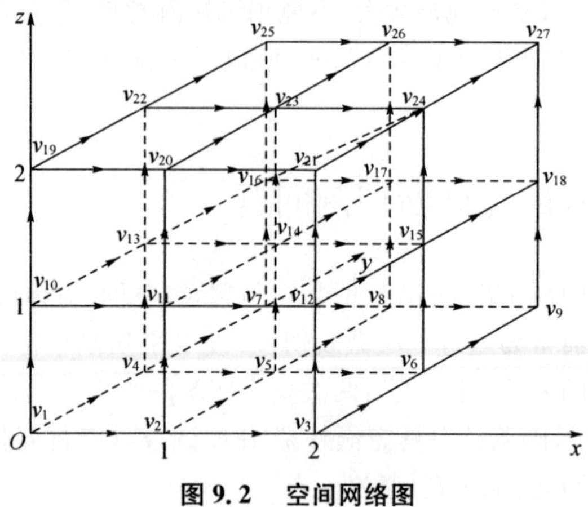

图 9.2　空间网络图

(2) G 的弧(v_i, v_j)表示长方体被切割的一个过程，若长方体能从状态 v_i 经过一次切割变为状态 v_j，即当且仅当 $x_i + y_i + z_i + 1 = x_j + y_j + z_j$ 时，$v_i(x_i, y_i, z_i)$ 到 $v_j(x_j, y_j, z_j)$ 有弧(v_i, v_j)，相应弧上的权 $W(v_i, v_j)$ 即为这一切割过程的费用：

$$W(v_i, v_j) = (x_j - x_i) \times (b_i \times c_i) + (y_j - y_i) \times (a_i \times c_i) + (z_j - z_i) \times (a_i \times b_i) \times r,$$

其中，a_i, b_i, c_i 分别代表在状态 v_i 时长方体的左右面、上下面、前后面之间的距离. 例如，从状态 $v_5(1,1,0)(a_5 = a_0 - u_1, b_5 = b_0 - u_3, c_5 = c_0)$ 到状态 $v_6(2,1,0)$，有

$$W(v_5, v_6) = (b_0 - u_3) \times c_0.$$

(3) 根据准则可知第一刀有三种选择，即第一刀应切 M_1, M_3, M_5 中的某个面，在图中分别对应的弧为(v_1, v_2)，(v_1, v_4)，(v_1, v_{10}). 图 G 中从 v_1 到 v_{27} 任意一条有向路代表一种切割方式. 从 v_1 到 v_{27} 共有 90 条有向路，对应着所考虑的 90 种切割方式. v_1 到 v_{27} 的最短路即为最少加工费用，该有向路即对应所求的最优切割方式.

实例：待加工长方体和成品长方体的长、宽、高分别为 10，145，19 和 3，2，4，两者左侧面、正面、底面之间的距离分别为 6，7，9，则边距如表 9.1 所示：

表 9.1　长方体边距表

u_1	u_2	u_3	u_4	u_5	u_6
6	1	7	5.5	6	9

$r = 1$ 时，求得最短路为 $v_1 - v_{10} - v_{13} - v_{22} - v_{23} - v_{26} - v_{27}$，其权值为 374. 对应的最优切割排列为 $M_6 - M_3 - M_5 - M_1 - M_4 - M_2$，费用为 374 元.

2) $e \neq 0$ 的情况

当 $e \neq 0$ 时，即当先后两次垂直切割的平面不平行时，需要调刀费 e. 希望在图 9.2 所示的网络图中某些边增加权来实现费用增加，在所有切割的序列中，四个垂直的切割顺序只有三种可能情况：

情况一：先切一对平行面，再切另外一对平行面，总费用比 $e=0$ 时的费用增加 e；

情况二：先切一个，再切一对平行面，最后切割剩余的一个，总费用比 $e=0$ 时的费用增加 $2e$；

情况三：切割面是两两相互垂直，总费用比 $e=0$ 时的费用增加 $3e$.

在所考虑的 90 种切割序列中，上述三种情况下垂直切割面的排列情形及在图 G 中对应有向路的必经点如表 9.2 所示：

表 9.2　垂直切割面对应的有向路

	垂直切割面排列情况	有向路必经点
情况一(一)	$M_1 - M_2 - M_3 - M_4$	$(1,0,z),(2,0,z),(2,1,z)$
情况一(二)	$M_3 - M_4 - M_1 - M_2$	$(0,1,z),(0,2,z),(1,2,z)$
情况二(一)	$M_3 - M_1 - M_2 - M_4$	$(0,1,z),(1,1,z),(2,1,z)$
情况二(二)	$M_1 - M_3 - M_4 - M_2$	$(1,0,z),(1,1,z),(1,2,z)$
情况三(一)	$M_1 - M_3 - M_2 - M_4$	$(1,0,z),(1,1,z),(2,1,z)$
情况三(二)	$M_3 - M_1 - M_4 - M_2$	$(0,1,z),(1,1,z),(1,2,z)$

我们希望通过在图 9.2 所示的网络图中的某些边上增加权值来进行调刀费用增加的计算，但由于网络图中的某些边是多种切割序列所共用的，对于某一种切割序列，需要在此边上增加权 e，但对于另外一种切割序列，就有可能不需要在此边上增加权 e，这样我们就不能直接利用图 9.2 所示的网络进行边加权这种方法来求出最短路径.

从表 9.2 可以看出，三种情况的情形(一) 有公共点集 $(2,1,z)(z=0,1,2)$，情形(二) 有公共点集 $(1,2,z)(z=0,1,2)$，且情形(一) 的有向路决不通过情形(二) 的公共点集，情形(二) 的有向路也不通过情形(一) 公共点集. 所以可判断出这两部分是独立的、互补的. 如果我们在图 G 中分别去掉点集 $(2,1,z)(z=0,1,2)$ 和点集 $(1,2,z)(z=0,1,2)$ 及与之相关联的入弧就形成两个新的网路图，如 H_1（见图 9.3) 和 H_2（见图 9.4). 这两个网络图具有互补性，对于一个问题来说，最短路径必存在于它们中的某一个.

由于调整垂直刀具有 3 次，总费用需增加 $3e$，故我们先安排这种情况的权增加值 e，每次转刀时给其待切弧上的权增加 e. 增加 e 的情况如图 9.3 及图 9.4 中所示，再来判断是否满足调整垂直刀具为 2 次、1 次时的情况，我们发现所增加的权满足另外两类切割序列.

综上所述,我们将原网络图分解为两个网络图 H_1 和 H_2,从 v_1 到 v_{27} 的最短路的权分别为 d_1,d_2,则得出整体的最小费用为 $d=\min(d_1,d_2)$,最优切割序列即为其对应的最短路径.

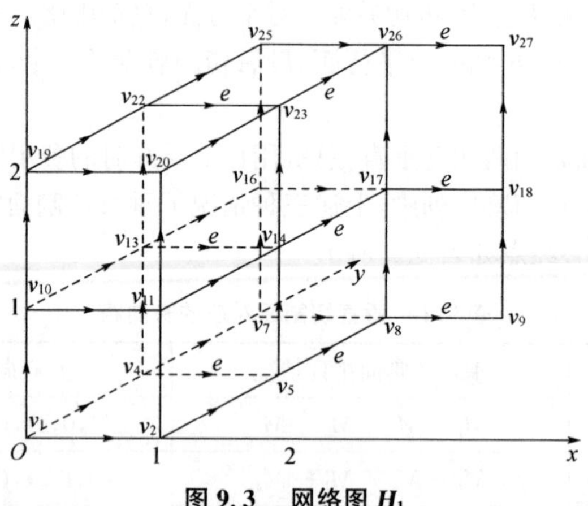

图 9.3　网络图 H_1

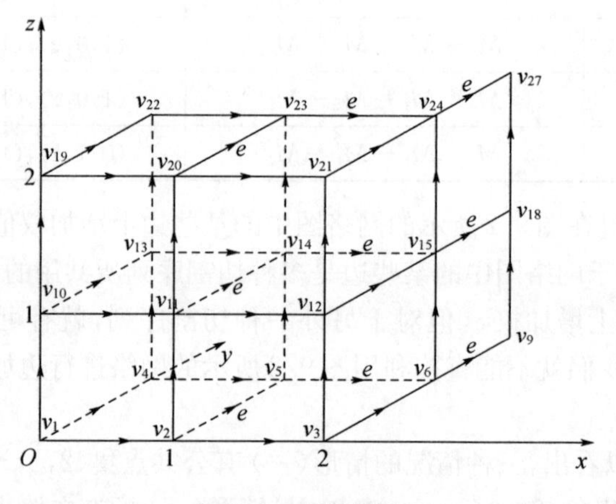

图 9.4　网络图 H_2

实例:$r=15,e=2$ 时,图 H_1 与 H_2 的最短路径为 H_1 的有向路 $v_1-v_4-v_5-v_{14}-v_{17}-v_{26}-v_{27}$,权为 4435,对应的最优切割序列为 $M_3-M_1-M_6-M_4-M_5-M_2$,最优费用为 4435.

9.4　模型 4:赛程安排[①]

有 5 支球队在同一块场地上进行单循环赛,共要进行 10 场比赛,如何安排赛程使得对各队来说都尽量公平呢?

下面是随便安排的一个赛程:记 5 支球队分别为 A,B,C,D,E,在表 9.3 的左半部分的右上三角的 10 个空格中,随手填上 1,2,…,10 就得到一个赛程,即第 1 场 A 对 B,第 2 场 B 对 C,…,第 10 场 C 对 E. 为方便起见,再将这些数字沿对角线对称的填入左下三角. 这个赛程的公平性如何,不妨只看看各队每两场比赛中间得到的休整时间是否均等. 表 9.3 的右半部分是各队每两场比赛间相隔的场次数,显然这个赛程对 A,E 有利,对 D 则不公平.

表 9.3　赛程安排

	A	B	C	D	E	每两场比赛间隔次数		
A	—	1	9	3	6	1	2	2
B	1	—	2	5	8	0	2	2
C	9	2	—	7	10	4	1	0
D	3	5	7	—	4	0	0	1
E	6	8	10	4	—	1	1	1

从上面的例子出发讨论以下问题:

(1) 对于 5 支球队的比赛,给出一个各队每两场比赛中间都至少相隔一场的赛程;

(2) 当 n 支球队比赛时,各队每两场比赛最小相隔场次数的上界是什么?

9.4.1　问题分析

首先我们分析有 n 支球队比赛时,各队每两场比赛中间都至少相隔的场次数的上限.

定理 9.4.1　当 n 支球队比赛时,各队每两场比赛中间都至少相隔的场次数的上限是 $\left[\frac{n+1}{2}\right]-2$.

证明　因

① 选自:全国大学生数学建模竞赛组委会. 全国大学生数学建模竞赛优秀论文汇编. 北京:中国物价出版社,2002

$$\left[\frac{n+1}{2}\right]-2=\begin{cases}m-2, & \text{当 } n=2m \text{ 时},\\ m-1, & \text{当 } n=2m+1 \text{ 时},\end{cases}$$

分两种情况来证明.

情形 1 当 $n=2m$ 为偶数时，这 $2m$ 支球队为 $0,1,2,\cdots,2m-1$. 顺次安排 $m+1$ 场比赛需要 $2(m+1)$ 支球队参加，由鸽笼原理，必然有重复出现的球队，又由单循环赛知，重复出现的球队中一定存在某球队其两场比赛中间相隔的场次数最多为 $m-2$.

情形 2 当 $n=2m+1$ 为奇数时，这 $2m+1$ 支球队为 $0,1,2,\cdots,2m$. 顺次安排 $m+1$ 场比赛需要 $2(m+1)$ 支球队参加，由鸽笼原理，必然有重复出现的球队，则该球队的两场比赛中间相隔的场次数最多为 $m-1$. □

定义 9.4.1 当 n 支球队比赛时，若安排的赛程使得各队每两场比赛中间都至少相隔 $\left[\frac{n+1}{2}\right]-2$ 场比赛，则称该赛程为完美赛程；称条件"各队每两场比赛中间都至少相隔 $\left[\frac{n+1}{2}\right]-2$"为完美要求.

9.4.2 图论模型的建立

定义 9.4.2 定义图 $G=(V,E)$，其中顶点集 $V=\{0,1,2,\cdots,(n-1)\}$ 是 n 支球队的集合，边集 $E=\{(i,j)\mid i,j\in V\}$，即任意二球队的比赛是一条边，称此图 $G=(V,E)$ 为 n 支球队的比赛图. 显然，n 支球队的比赛图 $G=(V,E)$ 是 n 个顶点的完全图 K_n.

1) 当参赛队数 $n=2m$ 为偶数时的情形

定理 9.4.2 当 $n=2m$ 时，比赛图 K_{2m} 可表示为 $2m-1$ 个边不重的完美对集的并图.

证明 设 K_{2m} 的顶点为 $0,1,2,\cdots,2m-1$. 将 0 放在正 $2m-1$ 边形的中心，而将 $1,2,\cdots,2m-1$ 顺次放在正 $2m-1$ 边形的顶点上，则每条径向边 $(0,j)$ 与垂直于它的各边一起构成一个完美对集. 共有 $2m-1$ 个这样完美对集 $M_1,M_2,\cdots,M_{2m-1}$，其边是互不相重的，并且 K_{2m} 恰好是它们的并图. 对于 K_{2m} 的 $2m-1$ 个边不重的完美对集，可按径向边 $(0,j)$ 顺次写出如下：

$$M_1=\{(0,1),(2,2m-1),(3,2m-2),(4,2m-3),\cdots,(m-1,m+2),(m,m+1)\},$$

$$M_2=\{(0,2),(3,1),(4,2m-1),(5,2m-2),\cdots,(m,m+3),(m+1,m+2)\},$$

$$M_3=\{(0,3),(4,2),(5,1),(6,2m-1),\cdots,(m+1,m+4),(m+2,m+3)\},$$

$\vdots$

$$M_{2m-2}=\{(0,2m-2),(2m-1,2m-3),(1,2m-4),(2,2m-5),\cdots,(m-3,m),(m-2,m-1)\},$$

$$M_{2m-1}=\{(0,2m-1),(1,2m-2),(2,2m-3),(3,2m-4),\cdots,(m-2,m+1),(m-1,m)\}.$$
□

定理 9.4.3　当 $n=2m$(偶数) 支球队进行单循环赛时,存在完美赛程.

证明　将 K_{2m} 的 $2m-1$ 个边不重的完美对集 $1,2,\cdots,2m-1$ 中的边顺次编号 $0,1,2,\cdots,m(2m-1)$,即是使得各队每两场比赛中间都至少相隔 $m-1$ 场的赛程,即是完美赛程.下面证明此结论.

每一完美对集 $M_i(i=1,2,\cdots,2m-1)$ 中边的顺次编号(即安排比赛) 不会有重复的球队,所以只需考虑相邻的完美对集 $M_i,M_{i+1}(i=1,2,\cdots,2m-1)$ 中的边的顺次编号所相隔的场次数.由于 $M_1,M_2,\cdots,M_{2m-1}$ 的结构相同,所以只需研究 M_1,M_2 中的边的顺次编号所相隔的场次数(见表 9.4).

表 9.4　赛程安排

M_1	$(0,1)$	$(2,2m-1)$	$(3,2m-2)$	$(4,2m-3)$	$\cdots$	$(m-1,m+2)$	$(m,m+1)$
编号	1	2	3	4	$\cdots$	$m-1$	m
M_2	$(0,2)$	$(3,1)$	$(4,2m-1)$	$(5,2m-2)$	$\cdots$	$(m,m+3)$	$(m+1,m+2)$
编号	$m+1$	$m+2$	$m+3$	$m+4$	$\cdots$	$2m-1$	$2m$

我们观察可以发现:第 $m+1$ 场比赛的参赛队是球队 0 和球队 2,而此二队在第 $3\sim m$ 场比赛中未出现,所以第 $m+1$ 场比赛的安排满足完美要求;第 $m+i(i=2,3,\cdots,m-1)$ 场比赛的参赛球队正好是第 $i-1$ 与第 $i+1$ 场比赛中的球队,此二队在第 $i+2\sim m+i-1$ 场比赛中未出现,所以这些场比赛的安排满足完美要求;第 $2m$ 场比赛的参赛球队是球队 $m+1$ 和球队 $m+2$,也满足完美要求.　□

2) 当参赛队数 $n=2m+1$ 为奇数时的情形

定理 9.4.4　当 $n=2m+1$ 时,比赛图 M_{2m+1} 可表示为 m 个边不重的 Hamilton-圈的并图.

证明　设 K_{2m+1} 的顶点为 $0,1,2,\cdots,2m$.将 0 放在单位圆的圆心,而将 $1,2,\cdots,2m$ 顺次等距地放在圆周上,则 $C_1=(0,1,2,2m,3,2m-1,4,2m-2,\cdots,m,m+2,m+1,0)$ 就是 K_{2m+1} 的一个 Hamilton-圈.考虑将 C_1 绕顶点 0 旋转 $m-1$ 次,可以得到其他的 Hamilton-圈,共有 m 个 Hamilton-圈:$C_1,C_2,\cdots,C_m$,其边是互不相重的,并且 K_{2m+1} 恰好是它们的并图.

对于 K_{2m+1} 的 m 个边不重的 Hamilton-圈 $C_1,C_2,\cdots,C_m$ 可按旋转的顺序写出如下:

$C_1=(0,1,2,2m,3,2m-1,4,2m-2,\cdots,m,m+2,m+1,0)$,

$C_2=(0,2,3,1,4,2m,5,2m-1,\cdots,m+1,m+3,m+2,0)$,

$C_3=(0,3,4,2,5,1,7,2m,\cdots,m+2,m+4,m+3,0)$,

$\vdots$

$C_{m-1}=(0,m-1,m,m-2,m+1,m-3,m+2,m-4,$
$\cdots,2m-2,2m,2m-1,0)$,

$C_m=(0,m,m+1,m-1,m+2,m-2,m+3,m-3,$
$\cdots,2m-1,1,2m,0)$. □

定理 9.4.5　当 $n=2m+1$(奇数) 支球队进行单循环赛时,存在完美赛程.

证明　对 K_{2m+1} 的 Hamilton-圈 C_1 中的边按如下方法编号:

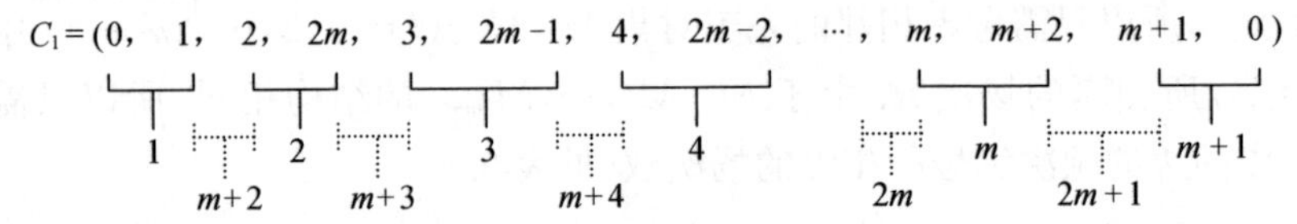

类似的,对 $C_1,C_2,\cdots,C_m$ 中的边顺次继续编号 $2m+2,2m+3,\cdots,m(2m+1)$,这样的编号即是使得各队每两场比赛中间都至少相隔 $m-1$ 场的赛程,即是完美赛程.下面证明此结论.

显然,在每一 Hamilton-圈 $C_i(i=1,2,\cdots,m)$ 内部,其边的顺次编号(即安排比赛)使得各球队的两场比赛中间至少相隔 $m-1$ 场,故只需考虑相邻的 Hamilton-圈 $C_i,C_{i+1}(i=1,2,\cdots,m-1)$ 中的边的顺次编号所相隔的场次数.由于 $C_1,C_2,\cdots,C_m$ 的结构相同,所以只需研究 C_1,C_2 中的边的顺次编号所相隔的场次数,事实上,只需研究 C_2 中的第 $2m+2\sim 3m+2$ 场比赛即可.研究可以发现:第 $2m+2$ 场比赛的参赛队是球队 0 和球队 2,而此二队在第 $2m+3\sim 3m+2$ 场比赛中未出现,所以第 $2m+2$ 场比赛的安排满足完美要求;第 $2m+i(i=3,4,\cdots,m+1)$ 场比赛的参赛球队正好是第 $m+i-1$ 与第 $m+i$ 场比赛中的球队,此二队在第 $m+i+1\sim 2m+i-1$ 场比赛中未出现,所以这些场比赛的安排满足完美要求;第 $3m+2$ 场比赛的参赛队是球队 $m+2$ 和球队 0,也满足完美要求. □

9.4.3　完美赛程的编制方法

对于 $n=2m$(偶数) 支球队进行单循环赛,根据定理 9.4.2 和 9.4.3,我们得到编制完美赛程的一种简单方法,叙述如下:

第一步　顺次写出 K_{2m} 的 $2m-1$ 个边不重的完美匹配 $M_1,M_2,\cdots,M_{2m-1}$ 如下:

$M_1=\{(0,1),(2,2m-1),(3,2m-2),(4,2m-3),$
$\cdots,(m-1,m+2),(m,m+1)\}$,

$M_2=\{(0,2),(3,1),(4,2m-1),(5,2m-2),$

$$\cdots,(m,m+3),(m+1,m+2)\},$$

$$M_3=\{(0,3),(4,2),(5,1),(6,2m-2),$$
$$\cdots,(m+1,m+4),(m+2,m+3)\},$$

$$\vdots$$

$$M_{2m-2}=\{(0,2m-2),(2m-1,2m-3),(1,2m-4),(2,2m-5),$$
$$\cdots,(m-3,m),(m-2,m-1)\},$$

$$M_{2m-1}=\{(0,2m-1),(1,2m-2),(2,2m-3),(3,2m-4),$$
$$\cdots,(m-2,m+1),(m-1,m)\}.$$

第二步　顺次将对集 $M_1,M_2,\cdots,M_{2m-1}$ 中的边编号 $1,2,3,\cdots,m(2m-1)$，此即是所要的完美赛程.

当 $n=8$ 时，根据上述方法，完美赛程的编制过程如下(结果见表 9.5)：

完美对集 $M_1=\{(0,1),(2,7),(3,6),(4,5)\}$
对集中边的编号：　1　　2　　3　　4
完美对集 $M_2=\{(0,2),(3,1),(4,7),(5,6)\}$
对集中边的编号：　5　　6　　7　　8
完美对集 $M_3=\{(0,3),(4,2),(5,1),(6,7)\}$
对集中边的编号：　9　　10　　11　　12
完美对集 $M_4=\{(0,4),(5,3),(6,2),(7,1)\}$
对集中边的编号：　13　　14　　15　　16
完美对集 $M_5=\{(0,5),(6,4),(7,3),(1,2)\}$
对集中边的编号：　17　　18　　19　　20
完美对集 $M_6=\{(0,6),(7,5),(1,4),(2,3)\}$
对集中边的编号：　21　　22　　23　　24
完美对集 $M_7=\{(0,7),(1,6),(2,5),(3,4)\}$
对集中边的编号：　25　　26　　27　　28

表 9.5　赛程安排

	0	1	2	3	4	5	6	7	每两场比赛时间相隔场次数					
0	—	1	5	9	13	17	21	25	3	3	3	3	3	3
1	1	—	20	6	23	11	26	16	4	4	4	3	2	2
2	5	20	—	24	10	27	15	2	2	4	4	4	3	2
3	9	6	24	—	28	14	3	19	2	2	4	4	4	3
4	13	23	10	28	—	4	18	7	2	2	2	4	4	4
5	17	11	27	14	4	—	8	22	3	2	2	2	4	4
6	21	26	15	3	18	8	—	12	4	3	2	2	2	4
7	25	16	2	19	7	22	12	—	4	4	3	2	2	2

对于 $n=2m+1$(奇数) 支球队进行单循环赛,根据定理 9.4.4 和 9.4.5,我们得到编制完美赛程的一种简单方法,叙述如下:

第一步 顺次写出 K_{2m+1} 的 m 个边不重的 Hamilton-圈 $C_1, C_2, \cdots, C_m$ 如下:

$$C_1=(0,1,2,2m,3,2m-1,4,2m-2,\cdots,m,m+2,m+1,0),$$
$$C_2=(0,2,3,1,4,2m,5,2m-1,\cdots,m+1,m+3,m+2,0),$$
$$C_3=(0,3,4,2,5,1,7,2m,\cdots,m+2,m+4,m+3,0),$$
$$\vdots$$
$$C_{m-1}=(0,m-1,m,m-2,m+1,m-3,m-4,\cdots,2m-2,2m,2m-1,0),$$
$$C_m=(0,m,m+1,m-1,m+2,m-2,m+3,m-3,\cdots,2m-1,1,2m,0).$$

第二步 按如下方法对 Hamilton-圈 C_1 中的边顺次编号:

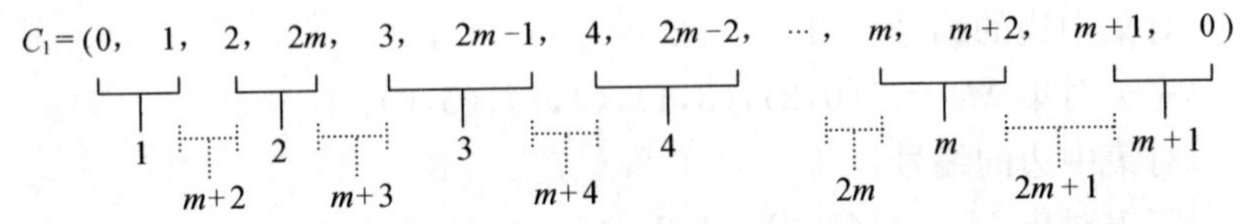

类似的,对 $C_1, C_2, \cdots, C_m$ 中的边顺次继续编号 $2m+2, 2m+3, \cdots, m(2m+1)$,这样的编号即是所需要的完美赛程.

当 $n=9$ 时,根据上述方法,完美赛程的编制过程如下(结果见表 9.6):

表 9.6 完美赛程

	0	1	2	3	4	5	6	7	8	每两场比赛时间相隔场次数						
0	—	1	10	19	28	5	14	23	32	3	4	3	4	3	4	3
1	1	—	6	11	16	21	26	31	36	4	4	4	4	4	4	4
2	10	6	—	15	20	25	30	35	2	3	3	4	4	4	4	4
3	19	11	15	—	24	29	34	3	7	3	3	3	3	4	4	4
4	28	16	20	24	—	33	4	8	12	3	3	3	3	3	3	4
5	5	21	25	29	33	—	9	13	17	3	3	3	3	3	3	3
6	14	26	30	34	4	9	—	18	22	4	4	3	3	3	3	3
7	23	31	35	3	8	13	18	—	27	4	4	4	4	3	3	3
8	32	36	2	7	12	17	22	27	—	4	4	4	4	4	4	3

$C_1=(0,1,2,8,3,7,4,6,5,0)$

边的编号:1 6 2 7 3 8 4 9 5

$C_2=(0,2,3,1,4,8,5,7,6,0)$

边的编号:10 15 11 16 12 17 13 18 14

$C_3 = (0,3,4,2,5,1,6,8,7,0)$

边的编号:19 24 20 25 21 26 22 27 23

$C_4 = (0,4,5,3,6,2,7,1,8,0)$

边的编号:28 33 29 34 30 35 31 36 32

同样可以编制当 $n = 5$ 时的完美赛程,这里从略.

9.4.4 其他问题

(1) 将完美对集 $M_1,M_2,M_3,M_4,\cdots,M_{2m-2},M_{2m-1}$ 或 Hamilton-圈 $C_1,C_2,\cdots,C_m$ 顺序滚动重排后,按照上面给出的赛程编制方法可以得到其他的完美赛程.

(2) 将赛程按照完美对集 $M_1,M_2,M_3,M_4,\cdots,M_{2m-2},M_{2m-1}$ 或 Hamilton-圈 $C_1,C_2,\cdots,C_m$ 分成若干轮,一支球队出场的轮次越靠后面越有利,在同一轮次里出场的顺序越靠后越有利.按照这种思想,可给出衡量一个赛程优劣的另一指标.

9.5 模型5:乒乓球比赛队员出场顺序安排①

A,B 两乒乓球队进行一场五局三胜制的乒乓球赛,两队各派3名选手上场,并各有3种选手的出场顺序(分别记为 $\alpha_1,\alpha_2,\alpha_3$ 和 β_1,β_2,β_3).根据过去的比赛记录可预测出如果 A 队以 $\alpha_i(i = 1,2,3)$ 次序出场,B 队以 $\beta_j(i = 1,2,3)$ 次序出场,则打满5局 A 队可胜出 a_{ij} 局.

矩阵 $\boldsymbol{R} = (a_{ij})$ 如下:

$$\boldsymbol{R} = \begin{array}{c} \\ \alpha_1 \\ \alpha_2 \\ \alpha_3 \end{array} \begin{array}{c} \begin{array}{ccc} \beta_1 & \beta_2 & \beta_3 \end{array} \\ \begin{bmatrix} 1 & 2 & 3 \\ 0 & 4 & 4 \\ 5 & 3 & 1 \end{bmatrix} \end{array}.$$

根据矩阵 $\boldsymbol{R}$,对 A,B 两队的实力强弱进行分析.

9.5.1 实力强弱的理解

两队交锋,必然存在实力强弱的问题.在体育竞赛中,我们对实力强弱问题从两方面进行理解和分析.一方面是从获胜局数考虑,在比赛的总局数中获胜局数多(或失败局数少)的一方即为实力较强一方,反之为实力较弱方.在本题中,我们可以根据矩阵假设两队共进行45局比赛,通过统计各队获胜局数即可判断实力强弱.另一方面是从获胜场数考虑,由于是五局三胜制比赛,先胜三局的一方即为获胜方.在本题中,可将矩阵变换为0-1矩阵,赢则得1分,输则得0分.因各队均有三

① 选自:王谦等.数模探索.浙江师范大学生数学建模研究会.金华,2007

种不同的出场顺序，每种出场方式的差异导致了不同出场顺序的队员间实力的差异，可将每种顺序看成一支队伍，将六支队伍进行循环比赛，建立双向连通竞赛图，可得六支队伍的实力排序，比较其排序即可得 A，B 两队实力强弱.

9.5.2 模型的建立与求解

A，B 两队实力比较分析如下：

(1) 从获胜局数考虑实力强弱：在比赛的总局数中获胜局数多(或失败局数少)的一方即为实力较强一方，反之为实力较弱方.

设 A，B 两队以不同的出场阵容依次对阵，且都打满 5 局，则两队总共进行了 $5C_3^1C_3^1 = 45$(局) 比赛，通过矩阵 $\boldsymbol{R}$，可统计出 A 队总共获胜 $\sum\limits_{i,j=1}^{3} a_{ij} = 2+1+4+3+4+5+3+1 = 23$(局)，$B$ 队共获胜 $45-23=21$(局)，$23>21$，故 A 队实力较强.

(2) 从获胜场数考虑实力强弱：在若干支队伍参加的单循环比赛中，各队两两交锋，假设每场比赛只计胜负，不计比分，且不允许平局，根据胜负情况进行排名.

应用图论知识，将球队看成顶点，在每两顶点间用直线连接，称为边，表示球队进行了两两交锋，比赛结果用箭头标出，如 $v_1 \rightarrow v_2$ 表示 v_1 队战胜 v_2 队，赢则得 1 分，输则得 0 分. 每条边都标出方向的图称为有向图，每对顶点之间都有一条边的有向图称为竞赛图.

为了用代数方法进行研究，定义 $n(n \geqslant 4)$ 个顶点的双向连通竞赛图的邻接矩阵 $\boldsymbol{R}^* = (a_{ij})_{n\times n}$ 如下：

$$a_{ij} = \begin{cases} 1, & \text{存在从顶点 } i \text{ 到 } j \text{ 的有向边；} \\ 0, & \text{否则.} \end{cases} \tag{9-1}$$

若记顶点的得分向量 $\boldsymbol{s}^* = \boldsymbol{R}^*\boldsymbol{I}$，$\boldsymbol{I} = (1,1,\cdots,1)^{\mathrm{T}}$，记 $\boldsymbol{s}^{(1)} = \boldsymbol{s}^*$，称为 1 级得分向量，进一步计算 $\boldsymbol{s}^{(2)} = \boldsymbol{R}^*\boldsymbol{s}^{(1)}$，称为 2 级得分向量. 每个球队(顶点) 的 2 级得分是它战胜的各个球队的(1 级) 得分之和，与 1 级得分相比，2 级得分更有理由作为排名次的依据. 继续这个程序，得到 k 级得分向量

$$\boldsymbol{s}^{(k)} = \boldsymbol{R}^*\boldsymbol{s}^{(k-1)} = (\boldsymbol{R}^*)^k\boldsymbol{I}, \quad k = 1,2,\cdots, \tag{9-2}$$

其中，k 越大，用 $\boldsymbol{s}^{(k)}$ 作为排名次的依据更趋合理，如果 $k\rightarrow\infty$，则 $\boldsymbol{s}^{(k)}$ 收敛于某个极限得分向量(为了不使它无限变大，应进行归一化)，那么就可以用这个向量作为排名次的依据.

因为对于 $n(n \geqslant 4)$ 个顶点的强连通竞赛图，存在正整数 r，使得邻接矩阵 $\boldsymbol{R}^*$ 满足 $(\boldsymbol{R}^*)^r > 0$(这样的 $\boldsymbol{R}^*$ 称为素阵)，故极限得分向量存在.

利用 Perron-Frobenius 定理，素阵 $\boldsymbol{R}^*$ 的最大特征根为正单根 λ，λ 对应正特征向量 $\boldsymbol{s}$，且有 $\lim\limits_{k\rightarrow\lambda}\dfrac{\boldsymbol{R}^*\boldsymbol{I}}{\lambda^k}$，与(9-2) 式比较可知，$k$ 级得分向量 $\boldsymbol{s}^{(k)}$，$k\rightarrow\infty$(归一化后) 时将趋

向 $\boldsymbol{R}^*$ 的对应于最大特征根的特征向量 $\boldsymbol{s}$,$\boldsymbol{s}$ 就是作为排名次依据的极限得分向量.

问题的解答:由于 A,B 两队均有三种不同的出场方式,每种出场方式的差异导致了不同出场顺序的队员之间的实力差距,可将每种出场顺序看成一支队伍,分别记为 $\alpha_1,\alpha_2,\alpha_3,\beta_1,\beta_2,\beta_3$. 因为若三支队伍进行单循环比赛,每对各胜一场(如图 9.5 所示),则 3 支队伍名次就相同,实力相当,所以,我们可将 $\alpha_1,\alpha_2,\alpha_3$ 之间进行单循环比赛,有 $\alpha_1\to\alpha_2\to\alpha_3\to\alpha_1$ 和 $\alpha_1\to\alpha_3\to\alpha_2\to\alpha_1$ 两种情况,β_1,β_2,β_3 之间进行单循环比赛,有 $\beta_1\to\beta_2\to\beta_3\to\beta_1$ 和 $\beta_1\to\beta_3\to\beta_2\to\beta_1$ 两种情况. 从而可将六支队伍进行循环比赛,建立强连通竞赛图,得到六支队伍的实力排序,其中 $\alpha_i(i=1,2,3)$ 三者的平均实力代表 A 队的实力,$\beta_j(j=1,2,3)$ 三者的平均实力代表队 B 的实力. 不妨增加 $\alpha_1\to\alpha_3\to\alpha_2\to\alpha_1$ 和 $\beta_1\to\beta_3\to\beta_2\to\beta_1$ 是单循环形式,从而可使六支队伍 $\alpha_1,\alpha_2,\alpha_3,\beta_1,\beta_2,\beta_3$ 进行单循环比赛,建立强连通竞赛图(如图 9.6 所示).

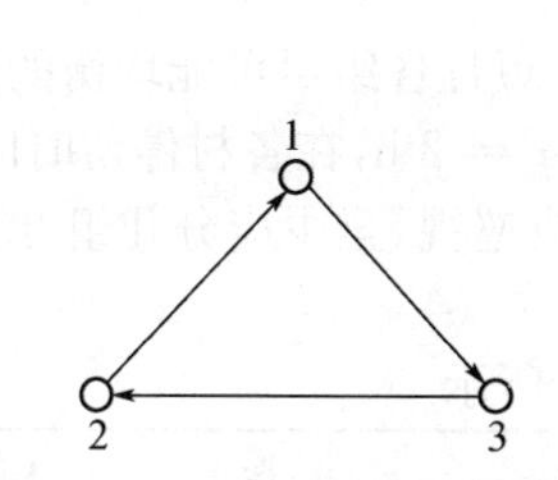

图 9.5 三支队伍的单循环赛

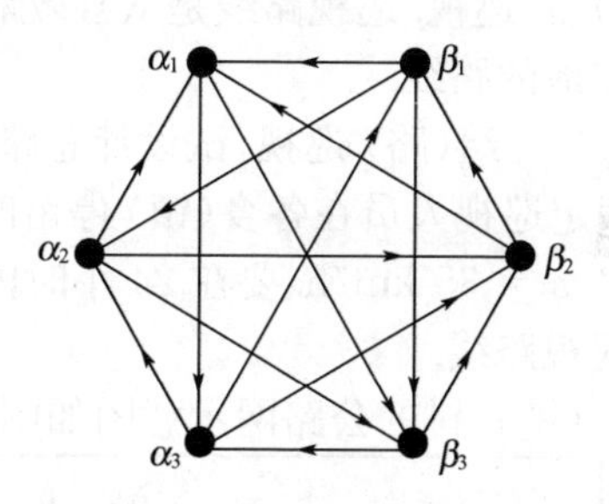

图 9.6 六支队伍的单循环赛

其邻接矩阵为

$$\boldsymbol{R}^*=\begin{array}{c}\\ \alpha_1\\ \alpha_2\\ \alpha_3\\ \beta_1\\ \beta_2\\ \beta_3\end{array}\begin{array}{c}\begin{array}{cccccc}\alpha_1&\alpha_2&\alpha_3&\beta_1&\beta_2&\beta_3\end{array}\\ \begin{bmatrix}0&0&1&0&0&1\\1&0&0&0&1&1\\0&1&0&1&1&0\\1&1&0&0&0&1\\1&0&0&1&0&0\\0&0&1&0&1&0\end{bmatrix}\end{array}.$$

通过 Matlab 可算得以下结果(见表 9.7):

表 9.7 六支队伍的得分向量

得分向量	$\boldsymbol{s}^{(1)}$	(2,3,3,3,2,2)
	$\boldsymbol{s}^{(2)}$	(5,6,8,7,5,5)
	$\boldsymbol{s}^{(3)}$	(13,15,18,16,12,13)
	$\boldsymbol{s}^{(4)}$	(31,38,43,41,29,30)
特征值	λ	2.4257
特征向量	$\boldsymbol{s}$	(0.3498,0.4245,0.5032,0.4616,0.3345,0.3453)

由此可得$\alpha_1,\alpha_2,\alpha_3,\beta_1,\beta_2,\beta_3$的排名次序为(4,3,1,2,6,5)，将其实力从强到弱排名依次为$\alpha_3,\beta_1,\alpha_2,\alpha_1,\beta_3,\beta_2$，且

$$\frac{1}{3}\sum_{j=1}^{3}s_{\beta_j}=\frac{0.4616+0.3345+0.3453}{3}\approx 0.3805,$$

$$\frac{1}{3}\sum_{i=1}^{3}s_{\alpha_i}=\frac{0.3498+0.4245+0.5032}{3}\approx 0.4258,$$

显然$\alpha_i(i=1,2,3)$三者的平均实力比$\beta_j(j=1,2,3)$强，也即A队比B队实力强.

9.6 模型6：灾情巡视路线①

某县遭受水灾，为考察灾情、组织自救，县领导决定带领有关部门负责人到全县各乡(镇)、村巡视. 巡视路线是从县政府所在地出发，走遍各乡(镇)、村，又回到县政府所在地的路线.

(1) 若分三组(路)巡视，试设计总路程最短且各组尽可能均衡的路线.

(2) 假定巡视人员在各乡(镇)停留时间$T=2$ h，在各村停留时间$t=1$ h，汽车行驶速度$v=35$ km/h. 要在24小时内完成巡视，至少应分几组?给出这种分组下最佳的巡视路线.

该县乡(镇)、村的公路网示意图如图9.7所示.

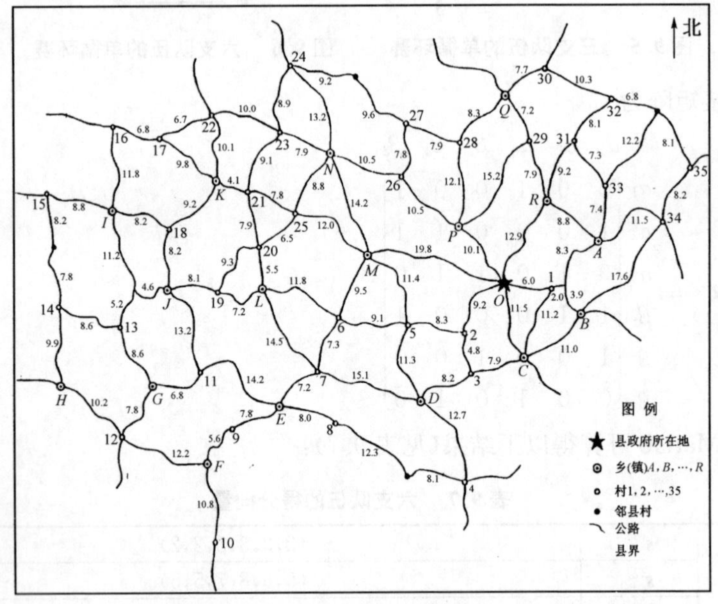

图9.7 乡(镇)、村的公路网(单位:km)

① 选自：全国大学生数学建模竞赛组委会. 全国大学生数学建模竞赛优秀论文汇编. 北京：中国物价出版社，2002

9.6.1　问题假设

(1) 汽车在路上的速度总是一定的,不会出现抛锚等现象;

(2) 巡视当中,在每个乡(镇)、村的停留时间一定,不会出现特殊情况而延误时间;

(3) 每个小组的汽车行驶速度完全一样;

(4) 分组后,除公共路外,各小组只能走自己区内的路,不能走其他小组的路.

9.6.2　模型的建立与求解

将公路网图中每个乡(镇)或村看作图中的一个节点,各乡(镇)、村之间的公路看作图中对应节点间的边,各条公路的长度(或行驶时间)看作对应边上的权,所给公路网就转化为加权网络图,问题就转化为在给定的加权网络图中寻找从给定点 O 出发,行遍所有顶点至少一次再回到 O 点,使得总权(路程或时间)最小,此即最佳推销员回路问题.

在加权图 G 中求最佳推销员回路问题是 NP-完全问题,我们采用一种近似算法求出该问题的一个近似最优解来代替最优解.算法如下:

(1) 用图论软件包求出 G 中任意两个顶点间的最短路,构造出完全图 $G'=(V,E')$, $\forall (x,y)\in E'$, $w(x,y)=\min d_G(x,y)$;

(2) 输入图 G' 的一个初始 H 圈;

(3) 用对角线完全算法产生一个初始 H 圈;

(4) 随机搜索出 G' 中若干个 H 圈;

(5) 对第(2),(3),(4) 步所得的每个 H 圈,用二边逐次修正法进行优化,得到近似最佳 H 圈;

(6) 在第(5) 步求出的所有 H 圈中找出权最小的一个,此即要找的最佳 H 圈的近似解.

由于二边逐次修正法的结果与初始圈有关,故本算法第(2),(3),(4) 步分别用三种方法产生初始圈,以保证能得到较优的计算结果.

问题一:若分为三组巡视,设计总路程最短且各组尽可能均衡的巡视路线.

此问题是多个推销员的最佳推销员回路问题.即在加权图 G 中求顶点集 V 的划分 $V_1,V_2,\cdots,V_n$,将 G 分成 n 个生成子图 $G[V_1],G[V_2],\cdots,G[V_n]$,使得

(1) 顶点 $O\in V_i$, $i=1,2,3,\cdots,n$;

(2) $\bigcup\limits_{i=1}^{n} V_i = V(G)$;

(3) $\dfrac{\max\limits_{i,j}|w(C_i)-w(C_j)|}{\max\limits_{i} w(C_i)}\leqslant \alpha$,其中 C_i 为 V_i 的导出子图 $G[V_i]$ 中的最佳推

销员回路，$w(C_i)$ 为 C_i 的权，$i,j=1,2,3,\cdots,n$；

(4) $\sum\limits_{i=1}^{n} w(C_i)$ 为最小.

定义 9.6.1 称 $\alpha_0=\dfrac{\max\limits_{i,j}|w(C_i)-w(C_j)|}{\max\limits_{i} w(C_i)}$ 为该分组的实际均衡度，α 为最大容许均衡度.

显然，$0\leqslant\alpha_0\leqslant 1$，$\alpha_0$ 越小，说明分组的均衡性越好. 取定一个 α 后，α_0 与 α 满足条件(3) 的分组是一个均衡分组. 条件(4) 表示总巡视路线最短.

此问题包含两方面：第一，对顶点分组；第二，在每组中求最佳推销员回路，即为单个推销员的最佳推销员问题.

由于单个推销员的最佳推销员回路问题不存在多项式时间内的精确算法，故多个推销员的问题也不存在多项式时间内的精确算法. 而图中节点数较多，为 53 个，我们只能去寻求一种较合理的划分准则，对图 9.7 进行粗步划分后求出各部分的近似最佳推销员回路的权，再进一步进行调整，使得各部分满足均衡性条件(3).

从 O 点出发去其他点，要使路程较小应尽量走 O 点到该点的最短路. 故用图论软件包求出 O 点到其余顶点的最短路，这些最短路构成一棵 O 为树根的树，将从 O 点出发的树枝称为干枝. 从图 9.8 中可以看出，从 O 点出发到其他点共有 6 条干枝，它们的名称分别为 ①，②，③，④，⑤，⑥.

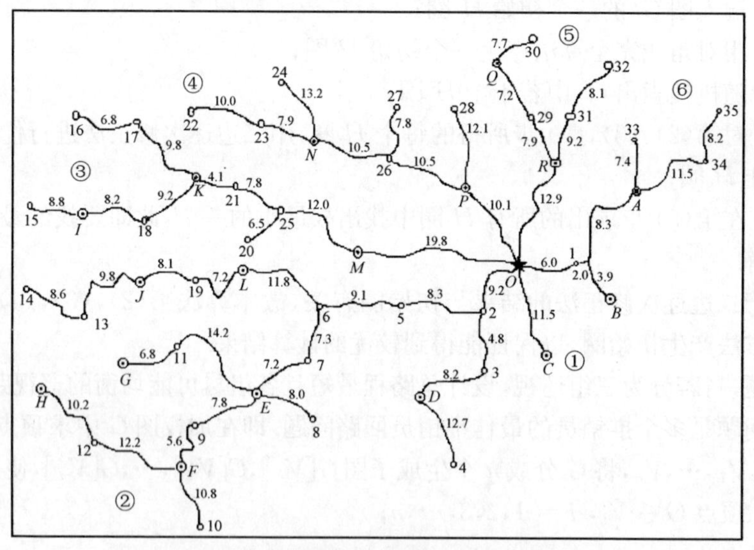

图 9.8 O 点到任意点的最短路图(单位:km)

根据实际工作的经验及上述分析，在分组时应遵从以下准则：

准则一：尽量使同一干枝上及其分枝上的点分在同一组；

准则二：应将相邻的干枝上的点分在同一组；

准则三：尽量将长的干枝与短的干枝分在同一组.

由上述分组准则，我们找到两种分组形式如下：

分组一：(⑥,①),(②,③),(⑤,④)；

分组二：(①,②),(③,④),(⑤,⑥).

显然分组一的方法极不均衡，故考虑分组二.

对分组二中每组顶点的生成子图，用算法一求出近似最优解及相应的巡视路线. 使用算法一时，在每个子图所构造的完备图中，取一个尽量包含图 9.8 中树上的边的 H 圈作为其第(2)步输入的初始圈.

分组二的近似解见表 9.8.

表 9.8　巡视路线的一个近似优解(单位：km)

组名	路线	总路线长度	路线的总长度
Ⅰ	O-P-28-27-26-N-24-23-22-17-16-I-15-I-18-K-21-20-25-M-O	191.1	558.5
Ⅱ	O-2-5-6-L-19-J-11-G-13-14-H-12-F-10-F-9-E-7-E-8-4-D-3-C-O	241.9	
Ⅲ	O-R-29-Q-30-32-31-33-35-34-A-B-1-O	125.5	

因为该分组的均衡度

$$\alpha_0=\frac{w(C_1)-w(C_2)}{\max\limits_{i=1,2,3} w(C_i)}=\frac{241.9-125.5}{241.9}=0.481,$$

所以此分法的均衡性很差.

为了改善均衡性，将第 Ⅱ 组中的顶点 C,2,3,D,4 分给第 Ⅲ 组(顶点 2 为这两组的公共点)，重新分组后的近似最优解见表 9.9.

表 9.9　巡视路线的一个分组(单位：km)

组名	路线	路线长度	路线总长度
Ⅰ	O-P-28-27-26-N-24-23-22-17-16-I-15-I-18-K-21-20-25-M-O	191.1	599.8
Ⅱ	O-2-5-6-7-E-8-E-9-F-10-F-12-H-14-13-G-11-J-19-L-6-5-2-O	216.4	
Ⅲ	O-R-29-Q-30-32-31-33-35-34-A-1-B-C-3-D-4-D-3-2-O	192.3	

因该分组的均衡度

$$\alpha_0=\frac{w(C_1)-w(C_2)}{\max\limits_{i=1,2,3} w(C_i)}=\frac{216.4-191.1}{216.4}=0.1169,$$

所以这种分法的均衡性较好.

问题二:当巡视人员在各乡(镇)、村的停留时间一定,汽车的行驶速度一定,要在 24 小时内完成巡视,至少要分几组?并给出最佳的巡视路线.

由于 $T = 2$ h,$t = 1$ h,$v = 35$ km/h,需访问的乡(镇)共有17个,村共有35个,计算出在乡(镇)及村的总停留时间为 $17 \times 2 + 35 = 69$ (h). 要在24小时内完成巡回,若不考虑行走时间,有 $\frac{69}{i} < 24$(i 为分的组数),得最小为3,故至少要分3组. 由于该网络的乡(镇)、村分布较为均匀,故有可能找出停留时间尽量均衡的分组. 当分4组时各组停留时间大约为 $\frac{69}{4} = 17.25$(h),则每组分配在路途上的时间大约为 $24 - 17.25 = 6.75$ (h). 而前面讨论过,分3组时有个总路程 599.8 km 的巡视路线,分4组时的总路程不会比 599.8 km 大太多,不妨以 599.8 km 来计算. 路上时间约为 $\frac{599.8}{35} = 17$(h),若平均分配给4个组,每个组约需 4.25h < 6.75 h,故分成4组是可能办到的. 现在尝试将顶点分为4组,分组的原则除遵从前面准则一、二、三外,还应遵从以下准则:

准则四:尽量使各组的停留时间相等.

用上述原则在图 9.8 上将图分为4组,同时计算各组的停留时间,然后用算法一算出各组的近似最佳推销员巡视路线,得出路线长度及行走时间,从而得出完成巡视的近似最佳时间. 用算法一计算时,初始圈的输入与分3组时同样处理.

这4组的近似最优解见表 9.10.

表 9.10　均衡度较好的巡视路线分组(路程单位:km,时间单位:h)

组名	路线	路线总长度	停留时间	行走时间	完成巡视的总时间
Ⅰ	O-2-5-6-7-E-8-Ⓔ-11-G-12-H-⑫-F-10-Ⓕ-9-Ⓔ-⑦-⑥-⑤-②-O	195.8	17	5.59	22.59
Ⅱ	O-[R]-29-Q-30-Ⓠ-28-27-26-N-24-23-22-17-16-⑰-[K]-㉒-㉓-Ⓝ-㉖-P-O	199.2	16	5.69	21.69
Ⅲ	O-M-25-20-21-K-18-I-15-14-13-J-19-L-[6]-Ⓜ-O	159.1	18	4.54	22.54
Ⅳ	O-R-A-33-31-32-35-34-B-1-C-3-D-4-Ⓓ-③-[2]-O	166	18	4.74	22.74

上表中符号说明:加有圆圈的表示前面经过并停留过,此次只经过不需停留;加方框的表示此点只经过不停留. 该分组实际均衡度

$$\alpha_0 = \frac{22.74 - 21.69}{22.74} = 0.0462,$$

可以看出,表 9.10 分组的均衡度很好,且完全满足 24 小时完成巡视的要求.

习题 9

9.1 有 3 个人和 3 个机器人要从一条河的左岸渡到右岸,渡船只有一只.每次可渡人或机器人共两名,3 个人都会划船,机器人中仅有一个会划船,为防止意外,每岸有人的时候,人的数目不能比机器人的数目少,应当怎样渡河呢?

9.2 (重心问题) 某矿区有 7 个矿点(见图 9.9),已知各矿点每天的产矿量为 $q(v_j)$(在图中的各个顶点上).现要从 7 个矿点选 1 个来建造选矿厂,问应该建在哪个矿点,才能使各矿点所产的矿石运到选矿厂所在地的总运力(单位:kt/km)最小?

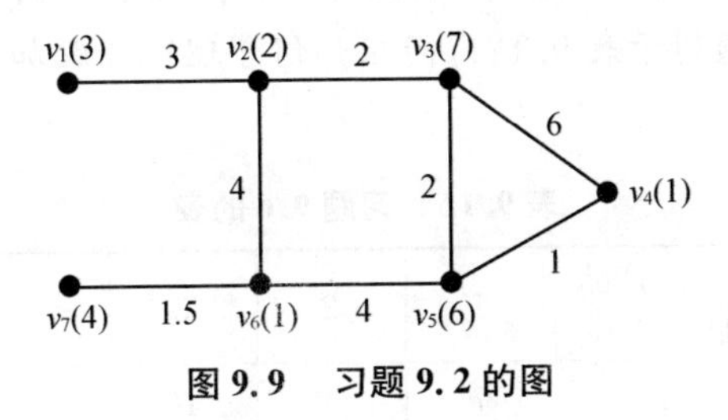

图 9.9　习题 9.2 的图

9.3 已知某炼油厂各油罐之间的运费率如表 9.11 所示,现从油罐将油运到油罐,求最佳运输路线.

表 9.11　习题 9.3 的表

油罐	A	B	C	D
A	0.00	0.13	0.14	0.15
B	0.08	0.00	0.13	0.08
C	0.17	0.12	0.00	0.18
D	0.10	0.06	0.13	0.00

9.4 在一个城市交通系统中取出一段如图 9.10 所示,其入口为顶点 v_1,出口为顶点 v_8,每条弧段旁的数字表示通过该路段所需时间,每次转弯需要附加时间为 3,求 v_1 到 v_8 的最短时间路径.

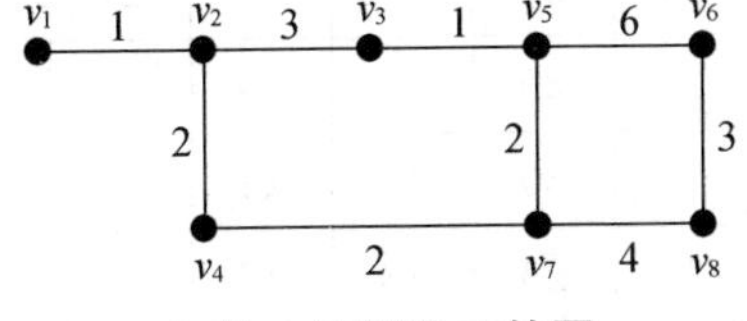

9.10　习题 9.4 的图

9.5 已知用 x_1, x_2, x_3, x_4 四种原料制造 y_1, y_2, y_3, y_4 四种产品的成本如下面的矩阵所示：

$$
\begin{array}{c@{}c}
 & \begin{array}{cccc} y_1 & y_2 & y_3 & y_4 \end{array} \\
\boldsymbol{E} = \begin{array}{c} x_1 \\ x_2 \\ x_3 \\ x_4 \end{array} & \begin{bmatrix} 99 & 6 & 59 & 73 \\ 79 & 15 & 93 & 87 \\ 67 & 93 & 13 & 81 \\ 16 & 79 & 86 & 26 \end{bmatrix}
\end{array},
$$

问采用哪种方案可使成本最低(假定用原料制作某种产品就不能用来制作其他产品)?

9.6 有四种不同规格的产品要分配在四台不同性能的机床上同时加工，由于产品的规格不同和机床的性能各异，因此每一件产品在不同机车上加工的工时定额也不同(其工时定额列于表 9.12)，问应如何合理地分配加工任务才能使总的加工时间最省?

表 9.12　习题 9.6 的表

机床 \ 产品	1	2	3	4
1	7	50	16	1
2	20	13	40	35
3	21	16	25	42
4	48	27	43	16

9.7 一车队有 8 辆车，这 8 辆车存放在不同的地点，队长要派其中的 5 辆到 5 个不同的工地去运货，各车从存放处调到装货地点所需费用列于表 9.13，问应该选用 5 辆车调到何处去运货，才能使各车从所在地点调到装货地点所需的总费用最少?

表 9.13　习题 9.7 的表

装货地点 \ 车号	1	2	3	4	5	6	7	8
1	30	25	18	32	27	19	22	26
2	29	31	19	18	21	20	30	19
3	28	29	30	19	19	22	23	26
4	29	30	19	24	25	19	18	21
5	21	20	18	17	16	14	16	18

9.8 有4个工件等待在同一台机器上加工,若加工的先后次序可以任意,各工件之间的调整时间如表9.14所示,试确定最优加工顺序.

表9.14　习题9.8的表

从＼到	A	B	C	D
A	—	15	20	5
B	30	—	30	15
C	25	25	—	15
D	20	35	10	—

9.9 现有14件工件等待在一台机床上加工,某些工件加工必须安排在另一些工件完工后才能开始,第j号工件的先期必须完工的工件由表9.15给出,试确定最优加工顺序.

表9.15　习题9.9的表

工件序号 j	1	2	3	4	5	6	7
前期工件号	3,4	5,7,8	5,9	—	10,11	3,8,9	4
工件序号 j	8	9	10	11	12	13	14
前期工件号	3,5,7	4	—	4,7	6,7,14	5,12	1,2,6

参考文献

1. 宋增民. 图论与网络最优化. 南京:东南大学出版社,1990
2. 田丰,马仲蕃. 图与网络流理论. 北京:科学出版社,1987
3. J. A. 邦迪,U. S. R. 默蒂著;吴望名等译. 图论及其应用. 北京:科学出版社,1984
4. F. 哈拉里著;李慰萱译. 图论. 上海:上海科学技术出版社,1980
5. C. H. Papadimitriou, K. Steiglitz 著;刘振宏,蔡茂诚译. 组合最优化:算法和复杂性. 北京:清华大学出版社,1988
6. E. L. Lawler. Combinatorial Optimization: Networks and Matroids. Holt Rienhart and Winston,1986
7. Bela Bollobas. Modern Graph Theory. New York: Springer,1998
8. 张克民,林国宁,张忠辅. 图论及其应用习题解答. 北京:清华大学出版社,1989